高等职业教育园林园艺类专业系列教材

省级精品课程建设配套教材

花 卉 园 艺

主 编 龚雪梅 朱志国

副主编 王 芳 胡延生

参 编 张晓玮 张爱萍 陈毛华

主 审 杨利平

机 械 工 业 出 版 社

本书共 16 个项目，主要包括：花卉与花卉园艺、花卉繁育、花卉栽培条件、一二年生花卉栽培技术、宿根花卉栽培技术、球根花卉栽培技术、水生花卉生产与应用、盆栽观花花卉栽培管理、室内观叶花卉栽培管理、盆栽木本花卉栽培管理、仙人掌及多浆植物栽培技术、兰科花卉栽培管理、切花生产技术、花卉无土栽培技术、花卉在园林绿地中的应用、花卉生产与经营管理内容。全书强调技能的操作和培养，增加了大量能结合实际操作的图表，并配套电子课件和模拟试题，方便教师使用。

本书可作为高职高专园林、林业、园艺等专业教材，也可作为成人教育、职业培训以及相关技术人员参考用书。

图书在版编目（CIP）数据

花卉园艺/龚雪梅，朱志国主编. —北京：机械工业出版社，2012. 10
（2022. 8 重印）

高等职业教育园林园艺类专业系列教材

ISBN 978-7-111-40110-0

Ⅰ. ①花…　Ⅱ. ①龚…②朱…　Ⅲ. ①花卉 - 观赏园艺 - 高等职业教育 - 教材　Ⅳ. ①S68

中国版本图书馆 CIP 数据核字（2012）第 246324 号

机械工业出版社（北京市百万庄大街 22 号　邮政编码 100037）
策划编辑：王靖辉　责任编辑：王靖辉
版式设计：霍永明　责任校对：赵　蕊
封面设计：马精明　责任印制：邵　敏
北京盛通商印快线网络科技有限公司印刷
2022 年 8 月第 1 版·第 3 次印刷
184mm × 260mm · 24. 5 印张 · 604 千字
标准书号：ISBN 978-7-111-40110-0
定价：59. 00 元

电话服务　　　　　　　　　网络服务
客服电话：010-88361066　　机 工 官 网：www. cmpbook. com
　　　　　010-88379833　　机 工 官 博：weibo. com/cmp1952
　　　　　010-68326294　　金 书 网：www. golden-book. com
封底无防伪标均为盗版　机工教育服务网：www. cmpedu. com

前　言

　　花卉园艺技术是园艺技术、园林技术、园林工程技术、城市园林等专业学生必须掌握的技能。本书是根据我国高职高专教育教学改革的需要，针对"花卉园艺"精品课程建设编写的配套教材。本书以职业能力培养为重点，注重应用性知识，突出技能训练，按照"项目式教学设计，任务驱动教学安排"的模式进行编写，体现了"教学内容融合工作任务、技能训练紧贴生产实际、培养过程立足岗位需求"的人才培养理念。内容的选取与设计上，以花卉生产过程为主线，从典型工作任务入手。每个项目设有学习目标，工作任务，任务实施的相关专业知识、实训，习题，知识拓展等内容，不同地域学校可适当筛选本地种类进行教学。技能考核贯穿于整个教材中，实行分组训练、过程考核，能全面、客观、公正评价学生，有助于学生职业综合素质的培养。

　　本书由龚雪梅、朱志国任主编，王芳、胡延生任副主编。本书各项目编写具体分工如下：项目1、项目2、项目6由龚雪梅（阜阳职业技术学院）编写；项目5、项目9由朱志国（芜湖职业技术学院）编写；项目4、项目10、项目14由王芳（黑龙江生物科技职业学院）编写；项目8、项目13由胡延生编写（吉林农业科技学院）；项目3的任务4、项目7、项目15由张晓玮（阜阳职业技术学院）编写；项目11、项目12由张爱萍（东营职业技术学院）编写；项目16、项目3的任务1、任务2和任务3由陈毛华（阜阳职业技术学院）编写。全书由龚雪梅统稿，由长江师范学院杨利平任主审。

　　本书配有电子教案，凡使用本书作为教材的教师可登录机械工业出版社教材服务网www. cmpedu. com 下载。咨询邮箱：cmpgaozhi@ sina. com。咨询电话：010-88379375。

　　本书在编写过程中得到编者所在院校的大力支持，参考了有关单位和学者的文献资料或网络资源，在此一并致以衷心的感谢。

　　由于编者水平有限，书中难免存在不足，恳请批评指正。

编　者

目　　录

项目 **1**

花卉与花卉园艺

学习目标

◆ 理解花卉的意义，以及花卉园艺的研究内容。

◆ 了解花卉发展概况及存在问题。

◆ 熟悉花卉分类方法，掌握一年生花卉、二年生花卉、宿根花卉、球根花卉、水生花卉、木本花卉的形态特征及特点。

◆ 学会运用所学知识进行花卉种类的分类与识别。

工作任务

根据花卉与花卉分类任务，对花卉和花卉产业发展概况有初步的了解。以小组为单位通力合作，利用花卉分类的基础知识，熟悉各类花卉的形态特征及特点，学会识别各种常见花卉。在工作过程中，要注意培养团队合作能力和针对工作任务的信息采集、分析、计划、实施能力。

任务1 花卉与花卉产业

1.1.1 花卉的含义

"花"是植物的繁殖器官，"卉"是草本植物的总称，古代花和卉二字是分开的，一直到唐代才第一次出现花卉这一名词。花卉的概念包括狭义和广义两个方面。

狭义的花卉，仅指有观赏价值的草本植物，如菊花、凤仙花、鸡冠花、金鱼草、郁金香、百合、玉簪、吊兰、君子兰等，多为一些观花、观叶植物。

广义的花卉，除指有观赏价值的草本植物外，还包括草本或木本的地被植物、花灌木、开花乔木以及盆景等，如麦冬类、景天类、丛生福禄考等地被植物；梅花、桃花、月季、山茶等乔木及花灌木等。另外，分布于南方地区的高大乔木和灌木，移至北方寒冷地区，只能用作温室盆栽观赏，如白兰花、印度橡皮树，以及棕榈科植物等也被列入广义花卉范畴。

1.1.2 花卉园艺的内容与任务

花卉园艺（floriculture）是研究花卉的种类、形态、产地、习性、繁殖、栽培和应用的学科。其主要内容包括花卉的生物学特性及其与外界环境的关系，系统地探讨其生长发育的规律、栽培管理措施、花卉繁殖技术以及综合利用等。这一学科形成时间很短，是一门以花卉为主体的综合性学科。

通过花卉园艺课程的学习，能够对国内外花卉生产现状与发展趋势有一个基本的认识，熟悉花卉、花卉分类、花卉繁殖与花卉栽培的基本概念，熟练掌握常见花卉的形态特征、生态习性、主要繁殖方法、栽培管理技术及园林应用等方面的基本理论与操作技能。

1.1.3 花卉产业

1. 我国花卉发展简史

我国幅员辽阔、地势起伏、气候各异，既有热带花卉、亚热带花卉、温带花卉、寒温带花卉，又有高山花卉、岩生花卉、水生花卉等，是世界上花卉种类和资源最丰富的国家之一，原产高等植物约 3.5 万种，约占世界高等植物的 1/9，素有世界"园林之母"的美称。我国不仅花卉资源非常丰富，而且栽培历史极为悠久。

早在公元前 11 世纪的商代，甲骨文中已有"园、圃、枝、树、花、果、草"等字样。秦汉年间，栽植的名花异草进一步增多，据《西京杂记》所载，当时搜集的果树、花卉已达 2000 余种。

唐代是我国封建社会中期的全盛时代，花卉的种类和栽培技术有了进一步的发展，梅花、菊花和牡丹等品种东传日本。北宋时期花卉事业重现昌盛，并达到了高潮。当时造园栽花之风甚盛，李格非作《洛阳名园记》记载"洛阳园圃花本有至千种者"，并注意搜集花卉品种，以牡丹、芍药品种最多；欧阳修的《洛阳牡丹记》记载牡丹 40 多种；王贵学的《兰谱》（1247 年）还讲到兰花的繁殖栽培技术；陈景沂编辑的《全芳备祖》（1256 年）被称为古代的花卉百科全书。

明代花卉栽培又日趋兴盛，不仅有大量花卉专类书籍出现，而且出现了一些综合性著作，如王象晋的《群芳谱》（1621 年）讲到草本、木本花卉的嫁接技术，陈继儒《月季新谱》（1757 年）手抄本，记载了洛阳月季名品 41 种。清代我国的花卉资源被掠夺，在花卉栽培方面受到较大的影响。这一时期花卉专著也较多，主要有：陈淏子《花镜》（1688 年），记载了栽花月历、栽培总论、栽培各论，其中有很多的宝贵经验和理论，至今仍有一定的参考价值；《广群芳谱》（1708 年），是一部内容充实、检寻方便的花木专著。这一时期国外的大批草花及温室花卉输入我国，使我国的花卉资源不断地增多。

我国花卉产业起步于 20 世纪 80 年代初期，经历了 1986～1990 年的恢复发展阶段、1991～1995 年的快速发展阶段和 1996 年以来的巩固提高阶段。1984 年 11 月成立了"中国花卉协会"，其所办的《中国花卉报》成为广大花卉生产者和爱好者的读物。1987 年举办了第一届花卉博览会，评选出我国十大传统名花，即梅、兰、菊、牡丹、芍药、月季、山茶、桂花、水仙、荷花。1990 年出版了由陈俊愉、程绪珂主编的《中国花经》，该书共收花卉2354 种，不仅有栽培种，也有野生种，不仅有常见品种，还有许多新品种和珍稀品种，是我国迄今最权威、最完备的一部花卉百科全书。

1999 年在昆明举办世界园艺博览会，获得国内外有关学者及专家的高度赞誉。同时，各地纷纷成立花卉产业协会，积极组织、引导花卉产业的迅速发展。

2. 我国花卉产业的现状

花卉产业是世界各国农业中唯一不受农产品配额限制的产业，是21世纪的"朝阳产业"。花卉产业属于第三产业，有狭义和广义之分。

狭义的花卉产业，是指传统花卉产业，即将花卉作为商品进行研究、开发、生产、贮运、营销以及售后服务等一系列的活动内容。其具体包括四个方面：①花卉产品的生产。即生产可供人们观赏的花卉植物和用于花卉繁殖的材料，如各种草本和木本花卉植物，鲜切花、盆花、盆景、种苗（花苗、种球、种子）等的生产。②花卉艺术加工产品的制作。如插花、根雕、干花、花卉编织品等。③花卉相关配套产品的生产。即花卉生产资材与设备，如花盆、花肥、花药、栽培基质、营养剂及各种花卉机具、设施设备等的制造。④花卉的售后服务工作，如花店营销、花卉产品流通、花卉装饰等。

广义的花卉产业，是指现代花卉产业，即除了以上内容外，还包括仿生花、赏石、鸟与宠物，以及工业、食用、药用的花卉植物等。

近年来，我国花卉产业取得了令人瞩目的成就，年产值以15%左右的速度递增，种植面积、产值、出口额大幅度增加。经过20多年的恢复和发展，中国已经成为世界最大的花卉生产基地，在世界花卉生产贸易格局中占有重要的地位。

（1）花卉生产现状 我国花卉生产现状总体表现为以下几个特点：一是生产面积逐步增大，在2000年生产总面积为14.8万hm^2，至2007年已达75.0万hm^2。二是生产区域布局日趋合理，已初步形成了以云南、广东为主的鲜切花生产中心，两省的鲜切花供应量占全国鲜切花供应量的一半以上；以广东、江苏、四川、上海为主的盆花生产中心；以上海、江苏、浙江、四川、云南为主的花卉种苗生产中心。三是花卉生产的技术与设施由传统型向采用新技术、新设施转变。至2005年，我国花卉生产面积为81万hm^2，花卉销售额为503亿元，出口创汇15426万美元。2007年，我国全年花卉产品进出口总额首次突破2亿美元。其中，出口金额近1.26亿美元，同比增长23.86%。全国从事花卉生产经营的企业达到64908家，其中种植面积在3hm^2以上或年营业额在500万元以上的企业8334家。

（2）花卉贸易及消费现状 花卉生产规模化和产业化水平进一步提高，人民对花卉的需求和消费量逐渐增加。到2005年，全国共建成花卉市场2586个，成为花木的主要集散地，形成了专业化的流通网络。随着交通、运输条件的改善，以及包装、保鲜和冷链技术的应用，花卉交易基本不受地域限制，全国花卉大市场大流通正在逐步形成。

花卉销售渠道逐渐畅通，花卉市场不断完善。近年来，随着花卉消费水平的提高，除了花店数目迅速增加外，大型花卉交易市场也越来越多，特别是云南国际花卉拍卖中心的建成，使花卉市场由过去的传统经营方式逐步迈进了现代化管理轨道，从而使我国的花卉销售逐步走向规范化、国际化。据有关统计资料显示，全国花卉出口贸易额在我国花卉出口较稳定增长的同时，花卉进口量也迅速增加，并且进口增长幅度大于出口增长幅度。

（3）花卉科研现状 花卉是科技含量较高的产品，对花卉市场、生产手段和生产技术和管理水平要求较高。近年来，我国政府重视花卉科研，加大科研经费的投入。研究内容包括：花卉种质资源及其利用；花卉新品种引进、改良、繁育，包括引进、种子工程、种球繁育等；花卉生物技术；花卉栽培与生产技术；花卉采后技术。尤其是我国已加入WTO，国外花卉产品大量涌入国内市场，花卉企业应尽快提高产品质量，增加科技含量，参与国际竞争。

（4）花卉产业目前存在的问题　虽然我国花卉业成就喜人，但仍必须清醒地看到，与相关产业发达国家相比差距依然很大。

1）盲目扩大生产规模，忽视提高单位面积产量。尽管目前我国花卉单位面积产量比产业发展之初有所增加，但与发达国家相比单位面积产量、产值都较低。我国花卉产业仍处于高速低效、数量扩张阶段，花卉产业的资源优势还未转化为产业优势。在荷兰、哥伦比亚等花卉发达国家，平均每平方米土地年生产月季 250～500 支，而我国仅生产不到 100 支。因此，今后我国花卉产业发展的重点是应重视产业结构的调整，提高单位面积产量、提高效益。

2）专业化、规模化生产程度不高，生产方式落后。以小农户分散经营为主体的格局仍未根本改变，生产设施和生产技术水平仍相对落后，缺乏统一的产、供、销生产标准和监管机制，生产专业化程度低、规模小，市场竞争能力弱。因此必须借鉴发达国家成功的经验，扩大生产规模，实现花卉生产的高度专业化、规模化，才能有效地占领国内国际市场。

3）花卉生产布局不合理，低水平、重复建设严重。目前受市场利益的驱动，急功近利、一拥而上投资花卉产业的情况十分严重。盲目生产，造成低水平的重复投资和盲目建设，花卉生产单产低，质量差，产品滞销。因此，花卉生产企业应根据本地区的气候条件、资源状况、地域环境、市场需求等情况择优选择适合本地的主导产品，形成地方特色。将资源优势转化为产业优势，合理布局，走低成本发展之路，我国的花卉产品才会有较强的竞争优势。

4）国内花卉消费市场潜力巨大，尚需进一步引导消费。根据 2004 年的统计数据，切花、盆栽植物人均消费额最多的国家依次为瑞士（122 欧元）、挪威（115 欧元）和荷兰（88 欧元）。而我国，切花植物的人均消费只有 1 欧元。扩大市场需求是花卉产业能否发展的关键，引导消费是花卉产业形成和发展的重要前提。随着我国国民经济的快速发展，人民生活水平将逐步进入小康，消费性支出越来越多，我国花卉消费市场将具有巨大潜力。因此要通过多种形式引导花卉消费，逐步形成良好的花卉消费习惯，扩大市场、促进生产。

5）技术创新和科技推广能力较弱，缺乏国际竞争力。花卉是科技含量较高的产品，对花卉市场、生产手段、生产技术和管理水平要求较高。我国花卉从业人员整体素质偏低，种植资源创新能力弱，新品种培育成果少，科技推广难以开展，花卉产品缺乏市场竞争力。一些高科技、高质量的高档花卉、优质种苗主要依靠进口。我国花卉种质资源丰富，但具有自主知识产权的品种却很少，而如荷兰每年就能育出 800～1000 个新品种。科技支撑体系的建设滞后于生产发展的需要，已经成为我国花卉产业顺利发展的瓶颈之一。

6）花卉产品流通体系不健全。目前，我国花卉流通渠道不稳定，鲜切花缺乏全程冷链运输；包装水平低下，严重影响花卉产品的品质；花卉流通环节多，时间长、成本高，缺乏专业的花卉物流公司参与；花卉流通过程缺乏质量监督，难以实现产品的优质优价，影响花卉产品的国内外贸易。

7）重视批发市场建设，忽视零售环节。中国花卉产业整体的发展，离不开零售环节。便捷的零售网点可以激发人们的购买欲，使潜在消费变为现实消费；此外，零售市场直接接触花卉消费者，最了解消费者的需求，可以为生产者提供可靠、准确的需求信息，便于实现以销定产，避免产品积压。因此，必须重视零售市场的建设。

总之，对我国花卉产业的发展，我们必须有清醒的认识，应针对发展现状及存在的问题，制订相应的战略，借鉴发达国家花卉产业成功的经验，依靠先进的科学技术和管理方法，使我国成为世界花卉生产大国、消费大国和出口大国。

3. 我国花卉产业亟待解决的问题

1）进一步加大对花卉产业的科技投入，加速品种创新。虽然我国的花卉种植面积居世界第一，但产值却不足世界花卉贸易总额的1%，其中很大的一个原因就是没有更多的、属于自己的独特花卉品种，很多花卉企业现在仅仅发挥着引进、栽培、繁殖的功能。企业可以与科研院所合作，运用基因工程等先进技术，加快新品种的培育进程，可以充分发挥科研院所的科研优势，又可以充分利用企业在生产、销售、推广上的优势。

2）优化产业结构，发挥资源优势，充分开发和利用我国特有的花卉种质资源，形成特色产品。加快培育优新品种，建立良种繁育场、花卉品质改良中心，加快国内花卉野生资源的开发、驯化和示范推广，同时加强对国外花卉品种的引进和培育力度。

3）健全合理完善的流通网络。完善合理的信息和流通体系是发展花卉产业的必需前提。流通网络是生产和消费之间的桥梁，花卉生产和销售是一对矛盾，是发展花卉企业成败的一个重要因素。国外已经健全了供销渠道的系统化管理，如荷兰设立的花卉拍卖市场。目前我国的花卉交易市场尚不健全，全国花卉市场网络还没有形成。因而要改变目前花卉企业供求脱节、流通不畅、封闭、零散的状况，就需要合理规划，形成流畅的全国花卉交易市场网络，使花卉产业健康、顺利地发展。

4）利用资源优势，降低生产成本。在花卉生产成本中，设施能源成本占较大比重。我国幅员辽阔，气候类型丰富多样，适合多种花卉生长，我们应充分利用这一自然优势，按照"适地生产"的原则，通过合理规划和区域布局，努力降低能源和设施投入，实现低成本目标。另外，花卉产业属于劳动密集型产业，我国人口多，劳动力成本相对较低，在产业竞争中具有相对的比较优势。

我国花卉产业具有很大的发展潜力和独特的优势，21世纪的世界花卉中心将移至亚洲，中国将成为世界花卉界公认的最具生产力和消费力的国家。在发展花卉产业中要善于扬长避短，不但要学习国外的先进技术，全面与国际接轨，更重要的是发挥中国的种质资源，挖掘、开发独特的花卉品种，同时加大科技投入，提高产品的科技含量，增强竞争力，才能更好地参与国际花卉产业的竞争。

4. 世界花卉发展概况

公元前2000多年的巴比伦（今伊拉克）的空中花园，以树木和花卉种植于屋顶平台。公元前400年希腊市场已有植物作为切花出售。

16～17世纪，欧洲花卉生产大发展，蔷薇、香石竹、欧洲水仙等产量大增。17世纪，花园中的主要栽培花卉有：百合、郁金香、紫罗兰、蔷薇类和鸢尾，以后又增加了八仙花、矮牵牛、天竺葵和吊钟海棠，而玉兰、栀子和秋海棠则出现得稍晚些。

18～19世纪欧洲有许多植物学家为了寻找稀有的新奇花卉，不惜远行采集种子、种球甚至活的植物，引进到欧洲的园林中栽培。这一时期，欧洲从巴西、墨西哥、美国、澳大利亚和中国引进了数万种植物，大大丰富了欧洲的园林植物。引进植物对气候条件要求各异，引进的热带植物，冬季需要加温，因此产生了温室，用于栽培热带的兰花、蕨类、凤梨科及棕榈科植物。热带植物的引种是花卉园艺发展史上非常重要的阶段。大规模地栽培热带植物，大大有利于人们将来自世界上各不相同地区的植物进行杂交试验。这在园艺学上有重要意义，能产生新的植物品种。

花卉是世界各国农业中唯一不受农产品配额限制和21世纪最具有发展前景的农业产业

和环境产业之一，被誉为"朝阳产业"。花卉产品逐渐成为国际贸易的大宗商品。随着品种的改进，包装、保鲜技术的应用和交通运输条件的改善，花卉市场日趋国际化。花卉生产专业化、管理现代化、产品系列化、周年供应等已成为花卉生产发展的主要特色。在国际花卉出口贸易方面，发达国家占绝对优势，约占世界出口销售总额的80%，而发展中国家仅占20%。世界最大的花卉出口国是荷兰，约占出口额的59%，哥伦比亚位居第二，占10%左右，以色列占6%。其次是丹麦、比利时、意大利、美国等。盆花出口，荷兰占48%，丹麦占16%，法国占15%，比利时占10%，意大利占4%。在国际花卉进口贸易方面，主要也是发达国家，世界最大的花卉进口国是德国，其次是法国、英国、美国和日本。

目前世界花卉生产发展的趋势：

1）扩大面积，向发展中国家转移。随着花卉需求量的增加，世界花卉种植面积在不断扩大。为了降低生产成本，花卉生产基地正向世界各地转移。如哥伦比亚、新加坡、泰国等已成为新兴花卉生产和出口大国。随着社会经济和文化水平的迅速提高，亚洲将成为花卉消费的巨大潜在市场，特别是中国，花卉的生产水平和消费水平都在不断提高。

2）追求精品，发展特色。由于消费水平的提高和全球花卉热的形成，导致了花卉产业的激烈竞争，这就迫使花卉产业要充分发挥自身的优势，生产出精品和特色产品。如荷兰逐渐在花卉种苗、球根、鲜切花生产方面占有绝对优势；美国在草花及花坛植物育种及生产方面走在世界前列，同时在盆花、观叶植物方面也处于领先地位；日本凭借"精致农业"的基础，在育种和栽培上占有绝对优势，在花卉的生产、储运、销售上能做到标准化管理，其市场最大特点就是优质优价；泰国的兰花实现了工厂化生产，每年大约有1.2亿株兰花销往日本，在日本的兰花市场占有80%的份额；其他如以色列、意大利、哥伦比亚、肯尼亚等国则在温带鲜切花生产方面实现专业化、规模化生产。

3）花卉生产的品种由传统花卉向新优花卉发展，同时品种日趋多样。世界切花品种从过去的四大切花为主导，发展为以月季、菊花、香石竹、百合、郁金香等为主要种类，特别以球根秋海棠、印度橡胶树、凤梨科植物、龙血树、杜鹃、万年青、一品红等盆栽植物最为畅销。近年来，一些新品种受到欢迎，如乌头属、风铃草属、羽衣草属、熊耳草属、石竹属花卉以及在南美、非洲和热带地区开发的花卉种类。

4）鲜切花市场需求逐年增加，前景看好。鲜切花占世界花卉销售总额的60%，是花卉生产的主力军。国际市场对月季、菊花、香石竹、满天星、唐菖蒲、非洲菊、百合以及相应的切叶植物的需求量逐年增加。

5）观叶植物发展迅速。随着住宅室内装饰条件的提高，室内观叶植物普遍受到人们的喜爱。如一些喜阴或耐阴的万年青、豆瓣绿、秋海棠、花叶芋、龟背竹、花烛、观赏凤梨、绿萝、竹芋等越来越受到人们的青睐。

 任务2　花卉分布与分类

1.2.1　花卉的分布

花卉种类甚多，除原产于中国的花卉外，绝大多数来自于世界各地，分布于热带、温带及寒带。按花卉原产地气候，可分为以下几种类型：

1. 中国气候型花卉

中国气候型也称为大陆东岸气候型。这一气候型特点是冬寒夏热，年温差大，夏季降雨较多。属于这一气候型的地方有：中国大部分地区、日本、北美东部、巴西南部、澳大利亚东部、非洲东南部等。这一气候型又依冬季气温高低分为温暖型与冷凉型。

（1）温暖型（低纬度地区） 中国长江以南（华中及华南）、日本西南部、北美东南部、巴西南部、澳大利亚东部、非洲东南附近等地属于此气候型。该区是喜欢温暖的球根花卉和不耐寒的宿根花卉的分布中心。原产这一气候型地区的著名花卉有：石蒜、中国水仙、百合、中国石竹、报春、凤仙花、矮牵牛、美女樱、半支莲、三角花、福禄考、天人菊、非洲菊、松叶菊、马蹄莲、唐菖蒲、花烟草、一串红、猩猩草、银边翠、麦秆菊等。

（2）冷凉型（高纬度地区） 中国北部、日本东北部、北美东部等地属于此气候型。该区是耐寒性宿根花卉分布中心。原产这一气候型地区的重要花卉有：翠菊、黑心菊、芍药、菊花、荷兰菊、金盏菊、飞燕草、花毛茛、鸢尾和金光菊等。

2. 欧洲气候型花卉

欧洲气候型也称为大陆西岸气候型，又称为海洋性气候。其特点是冬季温暖，夏季凉爽，年平均气温一般为 15～27℃，降水量均匀。属于此气候型的地域有：欧洲西南部、加拿大西南和美国西北近海岸一带、南美西南部、新西兰南部等地。原产此区的花卉有：雏菊、矢车菊、紫罗兰、羽衣甘蓝、三色堇、宿根亚麻、喇叭水仙、耧斗菜、丝石竹、铃兰、毛地黄等。

3. 地中海气候型花卉

地中海气候型以地中海沿岸气候为代表。其特点是自秋季至次年春末降雨较多；冬季无严寒，最低温度为 6～7℃；夏季干燥、凉爽、极少降雨，为干燥期，气温为 20～25℃。属于此气候型的地域主要包括：地中海沿岸、非洲北端和南端、澳大利亚西南部、南美智利中部、北美西部和西南部等地。原产此区的花卉有：风信子、郁金香、水仙、鸢尾、仙客来、白头翁、花毛茛、番红花、小苍兰、龙面花、天竺葵、酢浆草、羽扇豆、猴面花、射干水仙、唐菖蒲等。

4. 墨西哥气候型花卉

墨西哥气候型又称为热带高原气候型。特点是周年温度约 14～17℃，温差小，降雨量各地区不同，有的雨量充沛均匀，也有的集中在夏季。属于该气候型的地区除墨西哥高原之外，还有南美洲安第斯山脉、非洲中部高山地区、中国云南省等地。原产此区的花卉主要有：大丽花、晚香玉、百日草、一品红、球根秋海棠、金莲花等。

5. 热带气候型花卉

该气候型特点是常年气温较高，约 30℃左右，温差小，空气湿度较大，有雨季与旱季之分。此气候型可分为两个地区：①亚洲、非洲、大洋洲的热带地区。原产该地的花卉有：蟆叶秋海棠、虎尾兰、万带兰、非洲紫罗兰、猪笼草、鸡冠花、凤仙花、彩叶草等。②中美洲和南美洲热带地区。原产该地的花卉有：紫茉莉、大岩桐、椒草、美人蕉、竹芋、水塔花、卡特兰、朱顶红等。

6. 沙漠气候型花卉

该气候型的特点是周年气候变化极大，昼夜温差也大，降雨少，干旱期长，多为不毛之地，土壤质地多为沙质或以沙砾为主。属该气候型的地区有：非洲大部、大洋洲中部、墨西哥西北部及中国海南岛西南部。原产该地的花卉有：仙人掌类、芦荟、龙舌兰、龙须海棠、伽蓝菜等多浆植物。

7. 寒带气候型花卉

该气候型的特点是气温偏低，冬季漫长寒冷，夏季短暂凉爽。植物生长期只有 2~3 个月。我国西北、西南及东北山地一些城市，地处海拔 1000m 以上也属于高寒地带。属于该气候型的地区有：美国的阿拉斯加、俄罗斯的西伯利亚、斯堪的那维亚半岛的寒带地区及高山地区。原产该地的花卉主要有：雪莲、细叶百合、绿绒蒿、镜面草、龙胆等。

1.2.2 花卉的分类

1. 依花卉生活型与生态习性分类

（1）一二年生花卉　一年生花卉是指在一个生长季内完成其播种、生长、发育、开花、结实到老化死亡的生命周期的花卉。通常春天播种，夏秋开花、结实，因此又称为春播花卉。该类花卉均不耐寒，冬季到来之前枯死，如翠菊、万寿菊、百日草、鸡冠花、一串红、孔雀草、大波斯菊、凤仙花等。二年生花卉是指在两个生长季内完成其生长、发育、开花、结实到老化死亡的花卉，即秋天播种，幼苗越冬，第二年春夏开花、结实后就会自然死亡，故又称为秋播花卉。该类花卉主要有三色堇、羽衣甘蓝、金盏菊、雏菊、矢车菊等。这类花卉耐寒性强，在南方地区可自然露地越冬。

有些花卉虽然是多年生，但能用播种法繁殖，播后在一个生长季节内便能开花结实，而此后即衰老或不能露地越冬，在园艺上也作为一二年生花卉栽培。

一二年生花卉均属于阳性植物，栽培地点必须有充足的阳光，才能正常成长开花。一年生花卉寿命虽短，但开花明艳娇美，可作盆栽、切花或花坛美化，在景观应用上可按季节的交替更换种类，带给人们清新、艳丽、壮观的视觉享受。

（2）宿根花卉　该类花卉为多年生草本植物，地下根或地下茎不发生变态的花卉种类。此类花卉依靠宿存在土壤中的老根或根状茎来越冬，可分为两类：

1）落叶宿根花卉。春季萌芽，生长发育、开花之后，冬季遇霜后地上茎叶枯死，以宿根越冬，如菊花、芍药、荷包牡丹、玉簪、蜀葵、萱草、蕨类等。

2）常绿宿根花卉。叶终年常绿，冬季地上部分不枯死，以休眠或半休眠状态越冬，如君子兰、吊兰、万年青、文竹、四季秋海棠、观赏凤梨类、兰科植物、龟背竹等。

宿根花卉有喜好光照充足的阳性植物，也有喜爱半阴环境生长的阴性植物。宿根花卉在观赏用途上，可以用来布置庭园、花坛，也可盆栽或做切花。

（3）球根花卉　该类花卉为多年生草本植物，地下部分的根或茎发生变态，膨大呈球形或块状。球根是一个统称，它包括：

1）鳞茎类。地下茎膨大呈扁平球状，有许多肥厚鳞片相互抱合而成的花卉。有皮鳞茎，如水仙、郁金香、风信子等，无皮鳞茎如百合等。

2）球茎类。地下茎膨大呈球状，茎内部实质，表面有环状节痕，顶端有肥大的顶芽，侧芽不发达的花卉。如唐菖蒲、小苍兰、番红花等。

3）块茎类。地下茎膨大呈块状，外形不规则，表面无环状节痕，顶部有几个发芽点的花卉。如马蹄莲、彩叶芋、大岩桐、球根海棠等。

4）根茎类。地下茎膨大呈根状，茎内部肉质，外形具有分枝，有明显的节间，在每节上可发生侧芽的花卉。如美人蕉、鸢尾、荷花、睡莲等。

5）块根类。地下根膨大呈纺锤体形，芽着生在根颈处，由此处萌芽而长成植株的花卉。如大丽花、花毛茛等。

在球根花卉中，不耐寒，只能在春天进行露地栽植的称为春植球根花卉，如唐菖蒲、美人蕉、大丽花、朱顶红、晚香玉等；能耐寒，可在秋季露地栽植的称为秋植球根花卉，如秋植球根类，如郁金香、水仙、石蒜、风信子、百合等。

此外，在球根花卉中，有落叶球根类，如唐菖蒲、水仙、美人蕉、大丽花、郁金香等；也有常绿球根类，如仙客来、马蹄莲、海芋等。

（4）水生花卉 生长在水中或沼泽的花卉称为水生花卉，按其生态分为：

1）挺水植物。根生于泥水中，茎叶挺出水面。如荷花、千屈菜等。

2）浮水植物。根生于泥水中，叶面浮于水面或略高于水面。如睡莲、王莲等。

3）沉水植物。根生于泥水中，茎叶全部沉入水中。如莼菜等。

4）漂浮植物。根伸展于水中，叶浮于水面，随水漂浮，水浅处可生根于泥中。如凤眼莲等。

（5）木本花卉 枝干坚硬、木质化，地栽或盆栽的多年生木本植物，可分为：

1）乔木花卉。植物高大，有明显主干。落叶类如梅花、碧桃、海棠、樱花、栀子、瑞香、扶桑等；常绿类如桂花、山茶花、夹竹桃、橡皮树、金橘、苏铁、变叶木等。其中多数常绿种类既可地栽，也较适于盆栽；落叶类只有少数种类如梅花、海棠等适于盆栽。

2）灌木花卉。植株低矮，茎丛生，无明显主干。落叶类如月季、牡丹、迎春、蜡梅、贴梗海棠等；常绿类如杜鹃、米兰、含笑、叶子花、南天竹、茉莉等。其中的大多数种类适于盆栽。

3）藤本花卉。茎不能直立、蔓生，常需立支架使其攀附。落叶类如紫藤、凌霄、爬墙虎、美国地锦等；常绿类如常春藤、络石、叶子花等。

（6）仙人掌及多浆植物 植株茎变态为肥厚能储存水分、营养的掌状、球状及棱柱状；叶变态为针刺状或厚叶状并附有蜡质且能减少水分蒸发的多年生花卉。常见的有仙人掌科的仙人球、昙花、令箭荷花，大戟科的虎刺梅，番杏科的松叶菊，萝摩科的佛手掌，景天科的燕子掌、毛叶景天，龙舌兰科的虎皮兰、酒瓶兰等。

（7）兰科花卉 兰科花卉属于多年生草本花卉，地生或附生，种类繁多，依其生态习性不同可分为地生兰类和附生兰类。

2. 依花卉观赏部位分类

（1）观花类花卉 植株开花繁多，花色鲜艳，花形奇特而美丽，以观花为主的花卉。如茶花、菊花、郁金香等。

（2）观叶类花卉 植株叶形奇特，形状不一，以观叶为主的花卉。如龟背叶、彩叶草、变叶木、蕨类植物等。

（3）观茎类花卉 植株的茎奇特，以观茎为主的花卉，如仙人掌、佛肚竹、霸王鞭等。

（4）观果类花卉 植株的果实形状奇特，果色鲜艳，挂果期长，以观果为主的花卉。如盆栽柑橘类、观赏辣椒、佛手、乳茄等。

（5）观根类花卉 以观根为主的花卉，如地瓜榕盆景、龟背竹等。

(6) 其他观赏类　观芽的银芽柳；观苞片的马蹄莲、一品红等；观花托的球头鸡冠；观萼片的紫茉莉、铁线莲；观瓣化雄蕊的美人蕉、红千层等。

3. 依栽培方式分类

（1）露地花卉　花卉的主要生长发育时期均能在露地条件下完成的花卉。

（2）温室花卉　在当地自然条件下，不能露地越冬，必须在温室内栽培的花卉。

（3）无土栽培花卉　运用营养液、水、基质代替土壤栽培的生产方式，在现代化温室内进行规模化生产栽培。

（4）促成或抑制栽培　运用人为技术，提前或延迟开花的栽培方式。

4. 依花期分类

（1）春花类　以2～4月期间盛开的花卉，如郁金香、虞美人、牡丹、报春花、梅花、金盏菊、山茶、杜鹃等。

（2）夏花类　以5～7月期间盛开的花卉，如凤仙花、荷花、石榴、茉莉等。

（3）秋花类　以8～10月期间盛开的花卉，如大丽花、菊花、万寿菊、桂花等。

（4）冬花类　以11～次年1月期间盛开的花卉，如水仙、蜡梅、一品红、仙客来等。

5. 依花卉用途分类

（1）观赏花卉

1）花坛花卉。用于布置花坛的花卉，主要以一二年生花卉为主，如一串红、金盏菊、矮牵牛、万寿菊、三色堇、四季秋海棠、鸡冠花、百日草等。

2）盆栽花卉。用容器栽培的花卉，常用于装饰室内和庭院，如红掌、凤梨、杜鹃、兰花、君子兰、仙客来、绿萝、绿宝石、巴西木等。

3）切花花卉。以生产切花为目的的花卉，如月季、菊花、香石竹、唐菖蒲、百合、非洲菊、马蹄莲、红掌、郁金香等。

4）庭院花卉。以布置庭院为目的的花卉，如牡丹、芍药、桂花、海棠、樱花、紫薇、紫藤、木槿、蜀葵等。

（2）药用花卉　自古以来花卉就是我国中草药的一个重要组成部分，如芍药、桔梗、金银花、连翘、芦荟、菊花、茉莉等。

（3）香料花卉　主要用于香料工业原料的花卉，如晚香玉、玫瑰、茉莉、栀子、白兰花等。

（4）食用花卉　如百合、菊花、桂花、玫瑰、萱草等。

（5）茶用花卉　如菊花、桂花、玫瑰、茉莉等。

实训1　当地花卉产业情况调查

1. 任务实施的目的

熟悉当地花卉生产状况、产品种类、花卉市场营销形式、花卉企业概况及人才需求情况。

2. 任务实施的步骤

学生分组进行课外活动，分别调查如下内容：

1）调查当地花卉市场营销项目、花卉来源。

2）调查当地常见切花和盆栽花卉价格、营销特点。

3）调查当地人们对花卉的需求及应用情况。

4）调查当地花卉产业发展及人才需求情况。

3. 任务实施的作业

1）各小组内同学之间分析讨论，总结所调查花卉市场特点，写出调查报告。

2）所调查的花卉市场营销在经营上有何欠缺之处？提出好的改进建议。

4. 任务实施的评价

当地花卉产业情况调查评价见表1-1。

表1-1 当地花卉产业情况调查评价表

学生姓名					
测评日期		测评地点			
测评内容	当地花卉产业情况调查				
考评标准	内 容	分值/分	自 评	互 评	师 评
	调查花卉营销产品种类	30			
	调查花卉市场销售的产品来源	20			
	调查花卉的市场价格及营销特点	30			
	总结当地花卉市场的经营特点	20			
合 计		100			
最终得分（自评30%＋互评30%＋师评40%）					

说明：测评满分为100分，60~74分为及格，75~84分为良好，85分以上为优秀。60分以下的学生，需重新进行知识学习、任务训练，直到任务完成达到合格为止

实训2 花卉形态观察与种类识别

1. 任务实施的目的

观察当地常见花卉的形态特征，了解花卉名称、识别特点、生态习性及观赏用途，对其进行分类。

2. 任务实施的步骤

教师现场讲解、指导学生学习，学生课外复习。

1）由指导教师现场讲解每种花卉的名称、科属、识别要点、生态习性、观赏特性和园林应用，学生进行记录。

2）在教师指导下，学生实地观察并记录花卉的主要形态特征，根据观察结果结合各类花卉的主要特征，判断每种花卉的类型。

3）学生分组进行课外活动，复习花卉名称、科属、形态特征、生态习性。

3. 分析与讨论

1）各小组内同学之间相互考问当地常见花卉的科属、识别要点、观赏特性和园林应用。

2）分析讨论如何从生长习性上判断各种不同类型的草本花卉。

4. 任务实施的作业

将校园内的草本花卉按种名、科属、分类、形态特征和园林应用列表记录，填写校内常

见花卉种类记录见表1-2。

表1-2　校内常见花卉种类记录表

中文名	别　名	科　别	分类 （生活型）	形态特征			园林应用
				地下部分	茎叶特征	花卉类型	

5. 任务实施的评价

花卉识别技能训练评价见表1-3。

表1-3　花卉识别技能训练评价表

学生姓名					
测评日期			测评地点		
测评内容		花卉识别			
考评标准	内　　容	分值/分	自　评	互　评	师　评
	正确记录常见花卉的种类及名称	20			
	能正确识别常见花卉50种以上	40			
	能正确用形态术语描述花卉	20			
	能正确判断常见花卉的分类	20			
合　　计		100			
最终得分（自评30% + 互评30% + 师评40%）					

说明：测评满分为100分，60～74分为及格，75～84分为良好，85分以上为优秀。60分以下的学生，需重新进行知识学习、任务训练，直到任务完成达到合格为止

习题

1. 填空题

1）花卉栽培形式有_____和_____两大类。

2）我国传统的十大名花有_____，_____，_____，_____，_____，_____，_____，_____，_____，_____。

3）花卉的观赏部位主要有_____，_____，_____，_____等。

4）一年生花卉在_____季播种，在_____开花，一年内完成（生命周期）。

5）二年生花卉在_____季播种，在_____开花，喜_____环境。

6）球根花卉按形态分为_____，_____，_____，_____，_____五类。美人蕉属_____类，大丽花属_____类，百合属_____类。

7）水生花卉按形态分_____，_____，_____，_____，荷花属_____，睡莲属_____，风眼莲属_____。

2. 选择题

1）花卉园艺研究对象是（　）。

A. 花朵美丽的草本观赏植物

B. 可用于观叶、观果的草本植物

C. 一些原产于南方的盆栽花木类，以及少数的木本名花

D. 包括 A、B 和 C

2）花卉园艺研究的内容是（　　　）。

A. 花卉的种类、形态、产地　　　　　B. 花卉的习性、繁殖、栽培

C. 花卉的园林用途　　　　　　　　　D. 包括 A、B 和 C 等的一门综合性学科

3）下列花卉属于春植球根的是（　　　）。

A. 水仙　　　　B. 郁金香　　　　C. 百合　　　　D. 大丽花

4）下列花卉观花的是（　　　）。

A 叶子花　　　　B. 兰花　　　　C. 文竹　　　　D. 一品红

3. 名词解释题

花卉；一年生花卉；二年生花卉；宿根花卉；球根花卉；促成或抑制栽培；温室花卉；露地花卉。

4. 简答题

1）什么是花卉园艺？

2）花卉按照生态习性和形态分为哪几类？

3）概述一二年生花卉的概念，举例说明。

4）宿根花卉有哪两种不同类型？

5）球根花卉分为哪些类型？

6）多浆植物主要包括哪几个科？

项目 2

花 卉 繁 育

 学习目标

- ◆ 掌握花卉播种繁殖的基础知识及操作技术。
- ◆ 熟练掌握花卉工厂化穴盘育苗繁殖技术。
- ◆ 熟练掌握花卉分生繁殖、扦插繁殖和嫁接繁殖的基本操作技术和管理要点。
- ◆ 熟悉花卉良种繁育的基本理论和方法。
- ◆ 初步设计合理的工作步骤，学会制订花卉繁育的计划、管理方案并实施。

工作任务

根据花卉的繁育任务，对花卉的播种繁殖、分生繁殖、扦插繁殖和嫁接繁殖进行熟练操作和管理，并做好养护管理记录。要求详细计划每个工作过程和步骤，以小组为单位通力合作，制订养护方案，对现有的花卉繁育技术手段进行合理的优化和改进。在工作过程中，要注意培养团队合作能力和针对工作任务的信息采集、分析、计划、实施能力。

花卉繁育技术是花卉生产中的重要环节，是繁衍后代和保存种质资源的手段。掌握花卉繁殖基本理论和技术对进一步了解花卉的生物学特点，扩大花卉的应用范围，降低生产成本，提高花卉的经济效益等都有重要的理论意义和实践意义。

由于花卉种类繁多，繁殖方法和时期也各不相同。一般将花卉繁殖分为有性繁殖、无性繁殖、孢子繁殖和组织培养，其中有性繁殖和无性繁殖是种子植物最基本的繁殖方法；孢子繁殖则是蕨类植物繁殖的方法之一；而组织培养则是随着科学技术进步，逐步发展起来的一种新的繁殖技术，此法不仅可以获得花卉无病毒幼苗，而且可以极大地提高花卉的增值率，利于花卉种质资源的保存，另外，此技术在各院校中设有专门的课程。所以，结合生产实际，本项目重点学习花卉的有性繁殖和无性繁殖。

任务 1 花卉有性繁殖技术

有性繁殖又称为播种繁殖或种子繁殖，是雌雄配子结合形成种子而培育成新个体的方法。用种子繁殖的花卉幼苗称为实生苗或播种苗，是花卉生产中最常用的繁殖方法之一。其特点是：繁殖数量大，方法简便，便于迅速扩大生产量；实生苗根系完整，生长健壮，植株寿命长；种子便于贮藏和流通；但播种苗变异性大，不易保存母本的优良性状，并且开花结实较迟，特别是木本花卉，播种后需3~5年才能开花。另外，种子的优劣是决定播种育苗的关键，因此必须选择发育充实、品种纯正而无病虫害的种子。

2.1.1 优良种子的条件

优良种子是花卉栽培成功的重要保证，优良种子要求种性纯、颗粒饱满、形态正、成熟而新鲜，即：①品种纯正。②发育充实：优良的花卉种子具有很高的饱满度，发育已完全成熟，播种后具有较高的发芽势和发芽率。③富有生活力：新采收的花卉种子比陈旧种子的发芽率及发芽势高，所长出的幼苗多半生长健壮。④无病虫害：种子是传播病虫害的重要媒介，因此，要建立种子检验、检疫制度以防各种病虫害的传播。一般而言，种子无病虫害，幼苗也健康。

2.1.2 花卉种子采收与贮藏

花卉种子是有生命力的生产资料。种子来源最主要的三条途径分别为采收、购买和交换。其中购买和交换，基本上是在播种前的一段时间进行，所得的种子要进行播种前处理，比如刻伤、浸种、药剂处理、冷热交替、冷藏或低温层积等手段打破休眠。购买就是向外单位或种子公司购买，现在国际上一些著名的种苗公司纷纷进军我国市场，他们通过国内经销商代理或合资、独资经营的方式提供最新、最具优良品质的新品种或 F_1 代杂交种；交换就是外单位有本单位需要的种子，而本单位正好也有外单位需要的种子，便可进行种子交换。

1. 种子采收

1）留种母株选择。留种母株一定要选择生长健壮且能体现品种特性而无病虫害的植株。为避免品种间机械的或生物的混杂，种植时在不同品种的植物间要做必要的隔离，并经常进行严格的检查、鉴定、淘汰劣变植株。

2）采收。种子采收要根据果实的开裂方式、种子的着生部位以及种子的成熟度进行。某些种子应在充分成熟后采收，如一串红种子必须呈现褐色，牡丹种子必须呈现黑色才达到充分成熟；君子兰种子的果皮呈现红色时即可采收；对于蓇葖果、荚果、角果、蒴果等易于开裂的种子，如凤仙花、鸢尾、飞燕草、矮牵牛等果实，宜在开裂前的清晨空气湿度比较大时采收；对于陆续成熟的种子，如醉鱼草、一串红、枸杞等，需随时观察，分批采收；对于种子不易散落的花卉，可在整个植株全部成熟后，连株拔起，一次性采收。

在采收种子时，宜选择一株上早开花的种子，且着生于主干或主枝上的种子，较晚开花往往种子成熟度较差。种子采收后，必须立即编号，标明种类、名称、花色及采收日期等。采收时要特别注意同种花卉的不同品种必须分别采收、编号，以免混淆。采收的种子一般需经干燥处理，使其水分下降到一定标准后贮藏。

3）种子的处理。种子采收后，往往带有一定的杂质，如果皮、果肉、草籽等，不易贮藏，必须经过干燥、脱粒、净种、分级等步骤，才能符合贮藏、运输、商品化的要求。

对于干果类花卉种子可用干燥脱粒法获得；肉果类的果肉中含有较多的糖类、果胶，容易腐烂，滋生真菌，并加深种子休眠，可清水浸泡，用木棒使种子与果肉分离，洗净后取出种子, 阴干。

种子脱粒后, 应净种, 清除杂质和瘪种, 以提高种子净度。生产上常用风选、筛选、水选等方法, 除去种子中含有的杂质。种子经过净种处理后, 用不同孔径的筛子进行筛种, 按照种子的大小或轻重进行分级。

2. 种子的寿命与贮藏

（1）种子寿命 种子寿命是指在一定条件下能保持生活力的期限。就群体而言, 从收获后到半数种子存活所经历的时间即为该种子群体寿命。种子寿命的长短因花卉而异, 差别很大, 短的只有几天, 长的达百年以上。种子按寿命的长短, 可分为三类:

1）短命种子。寿命在 1 年以内的种子, 一般来讲许多温带阔叶树种、热带花卉、温带水生花卉和带大量肉质子叶的种子寿命较短。

2）中寿种子。寿命在 2 ~ 15 年间, 大多数针叶树种和草本花卉属于这一类。

3）长寿种子。寿命在 15 年以上, 这类种子以豆科植物最多, 莲、美人蕉属及锦葵科某些花卉种子寿命也很长。

生产中常见花卉种子的寿命见表 2-1。

表 2-1 常见花卉种子的寿命

花 卉 名 称	保存时间/年	花 卉 名 称	保存时间/年	花 卉 名 称	保存时间/年
菊花	3 ~ 5	凤仙花	5 ~ 8	百合	1 ~ 3
蛇目菊	3 ~ 4	牵牛花	3	茑萝	4 ~ 5
报春花	2 ~ 5	鸢尾	2	一串红	1 ~ 2
万寿菊	4 ~ 5	长春花	2 ~ 3	矢车菊	2 ~ 5
金莲花	2	鸡冠花	4 ~ 5	千日红	2 ~ 3
美女樱	2 ~ 3	波斯菊	3 ~ 4	大岩桐	2 ~ 3
三色堇	2 ~ 3	大丽花	5	麦秆菊	
毛地黄	2 ~ 3	紫罗兰	4	薰衣草	2 ~ 3
花菱草		矮牵牛	3 ~ 5	耧斗菜	2
天人菊	2 ~ 3	福禄考	1 ~ 2	藏报春	2 ~ 3
天竺葵	3	半枝莲	3 ~ 4	含羞草	2 ~ 3
彩叶草	5	百日草	2 ~ 3	勿忘我	2 ~ 3
仙客来	2 ~ 3	藿香蓟	2 ~ 3	观赏茄	4 ~ 5
蜀葵	5	桂竹香	4 ~ 5	蒲包花	2 ~ 3
金鱼草		瓜叶菊	3 ~ 4	宿根羽扇豆	5
雏菊	2 ~ 3	醉蝶花	2 ~ 3	地肤	2
翠菊	2	石竹	3 ~ 5	五色梅	1 ~ 2
金盏菊	3 ~ 4	香石竹	4 ~ 5	美人蕉	3 ~ 4

（2）影响种子寿命的因素 花卉的种类不同, 其种皮构造、种实的化学成分不一样, 寿命的长短也不同。影响种子寿命的因素有内部因素也有外部的环境条件。内部因素主要与种皮的性质及种子原生质的活力状况有关; 外部的环境条件主要指环境湿度、温度、氧气和

光照等。

种子寿命也受种子的成熟度，成熟期的矿质营养、机械损伤与冻害、贮存期的含水量以及外界的温度、真菌的影响，其中以种子的含水量及贮藏温度为主要因素。大多数种子含水量在5%～6%时寿命最长。种子贮藏的安全含水量，含油脂高的种子一般不超过9%，含淀粉种子不超过13%。

种子均具有吸湿性，在任何相对湿度的环境下，都要与环境的水分保持平衡。种子的水分平衡首先取决于种子的含水量及环境相对湿度间的差异。空气相对湿度为70%时，一般种子含水量平衡在14%左右，是一般种子安全贮藏含水量的上限。在相对湿度为20%～50%时，一般种子贮藏寿命最长。

空气的相对湿度又与温度紧密相关，随温度的升高而加大。一般种子在低相对湿度及低温下寿命较长。多数种子在相对湿度80%及温度25～35℃下，很快丧失发芽力；在相对湿度低于50%、温度低于5℃时，生活力保持较久。

（3）花卉种子的贮藏方法　种子采收后首先要进行整理。晾干脱粒放在通风处阴干，避免种子曝晒，要去杂去壳，清除各种附属物。种子处理后即可贮藏。种子贮藏的原则是抑制呼吸作用，减少养分消耗，保持种子的生命力，延长寿命。

1）自然干燥贮藏法。将经过阴干或晒干后的种子装入纸袋或布袋中，放在室内通风环境中贮藏。这种方法主要适用于耐干燥的一二年生草本花卉种子。

2）干燥密封贮藏法。干燥的种子装入瓶罐中贮藏，这是近年来普遍采用的方法。

3）低温干燥密封贮藏法。将干燥密封的种子存放于1～5℃低温环境中贮藏，可以很好地保持花卉种子的生活力。

4）湿藏法。有些花卉种子长期置于干燥环境下，便易于丧失发芽力，这类种子可采用湿藏法。常多限于越冬贮藏，并往往和催芽结合。一般将种子与相当种子容量2～3倍湿沙或其他基质拌混，埋于排水良好的地下或堆放于室内，保持一定湿度，也可将种子与湿沙分层堆积，即层积沙藏。这种方法可有效保持种子生活力，并具催芽作用，提高种子出芽率和发芽的整齐度。

5）水藏法。王莲、睡莲的种子必须贮藏在水中才能保持其生活力和发芽力。

2.1.3　播种技术

1. 种子萌发条件

种子发芽的内部条件不仅是要在外部形态上成熟，而且在内部生理上也要成熟（即胚发育成熟）。此外，种皮的厚薄程度对种子发芽也有影响，皮厚、坚硬的种皮不易透水透气，因而会影响发芽。同时，种子发芽还与种子的休眠时间长短等因素也有关系。

种子发芽的外部条件包括水分、温度、氧气、光照、基质等。

1）水分。种子吸水后种皮才能软化、破裂，种子内部发生一系列生理变化而发芽。种子发芽所需的水分量依种类而异，一般为土壤含水量的60%左右。水分过多，通气不良易引起腐烂；水分过少则种子发芽缓慢，甚至不发芽。播种后尤忌在种子萌动时缺水，这样会引起"干芽"而不能成苗。

2）温度。花卉种子萌发的适宜温度依种类及原产地的不同而异。通常原产地的温度越高，种子萌芽所要求的温度也越高。一般花卉种子发芽要求温度为15～22℃。耐寒宿根花卉及露地二年生花卉发芽最适温度为 27 ~ 32℃。

3）氧气。种子发芽需要充足的氧气供应。因此要求播种基质透气性良好，当然，水生花卉种子萌发所需的氧气量是很少的。

4）光照。大多数花卉种子的萌发对光照要求不严格，但是好光性种子萌芽期间必须有一定的光照，如毛地黄、矮牵牛、凤仙花等；而嫌光性种子萌芽期间必须遮光，如雁来红等。

5）基质。基质将直接改变影响种子发芽的水、热、气、肥、病、虫等条件，一般要求播种基质细而均匀，通气、排水、保湿性能好，播种前最好进行基质消毒。一些幼苗本身强健的种类，播种用土也可不经消毒。

2. 花卉播种前的种子处理

（1）选种　必须选用专业化生产的优良种子进行育苗，这是花卉成功栽培的前提。

（2）种子处理　一般一二年生草本花卉的种子播种前可不作处理，但对发芽缓慢、种皮坚实或休眠的种子等播种前必须进行处理，以达到促进萌芽的目的。常用的方法有以下几种：

1）浸种。播种前用水浸泡种子，达到催芽目的。可用冷水，也可用温水，甚至热水。所需水温和处理时间因种子而异。一般用于发芽缓慢或有纤毛的种子，如仙客来、文竹、君子兰、千日红等，播种前用 30 ~ 50℃的温水浸泡，通常浸种 6 ~ 24h。另外，增加水温（如初用 90℃左右的水浸泡，并使其自然冷却 20h）可使一些具胶质、蜡质的种皮软化、吸水，而后发芽，如火炬树。浸种水量一般相当于种子体积的 5 ~ 10 倍，通常每 12 ~ 24h 用清水冲洗一次，浸种温度及时间因种子而不同。

2）挫伤或剥壳。对种皮坚硬，透水性及透气性都较差的种子，可在近种脐处将种皮略加挫伤，以利发芽，如紫藤、凤凰木等。有些植物的种皮坚硬，如美人蕉、桂花、牡丹、荷花等，播种前将种皮挫伤，促其充分吸收水分后萌发。而对于果壳过于坚硬的种子，则将其剥脱后再播种，如黄花夹竹桃等。

3）药剂处理。其主要用于一些种皮含油脂、蜡质或种皮厚而坚硬的种子。用强酸或强碱，如浓硫酸或苛性钠处理种子时，处理时间从几分钟到几小时不等，视种皮的坚硬程度及透性强弱而异，浸种后必须用清水将种子洗净，方可播种。

4）冷藏或低温层积处理。其常为打破种子休眠的一种办法。将种子在 2 ~ 5℃的温度下处理 2 ~ 3 周，或在秋季用湿沙层积法处理种子，越过冬季后播种，可以打破休眠，促进发芽。如牡丹、鸢尾等在秋季用层积处理，第二年早春播种，出苗整齐迅速。

5）拌种。将种子与基质、种肥、包衣剂等混合。拌种主要适用于一些小粒或种粒细小的花卉种子，如矮牵牛、四季秋海棠、大岩桐等。国外已生产出一种所谓"药丸式"种子，将营养物拌在种子上，以利种子发芽。

3. 播种时期

播种时间主要取决于花卉的生物学特性和当地的气候温度。

1）春播。一年生花卉、大部分宿根花卉、水生花卉适宜春播。我国南方地区约在 3 月中旬到 4 月上旬播种；北方约在 4 月或 5 月上旬播种。如北方劳动节花坛用花，可提前于 1 ~ 2 月播种在温床或冷床（阳畦）内育苗。

2）秋播。二年生草花大多为耐寒花卉，多在秋季播种。我国南方多在 10 月上旬至 10

月下旬播种；北方多在9月上旬至9月中旬播种。冬季入温床或冷床越冬。一些要求在低温与湿润条件下完成休眠的种子，如芍药、鸢尾、飞燕草等必须秋播。

3）随采随播。种子含水量大，寿命短，失水后易丧失发芽力的花卉应随采随播，如四季秋海棠、南天竹、君子兰、枇杷等。

4）周年播种。热带和亚热带花卉的种子及部分盆栽花卉的种子，常年处于恒温状态，种子随时成熟。种子萌发主要受温度影响，如果温度合适，种子随时萌发。没有严格的季节性限制，但一般要避开最冷和最热的季节。因此，在有条件时，可周年播种，如中国兰花、热带兰花、鹤望兰等。

4. 播种方法

（1）地播

1）整地作畦。露地播种前，先选择地势高燥、平坦、背风、向阳的地方设置苗床，土壤要疏松肥沃，既利于排水，又有一定的蓄水能力。经翻整后耙细、去除杂物，然后再整地作畦。整地作畦一般分为低畦和高畦两种，低畦较适合少雨的北方地区，高畦则适合多雨的南方地区。低畦畦面宽100~120cm，畦埂宽一般为40cm，畦面低于畦埂15~20cm；而高畦畦面高于畦埂15~20cm。作畦后将苗床耙平耙细，由于花卉种子普遍细小，所以上层土壤最好过筛。同时浇足底水（同时采用杀菌剂作好苗土消毒），调节好苗床墒情。

2）播种方式。根据花卉的种类及种子的大小，可采取撒播法、条播法、点播法三种方式。种子大小的分级见表2-2。

① 撒播法。将种子均匀撒播于床面。此法适用于大量而粗放的种类，或粒径细小的种子。其特点是出苗量大，占地面积小，撒播均匀，但要及时间苗和蹲苗，如一串红、鸡冠花、翠菊、三色堇、石竹等。微粒种子一般把种子混入少许的细干土或细沙后，再撒播到育苗床上，如矮牵牛、虞美人、半支莲、藿香蓟等。

② 条播法。种子成条播种的方法。其特点是便于管理，通风透光，如文竹、天门冬等。

③ 点播法。也称为穴播，按照一定的株行距开穴点种，一般每穴播种2~4粒，出苗后留壮苗1株。点播用于大粒种子或量少的种子，主要便于移栽。此法幼苗生长最为健壮，但出苗量最少，如紫茉莉、牡丹、芍药、紫荆、丁香、金莲花、君子兰等。

表2-2 种子大小的分级

等 级	粒径/mm	每克粒数/粒	代 表 花 卉
大粒种子	>5.0	<100	紫茉莉、牡丹、牵牛
中粒种子	2.0~5.0	800~1000	石竹类、矢车菊、紫罗兰
小粒种子	1.0~2.0	2000~8000	三色堇、一点缨
细小粒种子	<0.9	10000~25000	四季秋海棠、矮牵牛、金鱼草

3）覆土。覆土厚度取决于种子大小，就一般标准来说，大粒种子可稍厚些，通常覆土厚度约为种子大小的2~3倍左右；小粒种子宜薄，以不见种子为度；微粒种子也可不覆土，播后轻轻镇压即可。播种覆土后，稍压实，便于种子吸收水分，有利于种子萌发。

（2）盆播

1）播种盆。一般温室花卉种子、细小种子和珍贵种子，都用浅盆（盘）播种。通常用直径30cm，深度为8~10cm的播种盆、育苗盘或木箱，播种前洗刷消毒。

2）盆土的制备。使用不含病虫卵和杂草种子、富含腐殖质的沙壤土为宜。一般配合比例如下：

①细小种子：腐叶土5、河沙3、园土2。

②中粒种子：腐叶土4、河沙2、园土4。

③中粒种子：腐叶土5、河沙1、园土4。

也可采用其他栽培基质如泥炭、蛭石、珍珠岩等混合使用。装入盆土，使土面距盆沿约1cm左右。

3）播种。小粒、微粒种子如四季秋海棠、蒲包花、瓜叶菊、报春花等，掺土或细沙后均匀撒播；大、中粒种子和包衣种子可点播。播后用细筛（0.3cm孔径）筛过的土覆盖。用镇压板镇土，将播种盆底部浸入水里，至盆面刚刚湿润均匀后取出，忌喷水。

然后将盆平放在庇阴处，盆面盖以玻璃或盘上盖一层湿报纸，以减少水分蒸发和阳光直射，待种子萌发。种子出苗后立即揭去覆盖物，并移到通风处，逐步见光。可继续用盆底浸水法给水，当长出1~2片真叶时用细眼喷壶浇水，并视苗的密度及时间苗，当长出3~4片真叶时可移植。

5. 播种后的管理

水分、氧气、温度是影响种子发芽的主要因素。在适合的季节和采用良好的基质播种，只要管理得当均能出苗。

播种后保持苗床的湿润，初期水分要充足，以保证种子充分吸水发芽的需要，发芽后适当减少水分，以土壤湿润为宜，不能使苗床有过干或过湿的现象。播种后，如果温度过高或光照过强，要适当遮阳。

种子发芽出土后，应及时揭去覆盖物，务必使其逐步见光，经过一段时间的锻炼后，才能完全暴露在阳光下，并逐渐减少水分，使幼苗根系向下生长、强大并苗壮成长。当真叶出现后，根据苗的疏密程度及时"间苗"，去弱留强，间苗后需立即浇水，以免留苗因根部松动失水而死亡。

如播种基质肥力低，苗期每周应施一次极低浓度的完全肥料，总浓度不超过0.25%。移栽前要炼苗。一般在幼苗具2~4片展开的真叶时进行移栽，阴天或雨后空气湿度高时移栽，成活率高，以清晨或傍晚移苗最好。起苗前半天，苗床浇一次透水，使幼苗吸足水分更适宜移栽。

2.1.4 穴盆育苗技术

穴盘育苗又称为育苗盘技术，是20世纪80年代兴起的花坛花卉栽培技术，在国内外已普遍应用。穴盘是一张经过冲压形成数百个小孔的塑料盘，每个孔种一棵植株，形成一个直径约1.6cm、深为2.5cm的泥球，每个穴底都可以排水。

穴盘基质填装、播种、覆盖、镇压、浇水等一系列作业都可以实行机械化、自动化操作。可以通过播种机将每粒种子直播于小孔中的小土团中，穴盘播种后，重叠放入催芽室，出苗后转移到温室或大棚内，在环境调控下进行育苗。育成的苗根系发达，幼苗健壮、整齐，定植后没有缓苗期，这种育苗法既省工，又省钱。

1. 穴盘育苗的优缺点

（1）穴盘育苗的优点

1）节省人力、能源。穴盘育苗从基质搅拌、装盘至播种、覆盖等一系列作业实现自动控制，劳动效率大大提高。由于机械化作业管理程度高，减轻了劳动强度，减少了工作量。同时单位面积育苗量多，占地只是常规育苗的 1/5，大大提高了经济效益。

2）提高种子利用率。穴盘育苗采用机械精量播种技术，大大提高播种率，由于实行规范化管理，生产效率高，能培育出生长健壮、规格整齐的优质快繁种苗，节省了种子用量，提高成苗率。

3）提高幼苗质量。穴盘育苗能实现种苗的标准化生产，育苗基质、营养液等采用科学配方。穴盘育苗一次成苗，幼苗根系发达，定植时不伤根系，容易成活，缓苗快，能严格保证种苗质量和供苗时间。

4）适宜长距离运输。穴盘育苗是以轻基质无土材料作为育苗基质，其相对密度小，保水能力强，并且不受季节限制，适于长距离运输。

（2）用穴盘育苗的不足之处　穴盘育苗的播种机械费用很高；穴盘需配备催芽室，一般幼苗需在催芽室 1 周或 10d 左右才能移入冷室，这样会增加费用。

2. 穴盘育苗的操作技术

（1）种子的处理　培育优质穴盘苗，首先应选籽粒饱满、高活力、高发芽率的种子。目前，适于穴盘育苗的园艺作物种类很多，主要的花卉种类有：非洲菊、万寿菊、银叶菊、黄晶菊、翠菊、白晶菊、蛇鞭菊、石竹、羽衣甘蓝、鸡冠花、一串红、百日草、矮牵牛、三色堇、紫薇、天竺葵、鼠尾草、孔雀草、紫罗兰、蒲包花等。

穴盘育苗的花卉种子必须精选，以保证较高的发芽率与发芽势。种子精选可以去除破籽、瘪籽和畸形籽，清除杂质，提高种子的纯度与净度。购买专业化生产的种子，如未经消毒的种子，播种前应进行种子处理。可将种子浸种处理，漂去瘪粒，用清水冲洗干净，滤去水分，种子风干后备用或进行种子丸粒化。对一些细小、不易播种的种子，如四季秋海棠、矮牵牛、鸡冠花等，使种子丸粒化，用可溶性胶将填充物以及有益于种子萌发的物质黏合在种子表面，使种子表面光滑，大小形状一致，粒径变大，重量增加。

（2）基质的选择　穴盘育苗的基本基质材料有珍珠岩、草炭（泥炭）、蛭石等。国际上常用草炭和蛭石各半的混合基质育苗。草炭被国内外认为是基质育苗最好的基质材料，我国泥炭储量丰富，具有很高的有机质含量。蛭石具有相对密度小、透气性好、保水性强等特点。育苗基质的消毒处理十分重要，可以用蒸汽消毒或加多菌灵处理等，多菌灵处理成本低，应用较普遍，每 $1.5 \sim 2.0 m^3$ 基质加入 50% 多菌灵粉剂 500g 拌匀消毒。

（3）穴盘选择　穴盘育苗为了适应精量播种的需要和提高苗床利用率，选用规格化的穴盘，其规格宽 27.9cm、长 54.4cm、高 $3.5 \sim 5.5cm$；孔穴数有 72 孔、128 孔、200 孔、288 孔等多种规格，穴盘规格如图 2-1 所示。用过的穴盘在使用前应清洗和消毒，防止病虫害发生或蔓延。

（4）装盘与播种　填装基质将充分混合并经过严格消毒的基质填装穴盘，可机械操作，也可人工填装。大批量生产可采用机械播种，优点是快速、省人工；但不能确保种子落在穴孔正中。小量生产可人工点播，优点是可使种子放在穴孔中间的位置，利于日后的发芽生长；但速度慢、费人工。

人工播种时，将配好的基质装入穴盘，基质是用细筛筛出的基质，不可用力压紧，基质不可装得过满，以防浇水时水流出。将装好基质的穴盘摞在一起，两手放在上面，均匀下压，然后将种子仔细点入穴盘，每穴一粒，再轻轻盖上一薄层基质，与小格相平为宜。播种后及时浇水，至穴盘底部有水渗出即可。播种完毕作好标签，注明品种、花色、播种日期等，以便及时掌握种子发芽、生长状况，加强管理。

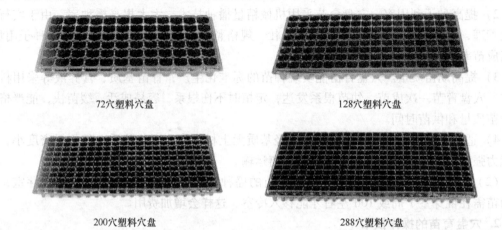

72穴塑料穴盘　　　　128穴塑料穴盘

200穴塑料穴盘　　　　288穴塑料穴盘

图 2-1　穴盘规格

3. 穴盘育苗的苗期管理

1）温度管理。适宜的温度、充足的水分和氧气是种子萌发的三要素。不同种类以及作物在不同的生长阶段对温度有不同的要求，草本花卉发芽温度要求见表2-3。

表 2-3　草本花卉发芽温度要求

品　种	发芽温度/℃	生长温度/℃	光　照
瓜叶菊	21	5～25	好光
蒲包花	18～25	15～25	好光
福禄考	15～26	5～25	嫌光
四季报春	15～18	15～20	好光
欧洲报春	15～20	5～20	好光
球根秋海棠	20～22	16～21	好光
大岩桐	22～24	16～20	好光
四季秋海棠	22	16～20	好光
金鱼草	18～20	10～20	好光
龙胆	20～22	18～24	好光
银叶菊	22～24	13～21	嫌光
香雪球	18～20	10～18	好光
矮牵牛	24～25	10～30	好光
三色堇	22～25	12～18	嫌光
鸡冠花	24～26	20～30	嫌光
一串红	21～23	18～21	好光
百日草	20～25	15～30	嫌光
万寿菊	15～20	20～25	嫌光

2）水肥管理。在育苗过程中，采用微喷系统，要注意调整穴盘位置，促使幼苗生长均匀。各苗床的四周边际与中间相比，水分蒸发速度比较快，因此在每次灌溉完毕后，都应对苗床四周 10~15cm 处的秧苗进行补充灌溉。在播种的基质中，要含有能给花卉提供一周左右所需要的养分，播后通过喷雾，也可以提供一些肥料。

3）苗期病虫害防治。花卉育苗过程中由于新根尚未发育完全，此时幼苗的自养能力较弱，抵抗力低，易感染各种病害和虫害，因此要做好综合防治工作。

4）定植前炼苗。秧苗在移出育苗温室前必须进行炼苗，以适应定植地点的环境。应提前 3~5d 降温、通风、炼苗。另外，幼苗移出育苗温室前 2~3d 应施一次肥水，并进行杀菌、杀虫剂的喷洒，做到带肥、带药出室。

5）移栽、运输。穴盘苗苗龄比较短，而且穴孔越小，苗龄越短，如一串红、万寿菊用 128 孔的穴盘，15~20d 幼苗长出 3 对叶即为成苗，即可移栽和销售。移栽前要浇一次水，使苗脱盘容易，也有利于运输。

2.1.5 良种繁育技术

良种是优良品种的简称。品种则是指根据人类需要而创造的、遗传性状比较稳定的、在一定的栽培环境条件下其主要性状表现基本一致的一群栽培植物个体。每种花卉，园艺品种几乎都有成千上万种，但品种的时间性很强，经常有一些品种被淘汰，被其他新品种所代替。优良的新品种不仅观赏价值高，其商品价格往往也高出普通品种十倍，甚至上千倍。不言而喻，在观赏植物生产过程中，人为有意识地培育新品种，就会创造巨大的经济效益。

良种繁育是运用遗传育种学的理论与技术，在保持不断提高良种种性生活力的前提下，迅速扩大良种数量；保持并不断提高良种性状，恢复已退化的优良品种种性；保持并不断提高良种的生活力。良种繁育是发展园林植物品种的一个重要组成部分，没有良种繁育，选种成果便不能在园林中迅速发挥应有的作用。

1. 优良品种的保存

（1）花卉品种退化的原因

1）机械混杂与生物学混杂。机械混杂是在播种、采种、脱粒、晒种、贮藏、调运、育苗等过程中，人为地造成品种种子混杂，从而降低了品种的纯度。随着机械混杂的发生，将会发生生物学混杂，使品种间或种间产生一定程度的天然杂交，造成一个品种中混入另一个品种的遗传因素，从而影响后代遗传品质，降低品种纯度和典型性，产生严重的退化现象。

2）生活条件与栽培方法不适合品种种性要求，引起遗传性分离与变异。优良品种是长期培育形成的，如生长条件、栽培条件长期不适应品种的要求，其优良种性就会被潜伏的野生性状代替，原来的显性性状被隐性性状代替，品种特性便会退化。例如三色堇、雏菊在良好条件下花大、色艳，在不良条件下花小、色暗；菊花、翠菊在不良栽培条件下，会发生重瓣性降低，花瓣变短、变窄等退化现象。

3）生活力衰退。长期营养繁殖和自花授粉会造成活力衰退，此外，长期在同一条件下栽培也会引起长势衰退，因此需要进行地区间的品种交流。

（2）保持与提高优良品种的措施

1）建立完整的良种繁育体系和严格的良种繁育制度。1961 年，由一些国家联合签署的巴黎《植物专利的国际条约》规定，各结盟国需协力保护育种家的权利。受条约保护的除农作物以外，也包括园林花卉植物。我国目前也建立了植物新品种权的申请、审查和授予制度。有关知识产权保护的法律法规也正在趋向与国际接轨。

在完整的规章制度下，良种繁殖所使用的种子、种苗都应该由专门的机构负责生产。在良种繁育过程中，应严格执行良种繁育程序，采取防止良种退化的措施。逐步通过立法保护育种者的权益。建立完善的良种繁育推广体系，做到良种布局合理化、种苗繁育制度化、种苗生产专业化、种苗质量标准化，防止伪劣种苗流入市场，最大限度地发挥良种在生产中的作用。

2）防止机械混杂。严格遵守良种繁育制度，防止人为的机械混杂，保持良种的纯度和典型性。种子采收时应有专人负责。根据成熟期分品种采收。采收后立即标记品种名称、采收日期等。采集、调制种子的容器必须干净。晾种时各品种应分别用不同容器盛放。同一类型的种子要间隔较大距离。种子贮藏中应注意分门别类、井然有序，防止标签损坏或遗失。

播种种子或种球要做好选种、催芽等工作，必须做到不同品种分别处理。播种时选无风天气。播种后插上标牌，作好记录。坚持合理轮作，避免隔年种子萌发而造成混杂。移植前对所移植品种进行对照检查，核实无误后方可进行。移植时，定人定品种，专人移植。在移苗、定植、初花期、盛花期、末花期要注意及时去杂，这也是防止机械混杂的有效措施。

3）防止生物学混杂。为防止异花授粉植物在繁育过程中发生生物学混杂，要求在不同品种种植空间上给予一定的隔离，即空间隔离。可采用一定的人工措施，从空间隔断风及昆虫等对花粉的传播，从而防止天然杂交；可设置隔离区，在良种繁殖区周围的一定范围内不种植能使良种天然杂交的植物；也可以设置保护区，在良种种植面积小、数量少的情况下，采用温室、塑料大棚、小拱棚种植，覆盖纱围、塑料薄膜等，防止天然杂交；也可采取分期种植的方法，使同一类植物的开花期错开，从而避免天然杂交。

4）加强选择，去杂去劣。去杂是指去掉优良品种以外的植株和杂草；去劣是指去掉良种中感染病虫害、生长不良、观赏性状较差的植株。加强选择是保证良种纯度，防止良种种性退化的有效方法。移植或定植时，可根据品种的性状和相关特性去掉杂苗和劣苗。草花品种在初花期去劣，能有效保持早花性。盛花期花朵的典型性表现最明显，选择花形、花色、瓣形等有关性状最有效。此时要把花色优良或综合性状优良的单株进行标记，淘汰不良性状的单株。

5）改善栽培条件，提高栽培技术。选择适宜的土壤，土壤的性能要与植物的要求一致，一般应具有良好的土壤结构、适宜的酸碱度等。合理施肥，氮、磷、钾比例适当。适当加大株行距，使良种有充足的营养面积，从而提高种子质量和产量。同时合理轮作可以减少病虫害发生，合理利用地力，促进植物生长发育，更重要的是还能防止混杂和一定程度上防止球根花卉生活力退化。

6）改变生活环境，提高良种的生活力。良种长期在同一地区的条件下生长，某些不利因素会导致其优良性状退化。用改变环境的办法有可能复壮种性，保持良种的生活力。一般是通过改变播种期和异地栽培的方法来实现。此外，低温锻炼幼苗和种子，或高温和盐水处理种子，或将已经萌动的种子进行干燥处理等，都能在一定程度上提高良种的抗逆性和生活力。

7）人工辅助授粉和杂交。人工补足天然授粉的不足以保证花粉供应和扩大选择授粉的范围，一般在同品种内进行。当母体的性细胞选择了活力强的雄细胞结合后，可使后代生活力大大加强。

8）脱毒处理。许多园林植物容易感染病毒，从而引起退化，特别是进行营养繁殖的花卉，如大丽花、菊花、香石竹、百合、唐菖蒲、郁金香等。利用植物组织培养技术对这些植物进行脱毒处理，可恢复其良种特性，提高生活力。脱毒处理的主要方法是利用茎尖组织培养。

总之，引起良种退化的原因是多方面的，同时，各因素之间又是相互联系、相互转化的。所以，防止良种退化，既要有针对性，还必须采取综合措施才能收到较好的效果。

2. 优良品种及杂种优势的利用

进行杂交育种时，要在品种中选择具有杂种优势的组合，利用杂种优势提早开花期，提高生活力，增进品质和抗性。植物品种间杂交可促使植物产生变异，从中选择新品种，代替或更换退化了的旧品种，这是防止品种退化、提高种性的最基本、最有效的方法。所谓杂种优势的利用，是指生产上只利用杂交种的第一代（F_1），它具有生长旺盛、性状一致等优点，其后代（杂种第二代、三代…）由于性状分离，生长势减退，就不能再利用了。目前先进花卉生产国的一二年生花卉种子有不少是杂种一代，如四季秋海棠、矮牵牛、三色堇、天竺葵等，市场上都以杂种一代的种子出售。

制造杂种一代的步骤为：通过自交创造纯化的自交系；通过不同自交系间的相互杂交取得各杂交种；通过各杂交种的相互比较，确定优良杂交组合；将选定的亲本自交系分别在隔离区上制造杂交种一代。

杂种一代的生产具有极大的经济效益，生产种子的单位对它创造的杂种组合具有专利权，人们只能买到它所生产的杂种一代的种子，而无法买到其亲本纯系。因为杂种一代生产的杂种二代是分离混杂而无用的，所以人们只能年年向该生产单位购买其杂种一代的种子。

3. 提高良种繁殖系数的技术措施

经过选择而获得的良种是珍贵的。育苗方法应该与其相适应。提高良种的繁殖系数，必须以保证良种的质量为前提。为了使良种尽快发挥作用，必须加速繁殖足够数量的优良种子和种苗。在种苗繁育的初级阶段，由于良种繁殖材料数量少，必须充分利用现有的繁殖材料提高良种的繁殖系数。提高种子繁殖系数的措施主要有：

1）适当扩大营养面积，使植株营养体充分生长，这样就可以发挥每一粒种子的作用，激发每株种苗的生产潜力，生产更多的种子。

2）对植物进行预先无性分割和摘心处理，这样可以增加采种母株数量，促进侧枝分生，提高单株的采种量。

3）对于抗寒性较强的一年生植物，可以适当早播，以延长营养生长时期，提高单株产量。对于一些春化阶段要求严格的植物，可以控制延迟其春化阶段的通过，在充分增加营养生长期以后，再使其通过春化阶段，这样可以少量的种子获得大量的后代。

4）对于异花授粉和常异花授粉植物，可进行人工授粉，这样可以显著增加种子产量。对于落花、落果严重的植物，可控制水肥，以避免其落花、落果，这也是提高繁殖系数的一个方面。

 任务2 花卉分生、压条繁殖技术

许多观赏价值比较高的花卉种类，常常雌雄蕊退化，不能结实，还有些种类虽能开花结实，但种子发育不成熟，无法用种子繁殖后代。另外，还有些珍贵的花卉品种，为保持其品种特性，则必须用无性繁殖法进行繁殖。无性繁殖即营养繁殖，就是利用植物营养体的再生能力在人工辅助下繁殖的方法。其优点能保持品种的优良性状，提前开花结实；缺点是繁殖量小，苗木根系不完整，寿命短，此外，繁殖材料体积大，不易携带。生产上常用的无性繁殖法有分生、扦插、嫁接、压条等方法。

2.2.1 分生繁殖

分生繁殖是花卉营养繁殖方式之一，利用植株基部或根上产生萌枝的特性，人为地将植株营养器官的一部分与母株分离或切割，另行栽植和培养而形成独立生活的新植株的繁殖方法。优点是新植株能保持母本的遗传性状，方法简便，易于成活，成苗较快；缺点是繁殖量小，生产数量有限，不能满足大规模栽培的需要。分生繁殖常应用于多年生草本花卉及某些木本花卉。

依植株营养体的变异类型和来源不同，分生繁殖可分为分株繁殖和分球繁殖两种。

1. 分株繁殖

分株繁殖（图2-2）是将花卉带根的株丛分割成多株的繁殖方法。分株繁殖多用于丛生型或容易萌发根系的灌木或宿根类花卉。常见的多年生宿根花卉如麦冬、兰花、芍药、萱草属、玉簪属等，木本花卉如牡丹、蜡梅、紫荆和棕竹等均可用此法繁殖。分株繁殖操作方法简便可靠，新个体成活率高。

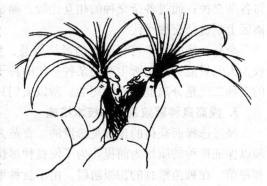

图2-2　分株繁殖

（1）分株时间　因花卉种类不同，分株的时间各不相同，多在秋季落叶后至翌年早春萌芽前的休眠期进行。一些丛生型的灌木花卉大多宜在早春萌动前分株，如蜡梅等；而一些肉质根的花卉，如牡丹、芍药等，宜在秋季分株。尤其对于一些春季萌芽早、苗期生长快、现蕾开花早的花卉种类，必须在秋季进行分株繁殖，如芍药等，由于春季正值萌发之际，分株后易影响生育，因此春季分株不开花。早春开花的宿根花卉如萱草、鸢尾等适于秋季分株，而菊花、宿根福禄考、桔梗、金光菊等多在春季分株。

（2）分株方法

1）丛生及萌蘗类分株。木本花卉如棣棠、迎春花、牡丹、蜡梅等，可在秋季或早春花刚萌动时，挖起株丛，分割成许多小丛，每丛2～3个枝干，分别栽植。另一类是丛性不强，但易于萌发根蘗的种类，如紫藤、凌霄、金银花等，选择每株旁抽生的健壮根蘗，连根割下挖起，另行种植。

2）宿根花卉分株。一些宿根花卉如鸢尾、萱草、中国兰花、芍药、玉簪等，地栽3～5年或盆栽2～3年后，株丛过大，需要重新种植或翻盆，都可以在春、秋两季结合分株进行。挖取或倒盆后，抖掉泥土，在易于分开处用刀分割，分成2～3丛，切口处用草木灰或硫黄粉涂抹消毒后，分栽种植。

其他花卉如吊兰、虎耳草等，可在走茎上产生自然生根的小植株，将其分离另行栽植，即形成新植株；多浆类花卉如芦荟、景天、拟石莲花等，常自根际或叶腋处生出莲座状短枝，称为吸芽，将其分离栽植，即可形成新植株；百合类花卉如卷丹，可在叶腋处产生珠芽，自然落地即可形成新株；薯蓣叶腋间生长的余零子，呈鳞茎状或块茎状，脱离母体后自然脱落可生根。

2. 分球繁殖

分球繁殖（图2-3）是指利用球根花卉地下部分分生出的子球进行分栽的繁殖方法。球根花卉的地下部分每年都在球茎部或旁边产生若干子球，秋季或春季把子球分开另栽即可。

（1）球茎类繁殖　球茎为茎轴基部膨大的地下变态茎，短缩肥厚呈球形，为植物的贮藏营养器官。球茎上有节、退化叶片和侧芽。老球茎萌发后在基部形成新球，新球旁再形成子球。新球、子球和老球都可作为繁殖体另行种植，也可带芽切割繁殖，如唐菖蒲、番红花、小苍兰等皆可用此法繁殖。秋季叶片枯黄时将球茎挖出，自然晾干，依球茎大小分级、贮藏，春季分栽。

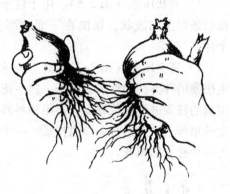

图2-3　分球繁殖

（2）鳞茎类繁殖　鳞茎由小鳞片组成，鳞茎中心的营养分生组织在鳞片腋部发育，产生小鳞茎。鳞茎、小鳞茎、鳞片都可以作为繁殖材料。郁金香、水仙常用小鳞茎繁殖，百合常用小鳞茎和珠芽繁殖，也可用鳞片叶繁殖。

（3）块根类繁殖　如大丽花、花毛茛，因不定芽仅在根茎处发生，分球时应注意保护芽眼，一旦破坏就不能发芽。

（4）根茎类繁殖　如美人蕉、鸢尾等具有肥大块茎，用刀将根茎带芽（3~4芽）分割另植，切口要消毒防腐，切割时注意保护芽眼。

（5）块茎类繁殖　如马蹄莲、花叶芋等分割时要注意不定芽的位置，每块都要带芽分栽。

2.2.2　压条繁殖

压条繁殖是把观赏植物植株的枝条埋入湿润土中，或用水苔、泥炭等保水物质包裹枝条，待其生根后与母株割离而成为新植株，是利用植物的再生能力来繁殖的，是一种枝条不切离母体的扦插法。压条繁殖多用于扦插难以生根的花卉，或一些根蘖丛生的灌木，如桂花、蜡梅、白兰花、结香、迎春、米兰等，也可用于一些宿根花卉如宿根福禄考、美女樱、旱金莲等。

1. 压条时间

一般草本花卉和常绿木本花卉以梅雨季节初期较为适宜，有利于压条的伤口愈合、发根和生长；落叶木本花卉以冬季休眠期末，至翌年早春开始萌动生长时进行为宜，枝条积累的养分多，压条容易生根；藤本花木的压条以春分和梅雨初期为宜。总之，休眠期中的植物不宜做压条繁殖。

2. 压条方法

取条要根据压条方法而决定，如在植株基部堆土压条，大小都可用，就不必选条。一般要选用成熟而健壮的一二年生枝条。曲枝压条要选择能弯曲、近地面的枝条。高空压条要选壮实的枝条，高低适当的部位。取条的数量，一般不超过母株枝条的1/2。

1）普通压条（图2-4）。多数木本花卉和宿根花卉的一些种类都可用此方法。取接近地面的枝条作为压条材料，在被压部位的下部横刻或纵刻一长割缝，深达木质部，也可在被压处作环状剥皮，然后曲枝压入土中，枝条顶端露出地面，以"V"形木钩将压入土中的部分固定，覆土10～20cm并压紧。待充分生根后，即可与母株切离，另行分栽。

2）堆土压条（图2-5）。堆土压条多用于根蘖多的直立性的花灌木类，如玫瑰、金钟花、贴梗海棠等，在丛生枝条的基部予以刻伤后堆土。生根后，分别移栽。

3）波状压条（图2-6）。用于枝条长而易弯曲的花木，如紫藤、凌霄、金银花等，将植株枝条弯曲如波状，屈曲在下面的部分埋入土中。生根后，分别剪离即成为数个独立新个体。

4）高空压条（图2-7）。高空压条多用于植株较直立，枝条较硬而不易弯曲，又不易发生根蘖的种类，如杜鹃、山茶、白兰花、蜡梅等。在其当年生的枝条中，选取成熟健壮、芽饱满的枝条进行环状剥皮，再用塑料薄膜包住环剥处，环剥的下部用绳扎紧，内填以适宜湿度的培养土，然后将上口也扎紧。一个月左右生新根后剪下，将塑料薄膜解除，栽植后就成为一个独立的植株。

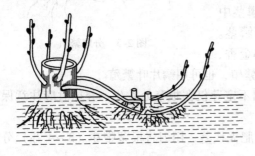

图2-4 普通压条

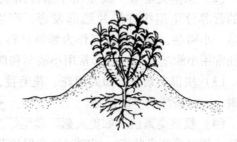

图2-5 堆土压条

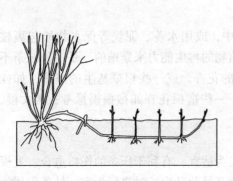

图2-6 波状压条

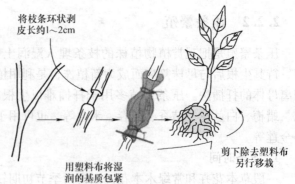

将枝条环状剥皮长约1～2cm

用塑料布将湿润的基质包紧

剪下除去塑料布另行移栽

图2-7 高空压条

3. 压条后的管理

由于压条不脱离母体，在生根过程中的水分及养料均由母体供给，所以管理容易，但要注意是否压紧。切离母体的时间依其生根快慢而定。有些种类如蜡梅、桂花等翌年切离；有些种类如月季等当年切离。切离之后即可分株栽植，栽植时要尽量带土，以保护新根。

任务3 花卉扦插繁殖技术

扦插繁殖是花卉无性繁殖的方法之一，是将花卉的根、茎、叶的一部分，插入基质中，使之生根发芽成为独立植株的方法。扦插所用的一段营养体称为插条（穗）。扦插所得到的苗称为"扦插苗"。易生不定根的草本花卉、木本花卉以及多肉类花卉都可用扦插繁殖。扦插育苗生长快、开花早，短时间内可育成大苗，具有简便、快速、经济、量大的优点，在花卉生产中应用十分广泛。缺点是管理精细，根系较浅而弱，寿命不如有性繁殖的长久。扦插繁殖是花卉的主要繁殖方法之一，有枝插、根插与叶插之分。

2.3.1 影响扦插成活的因素

扦插成活的原理是基于植物的营养器官具有再生能力，植物营养器官脱离母体后，可以发生不定根和不定芽，从而形成新植株。

1. 内部因素

1）花卉植物本身的遗传性。植物种类不同，插穗的生根能力不同。有的插穗生根容易，生根快，如月季、栀子、常春藤、橡皮树、巴西铁、榕树、富贵竹、香石竹、秋海棠类等；有的植物插穗能生根，但生根较慢，对技术和管理要求较高，如山茶、桂花、含笑、米兰等；有的植物插穗不能生根或较难生根，如蜡梅、海棠、美人蕉等。

2）母株和插穗。多年生花卉，插穗的生根能力常随母株年龄的增长而降低。不同部位的枝条，其木质化程度即成熟度不同，生根难易也不同。侧枝比主枝易生根，向阳枝条比背阴枝条生根好。硬枝扦插时取自枝梢基部的枝条生根较好，嫩枝扦插以枝梢作插条比用下方部位的生根好，营养枝比结果枝更易生根，去掉花蕾比带花蕾者生根好，如杜鹃。通常选择营养良好、发育正常、无病虫害的枝条做插穗。

2. 环境因素

1）温度。不同种类花卉，要求不同的扦插温度，其适宜温度大致与其发芽温度相同。大多数种类花卉适宜扦插生根的温度为15～20℃，热带花卉为25～30℃，耐寒类花卉温度可稍低，土壤温度（包括其他插床基质温度）如能比气温高3～6℃时，更可促进根的迅速发生。

2）湿度。插穗在湿润的基质中才能生根，一般插床基质含水率控制在50%～60%左右。水分过多常导致插穗腐烂。扦插初期，水分较多则愈合组织易于形成，愈合组织形成后，应减少水分。为避免插穗枝叶中水分的过分蒸腾，要求插床环境要保持较高的空气湿度，通常以80%～90%的相对湿度为宜。

3）光照。软材扦插一般都带有叶片，以便在日光下进行光合作用，提高生根率。由于叶片表面积大，阳光充足温度升高，蒸腾作用强会导致插条失水萎蔫。因此，在扦插初期要适当遮阳，当根系大量生出后，陆续给予光照。软材扦插可采用全光照喷雾扦插，以加速生根，提高成活率。

4）氧气。插条在生根过程中需进行呼吸作用，尤其是当插穗伤口愈合后，新根发生时呼吸作用增强，可适当降低插床中的含水率，保持湿润状态，并适当通风提高氧气的供应量。

2.3.2　扦插基质

理想扦插基质的特点是排水、通气良好，又能保温，不带病、虫、杂草及任何有害物质。常用于扦插的基质主要有河沙、蛭石、珍珠岩、草木灰、碳化稻壳等。人工混合基质常优于土壤，可按不同花卉的特性而配备。

河沙是一种优良的扦插基质，它排水良好、透气性好，如供水均匀，则易于生根。由于沙内无营养物质，生根后应立即移植。一般温室都备有沙床，可供一般温室植物随时扦插用。蛭石或珍珠岩，常与泥炭混合作扦插基质，效果良好。一般腐殖质土都为微酸性，通常扦插喜酸植物，如山茶、杜鹃等。园土可用于地被菊扦插的露地插床，在园土内加入河沙、泥炭、草木灰等，使之疏松，有利排水和插穗的插入，如香石竹多用这种混合基质。

2.3.3　促进生根的方法

1. 机械处理

环状剥皮可应用于较难生根的木本植物。在生长期中，切取插穗的下端，进行环状剥皮，使养分积聚于环剥部分的上端、插穗的下端，然后在此处剪取插穗进行扦插，则易生根。

2. 黄化处理

黄花处理对于一部分木本花卉效果良好。即在插穗剪取前，先在剪取部分进行遮光处理，使之变白软化，预先给予生根环境和刺激，促进根原组织的形成。用不透水的黑纸或黑布，在新梢顶端缠绕数圈，新梢继续生长到适宜长度时，遮光部分变白，即可自遮光部分剪下扦插。

3. 加温处理

增加底温是极广泛的应用方法，因扦插基质温度高于气温时，可促进根的发生，气温低则有抑制枝叶生长的作用，也就是说，先生根后枝叶生长，以保证植株成活。因而特制的扦插有增高底温的设备。

4. 药剂处理

花卉扦插繁殖中，合理使用生根激素促进剂，可有效地促进插穗早生根、多生根。常见的生根激素促进剂有萘乙酸（NAA）、吲哚乙酸（IAA）、吲哚丁酸（IBA）等，对花卉枝插有显著作用。但对于根插、叶插效果不明显，处理后常抑制不定芽的发生。吲哚丁酸效果最好，萘乙酸成本低。生长素的应用方法较多，有粉剂处理、液剂处理、脂剂处理、对采条母枝的喷射或注射以及扦插基质的处理等。花卉繁殖中以粉剂处理及液剂处理为多。

粉剂处理以滑石粉为基质最为普遍，即插条上沾上粉末，再行扦插。混入生长素之量视扦插种类及扦插材料而异。吲哚乙酸（IAA）、吲哚丁酸（IBA）及萘乙酸（NAA）等应用于易生根的插穗时，其浓度为500～2000mg/L，此浓度用于软材扦插。对生根较难的插穗，浓度约为10000～20000mg/L，两种生长素混合应用时，常比单一生长素处理的插穗生根较快，根数也多。

液剂处理时，用萘乙酸（NAA）、吲哚乙酸（IAA）、吲哚丁酸（IBA）处理的适宜浓度，草本花卉5~10mg/L，木本半硬枝扦插50~200mg/L，各浸条24h。水溶液配制后易失效，临用时配制为好。酒精液剂可配制成浓缩溶液，如吲哚丁酸50%的酒精溶剂，其浓度可达4000~10000 mg/L，将插穗浸入1~2s，取出即行扦插。

生根激素促进剂的应用浓度要准确，过高会抑制生根，过低不起作用。处理浓度依植物种类、施用方法而异，一般而言，草本、幼茎和生根容易的种类用较低的浓度，相反则用高浓度。

2.3.4 扦插时期

扦插时期，依花卉种类、品种、气候及管理方法不同可分为：

1）休眠期扦插。一些落叶花木的硬枝扦插，在秋冬季进入休眠以后11月或次年2、3月均可进行，如月季、海仙花等。

2）生长期扦插。一些木本花卉、温室花卉或草本花卉的嫩枝扦插，也称软枝扦插。

3）全年均可扦插。扦插可在蔽荫情况下进行，或在全光照，不间歇或间歇喷雾下进行，如菊花、四季秋海棠等。

2.3.5 扦插方法

1. 枝插

（1）硬枝扦插（图2-8a） 多用于木本花卉的扦插，如紫薇、海棠类。在秋季落叶后或次年萌芽前，选取成熟、节间短而粗壮，并且无病虫害的一二年生枝条中部，剪成长度在10~15cm，约3~4节的插穗，上端在芽上方1cm左右平剪，或在芽的对面斜削成马耳形。插条下端剪成斜面或平削，下端切口的斜削或平削的效果，不同植物反应不同，就大多数来说以斜削为佳。多数植物在节处生根，切口在基部芽下方0.3cm处。但有少数种类节间生根如铁线莲等，应从节间剪断。插穗插入土中1/2~2/3，直插或斜插。南方多在秋季扦插，有利于促进早生根发芽；北方地区冬季寒冷，应在阳畦内扦插，或将插穗贮藏至翌年春季扦插。插穗的冬季贮藏应采用挖深沟湿砂层积的方法，量少时也可用湿砂层积于木箱中，置于室内冷凉处。

有些难于扦插成活的花卉可采用带踵插、锤形插、泥球插等，适用于木本花卉紫荆、桂花、梅花、山茶等。

（2）软材扦插 软材扦插又称为嫩枝扦插。插穗是采取正在生长的枝条，温室花卉周年都可在温室

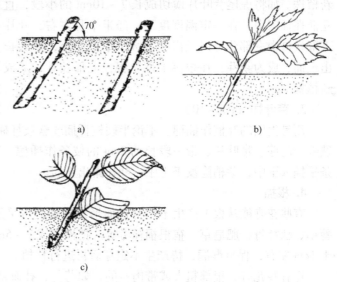

图2-8 枝插
a）硬枝扦插 b）嫩枝扦插 c）绿枝扦插

内进行扦插，不受季节限制。

嫩枝扦插（图2-8b）是在生长期采用枝条顶端的嫩枝做插穗的扦插方法，多用于草本花卉和常绿木本花卉。插穗选取组织老熟适中为宜，过嫩易腐烂，过老则生根缓慢，长度通常5～10cm，保留上端2～3片叶，将下部叶片从叶柄基部全部剪掉。如果上部保留的叶片过大，如扶桑、一品红等，可剪去1/2～1/3。切口宜靠近节下方，以平剪、光滑为好。多汁液种类应使切口干燥后扦插，多浆植物使切口干燥半日或数天后扦插，以防腐烂。扦插深度为插穗长度的1/3～1/2。木本花卉如木兰属、蔷薇属、绣线菊属、火棘属、连翘属和夹竹桃等，草本花卉如菊花、大丽花、丝石竹、矮牵牛、香石竹等，均可用此法进行。

（3）半软枝扦插　半软枝扦插又称为绿枝扦插（图2-8c），是生长期用半木质化的带叶片绿枝做插穗的扦插方法。在木本花卉中，常采用半软材扦插。取当年生半木质化枝条，弃去枝梢过嫩部分，保留下段枝条备用，如月季、大叶黄杨、女贞、桂花、米兰、栀子、茉莉等。

2. 叶插

选取叶片或者叶柄为插穗的扦插方法称为叶插（图2-9）。叶插适用于叶易生根又能发芽的植物，常用于叶质肥厚多汁的花卉，如秋海棠类、非洲紫罗兰、十二卷属、虎尾兰属、景天科的许多种。叶插发根的部位有叶脉、叶缘及叶柄。如秋海棠叶片插，将叶片上的支脉于近主脉处切断数处，平卧在插床面上，使叶片和介质密切接触，并用树枝或铜钉固定，就能在支脉切断处生根长芽。非洲紫罗兰叶插，能于叶柄切口处生根长芽。虎尾兰在叶片的切口可以萌芽生根，可以利用这些特性进行叶插，使其发芽生根，长成新植株。如将虎尾兰叶片横切成长7～10cm的小段，直立插在插床中。在一定温湿度下，经半个月左右，叶片下部切口中央部分可以长出一至数个小根状茎，继而长出土面，成为新芽；在根茎下部生根，上部长叶，形成新植株。

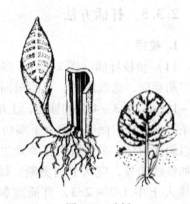

图2-9　叶插

3. 芽叶插（图2-10）

用易生根的叶柄作插穗。不论半硬枝扦插或软枝扦插，如材料不够，可以取枝条上较成熟部分的芽、带叶片、带一段长约2cm的枝条作插穗。芽的对面稍削去皮层，将插穗的枝条平插入土中，芽梢隐没于土中，叶片露出土面。

4. 根插

有些花卉能从根上产生不定芽进而形成幼株，可采用根插繁殖（图2-11），如剪秋罗、蓍草、秋牡丹、肥皂草、宿根福禄考等。把根剪成3～5cm长，用撒播的方法撒于床面，覆土1cm左右，保持湿润，待产生不定芽后再进行移植。

还有些花卉，根部粗大或带肉质的，如芍药、补血草、荷包牡丹、宿根霞草等，有粗大的根，可剪成3～8cm左右的根段，作为插穗，垂直插入土中，上端稍露出土面，待产生不定芽后再进行移植。

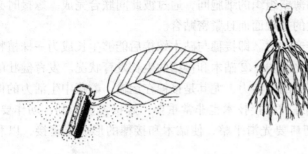

图 2-10　芽叶插

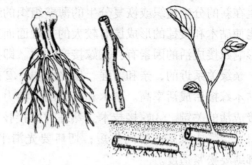

图 2-11　根插

2.3.6　扦插后的管理

为了促使插穗尽快生根，必须加强扦插后的插床管理。影响扦插生根的因素很多，但主要是保持好插床适宜的温度、湿度及光照条件。

1）插床温度。扦插后，生根前主要是保湿保温。温度主要是基质温度，基质温度对促进插穗生根具有很大的作用。不同种类要求不同的扦插温度，北方的硬枝插穗，可采用阳畦覆盖塑料薄膜再加草帘的办法保温，白天揭帘增温，夜间盖帘保温；南方多采用搭棚来保温保湿。

2）插床湿度。扦插后，要切实保持插床内基质和周围空气的湿润状态。插床周围的空气相对湿度以近于饱和为宜，即覆盖的塑料薄膜上有凝聚的小水珠为适；未覆盖塑料薄膜的插床，其周围的空气相对湿度也应达到 80%～90%。插床基质的湿度则不宜过大，否则会引起插穗腐烂。一般插床基质湿度约为最大持水量的 60%，以手握基质不散，但又不积聚成团为宜。

3）插床光照。在常规扦插初期，要在插床上方搭盖遮阳网，遮光度以 70% 为宜。因初期强烈的日光会使插穗失水而影响成活，当插穗生根后，则可于早晚逐渐加强透光、通风，以增强插穗本身的光合作用，促进根系进一步生长。

此外，利用自动控制扦插床，进行全光喷雾扦插可加速扦插生根。这种插床底部装有电热线及自动控制仪器，使扦插床保持一定温度，降低蒸发和呼吸作用。插床上不加任何覆盖，充分利用太阳光照进行光合作用，使成活率大大提高。

任务 4　花卉嫁接繁殖技术

嫁接是将植物的一部分营养器官移接到另一植物体上，使它们愈合成为一个新个体的技术。用于嫁接的枝条或芽称为接穗，承受嫁接的植株称为砧木，接活后的苗称为嫁接苗，此法多用于扦插难以生根或难以得到种子的木本植物。嫁接育苗能保持品种的优良性状，提高接穗品种的抗逆性和适应能力，提早开花结果，提高观赏价值，是获得优良花卉品种的方法，但产苗量少，操作与管理繁琐且技术要求高。

2.4.1　嫁接成活的原理

嫁接成活的原理是具有亲和力的两株植物间在结合处的形成层，产生愈合现象，使导管、筛管互通，以形成一个新个体。嫁接的过程实际上是砧木和接穗切口相愈合的过程。愈合发生在新的分生组织或恢复分生的薄壁组织的细胞间，通过彼此间联合完成。嫁接时必须尽可能使砧木和接穗的形成层有较大的接触面而且紧密贴合。

影响嫁接成活的因素有：①嫁接亲和力。即接穗与砧木嫁接后能够生长成为一株植物的能力。亲缘关系近的，亲和力强，反之则弱。②砧木和接穗的生长发育状况。发育健壮的接穗和砧木嫁接后成活率高。砧木和接穗的生活力，尤其是接穗在运输、贮藏中生活力的保持是嫁接成活的关键。③嫁接技术。熟练的嫁接技术也非常重要，嫁接刀要锋利，动作要快，使切口在空气中暴露的时间要短；切口要光滑平整，使砧木和接穗的形成层密接，以利成活；绑缚要松紧适度。

2.4.2 花卉嫁接技术

嫁接方式与方法多种多样，因花卉种类、砧穗状况不同而异。依砧木和接穗的来源性质不同可分为枝接和芽接。

1. 枝接

枝接以花木的枝条为接穗，一般在休眠期进行，只有靠接在生长期间进行。嫁接的主要原则为切口必须平直光滑，如枝条较硬，手持不稳，可用一块皮或厚帆布放在膝上，将待削的接穗平放，用快刀稳削，则削面平直，不致形成内凹。绑扎嫁接部分的材料，现在多用塑料薄膜剪成长条，既有弹性，又可防水。嫁接的方法很多，主要有以下几种：

（1）切接（图2-12） 切接操作简易，普遍用于各种花卉，适于砧木较接穗粗的情况，根接、靠接、高接均可。选定砧木，平截去上部，在其一侧纵向切下约2cm左右，稍带木质部，露出形成层；接穗枝条的一端削成长2cm左右的斜形，在其背侧末端斜削一切口，插入砧木，对准形成层，然后绑缚即可。高接时可在一枝砧木上同时接2~4枝接穗，既增加成活率，也使大断面更快愈合。

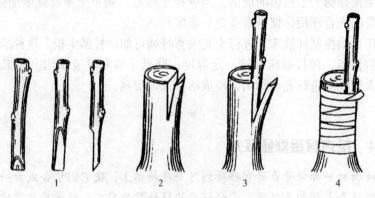

图2-12 切接
1—接穗 2—砧木 3—嵌合 4—绑缚

（2）劈接（图2-13） 劈接也称为割接，开花乔木的嫁接用此法较多。先在砧木离地10~12cm左右处，截去上部，然后在砧木横切面中央，用嫁接刀垂直切下3cm左右，剪取接穗，接穗长8~10cm，将基部两侧略带木质部削成长4~6cm的楔形斜面。将接穗外侧的形成层与砧木一侧的形成层相对插入砧木中。高接的粗大砧木在切口的两侧均插上接穗。劈接应在砧木发芽前进行，旺盛生长的砧木韧皮部与木质部易分离，使操作不便，也不易愈合。劈接伤口大，愈合慢，切面难于完全吻合。

（3）靠接　靠接主要用于嫁接不易成活的常绿木本花卉。靠接在温度适宜且花卉生长季节进行，在较高温期最好。将要选作接穗与砧木的两枝植株，置于一处，选取可以靠近的两根粗细相当的枝条，在能靠拢的部位，接穗与砧木都削去长约 3～5cm 的一片，然后相接，对准形成层，使其削面密切结合，然后用塑料膜带扎紧。待愈合成活后，将接穗自接口下方剪离母体，并截去砧木接口以上的部分，则成一株新苗。如用小叶女贞作砧木嫁接桂花、大叶榕嫁接圆叶榕等。

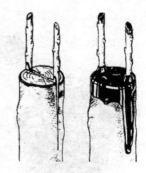

图 2-13　劈接

2. 芽接

芽接是接穗为带一芽的茎片，或仅为一片不带或带有木质部的树皮，常用于较细的砧木上。芽接具有接穗用量省，操作快速简便，嫁接适期长、可补接，接合口牢固等优点，因此应用广泛。

芽接都在生长季节进行，从春到秋均可。砧木不宜太细或太粗，接穗必须是经过一个生长季，已成熟饱满的侧芽，不能用已萌发的芽及尚生长在的嫩枝上的芽作接穗。在接穗春梢停止生长后进行，一般在 5～6 月进行夏季芽接，成活后即剪砧，促使快发快长，当年即可成苗出圃。芽接适用于生长快速树种及生长季节长的地区。另有秋季芽接和春季芽接。秋季接穗采下即用，不需贮藏，当年愈合，次年抽梢早，苗壮。春季芽接只用于秋接失败后补接。因在春季发芽前进行，接穗需在发芽前采下贮藏，砧木活动后再接，故适期短，接后抽梢迟，一般不常用。芽接依砧木的切口和接穗是否带木质部可分为盾片芽接（图 2-14）和方块形芽接。

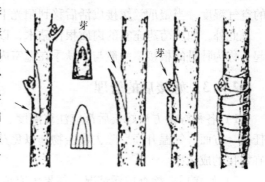

图 2-14　盾片芽接

盾片芽接多用 "T" 字形芽接，芽接时，先在砧木上选取光滑部位，用芽接刀割开一个 "T" 字开口，把树皮剥起；把接穗枝条叶片剪下，留下叶柄，用芽接刀以芽为中心削成长约 1～2cm 带皮的盾形芽片，可带一部分木质部，削下后再用手轻轻将木质部去掉；将削好的芽片嵌入砧木 "T" 字形切口中，与砧木木质部紧紧贴好，再用塑料薄膜条将接口捆好，只露出接穗的芽点和叶柄。接后 3～5d 检查接穗是否成活，成活后即可将砧木上部剪去。

3. 髓心接（图 2-15）

髓心接是指接穗和砧木切口处的髓心（维管束）相互密接愈合而成的嫁接方法，常用于仙人掌类花卉的园艺技术，主要是为了加快一些仙人掌类的生长速度并提高其观赏效果。在温室内一年四季均可进行。

1）仙人球嫁接。以仙人球或三棱箭为砧木，观赏价值高的仙人球为接穗。先用利刀在砧木上端适当高度削平，露出髓心。把仙人球接穗基部用利刀也削成一个平面，露出髓心。然后把接穗和砧木的髓心（维管束）对准后，牢牢按压对接在一起。最后用细绳绑扎固定。放置半阴处 3～4d 后松绑，植入盆中，保持盆土湿润，一周内不浇水，半月后恢复正常管理。

图 2-15　仙人掌类的髓心接

2）蟹爪兰嫁接。以仙人掌或三棱箭为砧木，蟹爪兰为接穗。将培养好的砧木在其适当高度平削一刀，露出髓心部分。采集生长成熟、色泽鲜绿肥厚的蟹爪兰 2～3 节，在基部 1cm 处两面都削去外皮，露出髓心。在砧木切面中心的髓心部位切一深度为 1.5～2.0cm 的楔形切口，立即将接穗插入，用仙人掌针刺将髓心穿透固定。还可根据需要在仙人掌四周或三棱箭的 3 个棱角处刺座上再接上 3～4 个接穗，提高观赏价值。一周内不浇水，保持一定的空气湿度，当蟹爪兰嫁接成活后移到阳光下进行正常管理。

此外，如用芍药充实的肉质根作砧木，以牡丹枝条为接穗，采用劈接法将二者嫁接在一起，称为牡丹的根接，一般与于秋季在温室内进行。

2.4.3　嫁接后的管理

1）各种嫁接方法嫁接后都应注重温度、空气湿度、光照、水分的正常管理，不能忽视任何一方面。气温升高后除去覆盖物，以免芽萌动后不能及时见光或见光不足，从而保证花卉嫁接的成活率。

2）嫁接后要检查成活情况，如果没有成活，应及时补接。枝接苗一般在接后 20～30d 检查成活。

3）嫁接成活后应及时松绑塑料膜带，长时期绑扎会影响植株的生长。芽接一般在嫁接成活后 20～30d 可解绑；枝接一般在接穗上新芽长至 2～3cm 时，才可全部解绑。

4）对已接活的苗木应及时抹去砧木上的萌芽、剪去根蘖，并多次进行。

实训 3　花卉种子的采收、处理和识别

1. 任务实施的目的

使学生掌握花卉种子的外部形态特征和采收方法，防止不同种类（或不同品种）种子混杂。通过花卉种子外部形态的观察，掌握花卉种子的识别方法。使学生认识 60 种常见花卉种子形态特征（随季节不同选择部分内容）。

2. 材料用具

1）放大镜、解剖镜、铅笔、记录本、种子瓶、盛物盘、白纸板。

2）枝剪、采集箱、布袋、纸袋、天平、卡尺、直尺、镊子、培养皿。

3. 任务实施的步骤

（1）花卉种子的采集方法 学生分组课内外采集。选取优良采种母株，采收时根据不同种类的种子特点分别进行。种实采集后，要做好登记。

1）干果类种子。干果类如蒴果、蓇葖果、荚果、角果、坚果等，果实成熟时自然干燥，易干裂散出，因此应在充分成熟前，行将开裂或脱落前采收。某些花卉如凤仙花、半支莲、三色堇等果实陆续成熟散落，须从尚在开花植株上陆续采收种子。

2）肉质果种子。肉质果成熟时果皮含水多，一般不开裂，成熟后自母体脱落或逐渐腐烂，如浆果、核果、梨果等。待果实变色、变软时及时采收，过熟会自落或遭鸟虫啄食。果皮干后才采收，会加深种子的休眠且易受真菌感染，如君子兰。

（2）花卉种子采集后的处理方法 学生分组实际操作。采集到的种实，首先应进行调制，其目的是为了获得纯净的，适于运输、贮藏或播种的种子。调制的内容包括：种实的脱粒、净种、干燥、分级等。

1）种实脱粒。对于干果类的脱粒，采后可直接摊开曝晒3~5d，常翻动，辅以木棍敲打，即可脱出种子；对于含水量较高的蒴果，应放入室内或阴凉处阴干，常翻动，数天后敲打即可脱出种子。肉质果类的脱粒，采用堆沤法、浸沤法使果皮软化，水洗取种。

2）净种。采用风选、筛选、水选和粒选等方法，将饱满种子与夹杂物分开。

3）干燥。种子经过净种，在调拨、贮藏前还须对其进行适当的干燥，直至种子的含水量达到安全含水量为止。种子干燥的方法可分为晒干法和阴干法。种皮坚硬，安全含水量低的种子，可采用晒干法；种皮薄、粒小的种子，安全含水量高的种子，含挥发性油脂的种子，经水选或由肉质果中取出的种子，均采用阴干法。

4）分级。将种子按种粒大小、轻重进行分类，即为分级。其目的是为了播种后出苗整齐，花卉生长一致，便于管理。

（3）花卉种子的形态特征及识别方法 指导学生实地观察种子。学生分组复习、识别花卉种子，熟悉种子的形态特征。

1）种子大小分类。种子大小测量，按粒径大小（以长轴为准）。用千粒重表示，可任选几种数量较多的花卉种子进行千粒重称量，以此确定种子大小。用一克种子或百克种子所含粒数表示。

2）形状。有球形、卵形、椭圆形、镰刀形等多种形状，可根据材料情况详细确定。

3）色泽。观察种子表面不同附属物，如茸毛、翅、钩、突起、沟等，对照实物一一描述。

4. 分析与讨论

1）各小组内同学之间相互考问当地常见花卉种子的形态特征，能识别常见种类60种。

2）讨论如何进行不同花卉的种子采集，不同类型的种子采集后种实如何分离，怎样进行净种、干燥和种子分级。

5. 任务实施的作业

1）自制表格填写10种花卉种子或果实的采收方法和外部形态特征。

2）种子采收的依据是什么？如何确定不同类型花卉的种子采收期。

3）采收成熟度与种子生活力关系如何？

4）种子识别的意义如何？

6. 任务实施的评价

花卉种子的采收、处理和识别技能训练评价见表2-4。

表 2-4　花卉种子的采收、处理和识别技能训练评价表

学生姓名					
测评日期			测评地点		
测评内容		花卉种子的采收、处理和识别			
考评标准	内　　容	分值/分	自　评	互　评	师　评
	正确识别花卉种子 30 种	50			
	能说出常见花卉种子的采集方法	20			
	能正确进行花卉种子采集后的处理	20			
	能正确进行种子的分级	10			
合　　计		100			
最终得分（自评 30% + 互评 30% + 师评 40%）					

说明：测评满分为 100 分，60～74 分为及格，75～84 分为良好，85 分以上为优秀。60 分以下的学生，需重新进行知识学习、任务训练，直到任务完成达到合格为止

实训 4　花卉种子的品质检验

1. 任务实施的目的

熟悉种子品质检验的内容，学会对花卉种子进行品质鉴定。通过发芽率的测定，了解种子的生活力（随条件不同选择部分内容）。

2. 材料用具

几种常见花卉种子、镊子、培养皿、恒温培养箱、烧杯、刀片、5% 红墨水、0.5% TTC 溶液。

3. 任务实施的步骤

种子品质检验又称为种子品质鉴定，是指通过对种子各项指标的测定来确定其等级，以确定种子的使用价值，从而合理有效地利用种子。检验的内容包括：净度、千粒重、含水率、发芽力、生活力、优良度及病虫害感染程度等。

（1）花卉种子质量的快速鉴别

1）视觉检验。用眼睛观察判断种子的品质，如种子籽粒的饱满度、均匀度、杂质和不完整籽粒的多少，色泽是否正常，有无虫害、菌瘿或霉变的情况。

2）嗅觉检验。用鼻子判断种子有无霉烂、变质及异味。如发过芽的种子带有甜味，发霉的种子带有酸味或酒味。用这种方法在刚打开包装袋时最为明显。

3）触觉检验。主要针对种子水分的简单判断，如手插入种子袋内感觉松散、光滑、阻力小、有响声，用手抓种子时，种子容易从手中滑落则表明水分较小。

4）感觉检验。用牙齿轻咬种子，并逐渐加大压力，切断种子籽粒，若感觉费力，声音清脆，软质粒端掉面粉，硬质粒端面整齐，则表明水分含量低。

5）听觉检验。抓一把种子紧紧握在手中，五指活动，听有无沙沙响声；带有果皮的品种抓起摇动或扬起听响声，一般声音越大，水分含量越少。

（2）花卉种子发芽率测定的常用方法　指导学生实际操作，学生分组课内外完成。随机选取种子 100 粒，放于培养皿中，垫上潮湿的滤纸，在恒温箱中培养，观察发芽率。

（3）花卉种子生活力测定的常用方法

1）氯化三苯四氮唑（TTC）法。

浸种：将待测种子在30～35℃温水中浸种（可采用万寿菊、一串红、金盏菊、千日红、百日草等花卉种子），以增强种胚的呼吸强度，使显色迅速。

显色：取吸胀的种子100粒，用刀片沿种子胚的中心线纵切为两半，将其中的一半置于两只培养皿中，加入适量的0.5%浓度的TTC溶液（以覆盖种子为度），然后置于30℃恒温箱中0.5～1h。结果凡种胚被染为红色的是活种子。将另一半在沸水中煮5min杀死种胚，作同样染色处理，作为对照观察。

计算活种子的百分率，再与实际发芽率作比较，看是否相符。

2）红墨水染色法。

浸种：同TTC法。

染色：取已吸胀的种子100粒，沿种胚的中线切为两半，将一半置于培养皿中，加入5%浓度的红墨水（以淹没种子为度），染色5～10min（温度高时时间可短些）。染色后，倒去红墨水液，用水冲洗多次，至冲洗液无色为止。检查种子活力。结果凡种胚不着色或色很浅的为活种子，凡种胚与胚乳着色程度相同的为死种子。可用沸水杀死的种子作对照观察。

计数胚不着色或着色浅的种子数，算出发芽率。

4. 分析与讨论

1）学生分组练习花卉种子品质的快速鉴定。

2）讨论如何进行花卉种子品质检验，列举目前种子品质的快速鉴定方法。

3）分析讨论花卉的净度、千粒重、含水量、发芽力、生活力、优良度检验技术，进一步掌握花卉种子品质检验方法。

5. 任务实施的作业

1）对几种花卉种子进行种子品质的快速鉴定。

2）比较花卉种子实际发芽率与快速测定发芽率之间的差异。

6. 任务实施的评价

花卉种子识别与发芽率的快速测定技能训练评价见表2-5。

表2-5 花卉种子识别与发芽率的快速测定技能训练评价表

学生姓名					
测评日期			测评地点		
测评内容	花卉种子识别与发芽率的快速测定				
考评标准	内　　容	分值/分	自　评	互　评	师　评
	能进行花卉种子质量的快速鉴定	50			
	能进行花卉种子生活力的测定	30			
	能进行花卉种子发芽率的测定	20			
合　　计		100			
最终得分（自评30% + 互评30% + 师评40%）					

说明：测评满分为100分，60～74分为及格，75～84分为良好，85分以上为优秀。60分以下的学生，需重新进行知识学习、任务训练，直到任务完成达到合格为止

实训5　花卉穴盘育苗技术

1. 任务实施的目的

使学生了解穴盘种类，掌握容器育苗，基质的配制及播种方法。

2. 材料用具

穴盘：128 穴、288 穴；基质：蛭石、泥炭、细河沙；工具：镊子；点播机；花卉种子。

3. 任务实施的步骤

1) 基质配制。取蛭石、泥炭、细河沙按 1∶1∶1 比例备好，用细喷头喷适量水、搅拌均匀。基质混拌后，用手握起能成团，松手放下能散开不沾手，则说明基质水量合适。

2) 填装。将上述基质装入 128 穴和 288 穴的穴盘中，用刮板刮平，用手指将穴孔中的基质轻轻压紧，再补装一层基质刮平。

3) 播种。

① 人工播种（中粒种子）时，将种子逐粒植入穴中，植入深度为 3~5mm，每穴植入 1 粒。点播结束后，用细喷头喷水，以穴盘底孔刚刚有水渗出为宜，或将穴盘放入水槽中浸水，穴孔上部见到水渍为宜，将盘取出移入温度 18~25℃，相对湿度为 80%~90% 条件下催芽。

② 机械自动播种（小粒种子）时，将种子送入填粒口，穴盘放在操作台上，启动机械后可自行播种，点播结束后可用细喷头喷水。处理方法与中粒种子相同，催芽条件也相同，小粒种子穴盘表面加盖一层无纺布。

4) 观察记录，做好种子出苗后的管理。

4. 分析与讨论

1) 各小组同学之间相互讨论穴盘育苗的基质配制与消毒、穴盘基质填装和播种技术。

2) 分析讨论穴盘育苗的苗期管理技术及穴盘育苗的优缺点。

5. 任务实施的作业

1) 作好几种花卉播种后的观察记录。

2) 简述花卉穴盘育苗的技术要点。

6. 任务实施的评价

花卉穴盘育苗技能训练评价见表 2-6。

表 2-6 花卉穴盘育苗技能训练评价表

学生姓名					
测评日期		测评地点			
测评内容		花卉穴盘育苗			
	内　　容	分值/分	自　评	互　评	师　评
考评标准	正确进行种子的播前处理	10			
	正确进行基质的配制与消毒	20			
	正确装填基质、穴盘播种	30			
	能做好播种的苗期管理	20			
	作好观察记录	20			
合　　计		100			
最终得分（自评 30% + 互评 30% + 师评 40%）					

说明：测评满分为 100 分，60~74 分为及格，75~84 分为良好，85 分以上为优秀。60 分以下的学生，需重新进行知识学习、任务训练，直到任务完成达到合格为止

实训6　花卉分生繁殖技术

1. 任务实施的目的

使学生熟悉分生育苗方法，熟练掌握花卉分株、分球操作技术及管理要点。

2. 材料用具

1）分生材料选取球根花卉、宿根花卉各2~3种，如萱草、鸢尾、红花酢浆草、葱莲、吊兰、玉簪、美人蕉、大丽花等花卉。

2）铁锹、小铲、培养土、喷壶、花盆、利刀、枝剪、硫黄粉或草木灰等。

3. 任务实施的步骤

不同种类花卉分生繁殖时期（一般春花类花卉秋季分生，秋花类花卉春季分生，两个学期分别进行）。

1）脱盆或从地里挖掘苗株，应方法正确，不伤害根系。如将萱草整株挖起，除去根部外围附着的土，然后分劈成几丛进行栽植。

2）分株时应正确剪切，去掉老叶、黄叶，剪去老根、腐烂根系，切口处涂上硫黄粉或草木灰；分球时按照球根大小分级。

3）上盆时基质填装方法合理，深度合理；定植时株行距合理，种球大小分栽，深度适宜。如将大丽花整株挖起，除去球根外围附着的土，用利刀分切块根，分切的每组块根上至少带有一个芽。

4）正确淋水，遮阴处放置缓苗。

5）做好花卉分生后的管理。

4. 分析与讨论

1）各小组内同学之间相互讨论当地常见宿根花卉、球根花卉、花灌木的分生繁殖方法、栽培要点。

2）分析讨论花卉分生繁殖类型、操作要点、分生后的管理及生产中的应用。

5. 任务实施的作业

1）列出5~10种常见宿根花卉、球根花卉的分生繁殖类型。

2）简述分株繁殖、分球繁殖的技术要点。

3）如何提高花卉分生后的成活率？

6. 任务实施的评价

花卉分生繁殖技能训练评价见表2-7。

表2-7　花卉分生繁殖技能训练评价表

学生姓名					
测评日期			测评地点		
测评内容	花卉分生繁殖				
考评标准	内　容	分值/分	自　评	互　评	师　评
	正确脱盆或起苗，合理修剪老根、病根	20			
	正确分株、分球	30			
	能正确处理切口	20			

（续）

考评标准	内　容	分值/分	自　评	互　评	师　评
	上盆时基质填装合理，栽植深度适合	20			
	能正确进行分生后的管理	10			
合　计		100			
最终得分（自评30% ＋互评30% ＋师评40%）					

说明：测评满分为100分，60～74分为及格，75～84分为良好，85分以上为优秀。60分以下的学生，需重新进行知识学习、任务训练，直到任务完成达到合格为止

实训7　花卉扦插繁殖技术

1. 任务实施的目的

使学生熟悉花卉扦插繁殖，熟练掌握枝插、叶插和叶芽插的操作技术和管理方法。

2. 材料用具

1）虎尾兰、菊花、万寿菊、月季、香石竹、彩叶草、秋海棠等花卉。

2）穴盘、育苗盘、剪刀、喷壶、遮阳网、枝剪、插床、杀菌剂、萘乙酸（NAA）、沙、蛭石、珍珠岩等。

3. 任务实施的步骤

由指导教师现场讲解，在教师指导下，学生实际操作。根据所用材料的特征，尽可能考虑实际生产需要，选择合适的扦插季节，有条件可在不同季节多次进行。

（1）月季的绿枝扦插（也可根据季节选用其他材料）

1）生长期间进行，木本花卉应选半木质化枝条。扦插基质应疏松透气、湿度控制在50%～60%、插床表面平整。

2）枝条选择。选择枝条半木质化、节间短而粗壮、无病虫害、当年生枝条。剪取枝条中部、长度10～15cm左右（约3～4节）、下端节下部0.2～0.3cm处平剪、上端距节1cm剪成45°的斜面。

3）用200mg/L的萘乙酸溶液（NAA）浸泡插穗3～5s后，按照5cm×5cm的株行距插入插穗，入土深度为插穗的1/3～1/2。

4）插后管理。扦插后用细喷头喷壶喷水保湿或庇阴保湿。

（2）草本植物的软材扦插（以彩叶草为例）

1）选彩叶草植株，用剪刀截取长7～10cm的枝梢部分作为插穗；切口平滑，位置靠近节下方。去掉插穗部分叶片，保留枝顶2～4片叶子。

2）整理插床，要求平整、无杂质、土壤含水率控制在50%～60%左右。将插穗插入沙床中2～3cm。

3）打开喷雾龙头，以保证空气及土壤湿度，给予合适生根环境。

（3）芽叶插　选万寿菊或菊花健壮枝条，在节间切断，垂直劈开，使每侧有一个芽和叶片，每段距芽上下保留1cm，插入其基质中1cm。

（4）叶插

1）全叶插。以燕子掌或豆瓣绿为材料。以完整叶片为插穗。将叶柄插入沙中，叶片立于沙面上，叶柄基部就发生不定芽（直插法）。

2）片叶插。以秋海棠为材料，切去叶柄，按主脉分布，分切为数块，将叶片平铺于沙面上，以铁针或竹针固定于沙面上，下面与沙面紧接，而自叶片基部或叶脉处产生植株。

以虎尾兰为材料，将一个叶片分切为数块，分别扦插，使每块叶片上形成不定芽。将叶片横切成5cm左右小段，将下端插入沙中，注意上下不可颠倒。

（5）注意事项　选取的插穗以老嫩适中为宜；母本应生长强健、苗龄较小，生根率较高。扦插最适时期在春、夏之交。适宜的生根环境为：温度20~25℃；基质温度稍高于气温3~6℃，土壤含水率50%~60%；空气湿度80%~90%；扦插初期，应适当遮阴。

学生分组进行课外活动，做好扦插后的管理和观察记录。

4. 分析与讨论

1）各小组同学之间相互讨论花卉扦插的种类有哪些？影响扦插生根的因素有哪些？

2）讨论促进插条生根的方法有哪些？如何使用生根激素促进剂促进插条生根？

3）分析讨论花卉扦插繁殖类型，枝插、叶插和根插操作要点，分析生根率高或低的原因。

5. 任务实施的作业

1）软材扦插如何保留叶片？为什么？

2）硬枝扦插插条如何选择？促进生根的方法有哪些？举例说明。

3）按扦插记录表（表2-8）填写实验结果。

表2-8　扦插记录表

种类名称	扦插日期	扦插株数	应用激素浓度及处理时间	插条生根情况	生根率（%）	未成活原因

6. 任务实施的评价

花卉扦插繁殖技能训练评价见表2-9。

表2-9　花卉扦插繁殖技能训练评价表

学生姓名					
测评日期		测评地点			
测评内容	花卉扦插繁殖				
	内　　容	分值/分	自　评	互　评	师　评
考评标准	能正确选取优良插条	20			
	插条的正确剪切和处理	20			
	正确使用生根激素促进剂处理插条	20			
	能正确选用基质	10			
	扦插操作正确，扦插深度适合	20			
	能正确进行扦插后的管理	10			
合　　计		100			
最终得分（自评30%＋互评30%＋师评40%）					

说明：测评满分为100分，60~74分为及格，75~84分为良好，85以上为优秀。60分以下的学生，需重新进行知识学习、任务训练，直到任务完成达到合格为止

实训 8 花卉嫁接繁殖技术（仙人掌类嫁接）

1. 任务实施的目的

使学生认识仙人掌类髓心嫁接，熟练掌握平接法和插接法嫁接技术。

2. 材料用具

1）仙人掌类砧木、仙人球、蟹爪兰等接穗。

2）枝剪、芽接刀、绑绳、塑料袋。

3. 任务实施的步骤

选取三棱箭、仙人掌、仙人球等为砧木，选红蛇球、蟹爪兰等为接穗。

1）平接法：将三棱箭作为砧木，保留 10～20cm，上部平截，斜削去几个棱角，将仙人球下部平切一刀，切面与砧木切口大小相近，髓心对齐平放在砧木上，用细绳绑紧固定，防止从上浇水。

2）插接法：选仙人掌或大仙人球为砧木，上端切平，沿髓心向下切 1.5cm。选接穗削成楔形 1.5cm 长，插入砧木切口中，用细绳扎紧，上套袋防水。

做好嫁接后的管理工作。

4. 分析与讨论

1）各小组内同学之间相互讨论花卉嫁接的种类，嫁接繁殖的技术要点。

2）讨论如何选择砧木和接穗，讨论仙人掌类嫁接的时间、操作要点，嫁接后的管理。

3）分析讨论如何提高仙人掌类嫁接成活率，哪些仙人掌种类可以嫁接繁殖。

5. 任务实施的作业

1）如何选择优良砧木？

2）如何提高仙人掌类嫁接成活率？

3）嫁接后如何管理？

6. 任务实施的评价

仙人掌类髓心嫁接技能训练评价见表 2-10。

表 2-10 仙人掌类髓心嫁接技能训练评价表

学生姓名					
测评日期		测评地点			
测评内容	仙人掌类髓心嫁接				
考评标准	内　容	分值/分	自　评	互　评	师　评
	选择健壮无病虫害、亲缘关系近的砧木	10			
	选择健壮、无病虫害的接穗，接穗新鲜	10			
	接穗削取方法正确，速度快	20			
	接穗、砧木切面平整，砧木切口和接穗齐合	20			
	绑扎时方法正确，松紧适中	20			
	能正确进行嫁接后管理	10			
	嫁接的成活率	10			
	合　计	100			
最终得分（自评30% + 互评30% + 师评40%）					

说明：测评满分为100分，60～74分为及格，75～84分为良好，85分以上为优秀。60分以下的学生，需重新进行知识学习、任务训练，直到任务完成达到合格为止

习题

1. 填空题

1) 花卉的繁殖按其性质可分为＿＿＿＿＿繁殖和＿＿＿＿＿繁殖。

2) 花卉常用的播种方法为：＿＿＿＿＿、＿＿＿＿＿、＿＿＿＿＿。

3) 采集种子不仅要知道它的＿＿＿＿＿，还要知道种子的脱落＿＿＿＿＿和脱落＿＿＿＿＿。

4) 种子品质检验的主要内容包括：抽样，＿＿＿＿＿，＿＿＿＿＿，＿＿＿＿＿，＿＿＿＿＿，病虫传染程度测定。

5) 播种工作的步骤可分为：＿＿＿＿＿，＿＿＿＿＿，＿＿＿＿＿，＿＿＿＿＿和覆盖。

6) 净种的方法有：＿＿＿＿＿，＿＿＿＿＿，＿＿＿＿＿，＿＿＿＿＿。

7) 压条常用的方法有：＿＿＿＿＿、＿＿＿＿＿、＿＿＿＿＿和＿＿＿＿＿。

2. 选择题

1) 下列（　　）方法不是营养繁殖。

A. 扦插　　　　　　B. 压条　　　　　　C. 嫁接　　　　　　D. 孢子

2) 全光照扦插技术需要的基本设施有（　　）。

A. 扦插床　　　　　　　　　　B. 喷雾装置

C. 温、光调节装置　　　　　　D. A、B 和 C

3) 药剂促进生根方法的主要成分组成是（　　）。

A. 生根激素　　　　　　　　　B. 生长激素

C. 杀菌剂（防腐剂）　　　　　D. A 和 C

4) 下列选项中（　　）不是所有花卉种子萌发的必备条件。

A. 温度　　　　　　B. 水分　　　　　　C. 氧气　　　　　　D. 光照

5) 生长期内采取嫩枝扦插通常使插穗（　　）有利于生根。

A. 上端带 1~2 片叶　　　　　　B. 下端带 1~2 片叶

C. 每节都保留叶片　　　　　　D. 不带叶

6) 容器育苗的移植季节是（　　）。

A. 春季　　　　　　B. 秋季　　　　　　C. 夏季　　　　　　D. 不受限制

3. 判断题

1) 全光照扦插技术是指不遮阴环境下繁殖花卉的方法。

2) 目前保持一二年生花卉品种特性的最佳方法是无性繁殖，如扦插等。

3) 采用良好的种子是一二年生花卉育苗的关键之一。

4) 优良的种子应是种性纯，颗粒饱，形态正，成熟而新鲜的种子。

5) 种子消毒可以用药剂拌种，也可以用药液浸种。

6) 苗木嫁接的适宜时间一般为秋季。

7) 嫁接时砧木与接穗的亲缘关系越近越易成活。

8) 南方多雨地区的露地苗床应做成高床以利于排水。

4. 名词解释题

扦插繁殖；分株繁殖；压条繁殖；嫁接繁殖；枝插；叶插；硬枝扦插；嫩枝扦插。

5. 简答题

1）常用的种子处理方法有哪些？

2）优质的花卉种子应具备怎样的品质？

3）叙述一二年生花卉良种繁殖技术措施。

4）什么是有性繁殖和无性繁殖？各有何优缺点？

5）简述花卉种子的盆播技术。

6）穴盘育苗的优点是什么？具体的方法怎样？

7）影响扦插成功的因素有哪些？如何提高花卉扦插成活率？

8）分株繁殖和分球繁殖有何不同？分株和分球时应注意哪些问题？

9）试述仙人球、蟹爪兰髓心嫁接技术。

项目③

花卉栽培条件

学习目标

◆ 掌握花卉生产对环境条件的要求。

◆ 掌握花卉主要生产设施（包括温室、大棚、荫棚等）和配套设备的使用。

◆ 熟练使用花卉生产常用的栽培容器、生产机具和常用测定仪器。

◆ 根据要求对花期进行调控。

工作任务

该任务主要是掌握花卉生长发育对环境条件的要求。通过对温度、光照、水分等进行调节，灵活对花卉生产进行调控。掌握花卉主要生产设施（包括温室、大棚、荫棚等）的种类、结构、形式、建造特点及使用情况，学会花卉设施栽培的水分、空气等环境因子的调节，满足花卉的实际生产需求。

任务1 花卉生产对环境条件要求

3.1.1 花卉生长发育对温度的要求

温度是影响花卉生长发育最重要的环境因子，温度的高低直接影响到花卉的生理活动，如酶的活性、光合作用、呼吸作用、蒸腾作用。花卉的生命活动必须在一定的最低温和最高温之间进行，这个最高温、最低温是指极限温度，超过这个温度范围必须采取相应的保护措施保证其正常活动。

1. 花卉对温度的要求

花卉对温度的要求是"三基点"，即：最低温度，花卉开始生长的温度是 $10 \sim 15℃$，低于这个温度，花卉不能生长；最适温度是 $18 \sim 28℃$，花卉生长发育最适宜的温度范围；最高温度是 $28 \sim 35℃$，花卉生长发育最高顶点温度。由于原产地气候高低范围不同，花卉的"三基点"有差异，原产热带和亚热带的花卉三基点偏高，原产寒带的花卉三基点偏低。

根据原产地的气候花卉对温度的要求，一般可分为 4 类：

（1）寒带花卉 这一类花卉能适应 0℃ 以下的低温，能够露地自然越冬（即指冬季不需要保护就能安全越冬）。它们是原产于寒带和温带较冷处的花卉。如三色堇、桂竹香、雏菊、羽衣甘蓝、鸢尾、玉簪、荷兰菊、菊花、郁金香、风信子、碧桃、蜡梅、小叶黄杨、北海道黄杨等。

（2）温带花卉 这一类花卉原产于我国华东地区、华中地区等长江流域，能适应0℃左右的低温，冬季需稍加保护就能安全越冬。如美女樱、福禄考、紫罗兰、石竹、金鱼草、蜀葵、杜鹃、山茶、木槿、金钟花、黄刺梅、棣棠、迎春花等。

（3）亚热带花卉 这一类花卉耐寒性较差，不能适应5℃左右的低温，露地栽培遇霜后会枯死，它们多产于亚热带地区。如一串红、百日草、凤仙花、紫茉莉、矮牵牛、翠菊、大丽花、美人蕉等。

（4）热带花卉 这一类花卉原产于南方热带地区，不能适应10℃以下的低温，在我国海南、岭南、闽南等地可作露地栽培，在北方必须在温室保护地栽培，气温在10℃时就有冻伤冻害的现象。如蝴蝶兰、石斛兰、花烛、马拉巴栗、凤梨类花卉、喜林芋类观叶植物、竹芋类观叶植物等。

2. 温度对花卉生长发育的影响

（1）温度与生长 温度不仅影响花卉种类的地理分布，还影响各种花卉生长发育的不同阶段和时期。一年生花卉，种子萌发可在较高温度下进行，而幼苗期要求温度较低，以后随着植株的生长发育，对温度的要求逐渐提高。二年生花卉，种子萌发在较低温度下进行，幼苗期要求温度更低，以利于通过春化阶段，开花结实时，则要求稍高的温度。栽培中为使花卉生长迅速，还需要一定的昼夜温差，一般热带植物的昼夜温差为3~6℃，温带植物为5~7℃，而仙人掌类则为10℃以上。昼夜温差也有一定范围，并非越大越好，否则对植物的生长不利。

（2）温度与花芽分化和发育 花芽分化和发育是植物生长发育的重要阶段，温度对花芽分化和发育起着重要作用。花卉种类不同，花芽分化发育所要求的适温也不同，大体上有以下情况：

1）高温下进行花芽分化。许多花木类如杜鹃、山茶、梅和樱花等，在6~8月气温高达25℃以上时进行花芽分化，入秋后，植物体进入休眠状态，经过一定低温后结束或打破休眠而开花。许多球根花卉的花芽分化也在夏季较高温度下进行，如唐菖蒲、晚香玉、美人蕉等春植球根花卉，在夏季生长期进行花芽分化；而郁金香、风信子等秋植球根花卉在夏季休眠期进行花芽分化。

2）低温下进行花芽分化。许多原产温带中北部的花卉以及各地的高山花卉，多要求在20℃以下较凉爽气候条件下进行花芽分化，如八仙花、卡特兰属、石斛属的某些种类，在13℃左右和短日照条件下促进花芽分化；许多秋播草花如金盏菊、雏菊等，也要在低温下进行花芽分化。

温度对于分化后花芽的发育也有很大影响，有些植物种类花芽分化温度较高，而花芽发育则需一段低温过程，如郁金香在20℃左右下处理20~25d促进花芽分化，其后在2~9℃下处理50~60d，促进花芽发育，再在10~15℃下进行处理促其生根。

3）极端温度对花卉的伤害。在花卉生长发育过程中，突然的高温或低温，会打乱其体内正常的生理生化过程而造成伤害，严重时会导致死亡。

常见的低温伤害有寒害和冻害。寒害又称为冷害，指0℃以上的低温对植物造成的伤害。寒害多发生于原产热带和亚热带南部地区的喜温花卉。冻害是指0℃以下的低温对植物造成的伤害。不同植物对低温的抵抗力不同，同一植物在不同的生长发育时期，对低温的忍受能力也有很大差别：休眠种子的抗寒力最高，休眠植株的抗寒力也较高，而生长中的植株抗寒力明显下降。经过秋季和初冬冷凉气候的锻炼，可以增强植株忍受低温的能力。因此，植株的耐寒力除了与本身遗传因素有关外，在一定程度上还是在外界环境条件作用下获得的。增强花卉耐寒力是一项重要工作，在温室或温床中培育的盆花或幼苗，在移植露地前，必须加强通风，逐渐降温以提高其对低温的抵抗能力。增加磷钾肥，减少氮的施用，是增强抗寒力的栽培措施之一。常用的简单防寒措施是在地面覆盖秋秸、落叶、塑料薄膜、设置风障等。

高温同样可对植物造成伤害，当温度超过植物生长的最适温度时，植物生长速度反而下降，如继续升高，则植株生长不良甚至死亡。一般当气温达35～40℃时，很多植物生长缓慢甚至停滞，当气温高达45～50℃时，除少数原产热带干旱地区的多浆植物外，绝大多数植物会死亡。为防止高温对植物的伤害，应经常保持土壤湿润，以促进蒸腾作用的进行，使植物体温降低。在栽培过程中常采取灌溉、松土、叶面喷水、设置荫棚等措施，以免除或降低高温对植物的伤害。

3. 温度的调节

1）增加温度。冬季温度低，植物生长缓慢不开花，这时如果增加温度可使植株加速生长，提前开花。这种方法适用范围广，特别是在我国北方地区，绝大多数的年宵花卉冬季都需要在温室里进行栽培才有可能将花期调控在春节开花；即使在我国南方地区，包括经过低温春化的蝴蝶兰、大花蕙兰等后期也需要温室加温，才能提前开花；牡丹是典型的通过增加温度来提前到春节开花的实例。选择3年以上的大株牡丹，在秋季落叶后上盆栽植，放置于背风处养护管理，保证温度为0～5℃，在春节前60d，将休眠状态的牡丹移至冷室内，放置于向阳处继续栽培管理，温度逐渐升高，即可提前开花。开始加温日期以花卉生育期而推断。

2）降低温度。原产热带、亚热带的兰花，如蝴蝶兰，自然开花时间在3～5月，想促使其在春节前开花，必须提前满足其开花所需要的条件，其中一个很重要的方法就是在8～9月降低温度，满足其花芽分化、发育和伸长的条件，才有可能提前开花。又如大花蕙兰花芽分化期为6～10月，在高温地区，花芽发育不良。为克服这一问题，可将其移至海拔800～1000m以上的山上栽培，保持昼温20～25℃，夜温10～15℃，以利花芽形成。花芽形成后，需要一段相对低温时期，其花芽才能伸长，开出正常的花朵。故在大花蕙兰的栽培中，夏季及其稍后一段时间，要给予一定的夜间低温环境，这样才能保证较高的开花率。很多原产于夏季凉爽地区的花卉，在夏季炎热的地区生长不好，也不能开花。对这些花卉要降低温度，使其生长环境温度在28℃以下，这样植株处于继续活跃的生长状态中，就会继续开花，如仙客来、吊钟海棠、天竺葵等。越夏休眠的球根花卉如郁金香、喇叭水仙等，在夏季高温时休眠，并在高温或中温条件下形成花芽，秋季凉温中萌芽，越冬低温期进入相对静止状态并完成花茎伸长的诱导，而后在稳定上升的温度下开花。调节开花的方法主要是控制夏季休眠后转入凉温的早晚以及低温冷藏持续时间的长短。为延长开花的观赏期，在花蕾形成、绽蕾或初开时，给予较低温度，可获得延迟开花和延长开花期的效果。

3.1.2 花卉生长发育对光照的要求

1. 光照强度对花卉生长发育的影响

光照强度常依地理位置、地势高低以及云量、雨量的不同而变化，其变化是有规律性的：随纬度的增加而减弱，随海拔的升高而增强。一年之中以夏季光照最强，冬季光照最弱；一天之中以中午光照最强，早晚光照最弱。光照强度不同，不仅直接影响花卉光合作用的强度，而且还影响到一系列形态和解剖上的变化，如叶片的大小和厚薄、茎的粗细、节间的长短，叶肉结构以及花色浓淡等。另外，不同的花卉种类对光照强度的反应也不一样，多数露地草花，在光照充足的条件下，植株生长健壮，着花多，花也大；而有些花卉，如玉簪、万年青等在光照充足的条件下生长极为不良，在半阴条件下就能健康生长。因此常依花卉对光照强度要求的不同分为以下几类：

1）阳性花卉。阳性花卉是指必须在全光照下才能生长良好的花卉。如果光照不足，则枝条细长、枝叶徒长、花小而不艳、香味不浓甚至开花不良或不开花。原产于热带及温带平原、高原南坡以及高山阳面岩石的花卉均为阳性花卉，如多数露地一二年生花卉及宿根花卉、仙人掌科、景天科等多浆植物。

2）阴性花卉。该类花卉要求在适度庇阴下才能生长良好，不能忍受强烈的直射光线，生长期间一般要求有50%～80%庇阴度的环境条件。它们多生于热带雨林下或分布于林下及阴坡，如蕨类植物、兰科植物、凤梨科、姜科、天南星科以及秋海棠科等植物都为阴性花卉，许多观叶植物也多属于此类。

3）中性花卉。该类花卉对于光照强度的要求介于上述二者之间，一般喜阳光充足，但在微阴下生长也良好，如萱草、耧斗菜、桔梗等。

一般植物的最适需光量大约为全日照的50%～70%，多数植物在50%以下的光照时生长不良。当日光不足时，因同化作用及蒸发作用减弱，植株徒长，节间延长，花色及花的香气不足，分蘖力减弱，且易感染病虫害。

光照强弱对花蕾开放时间也有很大影响。酢浆草必须在强光下开花，紫茉莉、晚香玉在傍晚时盛开且香气更浓，昙花更需在夜间开花，牵牛只盛开于每日的晨曦中，而大多数花卉则晨开夜闭。

光照强度对花色也有影响，紫红色的花是由于花青素的存在而形成的，花青素必须在强光下才能产生，在散光下不易产生，如春季芍药的紫红色嫩芽以及秋季红叶均为花青素的颜色。花青素产生的原因除受强光影响外，一般还与光的波长和温度有关。春季芍药嫩芽显紫红色，这与当时的低温有关，白天同化作用产生的碳水化合物，由于春季夜间温度较低，在转移过程中受到阻碍，滞留叶中，而成为花青素产生的物质基础。

光照强弱对矮牵牛某些品种的花色有明显影响，如具蓝和白复色的矮牵牛花朵，其蓝色部分和白色部分的比例变化不仅受温度影响，还与光强和光的持续时间有关，用不同光强和温度共同作用的试验表明：随温度升高，蓝色部分增加；随光强增大，则白色部分变大。

2. 光照长度对花卉生长发育的影响

地球上每日光照时间的长短，随纬度、季节而不同，光照长度是植物赖以开花的重要因子。各种不同长短的昼夜交替，对植物开花结实的影响称为光周期现象。根据花卉对光周期的不同反应分为：长日照花卉、短日照花卉、中间性花卉、日照中性花卉四类。

1）长日照花卉。该类花卉是指在其生长过程中，要求经历一段白昼长于一定的临界值（临界日长）、黑夜短于一定长度的时期才能开花的花卉。延长光照时间，缩短黑暗时间，可以提早成花。许多晚春与初夏开花的花卉属于长日照花卉。

2）短日照花卉。该类花卉是指在其生长过程中，要求一段白昼短于一定长度、黑夜长于一定长度（临界暗期）的时期才能开花的花卉。延长暗期，有利于成花。一些温带地区晚秋开花的花卉如一品红、秋菊、叶子花等属于短日照花卉。

3）中间性花卉。该类花卉是指在其生长过程中，只有在某一范围的日照长度下才能成花的花卉，日照过短或过长，均不利于开花。这类植物种类很少。

4）日照中性花卉。该类花卉也称为日长钝感花卉。这类花卉成花对昼夜长短无严格要求，只要其他条件适合，在不同的日照长度下均可开花。这类花卉种类最多。

植物在发育上，要求不同日照长度的这种特性，与它们原产地日照长度有关，是植物系统发育过程中对环境的适应。一般说来，长日照植物大多起源于高纬度地带，短日照植物起源于低纬度地带。而日照中性植物，各地均有分布。

日照长度对植物营养生长和休眠也有重要作用。一般来说，延长光照时数会促进植物的生长和延长生长期，反之则会使植物进入休眠或缩短生长期。对从热带、亚热带地区引种的植物，为了使其及时准备越冬，可用短日照的办法使其提早休眠，以提高抗逆性。

3. 光的组成对花卉生长发育的影响

光的组成是指具有不同波长的太阳光谱成分，太阳光波长范围主要在 $150 \sim 4000nm$ 之间，其中可见光波长范围在 $380 \sim 760nm$ 之间，占全部太阳光辐射的52%，不可见光中红外线占43%，紫外线占5%。

不同光谱成分对植物生长发育的作用不同。在可见光范围内，大部分光波能被绿色植物吸收利用，其中红光吸收利用最多，其次是蓝紫光；绿光大部分被叶子透射或反射，很少被吸收利用；红橙光具有最大的光合活性，有利于碳水化合物的形成；青、蓝、紫光能抑制植物的伸长，使植物形体矮小，并能促进花青素的形成，也是支配细胞分化的最重要的光线。不可见光中的紫外线能抑制茎的伸长和促进花青素的形成。在自然界中，高山花卉一般都具有茎秆短矮，叶面缩小，茎叶富含花青素，花色鲜艳等特征，这除了与高山低温有关外，也与高山上蓝、紫、青等短波光以及紫外线较多密切相关。

一般来说，种子萌发和光线关系不大，无论在黑暗或光照条件下都能正常进行，但有少数植物的种子，需在有光的条件下才能萌发良好，光成为其萌发的必要条件，如报春花、秋海棠、杜鹃等，这类种子，播种后不必覆土或稍覆土即可。相反，也有少数植物的种子只有在黑暗条件下才能萌发，如苋菜的种子播种后必须覆土。

4. 光的调节

1）延长光照时间。用补加人工光的方法延长每日连续光照的时间，达到12h以上，从而促进植物开花。如蒲包花用 $14 \sim 15h$ 的光照能提前开花。人工补光可采用荧光灯，悬挂在植株上方20cm处。

2）缩短光照时间。用黑色的遮光材料，在白昼的两头这段时间，进行遮光处理，即可达到缩短白昼，加长黑夜的环境效果，这样可促使短日照植物在长日照季节开花。如一品红用10h短日照处理，$50 \sim 60d$ 可开花；蟹爪兰用9h白昼，2个月可开花。遮光材料要密闭，不透光，防止低照度散光产生的破坏作用。又因为它是在夏季炎热季节使用的，对某些喜凉的植物种类，要注意通风和降温。适用于短日照促使开花的种类还有三角花、落地生根、菊花等。

3）人工光中断黑夜。短日照植物在短日照季节，形成花蕾开花。但在午夜 1～2 时加光 2h，把一个长夜分成两个短夜，破坏了短日照的作用，就能阻止短日照植物形成花蕾开花。在停光之后，因为是处于自然的短日照季节中，植物就自然地分化花芽而开花。停光日期决定于该植物当时所处的气温条件和它在短日照季节中从分化花芽到开花所需要的天数。如一品红，一般在圣诞节和元旦开花，但如果想使其延迟到春节开花，就可以采用人工光中断黑夜的方法进行。短日照植物切花菊，如欲使其在春节上市，就可采用同样的办法来实现。用作中断黑夜的光照，以具红光的白炽灯光为好。

4）调节光照强度。花卉开花前，一般需要较多的光照，如大花蕙兰、卡特兰等。但为延长开花期和保持较好的质量，在花齐之后，一般要遮阴减弱光照强度，以延长开花时间。

3.1.3 花卉生长发育对水分的要求

1. 花卉对水分的要求

水为植物体的重要组成部分和光合作用的重要原料之一，也是植物生命活动的必要条件。植物生活所需要的元素除碳和少量氧外，都来自水中的矿物质，这些矿物质被根毛吸收后供给植物体的生长和发育。光合作用也只有在水存在的条件下，光作用于叶绿素时才能进行，所以植物需水量很大。由于花卉种类不同，需水量有极大差别，这同原产地的雨量及其分布状况有关。通常依花卉对水分的要求分为以下几类：

（1）旱生花卉　这类花卉耐旱性强，能较长期忍受空气或土壤的干燥而继续生活。它们在外部形态上和内部构造上都产生许多适应环境的变化和特征，如叶片变小或退化成刺毛状、针状或肉质化，表皮层角质层加厚，气孔下陷，叶表面具厚茸毛以及细胞液浓度和渗透压变大等，这就大大减少了植物体水分的蒸腾，同时该类花卉根系都比较发达，能增强吸水力，从而更增强了适应干旱环境的能力。常见的有仙人掌类、仙人球类、生石花、芦荟、龙舌兰等。

（2）湿生花卉　该类花卉耐旱性弱，生长期间要求经常有大量水分存在，或有饱和水的土壤和空气，它们的根、茎和叶内多有通气组织的气腔与外界互相通气，吸收氧气以供给根系需要。如原产热带沼泽地、阴湿森林中的植物，一些热带兰类、蕨类和凤梨科植物，还有荷花、睡莲、王莲等水生植物。

（3）中生花卉　该类花卉对于水分的要求和形态特征介于以上两者之间。此外，有些种类的生态习性偏向旱生花卉特征；另一些种类则偏向湿生花卉的特征。大多数露地花卉属于这一类。在园林中，一般露地花卉要求适度湿润的土壤，但因花卉种类不同，对抗旱能力也有较大的差异。凡根系分枝力强，并能深入地下的种类，能从干燥土壤里及下层土壤里吸收必要的水分，其抗旱力则强。一般宿根花卉根系均较强大，并能深入地下，因此多数种类能耐干旱。一二年生花卉与球根花卉根系不及宿根花卉强大，耐旱力较弱。

2. 水分对花卉生长发育的影响

同种花卉在不同生长期对水分的需要量不同。种子发芽时，需要较多水分，以利胚根抽出。幼苗期根系弱小，在土壤中分布较浅，抗旱力极弱，必须经常保持土壤湿润。成长期植株抗旱能力虽有所增强，但若要生长旺盛，必须给予适当水分。花卉在生长过程中，一般要求较高的空气湿度，但湿度太大往往会导致植株徒长。开花结实时要求空气湿度相对较小，否则会影响开花和受精。种子成熟时，要求空气比较干燥。

水分对花芽分化及花色也有影响，控制花卉的水分供应，可控制营养生长，促进花芽分化。梅花的"扣水"就是控制水分供给，使新梢顶端自然干梢，叶面卷曲，停止生长而转向花芽分化的操作原理。对球根花卉而言，凡是球根含水量较少的，花芽分化早；早掘的球根或含水量较高的球根，花芽分化延迟。球根鸢尾、水仙、风信子、百合等常用30～35℃的高温脱水，使其提早花芽分化。

3. 水分的调节

在花卉栽培过程中，当水分供应不足时，叶片与叶柄皱缩下垂，出现萎蔫现象，此时若将其置于温度较低、光照较弱、通风减少的条件下，能够很快恢复过来。但若长期处于萎蔫状态，老叶与下部叶片先脱落死亡，进而引起整个植株死亡。多数草花在干旱时，植株各部分木质化程度增加，叶面粗糙，失去光泽。相反，水分过多，使土壤空气不足，根系正常生理活动受到抑制，影响水分、养分的吸收，严重时会使根系窒息死亡。另外，水分过多会导致叶色发黄，植株徒长，易倒伏，易受病菌侵害。因此，过干或过湿均不利于花卉的正常生长发育。

3.1.4 花卉生长发育对土壤的要求

1. 土壤物理性状对花卉生长发育的影响

土壤矿物质为组成土壤的基本物质，其含量不同、颗粒大小不同所形成的土壤质地也不同，通常按照矿物质颗粒直径大小将土壤分为沙土类、黏土类和壤土类三种。

（1）沙土类 土壤质地较粗，含沙粒较多，土粒间隙大，土壤疏松，通透性强，排水良好，但保水性差，易干旱；土温受环境影响较大，昼夜温差大；有机质含量少，分解快，肥劲强但肥力短，常用作培养土的配制成分和改良黏土的成分，也常用作扦插、播种基质或栽培耐旱花卉。

（2）黏土类 土壤质地较细，土粒间隙小，干燥时板结，水分过多又太黏。含矿质元素和有机质较多，保水保肥能力强且肥效长久。但通透性差，排水不良，土壤昼夜温差小，早春土温上升慢，花卉生长较迟缓，尤其不利于幼苗生长。除少数喜黏性土的花卉外，绝大部分花卉不适应此类土壤，常需与其他土壤或基质配合使用。

（3）壤土类 土壤质地均匀，土粒大小适中，性状介于沙土与黏土之间，有机质含量较多，土温比较稳定，既有较好的通气排水能力，又能保水保肥，对植物生长有利，能满足大多数花卉的要求。

土壤内的空气、水分、温度直接影响花卉生长发育，土壤内水分和空气的多少主要与土壤的质地和结构有关。

植物根系进行呼吸时要消耗大量氧气，土壤中大部分微生物的生命活动也需消耗氧气，所以土壤中氧含量低于大气中的含量。一般土壤中氧含量为10%～21%，当氧含量大于12%时，大部分植物根系能正常生长和更新，当含氧量降至10%时，多数植物根系正常机能开始衰退，当含氧量下降到2%时，植物根系只够维持生存。

土壤中水分的多少与花卉的生长发育密切相关。含水量过高时，土壤空隙全为水分所占据，根系因得不到氧气而腐烂，严重时导致叶片失绿，植株死亡。一定限度的水分亏缺，迫使根系向深层土壤发展，同时又有充足的氧气供应，常使根系发达。在黏重土壤生长的花卉，夏季常因水分过多，根系供氧不足而造成生理干旱。

土温对种子发芽、根系发育、幼苗生长等均有很大影响。一般地温比气温高 3～6℃ 时，扦插苗成活率高，因此，大部分的繁殖床都安装有提高地温的装置。

2. 土壤化学性状对花卉生长发育的影响

土壤化学性状主要指土壤酸碱度、土壤有机质和土壤矿质元素等，它们与花卉营养状况有密切关系，其中土壤酸碱度对花卉生长的影响尤为明显。

土壤酸碱度一般指土壤溶液中的 H^+ 的浓度，用 pH 值表示。土壤 pH 值多在 4～9 之间。土壤酸碱度与土壤理化性质及微生物活动有关，它影响着土壤有机物与矿物质的分解和利用。土壤酸碱度对植物的影响往往是间接的，如在碱性土壤中，植物对铁元素吸收困难。

土壤反应有酸性、中性、碱性三种。过强的酸性或碱性均对植物生长不利，甚至造成死亡。各种花卉对土壤酸碱度适应力有较大差异，大多数要求中性或弱酸性土壤，只有少数能适应强酸性（pH 值为 4.5～5.5）和碱性（pH 值为 7.5～8.0）土壤。依花卉对土壤酸度的要求，可分为三类：

（1）酸性土花卉　在酸性土壤上生长良好的花卉。土壤 pH 值在 6.5 以下。又因花卉种类不同，对酸性要求差异较大，如凤梨科植物、蕨类植物、兰科植物以及栀子花、山茶、杜鹃花等对酸性要求严格，而仙客来、朱顶红、秋海棠、柑橘、棕榈等相对要求不严。

（2）中性土花卉　在中性土壤上生长良好的花卉。土壤 pH 值在 6.5～7.5 之间，绝大多数花卉均属此类。

（3）碱性土花卉　能耐 pH 7.5 以上土壤的花卉，如石竹、香豌豆、非洲菊、天竺葵等。

3.1.5　花卉生长发育对营养元素与气体的要求

1. 营养与花卉生长发育的关系

维持花卉生长发育的化学元素主要有：碳、氢、氧、氮、磷、钾、钙、镁、硫、铁、铜、锌、硼、钼、锰、氯等。其中花卉对碳、氢、氧、氮、磷、钾、钙、镁、硫、铁的需要量较大，通常称为大量元素；而对铜、锌、硼、钼、锰、氯的需要量很少，称为微量元素。尽管花卉对各种元素的需要量差别很大，但它们对花卉的正常生长发育起着不同的作用，既不可缺少，也不能相互替代。

1）氮。氮主要以铵态或硝态的形式为植物所吸收，有些可溶性有机氮化物如尿素等也能为植物所利用。氮是构成蛋白质的主要成分，在植物生命活动中占有重要地位。它可促进花卉生长，促进叶绿素的形成，使花朵增大，种子充实。但如果超过花卉生长需要的量时，就会推迟开花，使茎徒长，降低对病害的抵抗力。

植物缺氮生长会受抑制，生长量大幅度降低。缺氮的另一症状是叶子缺绿，起初叶色变浅，然后发黄并脱落，但一般不出现坏死现象，幼叶常常直立而不大铺开，并由于侧芽的继续休眠，分支与分蘖均受抑制。另外植物缺氮时花青素大量积累，茎与叶脉、叶柄变成紫红色。

2）磷。磷主要以 HPO_4^{2-} 和 $H_2PO_4^-$ 两种离子形式被植物所吸收，被称为生命元素，是细胞质和细胞核的主要成分。磷素能促进种子发芽，提早开花结实期，使茎发育坚韧，不易倒伏，增强根系发育，并能部分抵消氮肥施用过多造成的影响，增强植株对不良环境和病虫害的抵御能力。因此，花卉在幼苗生长阶段需要施入适量磷肥，进入开花期以后，磷肥需要量更多。

缺磷症状首先表现在老叶上，叶片呈暗绿色，茎和叶脉变成紫红色，严重时植物各部分还会出现坏死区。缺磷也会抑制植物生长，但对地上部分的抑制不如缺氮严重，对根部的抑制甚于缺氮。

3）钾。钾在植物体内不形成任何形式的结构物质，可起着某些酶的活化剂作用。钾肥能使花卉生长强健，增进茎的坚韧性，不易倒伏，促进叶绿素的形成与光合作用的进行。在冬季温室中，当光线不足时应适当多施钾肥。钾素能促进根系扩大，对球根花卉如大丽花的发育极有好处。另外钾肥还能使花色鲜艳，提高花卉抗寒、抗旱及抵抗病虫害的能力。

过量钾肥能使植株低矮，节间缩短，叶子变黄，继而呈褐色并皱缩，使植株在短时间内枯萎。缺钾时叶片出现斑驳的缺绿区，然后沿着叶缘和叶尖产生坏死区，叶片卷曲，最后发黑枯焦。植物缺钾还会导致茎生长减小，茎干变弱和抗病性降低。

4）钙。钙有助于细胞壁、原生质及蛋白质的形成，能促进根系发育。钙可以降低土壤酸度，在我国南方酸性土地区是重要的肥料之一。可改进土壤物理性质，黏重土壤施用富含钙元素的石灰后可使其变得疏松。土壤中的钙可被植株根系直接吸收，使植株组织坚固。钙在植物体内完全不能移动，所以缺钙症状首先出现于新叶。缺钙的典型症状是幼叶的叶尖和叶缘坏死，然后芽坏死；严重时根尖也停止生长、变色、死亡。

5）硫。硫为蛋白质成分之一，能促进根系生长，并与叶绿素形成有关。土壤中的硫能促进微生物（如根瘤菌）的增殖，增加土壤中氮的含量。植物缺硫时叶片均匀缺绿、变黄，花青素的形成和植株生长受抑制。植物缺硫症状通常从幼叶开始，并且程度较轻。

6）铁。铁在叶绿素形成过程中起着重要作用，植物缺铁时，叶绿素不能形成，从而妨碍了碳水化合物的合成。通常情况下，一般不会发生缺铁现象，但在石灰质土或碱土中，由于铁与氢氧根离子形成沉淀，无法为植物根系吸收，故虽然土壤中有大量铁元素，仍能发生缺铁现象。植物缺铁幼嫩叶片失绿，整个叶片呈黄白色。铁在植物体内不易移动，所以缺铁时老叶仍保持绿色。

7）镁。镁是叶绿素分子的中心元素，植物体缺镁时，无法正常合成叶绿素。镁能够使构成核糖体的亚基连接在一起，以维持核糖体结构的稳定。镁还是许多重要酶类的活化剂，同时镁对磷素的可利用性有很大影响。因此虽然植物对镁的需要量较少，但却是必不可少的。缺镁的典型症状是脉间缺绿，有时出现红、橙、黄、紫等鲜明颜色，严重时，出现小面积坏死。由于镁在植物体内易于移动，缺镁症状首先在老叶出现。

8）硼。土壤中的硼以 BO_3^{2-} 离子的状态被植物吸收。硼能促进花粉的萌发和花粉管的生长，植物柱头和花柱中含有较多的硼，因此硼与植物的生殖过程有密切关系，有促进开花结实的作用。另外，硼能改善氧气的供应，促进根系的发育和豆科植物根瘤的形成。植物缺硼时根系不发达，顶端停止生长并逐渐死亡，叶色暗绿，叶片肥厚、皱缩，植株矮化，茎及叶柄易开裂。

9）锰。锰是许多酶的活化剂，主要以 Mn^{2+} 离子的形式被植物吸收。锰也直接参与光合作用，在水的光解与氧的释放中起作用。锰供应充足，对种子发芽、幼苗生长及开花结实均有良好作用。植株缺锰时，症状从新叶开始，叶片脉间失绿，但叶脉仍为绿色，叶片上出现褐色和灰色斑点，并逐渐连成条状，严重时叶片坏死。

10）锌。锌直接参与生长素的合成，缺锌时植物体内吲哚乙酸含量降低，从而出现一系列病症。锌也是许多重要酶类的活化剂，这些酶类包括乳酸脱氢酶、谷氨酸脱氢酶、乙醇脱氢酶和嘧啶核苷酸脱氢酶。锌还与蛋白质的合成有关。植物缺锌时，叶小簇生、中下部叶片失绿，主脉两侧有不规则的棕色斑点，植株矮化，生长缓慢。

11）钼。钼通常以 MoO_4^{2-} 离子的形式为植物吸收，其生理作用集中在氮元素代谢方面。植物缺钼的共同症状是植株矮小，生长受抑制，叶片失绿、枯萎以致坏死。豆科植物缺钼会导致根瘤发育不良，固氮能力弱和不能固氮等后果。

2. 花卉生长发育的必需气体

1）氧气。植物呼吸需要氧气，空气中氧含量约为21%，能够满足植物的需要。在一般栽培条件下，出现氧气不足的情况较少，只在土壤过于紧实或表土板结时才引起氧气不足。当土壤紧实或表土板结层形成时，会影响气体交换，致使二氧化碳大量聚集在土壤板结层之下，使氧气不足，根系呼吸困难。种子由于氧气不足，会因酒精发酵毒害种子使其停止发芽甚至死亡。松土使土壤保持团粒结构，空气可以透过土层，使氧气达到根系，以供根系呼吸，也可使土壤中二氧化碳同时散发到空气中。

2）二氧化碳。空气中二氧化碳的含量虽然很少，仅有0.03%左右（约300mL/m³），但对植物生长影响却很大，是植物光合作用的重要物质之一。增加空气中二氧化碳的含量，就会增加光合作用的强度，从而可以增加产量。多数试验证明，当空气中二氧化碳的含量比一般含量高出10~20倍时，光合作用则有效地增加，但当含量增加到5%以上就会引起光合作用过程的抑制。

一般温室可以维持在1000~2000mL/m³的二氧化碳浓度。过量的二氧化碳，对植物有危害，在新鲜厩肥或堆肥过多的情况下，二氧化碳含量会高达10%左右，如此大量的二氧化碳，会对植物产生严重危害。在温室或温床中，施过量厩肥，会使土壤中二氧化碳含量增多至1%~2%，若土壤中的二氧化碳浓度维持时间较长，植物将发生病害现象。给予高温和松土，可防止这一危害的发生。

3）氮气。在空气中，氮气的含量为78%以上，但它不能为多数植物直接利用，只有通过豆科植物以及某些豆科植物的根际固氮根瘤菌才能将其固定成氨和铵盐，然后经过硝化细菌的作用转变成硝酸盐或亚硝酸盐，才能被植物吸收，进而合成蛋白质，构成植物体。

3. 有害气体对花卉的危害

近年来已引起人们重视的有害气体有100种以上，对花卉威胁大的主要有二氧化硫、氟化氢等。

1）二氧化硫。二氧化硫主要是由工厂的燃料燃烧而产生的有害气体。当空气中二氧化硫含量增至0.002%（20mL/m³），甚至为0.001%（10mL/m³）时，便会使花卉受害，浓度越高，危害越严重。二氧化硫从气孔及水孔浸入叶部组织，破坏细胞叶绿体，使组织脱水并坏死。表现症状即在叶脉间发生许多褪色斑点，受害严重时，叶脉变为黄褐色或白色。各种花卉对二氧化硫的敏感程度不同，对二氧化硫抗性强的花卉有金鱼草、紫茉莉、蜀葵、美人蕉、金盏菊、晚香玉、鸡冠花、大丽花、唐菖蒲、玉簪、酢浆草、凤仙花、地肤、石竹、菊花、山茶、扶桑、龟背竹、月季、鱼尾葵等。监测二氧化硫的花卉有：向日葵、波斯菊、矮牵牛、紫花苜蓿、蛇目菊等。

2）氨。大量施用有机肥或无机肥常会产生氨，氨含量过多，对花卉生长不利。当空气中含量达到0.1%~0.6%时就可发生叶缘烧伤现象；含量达到0.7%时，质壁分离现象减弱；含量若达到4%，经过24h，植株即中毒死亡。施用尿素后也会产生氨，因此最好在施后盖土或浇水，以避免发生氨害。

3）氟化氢。氟化氢是氟化物中毒性最强、排放量最大的一种，主要来源于炼铝厂、磷肥厂及搪瓷厂等厂矿地区。它首先危害植株的幼芽和幼叶，先使叶尖和叶缘出现淡褐色至暗褐色的病斑，然后向内扩散，以后出现萎蔫现象。氟化氢还能导致植株矮化、早期落叶、落花及不结实。抗氟化氢的花卉有：棕榈、一品红、凤尾兰、山茶、大丽花、天竺葵、万寿菊、倒挂金钟、秋海棠、葱兰、天竺葵、矮牵牛、半支莲、菊花等。抗性弱的有：郁金香、唐菖蒲、万年青、杜鹃等。

4）其他有害气体。其他有害气体如乙烯、乙炔、丙烯、硫化氢、氯化氢、氧化硫、一氧化碳、氯、氰化氢等，它们多源于工厂排放，对植物有严重的危害。即使空气中含量极为稀薄，如乙烯含量只有 $1mL/m^3$，硫化氢含量仅有 $40\sim400mL/m^3$ 时，也可使植物遭受损害。工厂排放出的沥青气可使距厂房附近 $100\sim200m$ 地面上的花草萎蔫或死亡。此外，从工厂排放出的烟尘中含有铜、铅、铝及锌等矿石粉末，常使植物遭受严重损害。因此，在工厂附近建立防烟林，选育抗有害气体的树种、花草及草坪地被植物，用于净化空气是行之有效的措施。在污染地区还应重视和选用敏感植物作为"报警器"，以监测预报大气污染程度，起指示植物的作用。常见的敏感指示花卉有：监测氯气：百日草、波斯菊等；监测氮氧化物：秋海棠、向日葵等；监测臭氧：矮牵牛、丁香等。

任务2 花卉生产设施

在现代化的花卉生产中，温室可以对温度等环境因素进行有效控制，在生产中具有重要作用。广泛应用于原产热带、亚热带花木的栽培，切花生产以及促成栽培，是花卉栽培中最重要的，同时也是应用最广泛的栽培设备。比其他栽培设备（如风障、冷床、温床等）对环境因子的调节和控制能力更强、更全面。温室栽培在国内外发展很快，并且向大型化、现代化及花卉生产工厂化发展。

3.2.1 温室

温室是以采光覆盖材料为全部或部分围护结构材料，可以人工调控温度、光照、水分、气体等环境因子的保护设施。在不利的环境中，温室能够创造适宜植物生长发育的条件。

1. 温室的作用

（1）花卉周年生产的需要 人们对于花卉有周年供应的要求，因此，在冬春寒冷季节，在自然条件不适合植物生长的场合，应用温室创造适于植物生长的环境，可在缺花季节供应鲜花，满足市场的需要。

（2）营造环境满足植物生长发育的需要 对热带和亚热带植物而言，它们原产地的气温较高，年温差小，如在温带地区栽培，必须在冬季设置温室以满足对温度的要求。

（3）促成或抑制栽培需要 通常露地栽培的花卉，在冬季利用温室进行促成栽培，可提早并延长花期。一些原产于温暖地而不能露地越冬的花卉，常利用低温温室来保护越冬，也用于春播花卉的提前播种。

2. 温室分类

温室的种类很多，通常依据温室应用的目的、温度、栽培植物、建筑形式、设置位置、是否有人工热源、建筑材料、屋面覆盖材料等区分。

（1）依应用目的区分

1）观赏温室。这种温室专供陈列观赏花卉之用，一般建于公园及植物园内，外形要求美观、高大，吸引和便于游人观赏、学习。如上海植物园的展览温室和中国科学院北京植物园的温室等。在一些国家更设有大型的温室，内有花坛、草坪、水池、假山、瀑布等，冬季供游人游览，特称为"冬园"。如美国宾夕法尼亚州的朗乌德花园（图3-1）的大温室花园即属于此类。

2）生产栽培温室（图3-2）。以花卉生产栽培为主，建筑形式以符合栽培需要和经济实用为原则，不追求外形美观与否。一般建筑低矮，外形简单，热能消耗少，室内生产面积利用充分，有利于降低生产成本。如各种日光温室和连栋温室等。

图3-1 朗乌德花园

图3-2 生产栽培温室

3）繁殖温室。这种温室专供大规模繁殖之用，温室建筑多采用半地下式，以便维持较高的湿度和温度。

4）促成或抑制栽培温室。供温室花卉催延花期，保证周年供应使用。要求温室具有较完善的设施，如温度和湿度调节、加光、遮光、增施二氧化碳等。

5）人工气候室。即室内的全部环境条件，皆由人工控制。一般供科学研究用，可根据实际需要调节各项环境指标。现在的大型自动化温室在一定的意义上已经成为人工气候室。

（2）依温度区分

1）低温温室。室温保持在3～8℃，用于保护不耐寒植物越冬，也作耐寒性草花栽培。夜间温度应保持在3～5℃。如瓜叶菊、报春花、紫罗兰、小苍兰、倒挂金钟等一般在低温温室中生长良好。

2）中温温室。室温保持在8～15℃，用来栽培亚热带植物及对温度要求不高的热带花卉。夜间温度需要8～10℃以上。如仙客来、香石竹、天竺葵等适于在中温温室中生长。

3）高温温室。室温在15℃以上，也可高达30℃左右，主要栽培热带植物，也用于花卉的促成栽培。夜间温度为10～15℃。如筒凤梨、变叶木、发财树等需在高温温室中生长。

（3）依栽培植物区分　植物种类不同，对温室环境条件有不同的要求，常依一些专类花卉的特殊环境要求，分别设置专类温室，如棕榈科植物温室、兰科植物温室、蕨类植物温室、仙人掌科和多浆植物温室、食虫植物温室等。

（4）依建筑形式区分　温室的形式决定于观赏或生产栽培上的需要。观赏温室的建筑形式很多，有方形、多角形、圆形、半圆形及多种复杂的形式等。为尽可能满足美观上的要求，屋面也有部分采用有色玻璃的。栽培温室的形式只要求满足栽培上的需要，通常形式比较简单，基本形式有 4 类（图 3-3）。

1）单屋面温室（图 3-3a）。温室屋顶只有一个向南倾斜的玻璃屋面，其北面为墙体。

2）双屋面温室（图 3-3b）。温室屋顶只有两个相等的玻璃屋面，通常南北延长，屋面分向东、西两方，但也偶有东西延长的。

3）不等屋面温室（图 3-3c）。温室屋顶具有两个宽度不等的屋面，向南一面较宽，向北一面较窄，两者的比例为 4∶3 或 3∶2。

4）连栋温室（图 3-3d）。将两栋以上的单温室在屋檐处衔接起来，去掉连接处的侧墙，加上檐沟（天沟），就构成了连栋温室。连栋温室又称为连跨温室、连脊温室。

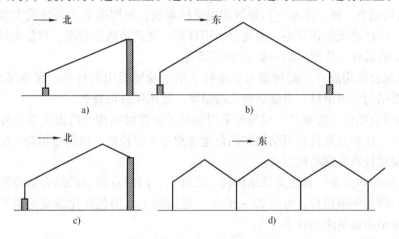

图 3-3　温室建筑形式

a）单屋面温室　b）双屋面温室　c）不等屋面温室　d）连栋温室

（5）依设置位置区分　以温室在地面设置的位置可分为 3 类。

1）地上式（图 3-4a）。室内与室外地面近于水平。

2）半地下式（图 3-4b）。四周矮墙深入地下，仅侧窗留于地面以上。这类温室保温性好，且室内可维持较高的湿度。

3）地下式（图 3-4c）。仅屋顶露于地面之上，无侧窗部分，只由屋面采光。此类温室保温性最好，也可保持很高的湿度。其缺点为日光不足，空气不流通，适于要求湿度大及耐阴的花卉，如蕨类植物、热带兰花等。

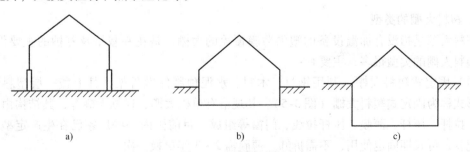

图 3-4　温室设置位置

a）地上式　b）半地下式　c）地下式

（6）依是否有人工热源区分　由维持温室温度的方法不同分为以下两种：

1）不加温温室。也称为日光温室或冷室，利用太阳辐射来维持室内温度，冬季保持0℃以上的低温。通常作为低温温室来应用。

2）加温温室。除利用太阳辐射外，还采用烟道、热水、蒸汽、电热等人为加温的方法来提高温室温度。中温温室与高温温室多属于此类。

（7）依建筑材料区分

1）木结构温室。结构简单，屋架及门窗框等都为木制。所用木材以坚韧耐久、不易弯曲者为佳。木结构温室造价低，但使用几年后，温室密闭度常降低。使用年限一般为15～20年。

2）钢结构温室。柱、屋架、门窗框均用钢材制成，坚固耐久，可建成大型温室。用料结构面较细，因此遮光面积较小，能充分利用日光。缺点是造价较高，容易生锈，由于热胀冷缩常使玻璃面破碎。使用年限一般为20～25年。

3）钢木混合结构温室。此种温室除中柱、桁条及屋架用钢材外，其他部分都为木制，由于温室主要结构应用钢材，可建造较大的温室，使用年限也较久。

4）钢铝混合结构。温室柱、屋架等采用钢制异形管材结构，门窗框等与外界接触部分是铝合金构件。这种温室具有钢结构和铝合金结构二者的长处，造价比铝合金结构的低，是大型现代化温室较理想的结构形式。

5）铝合金结构温室。其优点是结构轻、强度大，门窗及温室的结合部分密闭度高，能建大型温室。使用年限很长，可用25～30年，是国际上大型现代化温室的主要结构类型之一。荷兰此种结构温室应用较多。

（8）依屋面覆盖材料区分

1）玻璃温室。该类温室以玻璃为屋面覆盖材料，为了防雹有的使用钢化玻璃。玻璃透光度大，使用年限久。

2）塑料温室。该类温室设置容易，造价低，更便于用作临时性温室，近20年来应用极为普遍。形式多为半圆形或拱形，也有采用双屋面等形式的。另外，用玻璃钢（丙烯树脂加玻璃纤维或聚氯乙烯加玻璃纤维）可建大型温室。在日本应用较为广泛。目前国际上大型现代化温室多用塑料板材（玻璃纤维塑料板、聚氯乙烯塑料板、丙烯硬质塑料板等）覆盖。

3.2.2　塑料大棚

1. 塑料大棚的类型

塑料大棚是指没有加温设备的塑料薄膜覆盖的大棚，是花卉栽培及养护的主要设施之一。塑料大棚的类型很多，主要有：

（1）固定式塑料大棚　利用钢材、木料、水泥预制件做骨架，其上盖一层塑料薄膜，这种形式称为固定式塑料大棚（图3-5）。其规格有单栋大棚、连栋大棚等，其结构由立柱、拱杆、拉杆、压杆、薄膜、压杆拉线、门窗等组成。目前国内一些厂家已在生产定型大棚，骨架配套，可长期固定使用，不需拆卸，薄膜需2～3年更换一次。

（2）简易式塑料大棚　利用轻便器材如竹竿、木棍、钢筋等，做成半圆形或屋脊形等支架，然后罩上塑料薄膜，就成了简易式塑料大棚，多用于扦插育苗及盆花越冬等使用，用后即可拆除。

　　上述形式不论哪种，一般出入门留在南侧，薄膜之间连接牢固，接地四周用土压紧，以保持棚内温度，免遭风害。天热时可揭开薄膜通风换气。大棚拆除后，土地仍可继续栽培花卉。

　　对于温度、湿度要求较高的播种、扦插活动，还可在大棚内设置塑料小拱棚，以起到增温保湿的效果。

图3-5　固定式塑料大棚
1—拱杆　2—立柱　3—拉杆　4—压杆

2. 塑料大棚的建造

　　（1）建造场地的选择　棚址宜选在背风、向阳、土质肥沃、便于排灌、交通方便的地方。棚内最好有自来水设备。

　　（2）大棚的面积概算　从光、温、水、肥、气等因素综合考虑确定，不同种类的花卉，对环境要求也不同，大棚的长、宽、高、面积可酌情变动。连栋式大棚较少用，因为不利于各种栽培环境因素的调节。

　　（3）大棚方向的设置　从光照强度及受光均匀性方面考虑，大棚一般多按南北长、东西宽的方向设置。

　　（4）棚间距离的确定　集中连片建造大棚，又是单栋式结构时，一般两棚之间要保持2m以上的距离，前后两排距离要保持4m以上。当然，也可依棚高等因素酌情确定。总之，以利于通风、作业和设排水沟渠、防止前排对后排遮阴为原则。

3. 塑料大棚的应用

　　大棚的温度变化是随外界日温及季节气温变化而变化的。大棚内上部光强而下部光弱，由于棚膜不透气，棚内易产生高温高湿，造成病害发生。大棚可以作为花卉的越冬设备，夏天可以拆掉薄膜作露地花场使用。在北方可以代替日光温室，或进行大面积草花播种和落叶花木的冬插及菊花等一些花卉的延后栽培使用；在南方则可用来生产切花，或供亚热带花卉越冬使用。

3.2.3　荫棚

　　荫棚常用来养护阴性和半阴性花卉及一些中性花卉。一些刚播种出苗和扦插的小苗，刚分株、上盆的花卉夏季置于半阴之地，温度湿度条件变化平稳，利于缓苗发育。像龟背竹、广东万年青、文竹、一叶兰、八仙花、南天竹、朱蕉、棕竹、蒲葵、君子兰、吊兰等常在荫棚下养护。荫棚设置应尽量靠近温室，在地势高燥、排水好、不积雨的地方，以利于春季花木从温室中运至荫棚。荫棚下铺一层炉渣或粗沙，以利于水分下渗。南侧西侧有树林最好，也可用竹栅等挡光。荫棚多用钢筋混凝土柱，也可用直径15cm、高3m的木柱或钢柱埋入地下50cm压实，每隔3m一根柱，东西向长，南北向宽，宽6~7m为好。立柱顶端引一铁环固定檩条用。横、竖向用大竹竿杉木棍捆牢，再用竹竿按东西向铺设椽材，每隔30cm一根，捆牢。棚顶上面遮阴材料用竹帘、苇帘等，也可用固定牢固的遮阴网遮阴（图3-6）。

图 3-6　荫棚

3.2.4　设施内常用设备

1. 调温设备

（1）升温设备　温室加温的主要方法有热水、蒸汽、烟道、热风、电热等。

1）热水加温。用锅炉加温使水达到一定的温度，然后经输水管道输入温室内的散热管，散发出热量，从而提高温室内的温度。热水加温一般将水加热至80℃左右即可。

2）蒸汽加温。有锅炉加温产生热蒸汽，然后通过蒸汽管道和散热管在温室内循环，散发出热量，维持室内温度。热水或蒸汽加温所用的散热管，均采用排管或圆翼形管，有时也用暖气片。散热管通常设置于温室内四周短墙上或植物台下，连栋式温室常置于两栋间结合部位。

3）热风加温。又称为暖风加温，是用风机将燃料加热产生的热空气输入温室，达到升温的一种加温方式。热风加温的设备通常有燃油热风机和燃气热风机。

4）烟道加温。此法建造简单易行，投资较小，燃料消耗少；但供热力小，室内温度不易调节均匀，空气较干燥，花卉生长不良，多用于较小的温室。采用烟道加温，应严防漏烟，否则，栽培的花卉会因烟气中过量的二氧化硫而受到伤害，造成生产损失。

5）电热加温。用电热温床或电暖风加热的一种方式，成本较高，通常用于小面积的加温或辅助加温。目前有比电热加温节电50%的红外线加温已经成功应用于科研温室中。

（2）降温设备

1）通风窗降温。我国传统的温室（如单屋面温室）中，一般没有完善的降温系统，仅在温室的顶部、侧方和后墙设置通风窗，当气温升高时，将所有通风窗打开，以通风换气的方式达到降温的目的。通风窗降温法没有任何能量的损耗，但其降温效果不够理想。

2）排风扇和水帘降温。现代化的温室具有高效的降温系统，一般由排风扇和水帘两部分组成。排风扇装于温室的一端（一般为南端），水帘装于温室的另一端（一般为北端）。水帘由一种特制的"蜂窝纸板"和回水槽组成。起动后，冷水由上水管经"蜂窝纸板"缓缓下流，由回水槽流入缓冲水池。另一端的排风扇同时起动，将热空气源源不断地排出室外。如此，经过水冷的空气进入温室，吸收室内热量之后，又被排出室外，从而有效地降低了温室内的温度，同时增加了空气的湿度。

3）微雾降温。微雾降温法是当今世界上最新的温室降温技术。其降温原理是：利用多功能微雾系统，将水以微米级的雾滴形式喷入温室，使其迅速蒸发，利用水蒸发潜热大的特点，大量吸收空气中的热量，然后将湿热空气排出室外，从而达到降温目的。微雾降温法的降温成本较低，降温效果明显，降温能力一般在3~10℃，对自然通风温室尤为适用。

（3）保温设备　保温主要是防止设施内的热量散失到外部使温度降低，为提高温室的保温能力，常采用覆盖方式保温，根据不同地区和栽培的需要，选择覆盖两层或以上的保温材料，节约燃料达30%。保温材料主要有两类，一是覆盖顶或外墙壁的各种覆盖物，二是安装于室内，可机械控制打开或关闭的保温幕。

2. 调光设备

温室大多以自然光作为主要光源。为使不同生态环境的奇花异卉集于一地，如长日性花卉在短日照条件下生长，就需要在温室内设置灯源，以增强光照强度和延长光照时数；若短日性花卉在长日照条件下生长，则需要遮光设备，以缩短光照时数。遮光设备需要黑布、遮光膜、暗房和自动控光装置，暗房内最好设有便于移动的盆架。

3. 灌溉与调湿设备

水分是花卉生长的必需条件，花卉灌溉用水的温度应与室温相近。在一般的栽培温室中，大多设置水池或水箱，事先将水注入池中，以提高温度，并可以增加温室内的空气湿度。水池大小视生产需要而定，可设于温室中间或两端。现代化温室多采用滴灌或喷灌，在计算机的控制下，定时定量地供应花卉生长发育所需要的水分，并保持室内的空气湿度。尤其适用于对空气温度要求大的蕨类、热带兰等专类温室，这样可增加温室利用面积，提高温室自动化程度，但需较高的智力和财力投入。温室的排水系统，除天沟落水槽外，可设立柱为排水管，室内设暗沟、暗井，以充分利用温室面积，并降低室内湿度，减少病害的发生。

4. 通风设备

温室为了蓄热保温均有良好的密闭条件，但密闭的同时造成高温，低二氧化碳浓度及有害气体的积累。因此，温室一般应具有良好的通风条件。

（1）自然通风　自然通风是利用温室内的门窗进行空气自然交流的一种通风形式。在温室设计时，一般能开启的门窗面积不应低于覆盖面积的25%~30%。自然通风可手工操作和机械自动控制，一般适于春秋降温排湿之用。

（2）强制通风　用空气循环设备强制把温室内的空气排到室外的一种通风形式。大多应用于现代化温室内，由计算机自动控制。强制通风设备的配置，要根据室内的换气量和换气次数来确定。

5. 其他设备

（1）植物台　植物台又称为植台或台架，是放置盆花的台架，用于盆花的栽培，有平台和级台两种形式。平台常设于单屋面温室南侧或双屋面温室的两侧，在大型温室中也可设于温室中部。平台一般80cm高，80~100cm宽，若设于温室中部宽度可扩大到1.5~2m；而级台，在单屋面温室常靠北墙，台面向南，在双屋面温室常设于温室正中，级台可充分利用温室空间，通风良好，光照充足而均匀，适用于观赏温室，但管理不便，不适于大规模生产。

温室内设置植物台，可使花卉接受充分的光照，因为愈靠近屋面，光线愈强；可使室内通风良好，排水通畅，有利于盆花的健康生长；易于调节土壤温湿度；可充分利用温室空间，台下可设水池、暖气管，或放置耐阴花卉等。

植物台的结构有木制、铁架木板及混凝土3种。前两种均由厚3cm，宽6~15cm的木板铺成，两板间留2~3cm的空隙以利排水，其床面高度通常低于矮墙约为20cm。现代温室大多采用镀锌钢管制成活动的植物台，可大大提高温室的有效面积，节省室内道路所占的空间，减轻劳动强度，但投资较大。植物台间的道路一般宽 70～80cm，观赏温室可略宽些。

（2）种植床　种植床又称为栽培床，是温室内栽培花卉的设施，如用于月季、香石竹、菊花、紫罗兰、百合、鹤望兰等的切花栽培。与温室地面相平的称为地床，高出地面的称为高床。高床四周由砖或混凝土筑成，其中填入培养土（或基质）。种植床易于保持湿润，土壤不易干燥；土层深厚，花卉生长良好，更适于深根性及多年生花卉生长；设置简单，用材经济，投资少；管理简便，节省人力；但通风不良，日照差，难以严格控制土壤温度。这些缺点地床尤为甚。

（3）繁殖床　除繁殖温室内，在一些小规模生产栽培或教学科研栽培中，也常设置繁殖床。有的直接设置在加温管道上，有的采用电热加温。以南向采光为主的温室，繁殖床多设于北墙，大小视需要而定，一般宽约1m，深40～50cm，其中填入基质即可。

（4）其他附带的建筑设施

1）工作房。花卉栽培有许多细致的室内工作，如盆花的翻盆，上盆与换盆，花卉的嫁接繁殖，切花的分级、包装，种子的分选等，均需在与温室相连的工作房中进行。

2）种子房。花卉种类繁多，每个种类又有不同的园艺品种及变种。根据种子贮藏的要求，设置种子房，以保持种子的生活力。种子房要求通风干燥，蔽阴冷凉，最好有空调设备，便于调节贮藏温度，还要设有装盛种子的容器、贮藏架等。

3）晒场。选择温室南侧空旷地，设置一片水泥地，作为晒场，对盆花用土进行曝晒、消毒，以及对进行种子采收后的晾晒，干燥等。

4）工具材料仓库。花卉栽培需要多种工具，机具设备，各种肥料，花盆等材料，都需井井有条地贮存在工具材料仓库中，以利生产所需。

任务3　花卉生产常用器具

3.3.1　栽培容器

1. 花盆

花盆是栽种花卉的重要容器，也是连同花卉供人们观赏的重要装饰品，所以园艺工作者对容器和材料的选择、应用都十分重视。栽培观赏植物的容器种类甚多，通常依其质地、大小、专用目的的不同，分成以下几类：

（1）瓦盆（图3-7）　瓦盆又称为素烧盆，是使用最广泛的栽培容器。利用黏土在 800～900℃ 高温下烧制而成，有红盆和灰盆两种。这类瓦盆，虽质地粗糙，且具多孔性，但有良好的通气、排水性能，适合花卉的生长，又因价格低廉，应用广泛。素烧盆通常为圆形，其大小规格不一。不同的植物种类对盆深的要求不同，一般最常用的是直径与盆高相等的标准盆；但杜鹃花和球根花卉适合用比较

图3-7　瓦盆

浅的盆，这种盆的高度是上部内径的3/4；蔷薇和牡丹适合用较深的盆；播种或移苗多用深8～10cm的浅盆，最小的盆口直径为6cm，最大不超过50cm。

使用新瓦盆应注意以下两点：

1）冬季瓦盆不宜露天贮藏，因为它们具有多孔性而易吸收外界水分，致使在低温下结冰、融化交替进行，造成瓦盆破碎。

2）新的瓦盆在使用前，必须先经水浸泡，否则，每一个新的栽植盆，都可能从栽培基质中吸收很多的水分，而导致植物缺水。

（2）釉盆（图3-8） 釉盆又称为陶瓷盆，其形状有圆形、方形、菱形等。其外形美观，常刻有彩色图案，适于室内装饰。这种盆水分、空气流通不畅，对植物栽培不太适宜。这种花盆，完全以美观为目的，作为一种室内装饰，适宜于配合花卉作套盆用。

（3）塑料盆（图3-9） 用聚氯乙烯按一定模型制成。花卉生产上多使用硬塑料，这类盆可以根据需要进行设计，造型灵活多变，颜色多样，与花卉相配，可以衬托出青翠的叶色，鲜艳的花色，且盆内外光洁、轻巧，洗涤方便，不易破碎，适宜远途运输，可较长期、多次使用。塑料盆因制作材料结构较紧密，盆壁孔隙很少，壁面不容易吸收或蒸发水分，所以排水、通气性能比瓦盆差，因此必须注意细心浇水。如植物根系要求氧气量较高，可在栽植前先填入通气性、排水性良好的多孔隙的栽培基质。在育苗阶段，常用使用方便的小型软塑料盆。

图3-8 釉盆

图3-9 塑料盆

（4）吊盆（图3-10） 利用麻绳、尼龙绳、金属链等将花盆或容器悬挂起来，作为室内装饰，具有空中花园的特殊美感，可清楚地观察植物的生长。适合于作吊盆的容器有质地轻、不易破碎的彩色塑料花盆，颇有风情的竹筒，古色古香的器皿，或藤制的吊篮等。这类花盆既美观，又安全，可以悬挂于室内任何角落。常春藤、鸭趾草、吊兰、天门冬、蕨类等蔓性植物适宜栽种于吊盆中供布置、观赏。

（5）木盆（图3-11）或木桶 一般选用材质坚硬、不易腐烂、厚度为0.5～1.5cm的木板制作而成，其形状有圆形、方形。为了便于换盆时倒出盆内土团，应将木盆或木桶做成上大下小的形状。木盆外部可刷上有色油漆，既防腐又美观。盆底需设排水孔，以便排水。这类木盆或木桶，宜栽植大型的观叶植物，如橡皮树、棕榈，放置于会场、厅堂，极为醒目。

（6）水养盆（图3-12） 专用于水生花卉盆栽，盆底无排水孔，盆面阔而浅，如北京的"莲花盆"，其形状多为圆形。此外，室内装饰的沉水植物，则采用较大的玻璃槽以便观赏。球根水养盆多为陶制或瓷制的浅盆，如我国常用的水仙盆。风信子也可用特制的"风信子瓶"。

图 3-10　吊盆	图 3-11　木盆	图 3-12　水养盆

　　（7）兰盆（图 3-13）　　兰盆专用于气生兰及附生蕨类植物的栽培，盆壁有各种形状的孔洞，以便空气流通。此外，也常用木条制成各种式样的兰筐代替兰盆。

　　（8）盆景用盆（图 3-14）　　深浅不一，形式多样，常为瓷盆或陶盆。山水盆景用盆为特制的浅盆。

　　（9）纸盆（图 3-15）　　供培养幼苗专用，特别用于不耐移植的种类，如香豌豆、矢车菊等先在温室内用纸盆育苗，然后露地栽植。

图 3-13　兰盆	图 3-14　盆景用盆	图 3-15　纸盆

2. 育苗容器

　　传统育苗多在苗床内扦播或播种，成苗后再定植，起苗时往往会伤害根系，缓苗期长，有的苗木成活率很低。近年来出现的容器育苗占地面积小，便于创造最佳环境条件，采用科学化、标准化的技术措施，应用机械化、自动化的设备等，幼苗生长速度快，一致性好，可提早开花，并提高花朵质量。

　　容器育苗有许多专用育苗容器，如育苗盘、穴盘、育苗筒、育苗钵等，如图 3-16 所示。育苗盘多由塑料注塑而成，长约 60cm，宽 45cm，厚 10cm。育苗钵是指培育幼苗用的钵状容器，目前有塑料育苗钵和有机质育苗钵两类，有机质育苗钵是由牛粪、锯末、泥土、草浆混合搅拌或由泥炭压制而成，疏松透气，装满水后在盆底无孔情况下，40～60min 可全部渗出，与苗同时栽入土中不伤根，没有缓苗期。育苗筒是圆形无底的容器，规格多样，有塑料质和纸质两种，与塑料育苗钵相比，育苗筒底部与床土相连，通气透水性好，但根容易扎入土壤中，大龄苗定植前起苗时伤根较多。穴盘育苗多采用机械化播种，便于运输和管理，缺点是培育大龄苗时营养面积偏小。

营养钵（育苗钵）

ps50孔穴盘

图 3-16 育苗容器

3. 特殊栽培容器

（1）盆套 盆套是指容器外附加的器具，用以遮蔽花卉栽培容器的不美观部分，达到最佳的观赏效果，使花卉与容器相得益彰，情趣盎然。盆套的形状、色彩、大小和种类繁多，风格各异，如根据个人的兴趣爱好，自己动手、就地取材制作，则更能表现各自的独特风格。制作套盆的材料很多，有金属、竹木、藤条、塑料、陶瓷或大理石等。盆套形状可为咖啡杯形、玉兰花形、圆形、方形、半边花篮形、奇异的罐形等。

（2）玻璃器皿 利用玻璃制作的器皿，可以栽植小型花卉。器皿的形状、大小多种多样，常用的有玻璃鱼缸、大型的玻璃瓶、碗形的玻璃皿。栽植时，在这些容器底部先放入栽培材料，然后将耐阴花卉，如花叶竹芋、鸭跖草、各种蕨类的小苗，疏密有致地布置于容器中，放置于窗台或几架上，别具一格。

（3）壁挂容器 把容器设置于墙壁上，常见形式有：

1）将壁挂容器设计成各种几何形状，将经过精细加工涂饰的木板装上简单竖格，或做成简单的博古架，安装于墙壁上，格间摆设各种观赏植物，如绿萝、鸭跖草、吊兰、常春藤、蕨类等。

2）事先在墙壁上设计某种形状的洞穴，墙壁装修时留出位置，然后把适当的容器嵌入其中，再以观叶植物或其他花卉点缀于容器之中，别有一番情趣。

（4）花架 用以摆放或悬挂植物的支架，称为花架。它可以任意变换位置，使室内更富新奇感，其样式和制作材料多种多样。

除上述器具外，还有栽植箱和栽植槽，可摆放于地面，也可设置于窗台边缘等处。用各种各样的儿童玩具、贝壳或椰子壳等栽植花卉，更富情趣，并可启迪儿童心智。

随着现代科学技术的广泛应用，花卉栽培设施、装饰形式和方法有了很大变化，出现了形形色色的花卉栽培容器，容器的种类、制作材料、制作式样更加丰富多彩，拓展了花卉的装饰功能。

3.3.2 花卉生产机具

1. 浇水壶

有喷壶和浇壶两种。喷壶用来为花卉枝叶淋水除去灰尘，增加空气湿度。喷嘴有粗、细之分，可根据植物种类及生长发育阶段、生活习性灵活取用。浇壶不带喷嘴，直接将水浇在盆内，一般用来浇肥水。

2. 喷雾器

防虫防病时喷洒药液用，或作温室小苗喷雾，以增加湿度，或作根外施肥，喷洒叶面等。

3. 修枝剪

用以整形修剪，以调整株形，或用作剪截插穗、接穗、砧木等。

4. 嫁接刀

用于嫁接繁殖，有切接刀和芽接刀之分。切接刀选用硬质钢材，是一种有柄的单面快刃小刀；芽接刀薄，刀柄另一端带有一片树皮剥离器。

5. 切花网

用于切花栽培，防止花卉植株倒伏，通常用尼龙制成。

6. 遮阳网

遮阳网又称为遮阴网、寒冷纱等，是高强度、耐老化的新型网状塑料覆盖材料，具有遮光、降温、防雨、保湿、抗风及避虫防病等多种功能。生产中根据花卉种类选择不同规格的遮阳网，用于花卉覆盖栽培，借以调节、改善花卉的生长环境，实现优质花卉的生产目的。

7. 覆盖物

用于冬季防寒，如草帘，无纺布制成的保温被等覆盖温室，与屋面之间形成防热层，有效地保持室内温度，也可用来覆盖冷床、温床等。

8. 塑料薄膜

塑料薄膜主要用来覆盖温室。塑料薄膜质量轻、质地柔软、价格低，适于大面积覆盖。其种类很多，有聚氯乙烯薄膜、聚乙烯薄膜、聚氟乙烯薄膜等。生产中应根据不同的温室和栽培的花卉采用不同的薄膜。

9. 花卉栽培机具

应用现代化花卉生产的机具越来越多，比较常用的有播种机、球根种植机、穴盘播种机、球根清洗机、球根分级机、切花去茎去叶机、切花分级机、切花包装机、盆花包装机、温室计算机控制系统，花卉冷藏运输车等。

此外，花卉栽培过程中还需要竹竿、棕丝、铝丝、铁丝、塑料绳等用于绑扎支柱等材料。

3.3.3 常用测定仪器的种类及使用

花卉生产和科研等实际工作中，需要一些常用测定仪器：

1. 温度计

温度计用于记录环境的最低最高温度。将其悬挂在所测定的环境中，读取温度数以后，将刻度尺复位。使用方法：应悬挂在室内空气流通的地方，观察温度时间，可视需要决定。在观察时记录指示针下端所指示的温度，观察后用磁铁吸引指示针使与两端水银柱接触。使用中如发现水银柱脱节，只需用手捏住底板上端用力由上而下地甩动，直至水银柱衔接。同时注意勿使手指接触玻璃管而推动紧固件发生松动，影响温度的准确性。

2. 湿度计

用于记录环境的空气相对湿度，在湿度计上直接读取数据。

3. pH 计

用于测定水与基质的酸碱度。现在常用的是便携式 pH 计，其特点是操作简单方便，反应迅速稳定。使用方法：将底盖打开后插入被测液体溶液中，等读数稳定后读出测定值；使用完毕应清洗后保存；定期用标准液进行矫正。

4. EC 计

用于测定水和基质的离子含量，用法同 pH 计。

5. 测光仪

用于测定环境的光照强度。使用时应注意不同的测量档位，测定从高档位开始，逐步调整到低档位。

任务4　花期调控

通过一定的人为手段或技术措施，如改变环境条件、应用药剂或采取特殊栽培方式，来改变花卉的自然花期，使花卉提前或延迟开花的栽培方式，称为花期控制，又称为花期调控。使花卉提前开花的栽培方式，称为促成栽培；延迟开花的栽培方式称为抑制栽培。

3.4.1　花期调控的意义

一般而言，各种花卉都有其独特而较为稳定的自然花期，因此，在自然条件下，很难见到百花齐放的景象，因而难以满足市场和一些重要节日对花卉的大量需求。所以，人为调节花期，使其按照人们的意愿提前或延后开花，达到周年供应鲜花的目的，已成为现代花卉生产中重要的栽培方式。

目前月季、香石竹、菊花等重要切花种类，采用促成与抑制栽培已完全能够周年供花。同时人工调节花期，由于准确安排栽培程序，可缩短生产周期，加速土地利用周转率，准时供花还可以获取有利的市场价格。因此，花期控制近年来已作为观赏植物栽培管理的一项核心技术而备受重视。所以，花期调控技术具有重要的社会意义与经济意义。

3.4.2　花期调控的原理

1. 自身因子

（1）营养生长与营养积累　营养生长是生殖生长的基础，只有营养生长达到一定的阶段，即达到花前成熟期，植物才会开始进行花芽的分化与发育。因而，植物只有经过充实的营养生长，才能进行花期控制。

（2）休眠特性　植物的休眠有两种，一种是由花卉生理过程引起或遗传性决定的休眠，称为自然休眠，这种休眠需要经过一定时间的低温才能结束，否则即使环境条件适宜也不能萌芽开花。另一种是强迫休眠，当花卉通过自然休眠后，若环境条件不适宜，则仍不能生长开花，一旦条件适宜即会生长。

种子、芽和球根大都具有休眠习性。有的花卉需要低温打破休眠，如大丽花；有的则需要高温打破休眠，如小苍兰、鸢尾等。打破休眠的温度一般是在 0～10℃，接近 0℃ 为好。一般处于初期和后期的休眠及强迫休眠容易被打破。

（3）开花习性　很多花卉花芽分化与花芽发育所需求条件不同，有的高温下分化，低温下发育；有的则低温下分化，高温下发育；有的短日照下进行花芽分化，长日照下发育；而有的则相反。

2. 环境因子

（1）光照

1）促进营养生长。花芽分化需要一定的枝叶数量和一定营养物质的积累，适宜的光照强度可以促进花卉植株的营养生长，增加植株体积和枝叶数量，为生殖生长奠定物质基础。

2）促进花芽分化。短日照花卉、长日照花卉和中日照花卉花芽分化所需要的光照长度不同，通过调节不同花卉每日的光照长度，可以使花芽提前分化或延后分化，达到控制花期的目的。

（2）温度

1）解除休眠。一定的温度，可以增加种子休眠胚或植物体生长点的活性，解除种子或营养芽的自发休眠，恢复其萌芽生长的活力。

2）影响花芽分化和发育。不同种类的花卉在花芽分化时，都要求有适宜的温度范围。有的花卉需要在20℃甚至25℃以上的高温下分化，有的需要在小于20℃的低温处理下才能进行花芽分化，即需要经过春化阶段。有些花卉花芽分化后进入休眠，经过一定时间的低温处理或温度积累后，才能解除休眠而开花，如月季、杜鹃、君子兰、郁金香等。

（3）水分　水分对花芽分化有重要的影响。当花卉的营养生长成熟时，通过控制对花卉水分的供给，可使营养生长停滞而转向花芽分化，达到提前开花的目的。水分过多，则会继续营养生长，使开花延迟。

（4）生长调节剂　花芽分化与其激素的水平关系密切。在花芽分化前植物体内的生长素含量较低，当植株开始花芽分化后，其体内的生长素水平明显提高。

植物激素对植物开花有较为明显的刺激作用。例如赤霉素可以代替一些需要低温春化的二年生花卉植物的低温要求。细胞分裂素对很多植物的开花均有促进作用。

3.4.3　花期调控的方法

1. 处理前的准备工作

（1）花卉种类和品种的选择　根据用花时间，首先要选择适宜的花卉种类和品种。一方面选择的花卉应充分满足市场的需要，另一方面选择在用花时间比较容易开花的，且不需过多复杂处理的花卉种类，以节约时间，降低成本。同种花卉的不同品种，对处理的反应也不同，甚至相差很大。为了提早开花，应选择早花品种，若延迟开花宜选择晚花品种。

（2）球根的成熟程度　球根花卉要促成栽培，需要促使球根提早成熟，球根的成熟程度对促成栽培的效果有很大影响，成熟度不高的球根，促成栽培的效果不佳，开花质量下降，甚至球根不能发芽生根。

（3）植株或球根大小　要选择生长健壮、能够开花的植株或球根。植株和球根必须达到一定的大小，经过处理后花的质量才有保证。一些多年生花卉需要达到一定的年龄后才能开花，处理时要选择达到开花年龄的植株处理。如观赏凤梨要进行花期控制，植株也必须生长至少16个月；要使蝴蝶兰植株开花，从试管苗出苗到开花必须要经过18个月的生长，有一定的生长量才可能开花；郁金香的球茎要达到12 g以上、风信子鳞茎的直径要达到8cm

以上才能开花。

(4) 处理设备和栽培技术　要有完善的处理设备如控温设备、补光设备及控光设备等，精细的栽培管理也是十分必要的。

2. 温度处理法

(1) 增温处理　增温处理主要用于促成栽培。即在花芽分化后，提供花芽继续发育和长大的适宜温度条件，以便提前开花。特别是冬春季节，提高温度，可解除花卉植物的休眠而提早花期。加温的日期根据生育期来推断。

1) 打破休眠提前开花。由于冬季温度较低，许多花卉生长迟缓，如石竹、三色堇、雏菊等；或处于休眠状态，如杜鹃、月季、牡丹等。如果人为增加温度（15～25℃），提前给予适宜生长发育的温度条件，加强水肥管理，充分见光，便会加速植株生长或打破休眠提前开花，达到促成栽培的目的。这种方法适用范围广，特别是在北方，绝大多数的年宵花卉冬季都需要在温室里进行栽培才有可能将花期调控在春节开花；即使在南方，包括经过低温春化的蝴蝶兰、大花蕙兰等后期也需要温室加温，才能提前开花。

但加温不可过急，否则只长叶不开花或者开花不整齐，加温期间必须每日在枝干上喷水保持花芽鳞片的潮润，花蕾透色后，宜降温以延长花期。

2) 延长花期。有些原产温暖地区的花卉，开花阶段要求的温度较高，只要温度适宜就能不断形成花芽而开花。而我国北方地区的自然条件是入秋后温度逐渐降低，这类花便会停止生长发育，进入休眠或半休眠状态，不能开花。这时可自8月下旬放入温室，人为给予增温处理（18～25℃），便可克服逆境，使花期延长，如茉莉、非洲菊、大丽花、美人蕉、君子兰等，可采用此法延长花期。

(2) 降温处理　降温法既可用于抑制栽培，也可用于促成栽培。低温可促进休眠和延缓生长，推迟花期；还可促进花芽分化，使花期提前。

1) 低温推迟花期。

① 延长休眠推迟花期。通过低温处理，可以延长花卉的休眠时间，从而推迟花期。凡以花芽越冬休眠及耐寒的花卉均可采用此法。方法是在春季气温回升之前，将春季气温升高后开花的花卉移入1～4℃的冷室或冷库，并控制水分供给，避免过湿。

低温处理可用于耐寒、耐阴的宿根花卉、球根花卉及某些木本花卉。如芍药，为使芍药延迟开花，可让其一直处于低温状态，放在冷室中，保温0～2℃。存放到所需开花前35～40d为宜，放置背风阴凉处，夜温保持15～18℃，日温20～25℃即可。

② 减缓生长推迟花期。通过低温处理，可以使花卉生长迟缓，延长花卉生长发育期与花蕾成熟过程，从而推迟花期。常用于含苞待放和初花期的花卉，如菊花、天竺葵、八仙花、水仙、月季等。当花蕾形成且尚未展开时，放入低温（3～5℃）条件下，可使花蕾展开进程停滞或迟缓，在需要其开花时即可移入正常温度下进行管理，很快就会开花。

2) 低温提前花期。低温促进春化作用，使花芽提前分化。某些一二年生花卉和部分宿根花卉，在其生长发育的某一阶段，给予一定的低温处理，即可完成春化作用而提前开花，如芍药、万寿菊、月见草、凤仙花、百日草、石竹、雏菊、三色堇、鸢尾等。

低温促进花芽发育，使花蕾提前形成。某些花卉在一定温度下完成花芽分化后，还必须在一定的低温下进行花芽的伸长发育。如杜鹃花芽分化的适宜温度为18～23℃，而花芽伸长的温度为2～10℃；郁金香花芽分化的最适温度为20℃，但花芽伸长的适宜温度为9℃。

低温打破休眠使开花提前。某些冬季休眠春天开花的种类，如果提前给其一定的低温处理，可使其提前通过休眠阶段，再给予适宜的温度即可提前开花。如牡丹，提前50d左右给以为期2周0℃以下的低温处理后，再移至生长开花所需要的适宜温度下，即可于国庆节前后开花。

3）低温延长花期。某些花卉高温条件下不能正常开花，甚至进入休眠和半休眠状态，如仙客来、倒挂金钟等，对于此类花卉，在夏季高温时，将其放置低温凉爽环境下，即可使其正常开花，从而延长花期。

（3）变温法　变温法催延花期，一般可以控制较长的时期，此方法多用于重大节日的用花上。即将已形成花芽的花木先用低温使其休眠，以既不让花芽萌动，又不使花芽受冻为原则。如果是热带、亚热带花卉，给予2~5℃的温度，温带木本落叶花卉则给予-2~0℃的温度。到计划开花日期前1个月左右，放置于（逐渐增温）15~25℃的室温条件下养护管理。花蕾含苞待放时，为了加速开花，可将温度增至25℃左右。如此管理，一般花卉都能预期开花。

3. 光照处理法

光照处理采用的人工光源，以红光最为有效，波长以630~660nm作用最强，其次是蓝紫光。为能达到预期的处理目的，光照处理法应辅以其他措施，如在养护中根据需要施肥，合理修剪、整形，配合温度和药剂处理。花卉的营养生长必须充实，枝条应接近开花的长度，腋芽和顶芽应充实饱满，在养护管理中应加强磷、钾肥的施用，防止徒长等。否则，对花芽的分化和花蕾的形成不利，难以成功。

（1）调节光照长度

1）长日照处理。即补光处理。在日照短的季节里，对长日照花卉进行补光处理，可促进开花，使花期提前；若对短日照花卉进行补光处理，则会抑制开花，使花期延后。方法是在日落前把灯打开，延长光照5~6h，达到调控开花期的目的。人工补充光照可用荧光灯悬挂在植株上方20cm或白炽灯（60W间隔2m或100W间隔3~4m）悬挂在植株上方100cm处。

2）短日照处理。即遮光处理。在日照长的季节里，对短日照花卉进行遮光处理，可使花期提前；若对长日照花卉进行遮光处理，则使花期延后。方法是用遮光材料如黑布或黑塑料膜等，于早晨和傍晚进行遮光，以使白昼变短，黑夜延长。当日照长度小于12h，即可使短日照花卉在长日照季节里提前开花。一般遮光处理的天数为40~70d。遮光材料要密闭，不透光，防止低照度散光产生的破坏作用。短日照处理超过临界夜长小时数不宜过多，否则会影响植物正常光合作用，从而影响开花质量。

夏季炎热季节为减轻短日照处理可能带来的高温危害，应采用透气性覆盖材料；在日出前和日落前覆盖，夜间揭开覆盖物使之与自然夜温相近。

3）暗中断法。也称为"夜中断法"或"午夜照明法"。在自然长夜的中期（午夜）给予一定时间的照明。将长夜隔断，使连续的暗期短于该植物的临界暗期小时数。通常晚夏、初秋和早春夜中断，照明小时数为1~2h；冬季照明小时数多，约3~4h。用作中断黑夜的光照，以具有红光的白炽灯为好。

4）昼夜颠倒处理。采用白天遮光、夜间光照的方法，可使在夜间开花的花卉在白天开放，并可使花期延长2~3d。如昙花的花期控制，在昙花的花蕾长约5cm的时候，每天早上6时至晚上8时遮光，从晚上8时至第二天早上6时，用白炽灯进行照明，经过1周左右的处理后，就能使之在白天开花，并且可以延长花期。

5）全黑暗处理。一些球根花卉要提早开花，除其他条件必须符合其开花要求外，还可将球根盆栽后，在将要萌动时，进行全黑暗处理40~50d，然后再进行正常栽培养护。此法多于冬季在温室进行，解除黑暗后，很快就可以开花，如朱顶红可作这样的处理。

（2）调节光照强度 大部分花卉在开花前需较强的光照，但在开花后适当遮光，或移到光照较弱的地方，同时适当降低温度，可以延长开花时间和保持较好的品质，如月季、香石竹等。

4. 药剂处理法

（1）常用的药剂 花卉花期调控常用的药剂是植物生长调节剂。

1）促进植物生长的调节剂。

生长素类：吲哚乙酸（IAA）是植物体内普遍存在的生长素。人工合成的生长素类化合物有吲哚乙酸（IAA）、吲哚丁酸（IBA）、萘乙酸（NAA）、2，4-D等。

赤霉素类（简称GA）：其中常见的是赤霉酸（简称GA_3）。人工合成的赤霉素类除GA_3外，还有GA_4、GA_{4+7}、GA_{13}、GA_{14}等。

细胞分裂素类：细胞分裂素简称CTK。人工合成的细胞分裂素类有玉米素、激动素（KT）、6-苄基嘌呤（6-BA）、多氯苯甲酸（PBA）等。

2）抑制植物生长的调节剂。

脱落酸（ABA）：人工合成的主要有三碘苯甲酸（TIBA）、整形素、马来酰肼（MH）等。

乙烯：生产上应用的是人工合成的乙烯利，乙烯利对观赏植物开花有明显的促进作用，能使提早开花。

3）延缓植物生长的调节剂。花卉生产上常用的合成生长延缓剂有多效唑（PP_{333}）、矮壮素（CCC）、嘧啶醇、丁酰肼（也称为琥珀酚胺酸或比久，简写B_9）、缩节胺（Pix）等。

（2）药剂处理技术 在花卉生产上最常用的植物生长调节剂有赤霉素、2，4-D、萘乙酸（NAA）、乙烯利、矮壮素等。植物生长调节剂的使用方法有根际施用、叶面喷施、局部涂抹。

1）解除休眠。最常用的是赤霉素，可以代替低温打破休眠从而达到提早开花目的。用500~1000mg/L浓度的赤霉素点在芍药、牡丹的休眠芽上，4~7d内萌动。用1000mg/L的赤霉素浸泡百合鳞茎，也能有效打破休眠；唐菖蒲的球根，在休眠期用10~50mg/L的6-BA溶液浸泡24h，可促进顶芽的萌发。

2）促进开花。赤霉素、乙烯利、矮壮素、B_9等具有代替低温和长日照刺激的作用，可诱导花芽分化，促进长日照植物提前开花。

如每天用0.1%的赤霉素溶液滴在水仙花蕾上，也可使其提早开花；用0.8~1.2%的赤霉素溶液注射到山茶花芽基部，可使其在2~3月份开花，而且花朵大，花期持久；金鱼草、金盏花、百日草等草花，幼苗期喷施0.25~0.5%的B_9溶液，不仅能提前开花，还使花朵紧密美观；在观赏凤梨筒状叶中灌注0.005~0.01%的乙烯利水溶液，可以诱导花的形成，使开花提前。

3）延迟开花。吲哚乙酸（IAA）、α—萘乙酸（NAA）、2，4—D等对植物体内开花激素的形成有抑制作用，从而能有效地延迟花期。

菊花在花蕾期喷浓度为0.01mg/L的2，4—D可保持初开状态，当浓度增大到0.1mg/L时花蕾膨大，不开放，而对照不喷的菊花已开花。秋菊在花芽分化之前，喷施浓度为

0.005% 的 NAA，3d 一次，共处理 50d，可延迟开花 10 ～ 14d。

4）调节衰老延长寿命。切花离开母体后，由于水分、养分和其他必要物质失去平衡而加速衰老与凋萎。在含有糖、杀菌剂等的保鲜液中，加入适宜的生长调节剂，有增进水分平衡、抑制乙烯释放等作用，可延长切花的寿命。例如 6—BA、KT 应用于月季花、球根鸢尾、郁金香、花烛、非洲菊保鲜液；GA_3 可延长紫罗兰切花寿命；B_9 对金鱼草、香石竹、月季有效；CCC 对唐菖蒲、郁金香、香豌豆、金鱼草、香石竹、非洲菊等也可延长切花寿命。

5. 栽培措施处理

（1）分期播种　多数一年生草本花卉属于日中性花卉，对光周期时数没有严格要求，在温度适宜生长的地区或季节采用分期播种、育苗，可在不同时期开花。如瓜叶菊分别于 4、6、9、10 月份分批播种，可于 11 月份至翌年 5 月份开花不断。

（2）剪截　主要用于促使开花，或再度开花为目的的剪截。在当年生枝条上开花的花木用剪截法控制花期。在生长季节内，早剪截使早长的新枝早开花，晚剪截则晚开花。月季、大丽花、丝兰、盆栽金盏菊等都可以在开花后剪去残花，再适量浇水、施肥，加强养护，使其重新抽枝、发芽开花。

（3）摘心　摘心主要用于延迟开花。常用摘心方法控制花期的有一串红、香石竹、大丽花等。如一串红在国庆节开花的修剪技术。一串红可于 4 ～ 5 月播种，在预定开花期前 100 ～ 120d 定植。当小苗高约 6cm 时进行摘心，以后可根据植株的生长情况陆续摘心 2 ～ 3 次。在预定开花前 25d 左右进行最后一次摘心，到国庆节会如期开花。

（4）摘叶　摘叶促其进入休眠，或促使其重新抽枝，以提前或延迟开花。如白玉兰在初秋进行摘叶迫使其休眠，然后再进行低温、加温处理，促使其提早开花。此外，剥去侧芽、侧蕾，有利于主芽开花；摘除顶芽、顶蕾，有利于侧芽、侧蕾生长开花等。

（5）肥水调节

1）施肥。适当增施磷钾肥，控制氮肥，促进花芽发育；多施氮肥，则延迟开花。

2）控制水分。通过控制水分即"扣水"，强制花卉休眠，再于适当时期给予充足水分，解除休眠，可促进花芽提早分化。如玉兰、丁香、牡丹等木本花卉常采用此法调节开花。生产上可采用这种方法，促使某些花卉在国庆节、元旦或春节开花。

在花卉花期调控的过程中，人们常常采用综合性技术措施处理，控制花期的效果更加显著。

实训 9　花卉园艺设施类型参观与评价

1. 任务实施的目的

通过各种园艺设施的参观介绍，了解园艺设施的种类、结构、形式、建造特点及使用情况，为花卉进行保护栽培，满足一定的生产需求提供指导。

2. 任务实施的地点

阳畦、大型连栋温室、双屋面温室、单屋面温室、塑料大棚、现代化温室等。

3. 材料用具

皮尺、钢卷尺等。

4. 任务实施的步骤

1）以参观点负责人介绍为主，重点了解各种设施所属保护地的历史、种类、结构、建筑特点及使用情况等。

2）学生分组进行某些性能指标测定。如温室跨度、南向坡面倾斜度、苗床高度和宽度、室内照度、温湿度等。

5. 任务实施的作业

1）对所测指标进行综合分析，并评价各类园艺设施的优缺点。

2）如何根据我国国情和各地自然与经济条件，谈谈发展花卉设施园艺。

6. 任务实施的评价

花卉园艺设施类型参观与评价技能训练评价见表3-1。

表3-1　花卉园艺设施类型参观与评价技能训练评价表

学生姓名					
测评日期		测评地点			
测评内容	花卉园艺设施类型参观与评价				
	内　　　容	分值/分	自　评	互　评	师　评
考评标准	正确识别各种设施类型	50			
	能说出设施的结构各种名称	20			
	能测定设施的各种指标	20			
	能正确评价花卉设施类型优缺点	10			
合　　　计		100			
最终得分（自评30%＋互评30%＋师评40%）					

说明：测评满分为100分，60~74分为及格，75~84分为良好，85分以上为优秀。60分以下的学生，需重新进行知识学习、任务训练，直到任务完成达到合格为止

实训10　温室内光照、温度和湿度调控措施

1. 任务实施的目的

使学生了解日光温室的类型、结构及性能，掌握控温控光措施。学会日光温室的温、光、水、肥、气的设施和使用方法；学会现代化温室的温、光、水、肥、气的设施和使用方法。

2. 材料用具

日光温室、照度计、温度计、遮阳网、喷壶、记录本、铅笔。

3. 任务实施的步骤

1）参观当地主要的日光温室类型，对其结构、布局进行记载。

2）根据仪器用具及场地，分组分地点安排，观察测量温光情况。

①测温室内外光照、温度同时间内差异情况。

②对比用遮阳网区域与不用遮阳网区域光照和温度差异。

③地面或地面喷水前后气温和花卉植株及土壤内温度差异。

4. 任务实施的作业

把调查结果整理出来，分析结果，总结出日光温室光温调控措施及有效程度。

5. 任务实施的评价

温室内光照、温度和湿度调控措施技能训练评价见表3-2。

表 3-2　温室内光照、温度和湿度调控措施技能训练评价表

学生姓名					
测评日期		测评地点			
测评内容	温室内光照、温度和湿度调控措施				
	内　　容	分值/分	自　评	互　评	师　评
考评标准	能够熟练使用各种温、光、水、肥、气的调控设施	50			
	能正确说出各种温、光、水、肥、气调控设施名称	20			
	能学会各种测量仪器的使用	20			
	能说出在不同季节温室各种调节方法	10			
合　　计		100			
最终得分（自评30% + 互评30% + 师评40%）					

说明：测评满分为100分，60~74分为及格，75~84分为良好，85分以上为优秀。60分以下的学生，需重新进行知识学习、任务训练，直到任务完成达到合格为止

实训 11　花卉栽培容器的认识与了解

1. 任务实施的目的

1）了解花卉栽培常见的容器和材料。

2）了解花盆的质地、类型等。

2. 材料用具

花卉栽培常见的容器、记录本等。

3. 任务实施的步骤

到园艺生产基地或花卉市场进行调查，认识花卉栽培的器具、种类、材料等，并作记录，了解它们对花卉生产发育的作用和影响。

4. 任务实施的作业

整理调查结果，根据器具的分类分析它们的作用和特点。

5. 任务实施的评价

花卉栽培容器的认识与了解技能训练评价见表3-3。

表 3-3　花卉栽培容器的认识与了解技能训练评价表

学生姓名					
测评日期		测评地点			
测评内容	花卉栽培容器的认识与了解				
	内　　容	分值/分	自　评	互　评	师　评
考评标准	正确认识各类花卉栽培容器	50			
	能正确应用各类花卉栽培容器	30			
	能说出各类花卉栽培容器的用途	20			
合　　计		100			
最终得分（自评30% + 互评30% + 师评40%）					

说明：测评满分为100分，60~74分为及格，75~84分为良好，85分以上为优秀。60分以下的学生，需重新进行知识学习、任务训练，直到任务完成达到合格为止

实训12 花期调控技术（激素处理）

1. 任务实施的目的

学习几种生长调节剂处理几种花卉的花期调控方法。

2. 材料用具

1）材料：牡丹、芍药、山茶、菊花。

2）药剂：赤霉素、2，4-D。

3）工具：毛笔，盆。

3. 任务实施的步骤

1）接触休眠提早开花：用500~1000mg/L的赤霉素，点在牡丹、芍药的休眠芽上，几天后即可萌动；涂在山茶的花蕾上，能加速花蕾膨大，提早开花。

2）抑制花芽分化延迟开花：2，4-D对花芽分化和花蕾的发育有抑制作用，用2，4-D处理菊花。

① 用0.01mg/L处理的菊花呈初花状态。

② 用0.1mg/L处理的菊花花蕾膨大已透色。

③ 用5mg/L处理的菊花花蕾还比较小。

4. 分析与讨论

1）各小组内同学之间相互考问常见的花期调控技术有哪些？

2）讨论如何快速掌握花期调控技术？如何准确使用合理的花期调控技术？

5. 任务实施的作业

1）及时观察记录和比较。

2）简述花期调控的意义及途径。

3）花期调控中常用的药剂有哪些？

6. 任务实施的评价

花期调控技术技能训练评价见表3-4。

表3-4 花期调控技术技能训练评价表

学生姓名					
测评日期			测评地点		
测评内容		花期调控技术			
考评标准	内　　容	分值/分	自　评	互　评	师　评
	正确掌握花期调控的意义	20			
	准确掌握花期调控的方法	40			
	正确掌握花期调控常用的激素的使用	40			
合　　计		100			
最终得分（自评30%＋互评30%＋师评40%）					

说明：测评满分为100分，60~74分为及格，75~84分为良好，85分以上为优秀。60分以下的学生，需重新进行知识学习、任务训练，直到任务完成达到合格为止

习题

1. 填空题

1）典型的长日照花卉有_____、_____，典型的短日照花卉有_____、_____。

2）花卉对温度的要求是"三基点"，即_____、_____、_____。

3）根据原产地的气候条件，花卉对温度的要求不同分为3种，即_____、_____、_____。

4）根据花卉对光照强度要求的不同分为_____、_____、_____。

5）根据花卉对土壤的酸碱度反应分为3种类型：_____、_____、_____。

6）温室依据建筑形式可以分为_____、_____、_____、_____4类。

7）根据应用目的可以将温室分为_____、_____、_____、_____和_____5种类型。

8）花卉栽培设施主要有_____、_____、_____。

9）常用的温室覆盖材料有_____、_____、_____等。

10）温室内可采用_____、_____、_____、_____等方法加温。

11）用于花卉生产的容器有_____、_____、_____。

12）属于阳性花卉的种类有_____、_____、_____、_____等。

13）属于中生花卉的有_____、_____、_____；属于湿生花卉的有_____、_____、_____。

14）影响花卉生长发育的环境因子主要有_____、_____、_____、_____。

2. 判断题

1）石竹、翠菊、紫罗兰等属于半耐寒性花卉。

2）昼夜温差越大越有利于花卉的生长。

3）光照长度只是影响植物的开花。

4）长日照植物仅分布在温带地区，而短日照植物常分布于热带和亚热带。

5）秋季开花的多年生花卉多属于短日照植物。

6）旱生花卉只有在干旱条件下才能生长。

7）短日照花卉是指生长、开花需要12h以下光照长度的花卉。

8）许多花卉经过摘心后可以推迟花期。

9）光照越强，花卉花色越鲜艳。

10）单屋面温室比双屋面温室的保温性能强。

11）花卉园艺上的保护地及温室主要的作用在花卉引种、生产和科研方面应用。

12）从光照强度及受光均匀性方面考虑，塑料大棚一般多按南北长、东西宽方向设置。

3. 不定项选择题

1）可在高温下进行花芽分化的花卉是（　　）。

A. 八仙花　　　　B. 杜鹃　　　　　　C. 卡特兰　　　　D. 山茶

2）属于日中性的植物有（　　）。

A. 扶桑　　　　　B. 香石竹　　　　　C. 波斯菊　　　　D. 月季

3）植物同化作用吸收最多的是（　　）。

A. 红光　　　　　B. 橙光　　　　　　C. 绿光　　　　　D. 蓝光

4）八仙花花朵在土壤 pH 值低时，花色呈现（　　）。

A. 蓝色　　　　　B. 粉红色　　　　　C. 绿色　　　　　D. 白色

5）抗氟化氢的花卉有（　　）。

A. 大丽花　　　　B. 一品红　　　　　C. 郁金香　　　　D. 唐菖蒲

6）现代温室发展方向是（　　）。

A. 大型化　　　　B. 现代化　　　　　C. 智能化　　　　D. 花卉生产工厂化

7）温室建造时要考虑（　　）。

A. 当地气候条件　　　　　　　　　　B. 所栽花卉习性

C. 建造地点环境　　　　　　　　　　D. 建材价格

8）下列花卉是长日照花卉的是（　　）。

A. 瓜叶菊　　　　B. 唐菖蒲　　　　　C. 一品红　　　　D. 菊花

9）下列花卉是阳性花卉的是（　　）。

A. 绿萝　　　　　B. 八仙花　　　　　C. 马蹄莲　　　　D. 牡丹

10）下列花卉在傍晚开花的是（　　）。

A. 牵牛花　　　　B. 昙花　　　　　　C. 紫茉莉　　　　D. 半枝莲

11）以下属于不耐寒的花卉是（　　）。

A. 彩叶草　　　　B. 蝴蝶兰　　　　　C. 蜀葵　　　　　D. 玉簪

12）花期控制的方法有很多，下列方法不属于花期调控的有（　　）。

A. 调节土壤 pH 值　　　　　　　　　B. 调节温度

C. 调节光照　　　　　　　　　　　　D. 控制水肥

13）摘心是一串红传统栽培种的重要措施，它可以起到（　　）作用。

A. 提前开花　　　　　　　　　　　　B. 防止植物生长过高

C. 增加分枝　　　　　　　　　　　　D. 花期控制，增加花量

14）温度在宿根花卉生长和开花的控制方面十分重要，如低温处理的作用有（　　）。

A. 花芽的形成　　　　　　　　　　　B. 有助于培养良好的株形

C. 促成开花　　　　　　　　　　　　D. A 和 B

4. 简答题

1）温室在花卉生产中有何重要意义？

2）花卉花期控制的措施有哪些？

3）根据花卉对温度的不同要求，可以将花卉分为哪几类？各举出 3～4 种花卉名称。

4）根据花卉对水分的要求可以分为哪几种类型？各举出 4 种花卉名称。

5）花期调控有何意义？

6）花期调控的园艺措施有哪些？

7）促成及抑制栽培中，常用的化学药剂有哪些？

8）如何利用光照处理来达到促成及抑制栽培？

知识拓展

温室种类很多，通常依其应用目的、温度、栽培植物类型、结构形式、设置位置、温度来源、建筑材料和屋面覆盖材料等区分。现将花卉生产上常见的温室类型介绍如下：

1. 日光温室

日光温室是适合我国北方的南向采光温室，大多是以塑料薄膜作为采光覆盖材料，以太阳辐射为热源，靠最大限度采光，加厚的墙体和后坡，以及防寒沟，保温材料室，防寒保温设备等手段，以最大限度减少散热，是我国特有的一种保护措施。它一般不需人工加温，防寒保温性好。性能良好的日光温室，在华北地区夜间最低可保持5℃以上。有时寒冬夜间突然大幅度降温或阴天过长室温低时，可采用热风机或火炉补充热量。

（1）山东寿光式日光温室（图3-17）　这种温室前坡较长，采光面大，增温效果好，后坡较短，增强保温性，晴好天气上午揭苫1h左右，可增加棚内温度10℃左右，夜间一般不低于8℃。

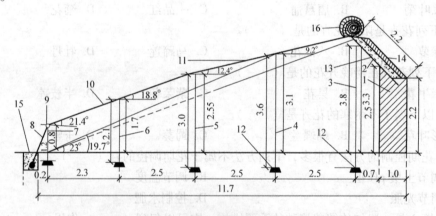

图3-17　山东寿光式日光温室（单位：m）

1—后墙　2—檩条　3—后立柱　4，5，6—中立柱　7—前柱　8—截柱　9—横杆
10—拱杆　11—棚膜　12—基石　13—后坡保温材料
14—草泥和塑料膜　15—防寒沟　16—草苫

山东寿光式日光温室后墙高为1.5～2.5m，中柱高1.5～3.5m，前立柱高0.6～1.0m，跨度10～13m，这种类型的温室塑料顶面与地面夹角较小，冬季日光入射量少，但棚的跨度大，土地利用率高。此种日光温室适合于北纬38°以南，冬季太阳高度角大于28°的地区。适合于花卉的延迟和提前栽培。

（2）北方通用型日光温室（图3-18）　这种温室一般不设中柱、前柱。拱杆用圆钢或镀锌钢管制成，每间宽3～3.3m，每间设一通风窗，后屋面多采用水泥盖板，通常设置烟道加温。具体结构为跨度6～8m，后墙至背柱间距（包括烟道及人行道）1.2m，走道不下挖，前肩高80cm，中肩高2~3m，后墙高1.5~2m，砖砌空心墙，厚约50cm，内填炉渣等保温材料。北方通用型日光温室适于喜温花卉的栽培。

（3）全日光温室（图3-19） 在北方地区又称为钢拱式日光温室、节能温室，主要利用太阳能作热源，近年来，在北方发展很快。这种温室跨度为5~7m，中高2.4~3.0m，后墙厚50~80cm，用砖砌成，高1.6~2.0m,钢筋骨架，拱架为单片桁架，上弦为14~16mm的圆钢，下弦为12~14mm圆钢，中间为8~10mm钢筋作拉花，宽15~20cm。拱架上端搭在中柱上，下端固定在前端水泥预埋基础上。拱架间用3道单片桁架花梁横向拉接，以使整个骨架成为一个整体。温室后屋面可铺泡沫板和水泥板，抹草泥封盖防寒。后墙上每隔4~5m设置一个通风口，有条件时可加设加温设备。

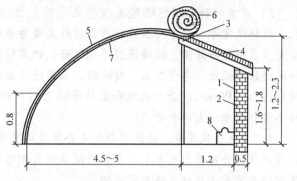

图3-18 北方通用型日光温室（单位：m）
1—砖墙 2—通风孔 3—屋脊 4—盖板
5—塑料薄膜 6—草苫 7—拱杆 8—火炉及烟道

此种温室为永久性建筑，坚固耐用，采光性好，通风方便，易操作，但造价较高。全日光温室适于喜光盆花的栽培养护及鲜切花生产。

2. 现代化（大型连栋）温室

现代化温室（简称连栋式温室或智能温室）是花卉栽培实施中的高级类型，设施内的环境实现了计算机自动控制，基本上不受自然气候条件下灾害性天气和不良环境条件的影响，能周年全天候进行花卉生长的大型温室，适于花卉的工厂化生产，特别是鲜切花生产以及名特优盆花的栽培养护。

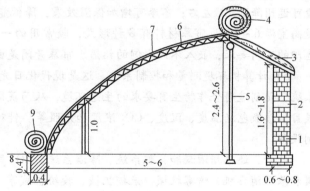

图3-19 全日光温室（单位：m）
1—后墙 2—通风口 3—后屋面 4—草苫 5—中柱
6—人字形拱架 7—薄膜 8—防寒沟 9—纸被

（1）现代化温室的类型 现代化温室按屋面特点主要分为屋脊形和拱圆形两类。屋脊形温室主要以玻璃作为透明覆盖材料，我国自行设计的屋脊形温室在生产中应用较少。拱圆形温室主要以塑料薄膜为透明覆盖材料，这种温室主要在法国、以色列、美国、西班牙、韩国等国家广泛应用。我国目前自行设计建造的现代化温室也多为拱圆形。

（2）现代化温室生产系统 现代化温室主要由下列系统组成：

1）框架结构。框架结构由基础、骨架、排水槽（天沟）组成。基础是连接结构与地基的构件，由预埋件和混凝土浇筑而成，塑料薄膜温室基础比较简单，玻璃温室较复杂，且必须浇筑边墙和端墙的地固梁。骨架包括两类：一类是柱、梁或拱架，都用矩形钢管、槽钢等制成，经过热浸镀锌防锈蚀处理，具有很好的防锈能力；另一类是门窗、屋顶等为铝合金型材，经抗氧化处理，轻便美观、不生锈、密封性好，且推拉开启省力。排水槽将单栋温室连接成连栋温室，同时又起到收集和排放雨（雪）水的作用。排水槽自温室中部向两端倾斜延伸，坡降多为 0.5%。连栋温室的排水槽在地面形成阴影，约占覆盖地面总面积的 5%，因此要求在保证结构强度和排水顺畅的前提下，排水槽结构形状对光照的影响尽可能最小。

2）覆盖材料。理想的覆盖材料应是透光性、保温性好，坚固耐用，质地轻，便于安装，价格便宜等。屋脊型温室的覆盖材料主要为平板玻璃、塑料板材和塑料薄膜。拱圆形温室大多采用塑料薄膜。玻璃保温透光性好，但其价格高、重量大、易损坏、维修不方便；塑料薄膜价格低廉、易于安装、质地轻，但易污染老化、透光率差。近年来新研究开发的聚碳酸酯板材（PC 板），兼有玻璃和塑料薄膜两种材料的优点，且坚固耐用不易污染，唯其价格昂贵，还难以大面积推广。

3）自然通风系统。通风窗面积是自然通风系统的一个重要参数。空气交换速率取决于室外风速和开窗面积的大小。自然通风系统有侧窗通风、顶窗通风或两者兼有 3 种类型。通风窗的开启是由机械系统来完成的。

4）加热系统。现代化温室因面积大，没有外覆盖保温防寒，只能依靠加温来保证寒冷季节作物的正常生长。加温系统采用集中供暖分区控制，主要有热风采暖、热水采暖、热气采暖等方式。

5）帘幕系统。帘幕系统具有双重功能，即在夏季可遮挡阳光，降低温室内的温度，一般可遮阴降温 7℃ 左右；冬季可增加保温效果，降低能耗，提高能源的有效利用率，一般可提高室温 6~7℃。帘幕材料有多种形式，较常用的一种采用塑料线编织而成，并按保温和遮阳的不同要求，嵌入不同比例的铝箔。帘幕开闭是由机械驱动机构来完成的。

6）计算机环境测量和控制系统。这是现代化日光温室最重要的特征。计算机环境测控系统，是创造符合作物生育要求的生态环境，从而获得高产、优质的产品。调节和控制的气候目标参数包括温度、湿度、CO_2 浓度和光照等。针对不同的气候目标参数，采用不同的控制设备。

此外，还包括灌溉和施肥系统、降温系统、CO_2 气肥系统、补光系统和作业机具，如土壤和基质消毒机、喷雾机械、采摘机械、授粉机械等。

项目④

一二年生花卉栽培技术

学习目标

◆ 掌握不同一二年生花卉习性。

◆ 识别15种以上常见一二年生花卉，能在园林中熟练应用一二年生花卉。

◆ 繁殖和日常养护管理一串红、万寿菊、矮牵牛、三色堇等一二年生花卉。

◆ 制订并组织实施一二年生花卉繁殖、养护管理、园林应用方案。

工作任务

根据一二年生花卉的养护管理任务，对一串红、万寿菊、矮牵牛、三色堇等常见一二年生花卉进行养护管理，包括繁殖、栽培、肥水管理及其他养护管理，并作好养护管理记录。以小组为单位通力合作，制订养护方案，对现有的栽培技术手段要进行合理的优化和改进。在工作过程中，要注意培养团队合作能力和工作任务的信息采集、分析、计划、实施能力。

任务1 一二年生花卉栽培概述

栽培中所说的一二年生花卉包括三大类：一类是一年生花卉，这类花卉一般在一个生长季内完成其生活史，通常在春天播种，夏秋开花结实，然后枯死，如鸡冠花、百日草等；一类是二年生花卉，这类花卉在两个生长季内完成其生活史，通常在秋季播种，次年春夏开花，如须苞石竹、紫罗兰等。还有一类是多年生作一二年生栽培的花卉，其个体寿命超过两年，能多次开花结实，但在人工栽培的条件下，第二次开花时株形不整齐，开花不繁茂，因此常作一二年生花卉栽培，如一串红、金鱼草、矮牵牛等。

一二年生花卉繁殖系数大、生长迅速、见效快，可以用于花坛、种植钵、花带、花丛花群、地被、花境、切花、干花、垂直绿化。

4.1.1 一二年生花卉主要习性

1. 共同点

1）对光的要求。大多数喜欢阳光充足，仅少部分喜欢半阴环境，如夏堇、醉蝶花、三色堇等。

2）对土壤的要求。除了重黏土和过度疏松的土壤，都可以生长，以深厚的壤土为宜。

3）对水分的要求。不耐干旱，根系浅，易受表土影响，要求土壤湿润。

2. 不同点

对温度的要求，一年生花卉喜温暖，不耐冬季严寒，大多不能忍受 0℃ 以下的低温，生长发育主要在无霜期进行，因此主要是春季播种，又称为春播花卉、不耐寒性花卉。

二年生花卉喜欢冷凉，耐寒性强，可耐 0℃ 以下的低温，要求春化作用，一般在 0 ~ 10℃ 下 30 ~ 70d 完成，自然界中越过冬天就通过了春化作用；不耐夏季炎热，因此主要是秋天播种，又称为秋播花卉、耐寒性花卉。

4.1.2　一二年生花卉栽培管理

1. 播种

要选用发育充实，粒大饱满，发芽率高，无病虫害的种子。育苗土以疏松透气、富含腐殖质的砂性壤土较为理想；对于粘结的土壤，则应加入珍珠岩、粉碎秸秆、谷壳等增加其疏松度，pH 值在 6.5 ~ 7.5 为宜。深翻苗床，耙平畦面，浇透水，待水完全渗下后播种。覆土厚度为种子直径的 2 倍左右，播后盖浸湿的草（苇）帘或薄膜，以保持湿度。幼苗出土前若畦面干燥，可浸（喷）水，不可畦浇，以免冲散种子，影响出苗。待叶子出土时揭去覆盖物。

2. 间苗

一般在子叶发出后进行。出苗后，将过密苗疏拔掉，扩大幼苗间距，使空气流通，日照充足，防止病虫害发生。

3. 移植

移植起苗应在苗床土壤不特别干燥时进行，以防伤根。裸根移植的苗，起苗时将土壤成块掘起，然后将根群从土块中松动拉出，注意不要硬拉，以免伤根；带土移植的苗，先用手铲在苗四周将土铲开，再在底部一铲将苗铲起，勿使土团碎开。移植应迅速，防止根部枯萎，影响成活。移植应选无风阴天，在降雨前后植移成活率更高。定植和移植方法一致，将起出的苗按一定株行距种植于花坛中，栽植时要使植株根系自然，不能弯曲，种植不宜过深，否则不发棵。

4. 整形

整形主要包括摘心、除芽剥蕾和立支柱。摘除枝梢顶芽，称为摘心。它能促使植株矮化，延长花期。草本花卉一般摘心 1 ~ 3 次，适于摘心的花卉有：百日草、一串红、翠菊、万寿菊等。除芽的目的在于除去过多的腋芽，限制枝条的花蕾数，提高开花品质。剥蕾通常是摘除侧蕾，保留顶蕾或除去早发生的花蕾。有的花卉植株高大易倒伏，应及时设立柱，用绳轻轻绑扎。立柱工作最好在浇水前进行。

5. 修剪

修剪是为了调节生长和发育，可分为重剪、中剪、轻剪和疏除。在花卉侧枝基部保留 2 ~ 3 芽，进行重剪，给足水分，令其重发新枝。中剪多半是对徒长枝和畸形枝。轻剪用于生长不整齐的枝条，以调整花卉的株形，常用于花坛、花丛的主体种植材料。疏除主要是剔除多余的侧枝和病虫害枝。

6. 追肥

追肥常用腐熟的人类粪便、饼肥和液施，也可施用尿素、过酸磷钙等化学肥料，但浓度要求低，一般为 1% ~ 3%。施肥的原则是薄肥勤施，肥量应随植株大小及土壤湿度等不同而有所区别，小苗更应注意。一般人类粪便要稀释 10 倍左右，饼肥则要稀释 100 倍以上（饼肥和 10 倍水沤制，使其充分发酵，使用时再稀释 10 倍）。施肥后第二天清晨须再浇一次水，称为"还水"，防止烂根。有机肥必须充分腐熟才能施用。地栽花卉可追肥 5 ~ 6 次，以芽前、芽后、花前、花后及结果后最为理想。现蕾时忌施肥，否则引起落花。有病虫害的植株在治理后再施薄肥，使之恢复生长。

4.1.3　一二年生花卉园林应用

一二年生花卉繁殖系数大、生长迅速、见效快，但对环境要求较高，栽培程序复杂，育苗管理要求精细，二年生花卉有时需要保护过冬，且种子容易混杂、退化，只有良种繁育才能保证观赏质量。一二年生花卉可用于花坛、花台、花带、花丛花群、地被、花境、切花、干花、垂直绿化。

其园林应用特点如下：

1）色彩鲜艳美丽，开花繁茂整齐，装饰效果好，在园林中起画龙点睛的作用，重点美化时常常使用这类花卉。

2）是花卉规则式应用形式，如花坛、种植钵、窗盒等的常用花卉。

3）易获得种苗，方便大面积使用，见效快。

4）每种花卉开花期集中，方便及时更换种类，保证较长期的良好观赏效果。

5）有些种类可以自播繁衍，形成野趣，可当宿根花卉使用，用于野生花卉园。

6）蔓性种类可用于垂直绿化，见效快且对支撑物的强度要求低。

7）为了保证观赏效果，一年中要更换多次，管理费用高。

8）对环境条件要求较高，直接地栽时需要选择良好的种植地点。

一年生花卉是夏季景观中的重要花卉，二年生花卉是春季景观中的重要花卉。

任务 2　一串红栽培技术

一串红（*Salvia splendens* Ker-Gawler）

别名：爆竹红、炮仗红、象牙红、墙下红、西洋红、洋赤桐、绯衣草、鲜红鼠尾草。

科属：唇形科，鼠尾草属。

一串红花序修长，色红鲜艳，花期又长，且不易凋谢，常见园艺品种株形美丽，叶色浓绿，花繁色艳，且花期很长，观赏价值高，为草花中的佳品。因而在我国城市环境布置和园林配置上普遍应用，同时是节日用花的主要品种，广泛应用于花丛、花坛、花带，也可用于花境与林缘小道的镶边。可与红色品种与浅黄色和黄色的万寿菊、孔雀草或美人蕉搭配，与白色或黄色的金鱼草搭配，与蓝色矮生藿香蓟等多种花卉搭配，在城市环境、园林、节日活动中占重要地位。

4.2.1 形态特征

一串红（图4-1）为多年生草本双子叶植物，作一年栽培。茎直立，绿色，呈四棱形，生长后期半木质化，变紫色，光滑无毛。植株高度因品种而异，一般为25～80cm，超矮型小于15cm。叶对生，具长柄，卵形，锐头，叶缘有锯齿状缺刻，先端渐尖，轮伞状花序，密集成串着生，每序着花4～6朵。花萼钟状，长11～22mm，绯红色；花冠红色，呈对称的二唇形，即上面由二裂片合生为上唇，下面由三裂片结合构成下唇，筒状伸出萼筒，长约3.5～5.0cm，外面有红色柔毛。花期7～10月，果实为小坚果，椭圆形。果实内含黑褐色种子，千粒重为3.6g，种子寿命1～4年。种子成熟易落。

图4-1　一串红

4.2.2 类型及品种

常见栽培的品种有莎莎系列（Salsa series）、皇帝系列（King series）、皇后系列（Queen series）、热线系列（Htline series）、景色系列（Vista series）、小探戈系列（Little Tang series）、维多利亚系列（Victoria series）、卷须系列（Cirrus series）等。

1）莎莎系列。每克种子约含260粒，发芽适温为21～24℃，发芽天数为10～14d。生长适温为15～25℃，播种后10～12周开花。喜光耐半阴，开花早，花期持久，花穗紧密，花穗较长，花色丰富，株高30cm左右。多用做花坛布置和盆栽。

2）皇帝系列。每克种子约含250粒种子，发芽适温为20～23℃，10d左右发芽。生长适温为15～25℃，播种后13周即可开花。株高25～30cm，叶色深绿，花朵亮红，花穗较长且紧密。极适合盆栽和花坛布置。

3）皇后系列。每克种子约含250粒，发芽适温为20～23℃，10d左右发芽。生长适温为15～25℃，播种后12周开花，株高20～25cm。叶色浅绿，花色红艳，花穗长而紧密。适于盆栽和花坛布置。

4）热线系列。每克种子约含260粒，发芽适温为20～24℃，10～15d发芽。生长适温为15～30℃，播种后8周可开花。一般仅长出几片叶子就能开花，而且一边生长一边开花。该品系抗逆性极强，尤其耐热，稍耐旱，可以从春到霜降一直开花不断。花穗较短，花大，极适于花坛、庭院及盆栽应用。

5）景色系列。每克种子含 250～265 粒，发芽适温为 21～24℃，10～14d 发芽。生长适温为 15～25℃，播种后 10～11 周开花。株高 30cm 左右，生长强健，抗逆性强。分枝力强，花枝紧密而花多，开花早，花期长，适于花坛、庭院应用。因其茎干硬实，耐长途运输，常用于盆栽且适于工厂化育苗生产。

6）小探戈系列。每克种子约含 270 粒，发芽适温为 20～23℃，发芽天数为 15d，生长适温为 15～30℃。播种后 7 周能开花，抗高温能力极强，可以从春到深秋开花不停。适于花坛布置和盆栽。

7）维多利亚系列。每克种子含 750～820 粒，发芽适温为 20～22℃，发芽期间要求光照充足，一般 7～10d 发芽。生长适温为 15～20℃，播种后 12～14 周开花。植株较高，一般 45～60cm，花色深蓝，分枝低，分枝力强，花大、花枝紧密。适于庭院栽植、街头布景或花境配植。

8）卷须系列。每克种子约含 830 粒，发芽适温为 20～22℃，7～10d 发芽，播种期要求光照。生长适温为 15～20℃，播种后 12～14 周开花。株高 35cm 左右，银白色花朵小而密集，自然分枝力强，抗逆性强，耐热稍耐旱，可以从春到秋开花不断。常用于花境、庭院、花池栽植，或大面积成片栽植布景。最好与深蓝色的维多利亚系列配合应用。

目前栽培应用最广的品种有维多利亚系列和卷须系列。

同属常见栽培的还有以下几种：

朱唇（*S. coccinea*）：别名红花鼠尾草。原产于北美洲南部，多作一年生花卉栽培。花萼绿色，花冠鲜红色，下唇长于上唇两倍，自播繁衍，栽培容易。

一串紫（*S. horminum*）：原产于南欧，一年生草本花卉。具长穗状花序，花小，呈紫、雪青等色。

一串蓝（*S. farinacea*）：别名粉萼鼠尾草。原产于北美洲南部，在我国华东地区多作多年生花卉栽培，华北地区作一年生花卉栽培。花冠青蓝色，被柔毛。此外还有一串粉、一串白。

4.2.3　生态习性

一串红原产于南美洲热带地区，性喜温不耐寒，喜光但也耐半阴，在炎热的夏季应部分遮阴。对温度反应较为敏感，发芽适温 21～23℃，低于 20℃ 则发芽不整齐，但温度过高也会降低发芽率。发芽过程中若适当见光有助于提高发芽率，使发芽整齐。生长适温 20～25℃，高于 30℃ 时花、叶变小，植株生长发育受阻，落花落叶现象非常严重，长期 5℃ 以下的低温会使一串红受寒害。一串红为喜光花卉，正常情况下叶色浓绿，节间较短，生长健壮。光照不足易徒长，叶色变浅，长势减弱。生长要求疏松、肥沃、排水性好的沙质壤土，要求 pH 值为 5.5～6.0。从播种到开花需要 80～100d，但可根据实际需求进行调整。

4.2.4　栽培管理

1. 繁殖技术

以播种繁殖为主，也可扦插繁殖。

1）播种繁殖。3 月中旬播种，适宜温度为 20～25℃，播种量 15～20g/m²，播后覆细土 1cm，然后覆无纺布或稻草帘保温保湿。8～10d 即可发芽。幼苗具 2 枚真叶时移植，6 枚真叶时摘心，只留 2 片叶片。为了促使植株分枝、植株矮壮、枝叶密集、花序增多，可进行 2 ~ 3 次摘心。种子在 8 ~ 10 月成熟后易脱落，需要采收种子的，应该在花萼发白时采收。

2）扦插繁殖。为加大花苗繁殖量，四季均可进行。一般在 4 月下旬至 9 月上旬结合摘心剪取枝条先端切成 6cm 左右一段，将 2 ~ 3cm 插入表面沙土中，露地夏插要遮阴。秋冬扦插，室温保持在 20 ~ 25℃，插后喷透水，经常保持湿润。经过 15 ~ 20d 即发出新根，一个月后可起苗上盆，定植 1 ~ 2 个月以后，即可开花。要使花期长，开花茂盛，每月施追肥 2 次。

2. 栽培管理技术

（1）定植　幼苗 4 ~ 6 枚真叶时进行摘心，促进分枝，进行定植。定植前应整地，每 667m² 施腐熟的有机肥 5000kg，磷二铵 40 ~ 50kg，施肥后深翻、平整。植株蓬径相接时，即可带土定植园地或花坛，株距 30cm，定植前须摘心，以减少蒸发，促使萌发新根。或于 7 月底，带土上 7 寸盆作盆花。上盆后须注意遮阴 2 周，以后逐步延长日照时间。

（2）定植后管理　温度管理：一串红最适温度为 20 ~ 25℃，10℃ 以下叶子变黄脱落，高于 20℃ 则叶子和花变小。夏季气温超过 35℃ 以上或连续阴雨，叶片黄化脱落。因此，夏季高温期，需降温或适当遮阴。

1）水肥管理。平时不喜大水，应控制浇水，即不干旱不浇水，否则易发生黄叶落叶现象，造成枝大而稀疏、开花较少的情况，可酌情增加浇水次数。生长期间由于摘心萌发侧枝较多，植株也逐渐丰满，养分消耗较多，对磷、钾肥的需求较高，必须及时增加施肥量，以满足其生长需要，可每隔 10d 喷施 1 次 0.2% 的磷酸二氢钾溶液。生长期施用 1500 倍的硫酸铵以改变叶色。花前追施磷肥，开花尤佳。

2）摘心整枝。及时摘心整枝可促进分枝，防止茎节间徒长，茎秆变细，控制植株高度，增加开花数及种子数量。在幼苗具 4 ~ 6 片真叶时进行第 1 次摘心。8 ~ 10 片真叶时进行第 2 次摘心，以后视生长情况进行，每次摘心留 1 ~ 2 节为宜。

3）采种。一串红种子具有无限结实的特性，且易脱落，采种工作应把握时机，对种子进行分期采收，一般应在整个花序中部小花萼筒由红转白，萼片颜色变成干枯、褐色，种子干、硬，黑褐色坚果刚成熟时，摘采整个花序，充分干燥后，晾干落粒，放室内贮藏。

4）防治病虫害。一串红苗期易得猝倒病，育苗时应注意预防。育苗前用 50% 多菌灵或 50% 福美双可湿性粉剂 500 倍液对土壤进行浇灌灭菌，出苗后，向苗床喷施 50% 多菌灵可湿性粉剂 800 倍液，每隔 7 ~ 10d 喷一次，连喷 2 ~ 3 次。

4.2.5　园林应用

一串红花序修长，株形优美，色红鲜艳，叶色浓绿，花期又长，且不易凋谢，花繁色艳，观赏价值高，为草花中的佳品，因而在我国城市环境布置和园林配置上普遍应用，同时是节日用花的主要品种。

矮生品种盆栽，宜作花坛镶边或盆栽组摆、组字造型等，尤其近年来的新品种花色纯正、多色，使花坛的色彩产生了质的变化。常与浅黄色美人蕉、矮万寿菊，浅蓝或水粉色紫菀、翠菊、矮藿香蓟，白色或黄色的金鱼草等配合布置。

中高型品种可作背景材料，花坛中心材料或作大型盆栽，并控制栽培使其四季开花。在城市环境、园林、节日活动中占重要地位。

一串红还是一种很好的抗污花卉，对硫、氯的吸收能力较强，但抗性弱，所以既是硫和氯的抗性植物，又是二氧化硫、氯气的监测植物。

任务3　万寿菊栽培技术

万寿菊（*Tagetes erecta*）

别名：臭芙蓉、万寿灯、蜂窝菊、臭菊花、蝎子菊。

科属：菊科，万寿菊属。

万寿菊原产墨西哥，属于一年生草本植物，株高 70～80cm，经人工栽培后取其花朵作为提取黄色素的原料，被广泛应用于食品加工等行业，目前，这种纯天然的黄色素在市场上供不应求，前景十分可观。

4.3.1　形态特征

万寿菊（图 4-2）为菊科一年生草本花卉。株高 30～90cm，全株具异味，茎粗壮，绿色，直立。叶对生或互生，单叶羽状全裂对生，裂片披针形，具锯齿，上部叶互生，裂片边缘有油腺，锯齿有芒，头状花序着生枝顶，径可达 10cm，花色为黄、橙黄、橙色，总花梗肿大，花期为 6～10 月。瘦果黑色线性，种子千粒重为 2.56～3.50g。

图 4-2　万寿菊

4.3.2　类型及品种

万寿菊育种进展较快，现代培育品种一般为多倍体和杂种一代，可分为以下几类：

1）矮型。紧凑系列（Grush），株高 22～25cm，冠幅 10～12cm，花期早，重瓣，有三种颜色和复合色；太空时代系列（Space Age），株高 30cm，花期很早，重瓣，径达 8cm，有橙、黄、金黄色品种。还有安提瓜系列（Antigua）、印卡系列（Inca）等。

2）中型。丰盛系列（Galore），株高 40～45cm，花大重瓣；印卡系列，株高 45cm，株形紧凑，花期早，重瓣，有三种颜色及复合色，适合作花坛品种。还有贵夫人系列（Lady）、奇迹系列（Marvel）等。

3）高型。金币系列（Gold Coin），株高 75～90cm，花重瓣，径 7～10cm，有三种颜色

和复色品种；杰出杂种（Cracker-jack Mixture），株高 75 ~ 90cm，花重瓣，橙、黄与金黄色。

同属常见栽培的种还有：

孔雀草（T. patula）。茎多分枝，细长，洒紫晕。头状花序，径 2 ~ 6cm，舌状花黄或橘黄色，基部具紫斑。

细叶万寿菊（T. tenuifolia）。叶羽裂，裂片 12 ~ 13 枚，线状。头状花序径 2.5 ~ 5.5cm，花黄色。有矮生变种，株高 20 ~ 30cm。

4.3.3 生态习性

万寿菊原产墨西哥，喜温暖、湿润又耐干旱，夏季水分过多，会使茎叶生长旺盛，影响株形和开花。其为喜光性植物，充足阳光对万寿菊生长十分有利，植株矮壮，花色艳丽。阳光不足时，茎叶柔软细长，开花少而小。万寿菊对日照长短反应较敏感，可以通过短日照处理（9h）提早开花。生长适温 15 ~ 20℃，冬季温度不低于 5℃。夏季高温 30℃以上时，会使植株徒长，茎叶松散，开花少。10℃以下，能生长但速度减慢，生长周期拉长。

万寿菊对土壤要求不严，以肥沃、排水良好的沙质壤土为好。

4.3.4 栽培管理

1. 繁殖技术

万寿菊以种子繁殖为主，也可用扦插等方法繁殖。

1）种子繁殖。育苗时间可根据移栽时间而定，一般春万寿菊于移栽前 40d 左右育苗，每栽 667m² 万寿菊需苗床 20 ~ 25m²，用种约 30g。春播万寿菊采用阳畦或小拱棚育苗，以小拱棚居多，苗床的宽度、长度以薄膜大小、管理方便为宜，一般宽度不宜超过 1.3m。拱棚高度以 60cm 左右为宜。播种前将种子在 35 ~ 40℃温水中浸泡 3 ~ 4h，然后捞出用清水滤一遍，控干水即可播种。为防苗期病害，可用甲基托布津或百菌清进行药剂拌种。播种后覆土 0.7 ~ 1cm。

2）扦插繁殖。扦插基质宜选用纯净的河沙、蛭石或河沙 + 蛭石（1:1），扦插前用 500 倍的 50% 多菌灵溶液或 0.5% 高锰酸钾溶液进行消毒，基质湿度为 60% ~ 80%。整个生长季节均可进行扦插，插穗在生长健壮无病虫害的母株上选择长 5 ~ 7cm、粗 2 ~ 3.5mm 的嫩梢，保留上部 2 ~ 3 片完整叶片，其余剪去。插穗剪取后应立即扦插，如不能及时扦插，要将插穗直立放入水中保存，但浸泡时间不能过长。扦插后基质温度应保持 21 ~ 22℃，气温应保持 18 ~ 20℃，湿度保持在 80% 左右，利于插穗生根。5 ~ 7d 后插穗的基部开始生根，生根 10 条以上、根长 2cm 左右且已发生二次根时，逐渐减少遮盖物，通风透光。应掌握基质不干不喷、新梢不萎蔫不喷水的原则，逐渐减少喷水次数，经 7d 后即可移栽定植。

2. 栽培管理技术

当万寿菊苗茎粗 0.3cm，株高 15 ~ 20cm，出现 3 ~ 4 对真叶时即可移栽。采用宽窄行种植，大行 70cm，小行 50cm，株距 25cm，每 667m² 留苗 4500 株，按大小苗分行栽植。采用地膜覆盖，以提高地温，促进花提早成熟。移栽后要大水漫灌，促使早缓苗、早生根。

移栽后要浅锄保墒，当苗高 25 ~ 30cm 时出现少量分枝，从垄沟取土培于植株基部，以促发不定根，防止倒伏，同时抑制膜下杂草的生长。

培土后根据土壤墒情进行浇水，每次浇水量不宜过大，勿漫垄，保持土壤间干间湿。在花盛开时进行根外追肥，喷施时间以下午 6 时以后为好，每 667m² 喷施尿素 30g、磷酸二氢钾 30g。

万寿菊病虫害较少，主要是病毒病、枯萎病、红蜘蛛。对病毒病用病毒威、菌毒清进行防治，对枯萎病用75%百菌清、多菌灵、乙磷铝、甲基托布津进行防治；对红蜘蛛在初期进行防治，用40%氧化乐果1000～1500倍液或50%马拉硫磷乳油1000倍液，隔7d喷1次，连喷2次。

4.3.5　园林应用

矮型品种分枝性强，花多株密，植株低矮，生长整齐，球形花朵完全重瓣。可根据需要上盆摆放，也可移栽于花坛，拼组图形等。

中型品种花大色艳，花期长，管理粗放，是草坪点缀花卉的主要品种之一，主要表现在群体栽植后的整齐性和一致性，也可供人们欣赏其单株艳丽的色彩和丰满的株形。

高型品种花朵硕大，色彩艳丽，花梗较长，作切花后水养时间持久，是优良的鲜切花材料，作带状栽植代篱垣，也可作背景材料用。

任务4　矮牵牛栽培技术

矮牵牛（*Petunia hybrida* Vilm）

别名：碧冬茄、灵芝牡丹、毽子花、矮喇叭、番薯花、撞羽朝颜。

科属：茄科，碧冬茄属或矮牵牛属。

矮牵牛是茄科碧冬茄属的一年生或多年生草花。原产南美，目前世界各地广为栽培。矮牵牛色彩鲜艳，花色多，花期长，是重要的花坛材料，也可作盆花供观赏。

4.4.1　形态特征

矮牵牛（图4-3）株高30～60cm，茎梢直立或匍地生长，全身被短毛。上部叶对生，中下部互生，卵圆形，先端尖，全缘。花单生于枝顶或叶腋，漏斗状，花径5～6cm，花筒长约6～7cm，花瓣变化较多，有重瓣、半重瓣与单瓣，边缘有招皱、锯齿或呈波状浅裂。花色丰富，有白、粉、红、雪青等色，有一花一色的，也有一花双色或三色的。花萼5深裂，雄蕊5枚。蒴果，种子极小，千粒重0.16g。自然花期为5～10月，南方冬季也可开花。如果冬季在温室栽培，四季有花。

图4-3　矮牵牛

4.4.2 类型及品种

（1）类型

1）花复瓣型：生长周期为 12 ~ 13 周，大部分用于盆栽或应用于庭院配植。

2）复瓣多花型：生长方式和生境要求与花复瓣型大致相同。

3）单瓣大花型：矮牵牛中最普遍的一类，花径约 9 ~ 13cm，几乎所有的品种都是 F_1 杂交种子，颜色很多，生长期约为 14 ~ 15 周。

4）单瓣多花型：生长条件与单瓣大花型基本相同，花径为 6 ~ 7cm，而且每株上的花非常多。

（2）品种

1）梦幻系列（Dreams hybrids）。每克种子约含 10000 粒，发芽温度为 21 ~ 24℃，发芽天数为 7 ~ 12d，生长适温为 10 ~ 25℃，播种后 12 ~ 14 周开花，好光，茎干粗壮，抗逆性强，对不良气候条件的耐受力很强，抗病虫害。花大株矮，分枝力强，花径一般 9 ~ 10cm。花期长，具连续开花习性，是优良的单瓣大花型品种，也是目前应用最广泛、最受欢迎的品种之一，适合盆栽和花坛布置。

2）阿拉丁系列（Aladdin hybrids）。每克种子约含 9000 粒，发芽温度为 22 ~ 24℃，发芽天数为 8d 左右，生长适温为 10 ~ 25℃，播种后 12 ~ 14 周开花。单瓣大花，花径 8 ~ 9cm，花瓣边缘具波浪皱褶；株高 30cm，冠幅则能达到 45cm。花株成型后为半球形，十分美观。开花早，花期长，是很好的单瓣大花型矮牵牛品种，也是目前很受欢迎的品种之一。

3）神奇系列（Magic hybrids）。每克种子约含 9000 ~ 10000 粒，发芽适温为 20 ~ 24℃，一般 1 周左右即可开花，生长适温为 10 ~ 25℃，生长周期为 12 ~ 14 周。花形与阿拉丁系列相似，但花朵更大，花径 9 ~ 10cm。该品系抗逆性强，开花早，单朵花寿命长，开花整齐，花期长；植株低矮、分枝力强，茎干强健，耐远途运输。特别是该品系具有明净的亮黄色，这是矮牵牛中少见的珍贵花色。因此，该品系中黄色品种极受欢迎。

4）夸张系列（Ultra hybrids）。每克种子含 10000 粒种子，发芽温度为 21 ~ 24℃，7 ~ 10d 即可发芽。生长适温为 10 ~ 25℃，播种后 12 ~ 14 周即可开花。单瓣大花，花径 9 ~ 10cm，花瓣具波状皱褶，十分漂亮。开花早，开花持续时间长。植株低矮，并具丛生性状，开花后似花毯花球，极适合露地大面积应用以及花坛、盆栽。抗逆性极强，耐热性能好。该品系具有星条花色，即花瓣上具白色星条，如红色带星条、玫瑰色带星条、蓝色带星条等，是目前普遍栽种的品种之一。

5）瀑布系列（Double cascade hybrids）。每克种子约含 8500 ~ 9500 粒，发芽温度为 20 ~ 24℃，发芽时间为 7 ~ 12d，生长适温为 10 ~ 25℃，播种后 14 ~ 17 周开花，是完全重瓣的大花型品种。花径在 10cm 以上，植株低矮，叶色深绿，花形似牡丹，十分华贵而美丽，是目前最受欢迎的重瓣品种之一。只是花色较少，目前较常见的花色有干红、粉红、蓝紫色、乳黄等。

6）波浪系列（Wave hybrids）。每克种子约含 10000 粒，发芽温度为 21 ~ 24℃，发芽天数为 8 ~ 10d，生长适温为 10 ~ 25℃，播种后 9 ~ 14 周开花，株高约 15cm，具蔓生习性，蔓长 0.9 ~ 1.2cm，单瓣大花，花径 6 ~ 7.5cm。抗逆性很强，栽培管理粗放。极适合作吊篮或地被应用、墙面垂吊装饰，或大面积布景用。

7）幻想曲系列（Fantasy hybrids）。每克种子约含 15000 粒，发芽适温为 21 ~ 24℃，8d 左

右即可发芽。生长适温为10~25℃，播种后8~10周即可开花。植株生长紧密，分枝力极强，自然分枝多，不需修剪或用矮壮素，花小而繁多，株高15cm左右，成型后冠幅达30cm，花径3~5cm。开花时节往往是只见花不见叶，单株观赏或成片布置均十分壮观。其适合盆栽、吊篮、庭院栽植或布置成片景观。栽培中应施用比其他矮牵牛品系较少的肥料，切忌密植。

4.4.3　生态习性

矮牵牛原产南美。喜温暖和阳光充足环境。不耐寒，怕雨涝，忌阴蔽，忌雨涝，遇阴雨连绵天气则花少而叶茂，叶色浅淡甚至黄化，并易徒长。矮牵牛的生长适温为13~18℃，冬季生长适温为4~10℃，如低于4℃，植株生长停止，能经受-2℃低温。夏季高温35℃时，矮牵牛仍能正常生长，对温度的适应性较强。矮牵牛喜干怕湿，在生长过程中，需充足水分，特别夏季高温季节，应在早、晚浇水，保持盆土湿润。但梅雨季雨水多，对矮牵牛生长十分不利，盆土过湿，茎叶容易徒长，花期雨水多，花朵褪色，易腐烂，若遇阵雨，花瓣容易撕裂。如盆内长期积水，往往根部腐烂，整株萎蔫死亡。

矮牵牛属于长日照植物。生长期要求阳光充足，大部分矮牵牛品种在正常阳光下，从播种至开花在100d左右，如果光照不足或阴雨天过多，往往开花延迟10~15d，而且开花少。因此，冬季棚室栽培矮牵牛时，在低温短日照条件下，茎叶生长繁茂。在春季长日照条件下，从茎叶顶端很快着花。矮牵牛宜用疏松、肥沃和排水良好的微酸性沙质壤土栽培。其花期长，为4~10月底，如室内温度保持15~20℃，可四季开花。

4.4.4　栽培管理

1. 繁殖技术

1）播种繁殖。播种时间视上市时间而定，如5月需花，应在1月温室播种；10月用花，需在7月播种。由于种子极细小，最好4~5月份采取盆播，发芽适温为20~22℃，播种后不需覆土，用浸盆法浇水，保持盆土湿润，避免阳光直射。在20~25℃条件下，10~12d后发芽，发芽率一般为60%。为使花期提前，或避免雨水冲淋，可在温室或室内临近窗口处播种育苗。出苗后，要移至通风处，及时疏苗，并逐渐增加日照，促使幼苗生长健壮。

2）扦插繁殖。由于重瓣花品种和大花品种的结实率很低，一般采用扦插方法进行繁殖。扦插一年四季均可进行，但以春、秋两季进行扦插生根快、成活率高。扦插时，剪取6~8cm长的嫩枝，摘掉下部叶片和花蕾，仅留顶叶2对在基部临节处平剪后，插于河沙、蛭石或珍珠岩中，浇足水，置于半阴处，在20~25℃条件下，约经2周可生根，生根率约为50%~60%。也可用水插育苗，简便易行，生根率可达80%~90%。

2. 栽培管理技术

播种苗经过一次移植后定植，矮牵牛移植后恢复较慢，故宜于小苗时尽早定植，最好带土球移栽，并注意勿使土球松散。定植缓苗后每隔7d追施一次肥水，开花期少施或不施氮肥，却需增施磷肥，开花期和炎热的夏季应及时浇水，保持土壤湿而不涝。雨季应及时排水防涝。盆栽基质常用泥炭土与沙壤土1∶1混合。

生长过程中不能施过多的肥料，特别是氮肥，以防徒长倒伏。定植缓苗后应尽早摘心打顶，促分侧枝，还可适当修剪，以控制株形，促进多开花。此外，生长期间一定要光照充足，否则节间伸长、徒长。

常见病虫害有花叶病、细菌性青枯病、斑点病和蚜虫、白粉虱等，需采取综合防治措施防治。

4.4.5　园林应用

矮牵牛株矮或攀援，花酷似牵牛花，品种繁多，花色鲜艳，花期长，开花繁茂，作盆栽、吊盆、花台及花坛美化或盆栽室内装饰布置、立体装饰等，大面积栽培具有地被效果，景观瑰丽、悦目。

 任务5　三色堇栽培技术

三色堇（*Viola tricolor* L.）

别名：蝴蝶花、鬼脸花、猫脸花、三色堇菜、人面花、阳蝶花。

科属：堇菜科，堇菜属。

一年生或短期多年生草本植物，在欧洲是常见的野花，也常栽培于公园中。三色堇以露天栽种为宜，无论花坛、庭园、盆栽皆适合。不适合种于室内，因为光线不足，生长会迟缓，枝叶无法充分苗壮，导致无法开花，开花后也不应移入室内，以保证花朵寿命。

4.5.1　形态特征

三色堇（图4-4）为多年生草本植物，常作二年生花卉栽培。株高15～25cm，全株光滑无毛。茎长且多分枝，稍匍匐状生长。叶互生，基部叶有长柄，叶片近心形，茎生叶矩圆状卵形或宽披针形，叶缘疏生锯齿。单花花大腋生，具长花柄，为两侧对称，未开时花蕾下垂，开花也略下垂，有总梗及2个小苞片，卵状三角形；绿色萼片5枚，花瓣5枚，上方花瓣深紫堇色，侧方及下方花瓣均为三色，有紫色条纹，侧方花瓣里面基部密被须毛，下方花瓣距较细，长5～8mm；子房无毛，花柱短，基部有明显膝曲，柱头膨大，呈球状，前方具较大的柱头孔。花色瑰丽，通常有紫、蓝、黄、白、古铜等颜色。有大花、纯色、杂色、两色、波缘花瓣等多个品种。花期为4～6月，果熟期为5～7月。蒴果椭圆形，长8～12mm，无毛。千粒重1.16g，种子寿命2年。

图4-4　三色堇

4.5.2 类型及品种

目前流行栽培的三色堇主要品种有：

1）大花高贵系列（Majestic Giant hybrids）。每克种子约含700粒，发芽温度为18～21℃，7～10d即可发芽，生长适温为5～20℃，播种后14～15周开花，株高15～20cm，花径9～10cm，具花斑。抗寒耐热，花期长，可以从春到夏，还可作秋季花坛布置用，是优良的大花型新品种。

2）幸福笑脸系列（Happy face hybrids）。每克种子约含700粒，发芽温度为20～22℃，1周左右即可发芽，生长适温为5～20℃，播种后12～14周开花。花大叶小，叶柄短，株高约25cm，抗寒耐热性强，是极好的春、冬景观花卉。花径8～10cm，花朵繁密，具美丽的花斑，是著名的大花花脸型品种。

3）帝王系列（Imperial hybrids）。每克种子约含650粒，发芽温度为18～21℃，发芽天数为7～10d，生长适温为5～20℃，播种后12～14周开花。植株低矮，高18～20cm，花大，花径8～10 cm。耐寒性强，开花早，花色繁多，是很好的花坛和盆栽花卉。具花斑，是美国获奖的大花花脸型新品种。

4）皇冠系列（Crown hybrids）。每克种子约含700粒种子，发芽温度为20～22℃，1周左右即可萌发，生长适温为5～20℃，播种后13～14周开花。植株低矮，分枝力极强，株形丰满圆整；花色纯净，无花斑，花径7～8cm，是中花型品种。抗寒性强，开花早，适于早春景观配植用，尤其适于布置大色块。

5）水晶宫系列（Crystal bowl hybrds）。每克种子约含700粒，发芽温度为18～21℃，7～10d即可发芽，生长适温为5～20℃，播种后14周左右即开花。植株极矮，15cm左右；叶色深绿而形美，分枝力强，株形圆满。嫌光，耐热性强，又抗寒，可以从秋到春开花不断。花色纯净无花脸，花朵较小，花径6～7cm。适于大面积栽植，布置大色块，是优良的中花型品种。

6）宇宙系列（Universal plus hybrids）。每克种子含700粒，发芽温度为20～22℃，8d即可发芽、生长适温为5～20℃，播种后14～15周开花。抗寒耐热性强，若用于秋季景观布置，可从秋到翌年春夏开花不断。花径5～6cm，花多叶美，具很强的分枝性，是优良的中花花脸型品种。

4.5.3 生态习性

三色堇原产南欧，世界各地普遍栽培。三色堇性较耐寒，也是早春花坛常用的花材之一，好凉爽环境，略耐半阴，炎热多雨的夏季常发育不良，不能形成种子。要求种植于肥沃湿润的沙壤土，在贫瘠地上往往生长开花不良，花小且少，还容易退化。在昼温15～25℃、夜温3～5℃的条件下发育良好。若昼温连续在30℃以上，花芽消失，或不能形成花瓣。日照长短比光照强度对开花的影响大，日照不良，开花不佳。三色堇喜肥沃、排水良好、富含有机质的中性壤土或黏壤土。

4.5.4 栽培管理

1. 繁殖技术

以播种繁殖为主，也可扦插、压条繁殖。每克种子约有620～700粒，在干燥阴凉的条件下种子发芽力一般能保持 2 年。播种时要求轻轻覆土，并需遮光，种子在 15～20℃下 7～10d 可以发芽，生长周期为 13～14 周。一般秋播于 7 月下旬到 9 月初在露地苗床或播种箱中，播种前 7～14d 对种子进行低温处理以促进发芽。播种基质最好以泥炭土为主混配而成，也可用腐殖质土、沙和园土等量混配。幼苗长出 1 片真叶时移栽，经一次移栽后于 10 月下旬移入阳畦，也可在风障前覆盖越冬，翌年 4 月初定植或上盆，4～6 月开花。也可在 3 月间播于冷床或温床中，但以秋播为好。

在初夏时进行扦插或压条繁殖，扦插在 3～7 月均可进行，以初夏为最好。一般剪取植株中心根茎处萌发的短枝作插穗比较好，开花枝条不能作插穗。扦插后约 2～3 周即可生根，成活率很高。压条繁殖，也很容易成活。

2. 栽培管理技术

要求种植于富含腐殖质的疏松肥沃土壤，三色堇移植成活后，生长期要求充足的水分，必须经常保持土壤的微湿，在开花前施 3 次稀薄的复合液肥，孕蕾期加施 2 次 0.2% 的磷酸二氢钾溶液。开花后可减少施肥。冬季不施肥，控制浇水，平时水分适中即可。春暖后结合浇水施稀薄液肥。经常松土、摘心，可促进生长开花。对于球播的植株进入冬季后，必须搬入室内阳光充足的地方养护，白天温度不超过 12℃，晚上温度不低于 7℃，在晴天时必须在中午开窗通风换气；采种宜选在果皮由白变褐、果实由下垂逐渐伸直时，否则种子自然弹出，不易收集。

病害防治：炭疽病，喷施多菌灵或福美锌防治；灰霉病，除拔除病株，避免连作外，可在发病期用 40% 氧化乐果或乐果等杀灭蚜虫，切断传播途径，同时用 75% 的百菌清 600 倍液喷施以控制病情发展；立枯病，可用克菌丹浇灌控制。

虫害防治：蚜虫，用氧化乐果或乐果等防治；螨类，可用乙酯杀螨醇、石硫合剂等防治。

4.5.5 园林应用

三色堇花色丰富多彩，花形奇特，品种繁多，是冬、春季节优良的花坛材料，是非常受欢迎的盆栽及庭院花卉，尤其可在花坛应用。因其抗霜能力很强，现不仅用于春季花坛，而且从春到秋都能用，特别是我国中部偏南的地区，三色堇是主要花坛花卉。但传统品种往往耐寒怕热，一般只作春季花坛或盆栽应用，而最新育出的新品种既耐寒又耐热，可以从春到深秋开花不断，成为城市景观的主打花卉。

 任务6 鸡冠花栽培技术

鸡冠花（*Celosia cristata* L.）

别名：鸡髻花、老来红、芦花鸡冠、大头鸡冠、凤尾鸡冠、鸡公花、红鸡冠等。

科属：苋科，青葙属。

鸡冠花为一年生草本植物，全株光滑，穗状花序顶生，呈鸡冠状，常为红色、白色、橙色等，花期为 7～10 月。鸡冠花喜炎热干燥气候，不耐寒，怕涝，对二氧化硫抗性强，对氯也有一定抗性，可作盆栽或花坛摆花。其花色艳丽，花期长，是当前发展庭院经济的一种新途径。

4.6.1　形态特征

鸡冠花（图4-5）是苋科一年生草本植物，高25～90cm，稀分枝。茎直立粗壮光滑，上部呈扁平状，红色或绿色，有棱线或沟。叶互生，有柄，长卵形或卵状披针形，变化不一，全缘，基部渐狭，叶色常有绿、黄绿、殷红或红绿相间等不同颜色。穗状花序大，顶生及腋生，肉质呈扇形、肾形、扁球形等；中下部集生小花，花被膜质5片，上部花退化，但密被羽状苞片；花被及苞片有白、黄、橙、红和玫瑰紫等色。花期为8～10月。生长期喜高温、全光照且空气干燥的环境，较耐旱不耐寒，繁殖能力强。秋季花盛开时采收，晒干。胞果卵形内含多数种子，成熟时环状裂开，种子黑色有光泽。

图4-5　鸡冠花

4.6.2　类型及品种

鸡冠花属暖季型的草本花卉，依花型的不同分两类，一种为羽毛状花型（也叫凤尾鸡冠 *Celosia plumosa*）；另一类为鸡冠花型（也叫头状鸡冠 *Celosia cristata*）。这两类型的花都有绿色和红铜色的叶子。红铜色的叶子其花色大部分为红色，此种植物当温度偏低时，不要移植太早，否则，植物会提早开花而生长不健全。

（1）头状鸡冠花类

1）阿密格系列（Amigo）。一年生性喜温暖和全光，花大色艳，株高一般为15～20cm，耐热性好，生长周期为12～14周。通常在1月播种，4月即可开花；花期为4～6月。每克种子约1200粒。播种期间需要照光，萌芽温度为22～25℃，7～10d发芽。

2）威猛系列（Prestigo）。获1997年AAS奖，是头状鸡冠中的新族，即中国俗称的"子母鸡冠"，即中心主茎形成一个大头花冠后，继续分枝，并形成小的球形花冠。植株冠径能达到35～45cm，株高30～45cm。花多、猩红色，茎干硬挺，既适合盆栽，又适合切花。生长周期为12～14周。每克种子约1250粒，播种期间可照光，也可阴蔽，22～25℃下10d左右发芽。

3）酋长系列（Chief）。茎干高而硬挺，适于切花。株高一般能达60～80cm，盆栽则应用矮壮剂控制株高。耐热性极强，叶色鲜绿（花红色时叶色棕红）。

4）珠宝盒系列（Jewel box）。植株极低矮，株高15cm左右，花色多多，株形紧凑，叶色亮绿或棕红（开红花者）。

（2）羽状鸡冠花类

1）城堡系列（Castle）。株高及冠幅几乎相等，约30cm。喜全光耐热，耐粗放管理。生长整齐低矮，适宜作镶边或花坛布置。每克种子约1250粒，播种期照光或遮阴均可。一般在22~25℃下10d即可发芽。

2）和服系列。株高20~25cm，花色亮丽，具珠宝光泽。生长低矮整齐，花穗长，极耐热，是很好的花坛和盆栽材料。在南方大多10~12周可以开花，在北方则多1~2周，霜期过后就可以移植到庭院中，在天气转热之前，植物最好能够已经长得很健壮了，这样才能安全越夏。

4.6.3 生态习性

鸡冠花原产于亚洲热带地区，性喜高温而空气干爽环境，适温20~30℃，不耐寒凉，遇霜立即枯死，需光照长而充足，要求含腐殖质疏松肥沃的沙质土壤，不耐瘠薄。可用适量一般农家肥作基肥。盆栽临近花期可追施稀薄液肥1~2次。高温生长期要求水分充足，应防土壤干燥和湿热积涝。种子生活力可保持4~5年。

4.6.4 栽培管理

1. 繁殖技术

鸡冠花多用种子繁殖。9~10月可陆续采集花种收藏。为防止品种退化，应选择花大头正的植株隔离培养。采收种子于4~5月进行，气温在20~25℃时播种，可在苗床中施一些饼肥或厩肥、堆肥作基肥，鸡冠花种子有毛，为提高出苗率可在播种前用冷水浸种1~2h，播种时将水挤干，拌以草木灰或细土，因鸡冠花种子细小，覆土2~3mm即可，不宜深。播种前要使苗床中土壤保持湿润，播种后可用细眼喷壶稍许喷些水，再给苗床遮阴，两周内不要浇水。白天保持21℃以上，夜间不低于17℃，一般7~10d可出苗，待苗长出3~4片真叶时可移植，苗高5~6cm时，带根部土定植。

2. 栽培管理技术

鸡冠花于6月初定植露地，花期前最适温度为24~25℃。鸡冠花对土壤要求不严，一般土壤都可栽种，地势高燥、向阳、肥沃、排水良好的沙质壤土有利于植株生长。要使鸡冠花花大色艳，生长期浇水不能过多，开花后应控制浇水，天气干旱时适当浇水，阴雨天及时排水；从苗期开始摘除全部腋芽，等到鸡冠形成后，每隔10d施一次稀薄的复合液肥（共施2~3次），浇肥不必过多，过多反而会使植株徒长，不开花或延迟开花。后期可适当施加磷肥。鸡冠花种子成熟阶段，要少浇水，以利种子成熟和较长时间保持花色浓艳。多见阳光，可使植株生长健壮、花序硕大。在鸡冠花生长中期，施肥和中耕要注意不伤根。

4.6.5 园林应用

鸡冠花是园林中著名的露地草本花卉之一，花序顶生、显著，花形奇特，鸡冠状、火炬状、绒球状、羽毛状、扇面状等，花色艳丽，有鲜红色、橙黄色、暗红色、紫色、白色、红黄相杂色等；叶色有深红色、翠绿色、黄绿色、红绿色等，有较高的观赏价值，是重要的花坛花卉。矮生及中型鸡冠花品种主要用于花坛布置或盆栽组摆、垂吊；高型鸡冠花品种适应于布置花境、花坛中心或作切花，也可制干花，经久不凋。

 任务7 羽衣甘蓝栽培技术

羽衣甘蓝（*Brassica oleracea var. acephala f. tricolor Hot.* ）

别名：叶牡丹、牡丹菜、花包菜、绿叶甘蓝等。

科属：十字花科，甘蓝属。

羽衣甘蓝为二年生草本植物，是食用甘蓝（卷心菜、包菜）的园艺变种。栽培一年植株形成莲座状叶丛，经冬季低温，于翌年开花、结实。总状花序顶生，花期为4~5月，虫媒花，果实为角果，扁圆形，种子圆球形，褐色，千粒重4g左右。

4.7.1 形态特征

羽衣甘蓝（图4-6）为秋播二年生栽培，株高30cm，抽薹开花时可达100~120cm。茎基部木质化，茎粗短，直立无分枝；叶互生，倒卵形，宽大，集生茎基部，被有白粉。叶缘皱缩，不包心结球，内叶颜色有紫红、红、淡绿、白等色，细圆柱形，是观赏的主要性状。总状花序顶生，花淡黄色。

图4-6 羽衣甘蓝

4.7.2 类型及品种

羽衣甘蓝有4种类型：光叶羽衣甘蓝类、皱叶羽衣甘蓝类、裂叶羽衣甘蓝类、波浪叶羽衣甘蓝类。

1）光叶羽衣甘蓝类有东京系列。每克种子300粒，发芽温度为21~24℃，10~13d发芽，生长适温5~20℃，播种后12周开花。

2）皱叶羽衣甘蓝类有名古屋系列。每克种子250粒，发芽温度为21~24℃，10~13d即可发芽；生长适温为5~20℃，播种后12周开花。

3）裂叶羽衣甘蓝类有孔雀系列。每克种子约250粒，发芽温度为21~24℃，10~13d发芽，生长适温5~20℃，播种后12周即可开花。株矮，叶缘深裂，锯齿状，似羽毛。

4）波浪叶羽衣甘蓝类有大阪系列。每克种子有300粒，发芽温度为21~23℃，7~12d发芽，生长适温 5 ~20℃，播种后 12 周即可开花。嫌光，夜温 7 ~10℃时着色，抗寒性更强。

4.7.3　生态习性

羽衣甘蓝原产于西欧，喜冷凉温和气候，耐寒性很强，低温有利于心叶发色而成为观赏植物。成长株在我国北方地区冬季露地栽培能经受短时几十次霜冻而不枯萎，但不能长期经受连续严寒，采种株需经过低温春化后，在长日照下抽薹开花。观赏期在心叶发色至抽薹前。羽衣甘蓝较耐阴，但充足的光照叶片生长快速，品质好。对水分需求量较大，干旱缺水时叶片生长缓慢，但不耐涝。对土壤适应性较强，而以腐殖质丰富肥沃沙壤土或粘质壤土最宜，在钙质丰富、pH 值 5.5 ~6.8 的土壤中生长最旺盛。栽培中要经常追施薄肥，特别是氮肥，并配施少量的钙，有利于生长和提高品质。当温度低于 15℃时中心叶片开始变色，高温和高氮肥影响变色的速度和程度，生育温度为 5 ~25℃，最适生长温度为 17 ~20℃，旬平均温度 4℃左右可缓慢生长，可耐短期低温 -4 ~ -3℃，能在夏季 35℃高温中生长，但在高温季节所收获的叶片风味较差，叶质较坚硬，纤维多。

4.7.4　栽培管理

1. 繁殖技术

繁殖方法为播种繁殖。羽衣甘蓝种粒较大，每克约含 310 粒。播种前最好用呋喃丹对土壤进行杀虫灭菌，能有效地阻止病虫害的发生。8 月播于露地苗床，覆土要薄，以盖没种子为度。播后及时浇足水，发芽不需光，若阳光太强，可用草苫进行覆盖遮阴，防止土壤变干。若表土变白发干，要及时浇水。保持温度在 15 ~20℃，约 7d 就可以出苗。

2. 栽培管理技术

3 ~4 片真叶时开始分苗，7 ~8 片真叶时再移植一次，11 月定植。生长发育期要求多施肥。为防止早抽薹，在 4 ~5 片真叶时进行 -2 ~ -1℃的低温刺激。9 ~10 月份天气渐渐凉爽，其生长很快，此时应供应充足的水肥，促进植物旺盛生长，地栽每月施粪肥 2 ~3 次；盆栽 7 ~10d 施肥一次，当植株开始变色后不要施氮肥。叶片生长过分拥挤，通风不良时，可适度剥离外部叶子，这样可以突出心叶的色彩，又可以减少水分的消耗，维持根系受损后上下水分代谢的平衡，使植株尽快恢复。

抽薹后及时剪去花薹以延长观赏期。抽薹后植株易徒长，应控制水肥。若不想留种，须将刚抽出的薹及时剪去，以减少生殖生长的营养消耗，可以达到延长观叶期的目的。生长期间易受蚜虫及菜青虫危害，要及时喷药防治。

4.7.5　园林应用

五彩斑斓的羽衣甘蓝叶形奇特、叶色绚丽、花色鲜艳绚丽、叶片颇有风韵、花形娇娆多姿、花香清淡怡人，具有较高的观赏价值。

实训 13　常见一二年生花卉的识别与繁殖

1. 任务实施的目的

使学生正确识别园林栽培中常见一二年生花卉的形态特征、生态习性，掌握它们的繁殖方法、栽培要点、观赏特性，为以后花卉应用和配植提供一定的理论和实践基础。

2. 材料工具

1）一二年生花卉30～35种。

2）笔，记录本，钢卷尺，直尺，卡尺，参考资料。

3. 任务实施的步骤

1）由指导教师现场讲解每种花卉的名称、科属、生态习性、繁殖方法、栽培要点、观赏特性和园林应用，学生进行记录。

2）在教师指导下，学生实地观察校园内常见的一二年生花卉（科名、典型形态特点、生态习性、繁殖栽培管理技术要点等），并记录一二年生花卉的主要观赏特征。

3）学生分组进行课外活动，复习花卉名称、科属及生态习性、繁殖方法、栽培要点、观赏用途。

4. 分析与讨论

1）各小组内同学之间相互讨论校园内常见的一二年生花卉的科属、生态习性、繁殖方法、栽培要点、观赏特性和园林应用。

2）讨论如何快速掌握花卉主要的观赏特性？如何准确区分同属相似种，或虽不同科但却有相似特征的花卉种类？

3）分析讨论一二年生花卉的应用形式有哪些？

5. 任务实施的作业

1）将20～25种一二年生花卉按种名、科属、观赏用途和园林应用列表记录。

2）结合校园一二生花卉应用形式，总结其生长发育情况。

6. 任务实施的评价

一二年生花卉识别与繁殖技能训练评价见表4-1。

表4-1　一二年生花卉识别与繁殖技能训练评价表

学生姓名					
测评日期			测评地点		
测评内容	一二年生花卉识别与繁殖				
考评标准	内　容	分值/分	自　评	互　评	师　评
	正确识别一二年生花卉的种类	50			
	能说出一二年生花卉的含义及分类	20			
	能说出一串红栽培管理及繁殖的要点	20			
	能正确应用常见一二年生花卉	10			
合　计		100			
最终得分（自评30% + 互评30% + 师评40%）					

说明：测评满分为100分，60～74分为及格，75～84分为良好，85分以上为优秀。60分以下的学生，需重新进行知识学习、任务训练，直到任务完成达到合格为止

实训14　一二年生花卉生产计划的制订

1. 任务实施的目的

使学生掌握制订花卉生产计划的基本方法，提高学生参与生产管理的意识。

2. 材料用具

笔，记录本，参考资料。

3. 任务实施的步骤

1）同学分组进行，选择花卉生产企业，对生产规模、生产花卉种类、以往生产经营情况及市场需求情况进行调查。

2）根据所调查的情况，制订本企业下一年度生产计划及具体实施方案。

3）请专业管理人员探讨所制订生产计划的可行性及存在的问题。

4. 分析与讨论

1）各小组内同学之间相互考问花卉生产计划的内容，如何根据销售情况、市场变化、生产设施等，及时对生产计划作出相应的调整，以适应市场经济的发展变化。

2）讨论如何制订花卉生产计划。

3）分析讨论制订花卉生产计划的任务。

5. 任务实施的作业

1）互评各小组所制订花卉生产计划的可行性，分析讨论存在的问题。

2）在生产计划实施过程中，督促和检查计划的执行情况，以保证生产计划的落实完成。

6. 任务实施的评价

一二年生花卉生产计划技能训练评价见表4-2。

表4-2　一二年生花卉生产计划技能训练评价表

学生姓名						
测评日期				测评地点		
测评内容	一二年生花卉生产计划					
	内　　容	分值/分	自　评	互　评	师　评	
考评标准	能制订某企业花卉年生产计划	40				
	能说出制订花卉生产计划的依据	20				
	能说出花卉生产计划内容	20				
	能正确实施花卉年生产计划	20				
	合　　计	100				
最终得分（自评30% + 互评30% + 师评40%）						

说明：测评满分为100分，60~74分为及格，75~84分为良好，85分以上为优秀。60分以下的学生，需重新进行知识学习、任务训练，直到任务完成达到合格为止

习题

1. 填空题

1）一年生花卉在_____季播种，在_____开花，一年内完成_____。

2）二年生花卉在_____季播种，在_____开花，喜_____环境。

3）花卉摘心的作用是_____，_____，_____。

4）一串红在分类上属于_____科，_____属。

2. 选择题

1）下列花卉栽培中不需摘心的是（　　）。

A. 一串红　　　　　　B. 矮牵牛　　　　　　C. 鸡冠花　　　　　　D. 万寿菊

2）下列花卉可作花坛布置的有（　　）。

A. 牵牛花　　　　　　B. 蜀葵　　　　　　　C. 桃花　　　　　　　D. 三色堇

3）可作冬季花坛的材料有（　　）。

A. 虞美人　　　　　　B. 羽衣甘蓝　　　　　C. 芍药　　　　　　　D. 鸢尾

4）下列花卉不耐寒的是（　　）。

A. 羽衣甘蓝　　　　　B. 三色堇　　　　　　C. 虞美人　　　　　　D. 扶桑

5）下列花卉需要春季播种的是（　　）。

A. 三色堇　　　　　　B. 金盏菊　　　　　　C. 鸡冠花　　　　　　D. 虞美人

3. 简答题

1）列举15种常用一二年生花卉，说明其主要生态习性、栽培要点和园林应用。

2）一串红、矮牵牛、万寿菊的栽培管理要点有哪些？

3）羽衣甘蓝定植后管理要点有哪些？

4）三色堇、鸡冠花的繁殖方法和栽培要点是什么？

5）一二年生花卉园林应用有哪些特点？

 知识拓展

其他常见一二年生花卉

1. 凤仙花（*Impatiens balsamina*）

别名：指甲花、染指甲花、小桃红、金凤花。

科属：凤仙花科，凤仙花属。

（1）形态特征　凤仙花（图4-7）茎高40～100cm，肉质，粗壮，直立。上部分枝，有柔毛或近于光滑。叶互生，阔或狭披针形，长达10cm左右，顶端渐尖，边缘有锐齿，基部楔形；叶柄附近有几对腺体。其花形似蝴蝶，花色有粉红、大红、紫、白黄、洒金等，善变异。有的品种同一株上能开数种颜色的花朵。凤仙花多单瓣，重瓣的称为凤球花。凤仙花的花期为6～8月，结蒴果纺锤形，成熟时易弹裂；种子多数，球形，黑色，自播繁殖。

（2）生态习性　凤仙花性喜阳光，怕湿，耐热不耐寒，适生于疏松肥沃微酸土壤中，但也耐瘠薄。凤仙花适应性较强，移植易成活，生长迅速。生长季节每天应浇水1次，炎热的夏季每天应浇水2次，雨天注意排水，总之不要使盆土干燥或积水。

（3）繁殖与栽培　采用播种繁殖，播种期为3～4月，可先在露地苗床育苗，也可在花坛内直播。在22～25℃下，4～6d即可发芽，能自播繁殖。上年栽过凤仙花的花坛，次年

图4-7 凤仙花

4～5月会陆续长出幼苗，可选苗移植。播种到开花需7～8周，可调节播种期以调节花期。幼苗期需间苗2～3次，3～4片真叶时移栽定植。全株水分含量高，因此不耐干燥和干旱，水分不足时，易落花落叶，影响生长。定植后应注意灌水，雨水过多应注意排涝，否则根、茎易腐烂。耐移植，盛开时仍可移植。苗期应勤施追肥，以10～15d追施一次氮肥为主，或氮、磷、钾结合的液肥。依花期迟早需要进行1～3次摘心。采收种子应在果皮开始发白时即行摘采，避免碰裂果皮，弹失种子。夏季高温干旱时，应及时浇水，并注意通风，否则易受白粉病危害。可用50%托布津可湿性粉剂1000倍液喷洒防治。

（4）园林应用 凤仙花因其花色品种极为丰富，是花坛、花境中的优良用花，也可栽植花丛和花群，是氟化氢的监测植物。

2. 千日红（*Gomphrena globosa*）

别名：火球花、红光球、千年红。

科属：苋科，千日红属。

（1）形态特征 千日红（图4-8）为一年生草本植物，株高40～60cm，全株密被细毛。叶对生，椭圆形至倒卵形。头状花序球形，常1～3个簇生于长总梗端；花小而密生，主要观赏其膜质苞片，紫红色，干后不落，且色泽不褪，仍保持鲜艳。变种苞片颜色有深红、淡红、堇紫、盐黄、白等色。

图4-8 千日红

（2）**生态习性** 千日红原产于印度、亚洲热带，现分布于我国各地。性喜炎热干燥的气候，疏松肥沃的土壤和充足的阳光。花期可由6月直至11月霜前。由于球状花主要是由膜质苞片所组成，花后干而不凋，先后花朵群集一株，宛如繁星点点灿烂多姿。

（3）**繁殖与栽培** 种子繁殖，春季播种，因种子外密被纤毛，易相互粘连，一般用冷水浸种1~2d后挤出水分；然后用草木灰拌种，或用粗砂揉搓使其松散便于播种。发芽温度21~24℃，播后10~14d发芽。矮生品种发芽率低。出苗后9~10周开花。

如苗期需移栽，栽后需遮阴，保持湿润，否则易倒苗。幼苗具3~4枚真叶时移植一次，生长旺盛期及时追肥，6月底定植园地，株距30cm。花谢后可整枝施肥，重新萌发新枝，再次开花。常见病害有千日红病毒病，发现病株应及时拔除销毁；及时防治蚜虫。

（4）**园林应用** 植株低矮，花繁色浓，是布置夏秋季花坛的好材料，也适宜于花境应用。球状花主要是由膜质苞片组成，干后不凋，是优良的自然干花材料，也可作切花材料。对氟化氢敏感，是氟化氢的监测植物。

3. **石竹**（*Didnthus chincnsic*）

别名：洛阳花。

科属：石竹科，石竹属。

（1）**形态特征** 石竹（图4-9）为宿根性不强的多年生草本植物，通常多作一二年生花卉栽培。株高20~45cm。茎簇生，直立。叶时生，互抱茎节部，条形或宽披针形。花顶生枝端，单生或成对，有时呈圆锥状聚伞花序，花径2~3cm；萼筒圆筒形；花瓣5枚，红、粉红或白色，先端有不整齐浅齿裂，喉部有深色斑纹和疏生绒毛，基部具长爪。花期为4~5月。蒴果矩圆形，成熟时先端4~5裂，种子千粒重0.9g。

图4-9 石竹

（2）**生态习性** 耐寒性强，要求高燥、通风凉爽的环境；喜阳光充足，不耐阴；喜排水良好、含石灰质的肥沃土壤，忌潮湿水涝，耐干旱瘠薄。

（3）**繁殖与栽培** 播种繁殖，一般秋播，发芽适温20~22℃，播后5d可发芽，苗期生长适温10~20℃。也可扦插繁殖，将枝条剪成6cm左右的小段，插于沙床。

幼苗间苗后移植一次，华北地区稍加覆盖即可越冬。翌年春天定植，株距20~30cm。定植后每隔3周施一次肥，摘心2~3次，促进分枝。花期为4~5月。花后剪去花枝，每周施肥一次，9月以后又可开花。

（4）园林应用　花朵繁密，花色丰富，色泽艳丽，花期长；叶似竹叶，青翠，柔中有刚。用于花坛、花境和镶边布置；也可布置岩石园；花茎挺拔，水养持久，是优良的切花品种。

4. 翠菊（*Callistephus chinensis* Nees）

别名：蓝菊、江西腊、五月菊、七月菊。

科属：菊科，翠菊属。

（1）形态特征　翠菊（图4-10）为一二年生草本植物，株高30～90cm，茎被白色糙毛。叶互生，广卵形至三角状卵圆形。中部叶卵形或匙形，具不规则粗钝锯齿，两面疏被短硬毛，叶柄有狭翅。头状花序单生枝顶，径5～8cm。盘缘舌状花，原种仅一轮，紫色。盘心花筒状黄色。花期为7～10月，秋播的花期为5～6月。瘦果楔形，种子千粒重1.74g。

图4-10　翠菊

（2）生态习性　耐寒性不太强，秋播需冷床保护越冬；也不喜欢酷热，炎夏时虽能开花，但结实不良。浅根性，喜适度肥沃、潮润而又排水良好的壤土或沙质壤土。

（3）繁殖与栽培　种子每克约500粒，发芽率在60%以上。但种子发芽保存年限较短，经一年以上的种子发芽率就会降至50%以下。种子可春播，在北方通常于2～3月播于温床内，4～5月时定植，夏季即可开花。欲在国庆节开花时，可于6月播种。在分期播种时，以勿过迟为好，因其早期生长需要冷凉气候。幼苗经一次移植即可定植，但翠菊是耐移植花卉，特别是矮生品种，即使在开花时也易移植成活。

翠菊生长健壮，喜凉爽气候。在栽培上，许多人常认为长日照可以促进开花，故促成栽培时都用增加电灯照明的方法，但在实践中曾发现效果因品种不同而有很大差异。在花芽分化时以长日照为好，在分化以后若继续保持长日照则对花芽的发育不利。土壤方面以排水良好的沙质或粘质壤土为好，勿过干过湿，如过湿很易发生病害。施肥时应施腐熟肥料，勿用新鲜厩肥。栽培上应避免连作。

（4）园林应用　矮生种用于花坛或作边缘材料，也可盆栽。中茎种适于花坛、切花及盆栽。高茎种主要用于切花。

5. 半支莲（*Portulaca grandiflora* Hook.）

别名：龙须牡丹、松叶牡丹、太阳花、草杜鹃、洋马齿苋。

科属：马齿苋科，马齿苋属。

（1）形态特征　半支莲（图4-11）为一年生肉质草本植物，株高10～15cm，匍生或微向上。叶互生或散生，圆柱形。花1~3或4朵簇生于枝顶。花径3~4cm，基部有8~9枚轮生的叶状苞片，并生有白色长柔毛。花瓣5枚，倒卵形，先端有浅凹，有白、黄、红、紫等色。花于日出后开放至午后凋谢，阴天至傍晚时凋谢。花期为6月下旬至8月。蒴果盖裂，种子细小多数，千粒重0.10~0.14g。

图4-11　半支莲

（2）生态习性　半支莲是一年生肉质草本植物，不耐寒，忌酷热，喜干燥沙质土壤，耐瘠土，能自播。性强健，不需要特殊管理。

（3）繁殖与栽培　播种繁殖，种子发芽要求25℃左右的温度，露地直播要在5月中旬以后进行，如在温室或温床播种，可以在3月中旬开始。播种后7~8d出苗，出苗后切忌阴湿。

半支莲不畏移植，虽然开花时也可以进行，但必须栽植于阳光充足、排水良好地点。定植行距20cm。7~8两个月为开花盛期。一般来说，播种后，经过2个半月至3个月即可开花。幼苗在天气温暖后，生长转快，宜及时间苗后直接定植或移植一次后定植。株距25~30cm。扦插苗于9~10月开花。

（4）园林应用　半支莲为毛毡花坛、花坛边缘、花境边缘的良好材料，也可种植于斜坡或石砾地；也可作盆花。

6. 百日草（*Zinnia elegans* Jacq.）

别名：百日菊、步登高、步步高、秋罗。

科属：菊科，百日草属。

（1）形态特征　百日草（图4-12）为一年生草本植物，茎直立粗壮，上被短毛，表面粗糙，株高40~120cm。叶对生无柄，叶基部抱茎。叶形为卵圆形至长椭圆形，叶全缘，上被短刚毛。头状花序单生枝端，梗甚长。花径4~10cm，大型花径12~15cm。舌状花多轮花瓣呈倒卵形，有白、绿、黄、粉、红、橙等色，管状花集中在花盘中央黄橙色，边缘分裂，瘦果广卵形至瓶形，筒状花结出瘦果椭圆形、扁小，花期为6~9月，果熟期为8~10月。种子千粒重5.9g，寿命3年。

图4-12　百日草

（2）生态习性　百日草喜温暖、不耐寒、

怕酷暑、性强健、耐干旱、耐瘠薄、忌连作。根深茎硬不易倒伏。宜在肥沃深土层土壤中生长。生长期适温 15～30℃，适合我国北方栽培。矮型种在炎热地区，宜植轻阴处，同属约有 20 种，如小百日草、细叶百日草等。由于百日草为相对短日照植物，因此可采取调控日照长度的方法调控花期。

（3）繁殖与栽培　以种子繁殖为主，也能扦插繁殖。种子繁殖宜春播，一般在 4 月中下旬进行，发芽适温为 15～20℃。它的种子具嫌光性，播种后应覆土、浇水、保湿，约 1 周后发芽出苗。发芽率一般在 60% 左右。也可结合摘心、修剪，选择健壮枝条，剪取 10～15cm 长的一段嫩枝作插穗，去掉下部叶片，留上部的两枚叶片，插入细河沙中，经常喷水，适当遮阴，约 2 周后即可生根。

定植成活后，苗期每月施一次液肥。接近开花期可多施追肥，每隔 5～7d 施一次液肥，直至花盛开。当苗高达 10cm 时，留 2 对叶片，拦头摘心，促其萌发侧枝。当侧枝长到 2～3 对叶片时，留 2 对叶片，第二次摘心，能使株形蓬大、开花繁多。春播后经过 70d 即可开花。百日草为枝顶开花，当花残败时，要及时从花茎基部留下 2 对叶片剪去残花，以在切口的叶腋处诱生新的枝梢。修剪后要勤浇水，并且追肥 2～3 次，可以将开花日期延长到霜降之前。雨季前成熟的第一批种子品质较好，应及时采收留种。

播种苗 4～6 片叶时定植于 10～12cm 盆。百日草侧根少，移栽时注意少伤侧根。苗高 10cm 时，进行摘心，促使多分侧枝。生产上为了矮化植株，在摘心后 2 周，用 0.5% 比久喷洒，效果显著。也可应用生长调节物质来调控花期，幼苗期用 0.25%～0.4% 比久溶液喷洒，可提前开花，花朵紧密；如用 0.4%～0.8% 比久或矮壮素，喷 2～4 次，将推迟开花。幼苗期每半月施肥一次，花蕾形成前增施两次磷钾肥。花后不留种需及时摘除残花，促使叶腋间萌发新侧枝，再开花。

（4）园林应用　百日草花大色艳，开花早，花期长，株形美观，是常见的花坛、花境材料。高杆品种适合做切花生产。

7. 夏堇（*Torenia fournieri*）

别名：花公草、花瓜草、蝴蝶草、蓝猪耳。

科属：玄参科，蝴蝶草属。

（1）形态特征　夏堇（图 4-13）原产于印度支那半岛。株高 15～30cm，株形整齐而紧密。花腋生或顶生总状花序，花色有紫青色、桃红色、兰紫、深桃红色及紫色等，种子细小。方茎，分枝多，呈披散状。叶对生，卵形或卵状披针形，边缘有锯齿，叶柄长为叶长之半，秋季叶色变红。花在茎上部顶生或腋生（2～3 朵不成花序），唇形花冠，花萼膨大，萼筒上有 5 条棱状翼。花蓝色，花冠杂色（上唇淡雪青，下唇堇紫色，喉部有黄色）。花期为 7～10 月。

（2）生态习性　夏堇喜高温、耐炎热。喜光、耐半阴，对土壤要求不严。生长强健，需肥量不大，在阳光充足、适度肥沃湿润的土壤上开花繁茂。

（3）繁殖与栽培　春季播种期为 3 月下旬至 4 月上旬，播后 5～7d 发芽出土，经 60～70d 的培育即能开花，可提供"六一"、"七一"用花。第二期可于 6 月下旬至 7 月上旬播种，播后 2～3d 种子即发芽出土，本期播种，可提供国庆节用花。由于夏堇种子特别细小，而子叶茎又特别短，如何使幼苗能顺利出土，提高出苗率，是个关键的技术问题。种子播种后，均匀地轻压土壤，喷透水，使种子与土壤密切结合，不必覆土。发芽适温 20～30℃，

图 4-13 夏堇

夏季还应用遮阳网遮阴，在 3~4 片真叶时移植，去劣存优。

扦插繁殖，一般于 5~8 月间进行，选择长势粗壮的枝条作插穗，一般带 2 对叶子，通常 3~5d 发根，扦插至开花出售只需 45d。

3~4 对真叶时，就要进行移植或上盆。结合摘心，促使叶腋间萌发侧枝。在整个生长过程中应勤摘心，促进多分枝，多开花。栽培时宜放在光照充足的地方。在栽培过程中，灌水不应过多，施肥也不能过量，一般 10~15d 施薄肥作追肥已足够。

（4）园林应用 夏堇花朵小巧，花色丰富，花期长，生性强健，适合阳台、花坛、花台等种植，也是优良的吊盆花卉。在酷热的盛夏，适合花坛或盆栽，花期夏季至秋季，尤其耐高温，很适合屋顶、阳台、花台栽培。

8. 五色苋（*Altemanthera bettzichiana* Nichols.）

别名：红绿草、锦绣苋。

科属：苋科，虾钳草属。

（1）形态特征 五色苋（图 4-14）多年生草本植物。茎直立或斜生，株高 10~20cm。叶对生，全缘，叶面绿色或具各色彩纹。花序头状，簇生叶腋，小型，白色。披针形或椭圆形，有红、蓼、紫绿色的叶脉及斑点，叶柄极短。花期为 12 月至翌年 2 月。

（2）生态习性 五色苋性喜高温，最适宜在 22~32℃ 之间的条件下生长，极不耐寒，冬季宜在温度 15℃ 左右、湿度在 70% 左右的温室中越冬。五色苋喜光、略耐阴，不耐夏季酷热，不耐湿也不耐旱，对土壤要求不严。生

图 4-14 五色苋

长季节喜湿润，要求排水良好。高温、高湿或低温、高湿都易引起植株腐烂。

（3）繁殖与栽培 扦插繁殖，扦插的适宜温度为 20~25℃，相对湿度为 70%~80%。一般取健壮的嫩枝顶部 2 节的长度为插穗，保持适宜条件，7~10d 即可生根，2 周即可移植上盆。

盆土以富含腐殖质、疏松肥沃、高燥的沙质壤土为宜，忌粘质壤土。盆栽时，一般每盆种 3~8 株。生长季节，适量浇水，保持土壤湿润。一般不需施肥，为促其生长，也可追施

0.2% 的磷酸铵。

五色苋夏季喜凉爽的环境，高温高湿则生长不良。冬季管理注意阳光充足，适当通风，节制水分，越冬温度不宜低于15℃。生长季节，当气温达20℃以上时，生长加速，可进行多次摘心或修剪，使之保持半圆形的矮壮、密集的枝丛。若作模纹花坛，注意刈平，浇水喷雾。

（4）园林应用　植株多矮小，叶色鲜艳，繁殖容易，枝叶茂密，耐修剪，是布置毛毡花坛的好材料，可以不用色彩配制成各种花纹、图案、文字等平面或立体的形象。如要栽成有花纹、图案、文字的式样，种植时要注意品种色彩的搭配。若要制作立体雕塑或花坛，需要预制牢固的骨架，缠上尼龙绳，然后种上五色苋。同时，盆栽适合阳台、窗台和花槽观赏。

9. 美女樱（*Verbena hybrida*）

别名：美人樱、草五色梅、铺地锦、四季绣球、铺地马鞭草。

科属：马鞭草科，马鞭草属。

（1）形态特征　美女樱（图4-15）为多年生草本植物，常作一年生花卉栽培。茎四棱形，丛生而铺覆地面，全株具灰色柔毛。叶对生有短柄，长圆形或披针状三角形，缘具缺刻状粗齿，穗状花序顶生，多数小花密集排列呈伞房状。花冠筒状，花有白、粉、红、紫、蓝等不同颜色。蒴果、种子寿命2年，花期6~9月不断开花。同属常见栽培种有：加拿大美人樱、红叶美人樱、细叶美人樱。

图4-15　美女樱

（2）生态习性　美女樱原产于巴西、秘鲁和乌拉圭等美洲热带地区。我国各地均有引种栽培。喜温暖湿润气候，喜阳，不耐阴，不耐寒，不耐干旱，以在疏松肥沃、较湿润的中性土壤生长健壮，开花繁茂。为多年生草本花卉，喜阳光、较耐寒、耐阴差、不耐旱，北方多作一年生花卉栽培。

（3）繁殖与栽培　春季或秋季进行播种繁殖，常以春播为主。早春在温室内播种，2片真叶后移栽，4月下旬定植。秋播需进入低温温室越冬，翌年4月露地定植，从而提早开花。4月末播种，7月即可盛花。扦插繁殖，于4~7月进行，在15~20℃条件下，2周左右即可生根，成活后适时摘心，促进叶繁茂，多开花。

露地栽培美女樱应在植株较小时定植，定植时应适量施入基肥。生长期每月追施1~2次液肥，但施氮肥不宜偏多，否则将导致枝叶旺长而开花少甚至不开花。天气干热时要及时浇水，高温季节浇水要充足。苗高 10cm 时摘心，促发侧枝，顺势整形，保持株姿紧密丰满。花后及时剪除残花，可延长花期。如生长过程中，花枝过长可适当修剪，控制株形，促使多分枝、多开花。对分枝性强的优良品种不需摘心，对分枝性差的品种在苗高 10～12cm时，进行一次摘心，促发分枝。生长期每月喷一次 500mg/kg 多效唑，可将植株控制在 20cm左右。

（4）园林应用 美人樱株丛矮密，花繁色艳，花期长可用作花坛、花境材料，也可作盆花成大面积栽植于园林隙地、树坛中。

10. 虞美人 (*Papaver rhoeas*)

别名：丽春花、赛牡丹。

科属：罂粟科，罂粟属。

（1）形态特征 虞美人（图 4-16）为一二年生直立草本植物，分枝纤细，株高 30～90cm，全株被糙毛，有乳汁。叶互生，羽状深裂、裂片披针形，缘生粗锯齿，花单生长梗上。未开放时花蕾下垂，萼片绿色、花开后即脱落；花瓣 4 枚或重瓣，全缘有时具圆齿或锐刻，呈红、紫、粉、白等色，非常娇艳，花期 5～6 月，蒴果，种子肾形。

图 4-16 虞美人

（2）生态习性 较耐旱耐寒，喜疏松肥沃、排水良好的沙质壤土。喜光不耐阴，不耐热，高温高湿的夏季来临时，全株即逐渐萎死。因种子细小易散，花后采种需及时。

（3）繁殖与栽培 宜采用露地直播。秋播一般在 9 月上旬，也可春播。即在早春土地解冻时播种，多采用条播。苗距秋播者 20～30cm，春播者 15～25cm。发芽适温为 15～20℃，播后约一周后出苗。因虞美人种子易散落，种过一年后的环境可不再播种，易自播。

虞美人喜阳光充足，耐干燥耐旱，但不耐积水，生育期间浇水不宜多，以保持土壤湿润为好，若非十分干旱即不必浇水。但过于干旱会推迟开花并影响品质。施肥不能过多，否则植株徒长。虞美人较耐寒，但冬季严寒地区仍需加强防寒工作。黄河以南地区冬季可不加防寒设施。虞美人很少病虫害，但若施氮肥过多，植株过密，或多年连作，则会出现腐烂病，需将病株及时清理，再在原处撒一些石灰粉即可。

（4）园林应用 虞美人花姿美好，色彩鲜艳，是优良的花坛、花境材料，也可盆栽或作切花用。用作切花者，须在花半放时剪下，立即浸入温水中，防止乳汁外流过多，否则花枝很快萎缩，花朵也不能全开。

11. 彩叶草（*Coleus blumei*）

别名：五彩苏、老来少、五色草、锦紫苏。

科属：唇形科，鞘蕊花属。

（1）形态特征 彩叶草（图4-17）为多年生草本植物，老株可长成亚灌木状，但株形难看，观赏价值低，故多作一二年生花卉栽培。全株有毛，茎为四棱，单叶对生，卵圆形，先端长渐尖，缘具钝齿牙，叶面绿色，有淡黄、桃红、朱红、紫等色彩鲜艳的斑纹。顶生总状花序、花小、浅蓝色或浅紫色。小坚果平滑有光泽。

图4-17 彩叶草

彩叶草变种、品种极多，五色彩叶草叶片有淡黄、桃红、朱红、暗红等色斑纹，长势强健。波皱大叶型具大型卵圆形叶，植株高大，分枝少，叶面凹凸不平。各种叶型中还有不少品种，并且仍在不断地培育新品种，使彩叶草在花卉装饰中占有重要地位。

（2）生态习性 彩叶草喜温性植物，适应性强，冬季温度不低于10℃，夏季高温时稍加遮阴，喜充足阳光，光线充足能使叶色鲜艳。

（3）繁殖与栽培 播种繁殖，多于二三月份进行，撒播即可，彩叶草的种子为好光性种子，因此播后不需覆土，发芽适温20～25℃，保持基质湿润，8～10d发芽。

扦插繁殖，四季皆可进行，20℃左右1周生根，水插也很容易生根。

播种苗长出一对真叶时上盆，生长期经常追肥，包括追施过磷酸钙和和骨粉。彩叶草适应性较强，管理较简单，温度适应范围为10～30℃，低于10℃，植株停滞生长，低于5℃植株枯死。摘心促进侧枝生长培养出株形丰满的植株。

彩叶草为喜光植物，光照充足，可使叶色鲜明，但在夏季高温时应避免阳光直射，高温强光会使色素遭到破坏，引起叶绿素增加，导致植株色彩不鲜明，甚至偏绿，影响观赏。因此夏季高温时应适当遮阴。其他季节则不能遮阴，因光线暗淡会使叶色灰暗。彩叶草叶大而薄，应保证水分供应，土壤干燥则叶面的彩色褪色，尤其夏季应保证盆土湿润，同时应经常向地面和叶面喷水，以提高空气湿度，但不能积水，积水容易使根系腐烂、叶片脱落。花序出现后，若不采种则应及时摘去，以免消耗营养，同时使株形散乱，影响观赏价值。

（4）园林应用 彩叶草色彩鲜艳、品种甚多、繁殖容易，为应用较广的观叶花卉，除可作小型观叶花卉陈设外，还可配置图案花坛，也可作为花篮、花束的配叶使用。室内摆设多为中小型盆栽，置于矮几和窗台欣赏。庭院栽培可作花坛，或植物镶边。

其他一二年生花卉还有大花藿香蓟（*Ageratum houstonianum*）、波斯菊（*Cosmos bipin-*

natus Cav.)、雁来红（*Amaranthus tricolor*）、茑萝（*Quamoclit pennata* Bojer. ）、醉蝶花（*Cleome spinosa*）、地肤（*Kochia scoparia*（Linn. ）Schrad. ）、紫茉莉（*Mirabilis jalapa* Linn. ）、金盏菊（*Calendula officinalis*）、金鱼草（*Amtirrhinum majus*）、雏菊（*Bellis perennis*）、麦秆菊（*Helichrysum bracteatum* Andr. ）、银边翠（*Euphorbia marginata*）、香雪球（*Lobularia maritima*）、大花牵牛（*Ipomoea nil* Roth. ）、旱金莲（*Tropaeolum majus*）、福禄考（*Phlox drummondii* Hook. ）、紫罗兰（*Matthiola incana* R. Br. ）、桂竹香（*Cheiranthus cheiri*）、矢车菊（*Centaurea cyanus* Linn. ）、蛾蝶花（*Schizanthus pinnatus*）、长春花（*Catharanthus roseus*）等。

项目 ⑤

宿根花卉栽培技术

 学习目标

◆ 能熟练识别常见的宿根花卉 20 种以上。

◆ 熟练进行宿根花卉的分株繁殖及日常养护管理。

◆ 能运用露地宿根花卉进行园林绿化布置。

工作任务

根据宿根花卉的养护管理任务，对菊花、鸢尾类、芍药、萱草类等常见宿根花卉进行养护管理，包括繁殖、栽培、肥水管理及其他养护管理，并做好养护管理记录。以小组为单位通力合作，制订养护方案，对现有的栽培技术手段要进行合理的优化和改进。在工作过程中，要注意培养团队合作能力和工作任务的信息采集、分析、计划、实施能力。

任务1 宿根花卉栽培概述

宿根花卉是指植株地下部分宿存越冬而不膨大，次年仍能继续萌芽开花，并可持续多年的草本花卉。中国宿根花卉种质资源极为丰富，栽培历史悠久，特别是宿根花卉中的菊花、芍药、萱草等。宿根花卉由于具有种类繁多，适应环境能力强，耐旱、耐寒、耐瘠薄土壤，病虫害少，繁殖容易，栽培简单，管理较粗放，成本低，见效快，群体功能强等特点，近几年来，在园林景观中得到广泛的应用。

5.1.1 宿根花卉主要习性

宿根花卉一般生长强健，适应性较强。种类不同，在其生长发育过程中对环境条件的要求不一致，生态习性差异很大。

1. 对温度的要求

耐寒力差异很大。早春及春天开花的种类大多喜欢冷凉，忌炎热；而夏、秋开花的种类大多喜欢温暖。

2. 对光照的要求

对光照要求不一致。有些喜欢阳光充足，如宿根福禄考、菊花；有些喜欢半阴环境，如玉簪、紫萼、铃兰，白芨、桔梗等。

3. 对土壤的要求

对土壤要求不严。除沙土和重粘土外，大多数都可以生长，一般栽培 2～3 年后以粘质壤土为佳，小苗喜富含腐殖质的疏松土壤。对土壤肥力的要求也不同，金光菊、荷兰菊、桔梗等耐瘠薄；而芍药、菊花则喜肥。多叶羽扇豆喜酸性土壤；而非洲菊、宿根霞草喜微碱性土壤。

4. 对水分的要求

根系较一二年生花卉强，抗旱性较强，但对水分要求也不同。鸢尾、铃兰、乌头喜欢湿润的土壤；而萱草、马蔺、紫松果菊则耐干旱。

5.1.2　宿根花卉繁殖、栽培管理

1. 繁殖要点

宿根花卉繁殖以营养繁殖为主，包括分株、扦插等。最普遍、简单的方法是分株。为了不影响开花，春季开花的种类应在秋季或初冬进行分株，如芍药、荷包牡丹；而夏、秋开花的种类宜在早春萌芽前分株，如桔梗、萱草、宿根福禄考。还可以用根蘖、吸芽、走茎、匍匐茎繁殖。此外，有些花卉也可以采用扦插繁殖，如荷兰菊、紫菀等。有时为了育种和获得大量的植株也可采用播种繁殖，播种期因种而异，可秋播或春播。播种苗有的 1～2 年后开花，也有的要 5～6 年后才开花。

2. 栽培要点

宿根花卉的栽培管理与一二年生花卉的栽培管理有相似的地方，但由于其自身的特点，决定其应注重以下几方面：

宿根花卉根系强大，入土较深，种植前应深翻土壤，整地深度一般为 40～50cm。当土壤下层混有沙砾，且表土为富含腐殖质的粘质土壤时花朵开得更大。种植宿根花卉应选排水良好之处，株行距约 40～50cm。若播种繁殖，其幼苗喜腐殖质丰富的轻松土壤，而在第二年以后以粘质壤土为佳。因其一次种植后不用移植，可多年生长，因此在整地时应大量施入有机质肥料，以维持较长期的良好的土壤结构，以利宿根花卉的正常生长。

播种繁殖的宿根花卉，其育苗期应注意浇水、施肥、中耕除草等工作，定植后一般管理比较简单、粗放，施肥也可减少。但要使其生长茂盛，花多花大，最好在春季新芽抽出时间施以追肥，花前、花后可再追肥一次。秋季叶枯时可在植株四周施以腐熟厩肥或堆肥。

宿根花卉与一二年生花卉相比，能耐干旱，适应环境的能力较强，浇水次数可少于一二年生花卉。但在其旺盛的生长期，仍需按照各种花卉的习性，给予适当的水分，在休眠前则应逐渐减少浇水。

宿根花卉修剪整形常用的措施有：除芽，多用于花卉生长旺盛季节，将枝条上不需要的侧芽于基部摘除，如在培育标本菊时；剥蕾，剥除侧蕾或过早发生的花蕾，如芍药、菊花的栽培过程中；绑扎、立支柱、支架，此为防止倒伏或使株形美观所采取的措施，如栽培标本菊、悬崖菊、大立菊等时常用。大株的宿根花卉定植时，要进行根部修剪，将伤根、烂根和枯根剪去。

宿根花卉的耐寒性较强，无论冬季地上部分落叶的，还是常绿的，均处于休眠、半休眠状态。常绿宿根花卉，在南方可露地越冬，在北方应温室越冬。落叶宿根花卉，大多可露地

越冬，其通常采用的措施有：培土法，花卉的地上部分用土掩埋，翌春再清除泥土；灌水法，如芍药，利用水有较大的热容量的性能，将需要保温的园地漫灌，而达到保温增湿的效果，大多数宿根花卉入冬前都可采用这种方法。除此之外，宿根花卉也可以采用覆盖法保护越冬。

5.1.3　宿根花卉园林应用

1）宿根花卉在园林景观布置中，可一次种植多年观赏，使用方便而经济。一次种植多年观赏，简化种植手续，是宿根花卉在园林花境、花坛、种植钵、花带、花丛花群、地被、垂直绿化中广为应用的主要优点。

2）大多数种类对环境条件要求不严，病虫害少，较耐粗放管理，只要依据季节和天气的变化，对其进行必要的水分管理即可正常开花。

3）宿根花卉繁殖容易，可采用播种、扦插、分根等方法，只要掌握好繁殖季节和方法，就能使之成活。

4）种类繁多。目前我国栽培的宿根花卉约有200多种，可以观花、观叶和观果。植株有高大直立的、有匍匐的、有攀缘的，在色彩上更是多种多样，适用于多种环境应用。

5）群体功能强。宿根花卉单株种植时，观赏效果较差。但与其他植物材料进行合理搭配种植时，则可收到良好的效果。

6）许多宿根花卉具有较强的净化环境与抗污染能力，或具有特异芳香与药用功能，是街道、工矿区、土壤瘠薄地美化的优良花卉。

7）一些种类是重要的切花。如花烛、鹤望兰等，一次种植多年连续采花，可大大节省育苗程序，延长产花年限，对花卉产业发展起重要作用。

8）园林设计布置中可由多种宿根花卉配置成宿根花卉专类园，或由同一种的不同品种组成专类园，也可与一二年生花卉配合布置花坛、花境、花带以及在灌木丛前点缀草地、镶边等，充分达到美化环境的目的。

任务2　菊花栽培技术

菊花（*Dendranthema morifolium*（Ramat.）Tzvcel.）

别名：黄花、节花、秋菊、金蕊。

科属：菊科、菊属。

菊花高洁隽逸，傲寒凌霜，而形质兼美，历来深受我国人民的喜爱。在我国文化遗产中，有很多有关菊花的记载。早在3000年前，《礼记·月令》记载"季秋之月，鞠有黄华"，就以菊花来指月令。屈原《离骚》有"朝饮木兰之坠露，夕餐秋菊之落英"的诗句。神农《本草经》更有"菊服之轻身耐老"的说法。可见当时人们已经熟悉了菊花的习性、用途和药用功能。晋代以来，菊花又有从栽培食用向观赏过渡的趋势。如陶渊明"采菊东篱下，悠然见南山"的诗句，表明菊花开始在田间栽培，用于观赏。

菊花于17~20世纪从中国先传入日本，后传入欧洲、美洲。到今天，菊花是世界上品种最多的名贵花卉，对于菊花的观赏各不相同。欧美国家的人们喜欢花朵整齐的平瓣型品种，应用于切花装饰，我国人民喜欢具有民族传统艺术的神韵清奇、若飞若舞的造型盆菊。近几年，通过菊花展览的形式，各种造型艺菊琳琅满目、美不胜收。

5.2.1　形态特征

菊花（图 5-1）为多年生草本花卉，株高 60～150cm，茎直立多分枝，小枝绿色或带灰褐，被灰色柔毛。单叶互生，有柄，边缘有缺刻状锯齿，托叶有或无，叶表有腺毛，分泌一种菊叶香气，叶形变化较大，常为识别品种依据之一。头状花序单生或数个聚生茎顶，花序直径 2～30cm，花序边缘为舌状花，俗称"花瓣"，多为不孕花，中心为筒状花，俗称"花心"。花色丰富，有黄、白、红、紫、灰、绿等色，浓淡皆备。花期一般为 10～12 月，也有夏季、冬季及四季开花等不同生态型。瘦果细小褐色。

图 5-1　菊花

5.2.2　类型及品种

中国菊花是种间天然杂交而成的多倍体，经历代园艺学家精心选育而成，传至日本后，又掺入了日本若干野菊血统。菊花品种遍布全国各地，世界各国广为栽培。我国目前栽培的有观赏菊和药用菊两大类。药用菊有杭白菊、徽菊等。

菊花经长期栽培，品种十分丰富，园艺上的分类习惯，常按开花季节、花径大小和花形变化等进行。

（1）按开花季节分类

1）夏菊：花期 6 月至 9 月。中性日照。10℃左右花芽分化。

2）秋菊：花期 10 月中旬至 11 月下旬。花芽分化、花蕾生长、开花都要求短日照条件。15℃以上进行花芽分化。

3）寒菊：花期 12 月至翌年 1 月。花芽分化、花蕾生长、开花都要求短日照条件。15℃以上进行花芽分化，高于 25℃，花芽分化缓慢，花蕾生长、开花受抑制。

4）四季菊：四季开花。花芽分化、花蕾生长，中性日照，对温度要求不严。

（2）按花径大小分类

1）大菊系：花序直径 10cm 以上，一般用于标本菊的培养。

2）中菊系：花序直径 6～10cm，多供花坛作切花及大立菊栽培。

3）小菊系：花序直径6cm以下，多用于悬崖菊、塔菊和露地栽培。

也有将花径6cm以上称为大菊系，6cm以下均称为小菊系，而不另立中菊系统。

（3）按花形变化分类　在大菊系统中基本有5个瓣类，即平瓣、匙瓣、管瓣、桂瓣和畸瓣，瓣类下又进一步分为花形和亚形。如1982年在上海召开的全国菊花品种分类学术讨论会上，曾在5个瓣形下又分为30个花形和13个亚形。在小菊系统中基本有单瓣、复瓣（半重瓣）、龙眼（重瓣或蜂窝）和托桂几个类型。

（4）依整枝方式和应用分类

1）独本菊：一株一本一花。

2）立菊：一株多干数花。

3）大立菊：一株数百至数千朵花。

4）悬崖菊：通过整枝修剪，整个植株体成悬垂式。

5）嫁接菊：在一株的主干上嫁接各种花色的菊花。

6）案头菊：与独本菊相似但低矮，株高20cm左右，花朵硕大。

7）菊艺盆景：由菊花制作的桩景或盆景。

5.2.3　生态习性

菊花适应性很强，喜凉，较耐寒，生长适温为18～21℃，最高32℃，最低10℃，地下根茎耐低温极限一般为－10℃。喜充足阳光，但也稍耐阴。较耐干，最忌积涝。喜地势高燥、土层深厚、富含腐殖质、轻松肥沃而排水良好的沙壤土，在微酸性到中性的土壤中均能生长。忌连作。菊花为短日照花卉。

5.2.4　栽培管理

1. 繁殖技术

以扦插为主，也可用播种、嫁接、分株的方法繁殖。

1）扦插繁殖。嫩枝扦插为常用的繁殖方法。每年春季4～6月，取宿根萌芽条具3～4个节的嫩梢，长约8～10cm作插穗，仅顶端留2～3叶片，深度为插条的1/3～1/2，三周即可生根，生根一周后可以移植。还可用芽插繁殖，通常用根际萌发的脚芽进行扦插。在冬季11～12月菊花开花时，挖取长8cm左右的脚芽，要选芽头丰满、距植株较远的脚芽。选好后，剥去下部叶片，按株距3～4cm，行距4～5cm，保持7～8℃室温，至次年3月中、下旬移栽，此法多用于大立菊、悬崖菊的培育。

2）嫁接繁殖。菊花嫁接多采用黄蒿（*Artemisia annua*）和青蒿（*A. apiacea*）作砧木。黄蒿的抗性比青蒿强，生长强健，而青蒿茎较高大，最宜嫁接塔菊。每年于11～12月从野外选取色质鲜嫩的健壮植株，挖回上盆，放在温室越冬或栽于露地苗床内，加强肥水管理，使其生长健壮，根系发达。嫁接时间为3～6月，多采用劈接法。砧木在离地面7cm处切断（也可以进行高接），切断处不宜太老。如发现髓心发白，表明已老化，不能用。接穗采用充实的顶梢，粗细最好与砧木相似，长约5～6cm，只留顶上没有开展的顶叶1～2枚，茎部两边斜削成楔形，再将砧木在剪断处劈开相应的长度，然后嵌入接穗，用塑料薄膜绑住接口，松紧要适当。接后置于阴凉处，2～3周后可除去缚扎物，并逐渐增加光照。

3）播种繁殖。一般用于培养新品种。将种子掺砂撒播于盆内，然后覆土、浸水。约

4～5d 后开始发芽，但出芽不整齐，全部出齐需 1 个月左右。发芽后要逐渐见阳光，并减少灌水。幼苗出现 2～4 真叶时，即可移植。

4）分株繁殖。菊花开花后根际发出多数蘖芽，每年 11～12 月或次年清明前将母株掘起，分成若干小株，适当修除基部老根，即可移栽。

2. 栽培管理技术

菊花的栽培因园艺菊造型不同、栽培目的的不同，差别很大。现分述如下：

（1）标本菊的栽培　一株只开一朵花，又称为标本菊或品种菊。由于全株只开一朵花，花朵无论在色泽、瓣形及花形上都能充分表现出该品种的优良特性，因此在菊花品种展览中采用独本菊形式。独本菊有多种整枝及栽培方法。现以北京地区为例，介绍如下：

1）冬存。秋末冬初时，在盆栽母株周围选健壮脚芽扦插育苗。多置于低温温室内，温度维持 0～10℃，作保养性养护。

2）春种。清明节前后分苗上盆，盆土用普通腐叶土，不加肥料。

3）夏定。7 月中旬左右通过摘心、剥侧芽，促进脚芽生长。再从盆边生出的脚芽苗中选留一个发育健全、芽头丰满的苗，其余的除掉，待新芽长至 10cm 高时，换盆定植。定植时用加肥腐叶土换入 20～24cm 的盆中，并施入基肥。上盆时将新芽栽在花盆中央，老本斜在一旁，不需剪掉。新上盆的夏定苗第 1 次填土只填到花盆的 1/2 处。注意夏定不可过早或过晚，否则发育不良。

4）秋养。8 月上旬以后，夏定的新株已经长成，可将老株齐土面剪掉，松土后，进行第 2 次填土，使新株再度发根，形成新老三段根。9 月中旬花芽已全部形成并进入孕蕾阶段，此时秋风阵起，需加设裱杆。秋养过程中要经常追肥，每 7d 追施一次稀薄液肥，至花蕾透色前为止。10 月上旬起要及时进行剥蕾，防止养分分散。为延长花期，可放入树阴下，减少浇水，掌握干透浇透的原则。

（2）大立菊的栽培　一株着花可达数百朵乃至数千朵以上的巨型菊花。大菊和中菊中有些品种，不仅生长健壮、分枝性强，且根系发达、枝条软硬适中、易于整形，适于培养大立菊。培养一株大立菊要 1～2 年的时间，可用扦插法栽培。特大立菊则常用蒿苗嫁接。

通常于 11 月挖取菊花根部萌发的健壮脚芽，插于浅盆中，生根后移入口径 25cm 的花盆中，冬季在低温温室中培养。多施基肥，待苗高 20cm 左右，有 4～5 片叶片时，开始摘心，摘心工作可以陆续进行 5～7 次，直至 7 月中、下旬为止，逐渐换入大盆。每次摘心后要养成 3～5 个分枝，这样就可以养成数百个至上千个花头。为了便于造型、植株下部外围的花枝要少摘心一次，使枝展开阔。一般每次摘心后，可施用微量速效化肥催芽。夏季可在 10d 左右施用一次氮磷钾复合肥。7 月下旬最后一次摘心后，施用充分腐熟的饼肥，间隔 15d 再施一次，9 月中旬第二次追肥，9 月下旬以后，每周追液肥一次，直至花蕾露色为止。

9 月上旬移入缸盆或木盆中。立秋后加强水肥管理，经常除芽、剥蕾。为了使花朵分布均匀，要套上预制的竹箍，并用竹竿作支架，用细钢丝将花蕾逐个进行缚扎固定，形成一个微凸的球面。当花蕾发育定型后，即开始标扎，使花朵整齐，均匀地排列在圆圈上。花蕾上架标扎时，盆土稍带干燥，不使枝叶水分过多，以免上架折断花枝。花蕾上架标扎工作最好在午后进行，此时枝叶含水少，柔软，易弯曲，易牵引。

（3）悬崖菊培育　小菊的一种整枝形式，仿效山野中野生小菊悬垂的自然姿态，经过人工栽培而固定下来。通常选用单瓣品种及分枝多、枝条细软、开花繁密的小花品种。

11月在室内扦插，生根后上盆。悬崖菊主枝不摘心。苗高40～50cm时，要用细竹竿绑扎主干，将主干作水平诱引。植株主干不断向前生长，逐级绑于竹竿上。侧枝长出时，依不同部位进行不同长度的摘心。基部侧枝要稍长，有9～10片叶时，留5～6片摘心。中部侧枝稍短，留3～4片摘心。顶部侧枝更短，仅留2～3片叶摘心。以后侧枝又生侧枝时，均在生出4～5片叶后留2～3片叶摘心。如此进行多次，以促进多分枝。最后一次摘心的时间在9月上、中旬。小菊有顶端花朵先开的习性，顺次向下部开放。上、下部位花蕾开花期相差10d，欲使花期一致，下部要先摘心10d，然后中部，再后上部。

小菊花花蕾形成在10月上旬，若为地栽悬崖菊，应在此时带土坨移入大盆中种植。掘起时不要碰碎土球。上盆后置阴处2～3d，每天喷水两次，可防止叶片萎蔫。花蕾显色后不能喷水，免使花朵腐烂。因为悬崖菊是用竹竿作水平诱引，主干横卧，所以在布置观赏时，宜在高处放置。拔掉竹竿后，主干成自然下垂之姿，甚为雄壮秀丽。

（4）塔菊（"十样锦"）培育　通常以黄蒿和白蒿为砧木嫁接的菊花。北京地区约在6月下旬至7月上旬进行。砧木主枝不截顶，养至3～5m高，并形成多数侧枝。将花期相近、大小相同的各不同花形、花色的菊花在侧枝上分层嫁接，均匀分布。开花时，五彩缤纷，因其越往高处，花数越少，层层上升如同宝塔，故称为塔菊。

（5）案头菊　实际上是一种矮化的独本菊，高仅20cm，可置于案头、厅堂，颇受人们喜爱。在培养过程中，需用矮壮素B_9（N—2甲氨基丁二酰胺酸）2%水溶液喷4～5次，以实现矮化。注意选择品种，宜选花大、花形丰满、叶片肥大舒展的矮形品种。

在8月25日前后选择嫩绿、茎粗壮、无腋芽萌发迹象、无病虫害侵染、长6～8cm的嫩梢。除去基部1～2片叶，插穗蘸取萘乙酸或吲哚丁酸粉剂后，扦插于砂或珍珠岩加草炭土的介质中，插后采用高湿全光育苗，生根后立即移栽，定植于小花盆中，栽后放在阴棚下，每天喷2～3次水，10d左右移至阳光充足、通风透光之地。此时或开始施用较淡的液肥，同时施用0.2%的尿素，隔天和水混合浇施一次，促使长叶。20d后，加入0.1%的磷酸二氢钾。同时可用同等浓度的磷酸二氢钾进行叶面喷肥。待现蕾后，加大肥水用量，追肥可用充分腐熟的花生麸，少量多次。

为了避免菊苗徒长，案头菊浇水不宜过多，保持表土湿润即可，浇水应在午前进行。午后菊花如出现略萎蔫不要着急，但要防止过度萎蔫，此时可进行叶面喷雾。案头菊一盆只开一朵花，因此只留主蕾，侧蕾全部摘除。要使菊花矮化，扦插成活后，即用激素进行处理，可用2%B_9水溶液，第一次在扦插成活后喷在顶部生长点；第二次在上盆一周后全株喷洒，以后每10d喷洒一次，至现蕾为止，喷洒时间以傍晚为好，以免产生药害。

菊花常见的病害有：菊花叶斑病和菊花白粉病。菊花叶斑病防治，可在夏末开始每隔7～10d喷洒一次0.5%的波尔多液或70%代森锰锌400倍液。菊花白粉病防治，初病期喷洒36%甲基硫菌灵悬浮剂500倍液，严重时用25%敌力脱乳油4000倍液防治。

5.2.5　园林应用

菊花是我国一种传统名花，花文化丰富，被赋予高洁品性，为世人称颂。它品种繁多，色彩丰富，花形各异，每年深秋，很多地方都要举办菊花展览会，供人观摩。盆栽标本菊可供人们欣赏品评，进行室内布置，菊花造型多种多样，可制作成大立菊、悬崖菊、塔菊、盆景等。切花可瓶插或制成花束、花篮等。近年来，开始发展地被菊，作开花地被使用。菊花还可食用及药用。菊花具有抗二氧化硫、氟化氢、氯化氢等有毒气体的功能，也是厂矿绿化的好材料。

任务3　鸢尾类栽培技术

鸢尾类（*Iris* spp.）

别名：蝴蝶花、铁扁担。

科属：鸢尾科、鸢尾属。

鸢尾类原产于我国西南地区及陕西、江西、浙江各地，日本、缅甸皆有分布。园林广泛栽培。

5.3.1　形态特征

鸢尾（图5-2）地下具短而粗的根状茎，坚硬匍匐多节，节间短、浅黄色。叶剑形，基部重叠互抱成二列，长30~50cm，宽3~4cm，革质，花梗从叶丛中抽出，单一或二分枝，高与叶等长，每梗顶部着花1~4朵，花构造独特，花从两个苞片组成的佛苞内抽出；花被片六，外三片大，外弯或下垂，称为"垂瓣"，内三片较小，直立或呈拱形，称为"旗瓣"。鸢尾是高度发达的虫媒花。蒴果长椭圆形，具6棱。花期为5月。

图5-2　鸢尾

5.3.2　类型及品种

本属植物约200种以上，我国野生分布约45种，其生物学特性、生态要求也各有不同。

1）德国鸢尾（*I. germanica*）（图5-3）。原产于欧洲中南部。园艺品种极丰富，由原产欧洲的原种杂交，目前仍不断有新品种育成，花色、花大小、花形多变，世界各地广为栽培。径约14cm，有白、黄、淡红、紫等色，花期为5~6月。喜阳光充足、排水良好而适度湿润的土壤，粘性石灰质土壤也可栽培。根茎可提供芳香油。

2）香根鸢尾（*I. pallida*）。原产于中南欧及西南亚。根茎粗壮，有香味。叶与德国鸢尾相似。花大，淡紫色，尚有白花品种；垂瓣中央有须毛及斑纹。花期为5月。根状茎粗壮，有香味，可提取优质芳香油。

图 5-3　德国鸢尾

3）蝴蝶花（*I. japonica*）（图 5-4）。原产于我国长江流域、四川及日本。根茎较细，入土浅。叶嵌叠着生成阔扇形，深绿色有光泽。花中等，花茎高 30~80cm，有 2~3 分枝，花色淡紫，花期为 4~5 月。喜阴湿环境，常群生于林缘。

4）花菖蒲（*I. kaempferi*）（图 5-5）。原产于我国东北、日本及朝鲜，野生多分布于草甸沼泽。根茎粗壮，叶较窄，中脉明显。花茎稍高于叶丛，着花 2 朵，又名玉蝉花，花大，径可达 15cm，花色丰富，有黄、白、红、堇、紫等色，花期为 6~7 月。耐寒，要求光照充足，喜湿，可栽培于浅水池，宜富含腐殖质丰富的酸性土。

图 5-4　蝴蝶花　　　　　　　　　　图 5-5　花菖蒲

5）黄菖蒲（*I. pseudacorus*）（图 5-6）。原产于欧洲及亚洲西部。适应性极强，引种到世界各地。根茎短粗。植株高大。叶剑形，挺拔，中脉明显，黄绿色。花茎略高于叶丛，花中大，鲜黄色，花期为 5~6 月。喜水湿，喜腐殖质丰富的酸性土，在水边生长最好。

6）西伯利亚鸢尾（*I. sibirica*）。原产于欧亚北部。花径中等，紫蓝色，花期为 5~6 月。耐寒喜湿，也耐旱。

图 5-6　黄菖蒲

7）溪荪（*I. orientalis*）（图5-7）。原产于中国东北、日本及欧洲。叶仅1.5cm宽，中脉明显，叶基红色。花径与叶中等高；苞片晕红色；重瓣中央有深褐色条纹，浅紫色的旗瓣基部黄色有紫斑。有白色变种。花期为5月下旬至6月下旬。喜湿，在水边生长好，是常见的丛生性沼生鸢尾。

8）马蔺（*I. eusata*）（图5-8）。原产于我国东北及日本、朝鲜。根茎粗短，须根细而坚韧。叶丛生，革质而硬，灰绿色，很窄，基部有红褐色的枯死纤维状叶鞘残留物。花小，着花2～3朵淡蓝紫色，瓣窄。生沟边、草地，耐践踏、耐寒、耐旱、耐水湿。根系发达，可作路旁、砂地地被植物，以减少水土流失。

图5-7　溪荪

图5-8　马蔺

5.3.3　生态习性

耐寒力强，根状茎在我国大部分地区可安全越冬。要求阳光充足，但也耐阴。3月新芽萌发，开花期为5月。花芽分化在秋季进行。春季根茎先端顶芽生长开花，在顶芽两侧常发生数个侧芽，侧芽在春季生长后，形成新的根茎，并在秋季重新分化花芽，花芽开花后则顶芽死亡，侧芽继续形成花芽。

5.3.4　栽培管理

1. 繁殖技术

多采用分株繁殖。当根状茎长大时就可进行分株繁殖，可每隔2～4年进行一次，于春、秋两季或花后进行。分割根茎时，应使每块至少具有1芽，最好有芽2～3个。大量繁殖时，可将分割的根茎扦插于20℃的湿砂中，促进根茎萌发不定芽。也可采用播种的方法繁殖。播种在种子成熟后立刻进行，播种后2～3年可开花。若种子成熟后（9月上旬）浸水24h，再冷藏10d，播于冷床中，10月间即可发芽。

2. 栽培管理技术

分根后及时栽植，注意将根茎平放在土内，原来向下颜色发白的一面仍需向下，颜色发灰的一面向上，深度以原来深度为准，一般不超过5cm，覆土浇水即可。3月中旬浇返青水，同时进行土壤消毒和施基肥，以促进植株生长和新芽分化。生长期内需追肥2～3次，特别8～9月形成花芽时，更要适当追肥，还要注意排水。花谢后及时剪掉花葶。鸢尾类花卉种类繁多，管理上要注意区别对待。在管理过程中注意防治鸢尾叶枯病，及时清除病残体，增加环境湿度，减少土壤含水量；发病初期喷洒70%代森锰锌可湿性粉剂400倍液防治。

5.3.5 园林应用

鸢尾类植物种类丰富，品种繁多，株形高矮大小差异显著，花姿花色多变，生态适应性各异，是园林中的重要宿根花卉，尤其是花境和水生植物园的重要材料。主要应用于鸢尾专类园，也可在园林中丛植，布置花镜、花坛镶边，点缀于水边溪流、池边湖畔，还可点缀岩石园，此外还是重要的地被植物与切花材料。

任务4 芍药栽培技术

芍药（*Paeonia lactiflora* Pall）

别名：将离、婪尾春、白芍、没骨花、余容。

科属：芍药科、芍药属。

芍药是中国传统名花，原产于我国北部，因其与牡丹外形相似而被称为花相。《诗经·郑风》载："维士与女，伊其相谑，赠之以芍药"。古代男女交往以芍药相赠，作为结情之约，或表示惜别之情，故又名将离、将离草、离草或可离。晋开始作观赏栽培，佛前供花最盛。唐宋文人有谓芍药为婪尾春，婪尾乃巡酒中的最后一杯，故芍药又有婪尾春之名。《芍药谱》载："昔有猎人在中条山中见白犬入地中，掘之得一草根，携归植之，翌年开花，乃芍药叶也，故又名曰犬"。

5.4.1 形态特征

芍药（图5-9）为多年生宿根草本花卉，株高60～120cm，根肉质、粗壮、纺锤形或长柱形；茎簇生于根茎，初生茎叶褐红色或有紫晕，二回三出复叶，小叶通常三深裂；单花，具长梗，着生于茎顶或近顶端叶腋处。花单瓣或重瓣，原种花外轮萼片5片，绿色；花瓣5～10片，花色有白、黄、粉红、紫红等。蓇葖果2～8枚离生，每枚内有种子1～5粒。种子球形，黑褐色。花期为4～5月，果实9月成熟。

图5-9　芍药

5.4.2　类型及品种

目前世界上芍药栽培品种已达千种。按花色分为黄色类、红色类、紫色类、绿色类和混色类。按开花早迟分为早花类和迟花类。按花形常分为单瓣类、千层类、楼子类和台阁类。

1) 单瓣类。花瓣 1～3 轮，宽大，多圆形或长椭圆形，正常雄雌蕊。如紫玉奴、紫蝶等。

2) 千层类。花瓣多轮，层层排列渐变小，无内外瓣，雄蕊仅生于雌蕊周围，不散生于花瓣之间，雌蕊正常或瓣化，全花扁平。

3) 楼子类。外瓣 1～3 轮，雄蕊瓣化，雌蕊正常或正常瓣化，花形扁平或逐渐高起。

4) 台阁类。全花可区分为上方、下方两花，在两花之间可见到明显着色的雌蕊瓣化瓣或退化雌蕊，有时也出现完全雄蕊或退化雄蕊。

5.4.3　生态习性

芍药一般于 3 月底 4 月初萌芽，经 20d 左右生长后现蕾，5 月中旬前后开花，开花后期地下根茎处形成新芽，夏季不断分化叶原基，9、10 月间茎尖花芽分化。10 月底至 11 月初经霜后地上部枯死，地下部进入休眠。芍药适应性强，喜冷凉，忌高温多湿，耐寒，我国北方大部分为露地越冬；喜阳光充足，光线不足也可开花，但生长不良。忌夏季酷热。好肥，忌积水，要求土层深厚、湿润而排水良好的壤土；尤喜富含磷质有机肥的土壤。黏土、盐碱土都不宜栽种。

5.4.4　栽培管理

1. 繁殖技术

以分株为主，也可以播种和根插繁殖。

1) 分株繁殖。即分根繁殖。此法可以保持品种特性，分根时间以秋季 9 月至 10 月上旬进行，此时低温比气温高，有利于伤口愈合及新根萌生。分株过早，当年可能萌芽出土；若分株过迟，地温低会影响须根的生长，对开花极为不利。切忌春季分根，我国花农有"春分分芍药，到老不开花"的谚语。

分株时将全株掘起，震落附土，根据新芽分布状况，切分成数份，每份需带新芽 3～4 个及粗根数条，切口涂以硫黄粉。芍药的粗根脆嫩易折断，新芽也易碰伤，要特别小心。一般花坛栽植，可 3～5 年分株一次。分株繁殖的新植株隔年能开花。

2) 播种繁殖。仅用于培育新品种、药用栽培。种子成熟后要随采随播，播种越迟，发芽率越低。也可与湿砂混匀，储藏于阴凉处，保持湿润，9 月中下旬播种，秋季萌发幼根，翌年发芽。4～5 年后开花。芍药有上胚轴休眠的习性，经低温可以打破休眠。播前可进行催芽。最适生根温度为 20℃，待胚根长出 1～3cm 时，放在 4℃ 条件下处理 40d，再将发芽的种子转到 11℃ 条件下培养，子叶迅速伸长，长成正常的幼苗。

3) 根插繁殖。系数比分株繁殖法大，单新株达到开花的年限较长，常需 4～5 年才能开花。根插与分株季节相同，秋季分株时，收集断根，切成 5～10cm 长的小段作为插条，插在已深翻平整好的苗床内，开沟深 10～15cm，插后覆土 5～10cm，浇透水。翌年春季可生根，生长发育成新株。

2. 栽培管理技术

芍药根系较深，栽培前土地应深耕，并充分施以基肥，如腐熟堆肥、厩肥、油粕及骨粉等。筑畦后栽植，株行距为花坛 70cm×90cm，花圃 45cm×60cm，注意根系舒展，栽植深度要合适，过深芽不易出土，过浅植株根茎露出地面，不易成活。根茎覆土 2~4cm 为宜，覆土时应适当压实。

芍药喜湿润土壤，又稍耐干旱，但在花前保持湿润可使花大而色艳。此外早春出芽前后结合施肥浇一次透水，在 11 月中、下旬浇一次"冻水"，有利于越冬及保墒。芍药喜肥，除栽前充分施基肥外，根据芍药不同时期的需要，施肥期可分为 3 次。花显蕾后，绿叶全面展开，花蕾发育旺盛，此时需肥量大；花刚开过，花后孕芽，消耗养料很多，是整个生育过程中需要肥料最迫切的时期；为促进萌芽，需要在霜降后，结合封土施一次冬肥。施用肥料时，应注意氮、磷、钾三要素的结合，特别对含有丰富磷质的有机肥料，尤为重要。

春季，株丛萌芽，要在过密的株上去弱芽留壮芽，开花前除去所有侧蕾，对于开花时易倒伏的品种应设立支柱。花后及时剪去残枝。

此外，在施肥、浇水后，应及时中耕除草，尤其在幼苗生长期更需要适时除草，加强管理，适度遮阴，幼苗才能健壮生长。

芍药促成栽培可于冬季和早春开花，抑制栽培可于夏秋开花。

在自然低温下完成休眠后可进行促成栽培。9 月中旬掘起植株，栽于箱或盆中，放置在户外令其接受自然低温，12 月下旬移入温室，保持温度 15℃，使其生长，可于翌年 2 月中旬或稍晚开花。过早移入温室，会因接受低温不足而致花芽不能发育，入室时如用 10mg/L 赤霉素喷淋，可提高开花率。要使芍药于冬令开花，需采用人工冷藏以满足其对低温的要求。注意冷藏开始期必须在 8 月下旬花芽开始分化之后，只有已开始形态分化的花芽才能有效接受低温诱导，在冷藏的低温条件下得以进一步发育。冷藏的温度为 0~2℃，所需时间早花品种 25~30d，中晚花品种 40~50d。早花品种于 9 月上旬掘起，经冷藏后在温室中培育，可于 60~70d 后开花；晚花品种冷藏时间长，到开花所需的时间也长，12 月到翌年 2 月间开花。

抑制栽培的方法是于早春芽萌动之前掘起植株，贮藏在 0℃ 及湿润条件下抑制萌芽，于适宜时期定植，经 30~50d 后开花。贮藏植株需加强肥水管理，保持根系湿润，不受损害。

芍药生长过程中，易遭受红斑病、白绢病、白粉病及蛴螬、蚜虫、红蜘蛛等危害，必须注意病虫害的防治。

芍药红斑病的防治，应及时清理并烧毁枯枝落叶，及时摘除病叶，注意通风透光，增施磷、钾肥。发病初期喷洒 0.5%~1% 等量式波尔多液或 70% 代森锰锌可湿性粉剂 400 倍液。

芍药白粉病的防治，秋季及时清除地面枯病枝叶，彻底销毁。防止栽植过密，以利通风，从芍药盛花期开始，每隔 10~15d 叶面喷洒 25% 粉锈宁可湿性粉剂 1000 倍液或 75% 百菌清可湿性粉剂 800 倍液或腈菌唑可湿性粉剂 3000 倍液，连续用药 2~3 次。

红蜘蛛防治，螨体侵叶盛期喷洒 1.8% 爱福丁乳油 3000 倍液，每周 1 次，连续 3~4 次。

5.4.5 园林应用

芍药为我国传统名花，古称"花相"，其适应性强，花期长，品种丰富，观赏效果胜于牡丹，是重要的露地宿根花卉。可布置芍药专类园，可筑台展现芍药色、香、韵特色，可作花境、花带。我国古典园林中常置于假山湖畔来点缀景色。除地栽外，芍药还可盆栽或用作切花材料。芍药根经加工后即为"白芍"，为药材之成品。

任务5 萱草类栽培技术

萱草类（*Hemerocallis* spp.）

别名：忘忧草、黄花菜。

科属：百合科、萱草属。

5.5.1 形态特征

萱草（图5-10）根茎短，常肉质。叶基生成丛，二列状，带状披针形，花茎高出叶丛，上部有分枝。花大，花冠呈长漏斗形，花被6片，长椭圆形，先端尖，分成内外两轮，每轮3片。原种花色为黄至橙黄色。蒴果背裂，内含少数黑色种子。原种单花期1d，花朵开放时间不同，有的朝开夕凋，有的夕开次日清晨凋谢，有的夕开次日午后凋谢。

图5-10 萱草

5.5.2 类型及品种

1）萱草（*H. fulva*）。别名忘忧草、忘郁。株高60cm，花茎高可达120cm，具短根状茎及纺锤形膨大的肉质根；叶基生，长带形；花茎粗壮，着花6~12朵，盛开时花瓣裂片反卷。花期为6~7月。有许多变种或品种。如千叶萱草（Kwanso），花半重瓣，桔红色。长筒萱草（Disticha），花被管较细长，花色桔红色至淡粉红。玫瑰萱草（Rosra），斑花萱草（Maculata），花瓣内部有红紫色条纹。

金娃娃萱草（*H. fuava*）为近年从萱草多倍体杂种中选出的矮型优良品种。1997年从美国引进，在我国北京地区表现良好。

2）大花萱草（*H. middendorfii*）。原产于中国东北地区、日本及俄罗斯西伯利亚地区。株丛低矮，花期早。叶较短、窄，2~2.5cm宽，花茎高于叶丛，花梗短，2~4朵簇生顶端；花被管1/3~2/3被大三角形苞片包裹。花期为4~5月。

3）小黄花菜（*H. minor*）。原产于中国北部、朝鲜及俄罗斯西伯利亚地区。植株小巧。根细索状。叶纤细，二列状基生。花茎高出叶丛，着花2~6朵；小花芳香，傍晚开放，次日中午凋谢。干花蕾可食。花期为6~8月。

4）黄花菜（*H. citrina*）。别名黄花、金针菜、柠檬萱草。原产于中国长江及黄河流域。具纺锤形膨大的肉质根。叶2列状基生，带状。花茎稍长于叶，有分枝，着花可达30朵；花被淡黄色；花芳香，夜间开放，次日中午闭合。干花蕾可食。花期为7~8月。

5.5.3 生态习性

萱草原产于中国中南部，各地园林多栽培，欧美近年栽培颇盛。性强健，耐寒力强，宿根在华北大部分地区可露地越冬，东北寒冷地区需埋土防寒。喜阳光，也耐半阴。对土壤要求不严，但以富含腐殖质、排水良好的沙质壤土为好。耐瘠薄和盐碱，也较耐旱。

5.5.4 栽培管理

1. 繁殖技术

以分株繁殖为主，也可播种或扦插繁殖。

分株多在秋季进行。在秋季落叶后或早春萌芽前将老株挖起分栽，每丛带 2 ~ 3 个芽。栽植在施入堆肥的土壤中，次年夏季开花。一般 3 ~ 5 年分株 1 次。

扦插繁殖可剪取花茎上萌发的腋芽，按嫩枝扦插的方法繁殖。夏季在蔽阴的环境下，2 周即可生根。

播种繁殖春、秋均可。春播时，头一年秋季将种子沙藏，播后发芽迅速而整齐；秋播时，9 ~ 10 月露地播种，翌春发芽，实生苗一般两年开花。宜秋播，约 1 个月可出苗，冬季幼苗需覆盖防寒。播种苗培育两年后可开花。多倍体萱草可用播种、分根、扦插等方法繁殖，以播种最好，但需经人工授粉才结种子。人工授粉前，先要选好采种母株，并选择 1/3 的花朵授粉，授粉时间以每天 10 ~ 14 时为好，一般需要连续授粉 3 次，3 个月后，方可收到饱满种子。采种后，立即播于浅盆中，遮阴保持一定湿度，40 ~ 60d 出芽，待小苗长出几片叶子后，大约 6 月份，即可栽于露地，次年 7 ~ 8 月开花。

2. 栽培管理技术

萱草适应性强，在定植的 3 ~ 5 年内不需特殊管理，我国南北地区均可露地栽培。栽前要施堆肥作基肥，栽植株行距 50cm×50cm 左右，每穴 3 ~ 5 株，并经常灌水，以保持湿润，在雨季应注意排水。每年施肥数次，入冬前施一次腐熟堆肥是十分必要的。要及时防治病虫，特别是蚜虫，危害较多，蚜虫发生期喷施 25% 灭蚜灵乳油 500 倍液，保护蚜茧蜂、食蚜蝇、草蛉、瓢虫等蚜虫天敌。

如欲使其在国庆节仍能保持株形美观，枝叶碧绿，以提高观赏效果，可在 7、8 月份加强肥水管理，并追施 1:4 的黑矾水，可收到显著效果。

5.5.5 园林应用

萱草春天萌芽，叶丛美丽，花茎高出叶丛，花色艳丽，是优良的夏季园林花卉。可作花丛、花境或花坛边缘栽植，也可丛植于路旁、篱缘、树林边，能够很好地体现田野风光，同时还可作为切花材料。萱草的花蕾可食，采收后经蒸熟，干制，即为著名的"金针菜"。

实训15 宿根花卉的识别

1. 任务实施的目的

使学生熟练认识和区分宿根花卉的分类、生态习性，并掌握它们的繁殖方法、栽培要点、观赏特性与园林应用。

2. 材料用具

1）宿根花卉 30 种。

2）笔、记录本、参考资料。

3. 任务实施的步骤

1）由指导教师现场讲解每种宿根花卉的名称、科属、生态习性、繁殖方法、栽培要点、观赏特性和园林应用。学生记录。

2）在教师指导下，学生实地观察并记录宿根花卉的主要观赏特征。

3）学生分组进行课外活动，复习宿根花卉的主要观赏特性、生态习性及园林应用。

4. 分析与讨论

1）各小组内同学之间相互考问当地常见的宿根花卉的科属、生态习性、繁殖方法、栽培要点、观赏特性和园林应用。

2）讨论如何快速掌握宿根花卉主要的观赏特性？如何准确区分同属相似种，或虽不同科但却有相似特征的花卉种类？

3）分析讨论宿根花卉的应用形式有哪些？进一步掌握宿根花卉的生态习性及应用特点。

5. 任务实施的作业

1）将25种宿根花卉按种名、科属、观赏用途和园林应用列表记录。

2）简述菊花、鸢尾、芍药和萱草的繁殖栽培管理技术要点。

6. 任务实施的评价

宿根花卉识别技能训练评价见表5-1。

表5-1　宿根花卉识别技能训练评价表

学生姓名					
测评日期		测评地点			
测评内容	宿根花卉识别				
	内　容	分值/分	自　评	互　评	师　评
考评标准	正确识别25种宿根花卉的种类及名称	30			
	能说出宿根花卉的含义及分类	10			
	能说出菊花栽培管理的要点	10			
	能说出鸢尾栽培管理的要点	10			
	能说出芍药栽培管理的要点	10			
	能说出萱草栽培管理的要点	10			
	能正确应用常见宿根花卉	20			
合　计		100			
最终得分（自评30%＋互评30%＋师评40%）					

说明：测评满分为100分，60~74分为及格，75~84分为良好，85分以上为优秀。60分以下的学生，需重新进行知识学习、任务训练，直到任务完成达到合格为止

实训16　宿根花卉的整形与管理（以菊花为例）

1. 任务实施的目的

利用栽培手段对宿根花卉进行整形处理，使盆花株形结构合理，体态优美或具有特定的形式，以增加其观赏性。通过本次技能训练，掌握菊花或一般宿根花卉整形的基本手段和方法，以及造型过程中的养护管理。

2. 材料用具

1）材料：盆栽菊。

2）用具与肥料：支架、枝剪；有机肥料、化学肥料等。

3. 任务实施的步骤

（1）脚芽扦插　11月间，将其栽植在10cm左右的小盆中，培养土用砂质壤土，在插后的半月内每天浇水，半月后施薄肥，开始时任其向上生长，不摘心，使其在冬季长到30cm左右即可扦插。以4～6月为适期，矮性品种宜早插、高性品种宜迟插；留枝多者早插，少者迟插。插穗以8～10cm长，具3～4节为宜（取上部枝条为好），扦插基质以沙土为宜，插后约2周生根，再移至13cm盆或露地苗床。

（2）整形　依整枝方式而定。

1）一段根法：直接利用扦插繁殖的菊苗栽种后形成开花植株，上盆一次填土，整枝后形成具有一层根系的菊株。

2）二段根法：与一段根法相似。

① 用扦插苗上盆，第一次填土1/3～1/2。

② 经整枝摘心后形成侧枝。

③ 当侧枝长至一定长度时，分1～2次将其盘入盆内。

④ 覆土促根（第二段根）。

3）三段根法：以北京地区应用为多。分冬存（越冬）、春种（扦插苗上盆）、夏定（摘心）、积养（加强水肥管理）4步，栽培方法同前，但3次填土，3次发根。

（3）摘心与抹芽剥蕾　盆菊摘心依栽培类型而定，以独本菊和多本菊为例。

1）独本菊。将秋末冬初选定"脚芽"扦插后，4月初移至室外，分苗上盆；5月底摘心，留高7cm左右；当茎上侧芽长出后，顺次由上而下逐步剥去，选留最下面的一个侧芽；8月上旬当所选留芽长至3～4cm时，从芽以上2cm处，将原有茎叶全部剪除，完成更新；入秋后依植株大小换盆，并加施底肥，以促进根系及加速植株生长。

2）多本菊。通常留花3～5朵，多者7～9朵。

① 当苗高10～13cm时，留下部4～6个叶摘心。

② 再次摘心：侧枝生4～5片叶时，留2～3叶摘心。

③ 每次摘心后，除欲保留的侧芽外，其余及时剥去，以集中营养供植株生长。

④ 侧芽15～20cm时，定植于25cm盆中，并加大盆土中腐叶土比例。

⑤ 9月现蕾后，每枝顶端花蕾较大，开花早，下方3～4年侧蕾，应分2～3次剥去，保证顶蕾（或正蕾）开化硕大。

（4）管理

1）苗生长期应经常施肥，可用豆饼水、复合肥等。苗小时7～10d一次，立秋后5～6d一次，浓度稍加大些；现蕾后4～5d一次。

2）菊花需浇水充足才花大色艳，尤以花蕾出现后需水更多。

3）为防倒伏，可设支架。

4. 分析与讨论

1）分析讨论花卉整形的原理是什么？

2）讨论如何快速掌握菊花造型过程中的养护管理？进一步掌握摘心时间、施肥时间及施肥量等注意事项。

5. 任务实施的作业

1）盆花造型有哪些方法与途径？比较其优缺点。

2）其他造型菊的关键技术是什么？如何鉴赏。

6. 任务实施的评价

宿根花卉的整形与管理技能训练评价见表 5-2。

表 5-2　宿根花卉的整形与管理技能训练评价表

学生姓名					
测评日期			测评地点		
测评内容	宿根花卉的整形与管理				
考评标准	内　容	分值/分	自　评	互　评	师　评
	能够依不同整枝方式对菊苗进行整形	30			
	能依不同栽培类型对盆菊抹芽与剥蕾	30			
	能及时把握摘心的时期	10			
	能正确把握施肥时间	10			
	能很好掌握施肥量	10			
	能正确总结归纳出整形的原理	10			
合　计		100			
最终得分（自评 30% + 互评 30% + 师评 40%）					

说明：测评满分为 100 分，60~74 分为及格，75~84 分为良好，85 分以上为优秀。60 分以下的学生，需重新进行知识学习、任务训练，直到任务完成达到合格为止

习题

1. 填空题

1）宿根花卉管理的关键时期为_____、_____、_____。

2）芍药一般用_____法繁殖，繁殖季节在_____。

3）栽培菊花，一株只开一朵花的，称为_____或_____。

4）培养独本菊，要在_____（时间），选取健壮母株自地下部分萌发的_____进行扦插。

5）栽培大立菊、塔菊时，可用_____或_____作砧木进行嫁接。

6）玉簪类花大叶美，是目前较为理想的耐阴植物，园林中可用作_____。

7）萱草类的繁殖以_____繁殖为主。

2. 选择题

1）宿根花卉的播种繁殖于春、秋皆可，同一二年生花卉相比育苗时间（　　）。

A. 宜早不宜晚　　　B. 宜晚不宜早　　　C. 没有区别　　　D. 灵活性大

2）大花萱草的花色有黄、橙，变种有橙红、玫红、朱红等，（　　）是开花良好的必

要条件之一。

A. 阳光充足　　　　B. 夏季冷凉　　　　C. 秋季繁殖　　　　D. 冬季防寒

3）下列（　　）鸢尾都属于宿根类鸢尾。

A. 马蔺、德国鸢尾、花菖蒲、黄菖蒲　　　B. 蝴蝶花、鸢尾、燕子花、网脉鸢尾

C. 马蔺、德国鸢尾、蝴蝶花、鸢尾　　　　D. 花菖蒲、黄菖蒲、燕子花、网脉鸢尾

4）菊花培养立菊常用（　　）方法。

A. 播种　　　　B. 扦插　　　　C. 嫁接　　　　D. 分株

5）菊花的（　　）栽培方式最能体现品种特性。

A. 独本菊　　　　B. 案头菊　　　　C. 大立菊　　　　D. 多头菊

6）为了使芍药的顶蕾花大色艳，应在花蕾显现后（　　）。

A. 设立支柱　　　　B. 遮蔽日光　　　　C. 摘除侧蕾　　　　D. 及时中耕

7）芍药分株一般在（　　）。

A. 3 月至 4 月上旬　　　　　　　　　　B. 5 月至 6 月上旬

C. 7 月至 8 月上旬　　　　　　　　　　D. 9 月至 10 月上旬

8）2 ~ 3 年生的芍药母株，可以分（　　）。

A. 2 ~ 3 丛　　　　B. 3 ~ 5 丛　　　　C. 5 ~ 8 丛　　　　D. 10 丛以上

9）鸢尾的花序属于（　　）。

A. 蝎尾状聚伞花序　　B. 圆锥花序　　　　C. 穗状花序　　　　D. 头状花序

10）鸢尾的分株繁殖每隔（　　）年进行一次。

A. 1 ~ 2　　　　B. 2 ~ 4　　　　C. 5 ~ 7　　　　D. 6 ~ 8

3. 判断题

1）菊花是短日照花卉，生长过程对光照要求不高。

2）芍药为肉质根，在我国南方地区栽培宜"作台"增加土层厚度，有利排水。

3）我国花农有"干兰湿菊"之说，所以栽培菊花应保持环境潮湿。

4）芍药的主要繁殖手段是春季开花前分株。

5）芍药耐寒、怕炎热、忌涝，宜光照充足。

4. 简答题

1）简述露地宿根花卉在园林中的应用。

2）简述鸢尾属的园林应用。

3）简述宿根花卉的繁殖和栽培管理要点。

4）调查所在地区的宿根花卉种类及园林应用情况，说明其繁殖、栽培要点。

知识拓展

其他常见宿根花卉

1. 玉簪 （*Hosta plantaginea* Aschers）

　　别名：玉春棒、白萼、白鹤花。

科属：百合科、玉簪属。

（1）**形态特征** 玉簪（图5-11）为多年生宿根花卉。玉簪地下茎粗壮，叶基生，卵形至心状卵形，具长柄及明显的平行叶脉。花葶高出叶片，为顶生总状花序，着花9～15朵；花白色，管状漏斗形。因其花蕾如我国古代妇女插在发髻上的玉簪而得名。花期夏至秋，花极芳香，夜间开花。

（2）**生态习性** 玉簪原产于我国及日本。耐寒，耐旱。喜湿，耐阴，忌强烈日光照晒。最适于种在建筑物的墙边，大树浓阴下。土壤以肥沃湿润、排水良好为宜。

图5-11 玉簪

（3）**繁殖与栽培** 玉簪一般采用分株法繁殖。春季3～4月或秋季10～11月均可进行。也可播种繁殖。秋季果实成熟后趁爆裂之前采收种子，晒干后贮藏，到次年2～3月播于露地或盆中。实生苗3年后才能开花。近年来从国外引进了一些新的园艺品种，采用组织培养法繁殖，取花器、叶片作外植体均能获得成功，幼苗不仅生长快，并比播种苗开花提前。

玉簪生性强健，栽培容易，不需要特殊管理。栽种前施足基肥。选蔽阴之地种植。生长期间应经常保持土壤湿润，在春季或开花前施1～2次追肥，叶浓绿并且夏季抽出的花葶较多且花大。夏季要多浇水并避免阳光直射，否则叶片发黄，叶缘焦枯。家庭盆栽玉簪，栽植不要过深，分株后缓苗期浇水不宜太多，否则烂根。一般每隔2～3年翻盆换土结合分株一次。玉簪易患叶斑病，夏末开始每隔7～10d喷洒一次0.5%波尔多液或70%代森锰锌400倍液防治。

（4）**园林应用** 玉簪花洁白如玉，晶莹素雅。喜阴，可在林下片植作地被应用；无花时宽大的叶子有很高的观赏价值。建筑北面种植，可以软化墙角的硬质感。近年已选育出矮生及观叶品种，多用于盆栽观赏或切花、切叶材料。嫩芽可食，全草入药，鲜花可提取芳香浸膏。

2. 金鸡菊类 （*Coreopsis* spp. ）

科属：菊科、金鸡菊属。

（1）**形态特征** 金鸡菊（图5-12）为一年生或多年生草本，稀灌木状。叶片多对生，稀互生，全缘、浅裂或切裂。花单生或为疏圆锥花序；总苞2列，没列8枚，基部合生。舌状花3列，宽舌状，黄、棕或粉色，少结实；管状花黄色至褐色。

（2）**生态习性** 金鸡菊喜光，日照充足处开花繁盛，性喜温暖，忌高温，生育适温约15～25℃，耐寒，对土壤要求不严，适生于各种土壤。适应性强，有自播繁衍能力。

（3）繁殖与栽培　金鸡菊类栽培容易，常能自播繁衍。生产中多用播种或分株繁殖，夏季也可进行扦插繁殖。栽培管理简单。栽培中肥水不宜过大，以免徒长。定植株行距20cm×40cm。生长快，3~4年需要分株更新。入冬前剪去地上部分，浇冻水过冬。

（4）园林应用　金鸡菊花色亮黄，鲜艳，花叶疏散，轻盈雅致，是优良的丛植或片植花卉。可自然丛植于坡地、路旁，也可用于花境，还是切花的材料。

图5-12　金鸡菊

3. 文竹　（*Asparagus plumosus*）

别名：云片竹、芦笋山草。

科属：百合科，天门冬属。

（1）形态特征　文竹（图5-13）为多年生草质藤本植物，丛生性强。茎柔嫩伸长具有攀缘性，茎蔓长达数米至十数米，节部明显。幼枝纤细，直立生长，老枝半木质化，绿色；叶状枝纤细而簇生，由6~12个小的叶状枝组成的三角形云状枝，形如羽毛，水平开展。真正的叶片退化成三角形鳞状叶鞘，先端尖锐。花小，两性，白色，着生在云片形叶状枝的节部。花期为2~3月或6~7月；小浆果球形，幼时绿色，成熟后蓝黑色，外被白霜，内含种子1~2粒，种子近扁圆形，黑色，外面有一层半透明的白膜。

图5-13　文竹

（2）生态习性　文竹原产于非洲南部，喜温暖潮湿环境。怕强光和低温，夏日需遮阳，冬季气温应不低于5℃。土壤以疏松肥沃的腐殖质土最为宜，地栽文竹需选择排水良好、疏松肥沃的沙壤土，切忌积水。冬季温度应保持12~15℃，5℃以下会受冷害而死亡。夏季室温如超过32℃，生长停止，叶片发黄。对光照条件要求也比较严格，既不能常年蔽阴，也经不起阳光曝晒，在烈日下晒半天就会黄枯。在通风不良的环境下会大量落花而不能结实。

（3）繁殖与栽培　文竹繁殖的方法，一般采用种子播种，也可行分株繁殖，但分株繁殖的植株，初期偏冠，形状不整齐。文竹的浆果于冬季陆续成熟。当浆果变成紫黑色时，即可采收。浆果采收后，搓去外果皮取出种子，漂洗干净后即可播种。播种后温度保持20℃

左右，25～30d即可发芽，在15～18℃时则需30～40d才能发芽，幼苗长到3～4cm高时，便可分苗移栽。

在春季换盆时进行，将根扒开，不要伤根太多，根据植株大小，选盆栽植或地栽。分栽后浇透水，放到半阴处或行遮阳。以后浇水要适当控制，否则容易引起黄叶。

文竹管理的关键是浇水。浇水过勤过多，枝叶容易发黄，生长不良，易引起烂根。浇水量应根据植株生长情况和季节来调节。冬、春、秋三季，浇水要适当控制，一般是盆土表面见干再浇。文竹的施肥，宜薄肥勤施，忌用浓肥。生长季节一般每15～20d施腐熟的有机液肥一次。文竹喜微酸性土，所以可结合施肥，适当施一些矾肥水，以改善土壤酸碱度。

文竹应于室内越冬，冬季室温应保持10℃左右为好，并给予充足的光照，来年4月以后即可移至室外养护。地栽文竹，枝叶繁茂，新蔓生长迅速，必须及时搭架，以利通风透光。对枯枝老蔓适当修剪，促使萌发新蔓。开花前增施一次骨粉或过磷酸钙，以提高结实率。

作为切枝用文竹，在采收时选择长度达到上市要求的枝条压根剪取，每20枝一束包扎上市，一般冬季价格高于夏秋季价格20%以上。

（4）园林应用 盆栽花卉适宜于厅堂、会场及案头装饰，也是插花、花篮等常用的、极好的陪衬材料。

4. 福禄考类 （*Phlox* spp.）

别名：天蓝绣球、锥花福禄考。

科属：花葱科，福禄考属。

（1）形态特征 茎直立或匍匐。叶全缘，对生或上部互生。聚伞花序或圆锥花序；花冠基部紧收成细管样喉部，端部平展；花期夏季，花色有蓝、紫、粉红、红、白、复色等，开花整齐一致。

（2）类型及品种

1）宿根福禄考（*P. paniculata*）（图5-14）：别名锥花福禄考、天蓝绣球。株高60～120cm，茎直立，不分枝。叶交互对生或上部叶子轮生，先端尖，边缘具硬毛。圆锥花序顶生，花朵密集；花冠高脚碟状，先端5裂，粉紫色；萼片狭细，裂片刺毛状。花色鲜艳具有很好的观赏性。园艺品种很多，花色有白、红紫、浅蓝。适于作花坛、切花。花期为6～9月。

图5-14 宿根福禄考

2）丛生福禄考（*P. subulata*）（图5-15）：植株成垫状，常绿。茎密集匍匐，基部稍木质化。叶锥形簇生，质硬。花具梗，花瓣倒心形，有深缺刻。耐热，耐寒，耐干燥。有很多变种，花色不同。适于作地被植株和模纹花坛。花期为3～5月。

3）福禄考（*P. nivalis*）：全株被茸毛。茎低矮，匍匐呈垫状。叶锥状，长2cm。花径约25cm，花冠裂片全缘或有不整齐齿牙缘。外形与丛生福禄考相似。适用于模纹花坛、岩石园、地被。花期为春季。

（3）生态习性 福禄考属植物约有70种，仅一种产自俄罗斯西伯利亚地区，其余均产自北美洲。性强健，耐寒；喜阳光充足；忌炎热多雨。喜石灰质壤土，但一般土壤也能生长。匍匐类福禄考尤其抗旱。

图5-15　丛生福禄考

（4）繁殖与栽培　分株、扦插、播种均可。以早春或秋季分株繁殖为主，也可以春季扦插繁殖。新梢6~9cm时，取3~6cm作插穗，易生根。种子可以随采随播。实生苗花期、高矮差异大。

春、秋皆可栽植，株距因品种而异，一般40cm左右。可摘心促分枝。生长期要保持土壤湿润，夏季不可积水。生长期可施1~3次追肥。花后适当修剪，促发新枝，可以再次开花。宿根类3~4年进行分株更新。匍匐类5~6年进行分株更新。

（5）园林应用　福禄考类开花紧密，花色鲜艳，是优良的园林夏季花卉。宿根类可用于花境，成片种植可以形成良好的水平线条；一些种类扦插的整齐苗可用于花坛。匍匐类福禄考植株低矮，花大色艳，是优良的岩石园和毛毡花坛材料，在阳光充足处也可大面积丛植作地被，在林缘、草坪等处丛植或片植也很美丽。可作切花栽培。

5. 荷兰菊　（*Aster novi-belgii*）

别名：柳叶菊、纽约紫菀。

科属：菊科，紫菀属。

（1）形态特征　荷兰菊（图5-16）为多年生草本植物。株高60~100cm。全株光滑无毛。茎直立，丛生、多分枝。叶呈线状披针形，幼嫩时微呈紫色，对生，叶基略抱茎。荷兰菊在枝顶形成伞状花序，花色有蓝、紫、红、白等，自然花期为8~10月。

图5-16　荷兰菊

（2）类型及品种　原产于我国东北、华北等地。株高约100cm，叶披针形，头状花序呈圆锥形，淡蓝色，花期为7~9月。

（3）生态习性　喜阳光充足、通风良好的生长环境，耐寒性强，在我国东北地区可露地越冬。耐旱、耐瘠薄，对土壤要求不严，但在湿润及肥沃土壤中开花繁茂。

（4）繁殖与栽培　繁殖法有分株和扦插法，很少用播种法。有的品种分蘖力极强，可直接用分栽蘖芽的方式，极易成活。扦插于夏季进行，在18℃左右的条件下，10d左右即可生根。分株在春、秋季均可进行，一般每3年分株一次。

为了使期株形丰满，花繁色艳，在栽培中应注意适时修剪和摘心。荷兰菊是耐修剪植物，通过摘心和修剪可促使花朵繁密。栽种前应施足基肥，生长期每两周追施一次稀薄饼肥，并注意及时浇水，促使生长旺盛。入冬前浇冻水一次，即可安全越冬，翌年由根部重新萌芽，长成新株。

（5）园林应用　荷兰菊枝繁叶茂，开花整齐，是重要的园林秋季花卉。是国庆节花坛的理想材料，高型类可布置在花坛的后部作背景。花朵清秀，花色淡雅，生长强健，是花境的常用花卉。红花紫菀叶、茎均有粗毛，在路旁丛植可以体现出野趣之美，也可盆栽观赏和作切花材料。

6. 金光菊类　（*Rudbeckia* spp.）

科属：菊科，金光菊属。

（1）形态特征　茎直立，单叶或复叶，互生。头状花序顶生。外围舌状花瓣6~10枚，金黄色，有时基部带褐色。花心部分的筒状花呈黄绿至黑紫色，顶端有冠毛。果为瘦果。

（2）类型及品种

1）金光菊（*R. laciniata*）（图5-17）。又名太阳菊、裂叶金光菊。原产加拿大及美国。株高1.2~2.4m，茎多分枝，无毛或稍被短粗毛。基生叶呈羽状深裂，共有裂片5~7枚，茎上叶片互生，具3~5片深裂。边缘具稀锯齿。头状花序顶生，有长梗，着花一至数朵。外围舌状花瓣6~10枚，倒披针形，长约3cm左右，金黄色，花心部分的筒状花呈黄绿色。果为瘦果。花期为7~10月。主要变种有重瓣金光菊（Hortensis），花重瓣，开花极为繁茂。

2）毛叶金光菊（*R. hirta*）（图5-18）：原产于北美。全株被粗毛。下部叶近匙形，叶柄有翼；上部叶披针形，全缘无柄。舌状花单轮，黄色，基部色深为褐红色，管状花紫黑色。

图5-17　金光菊

图5-18　毛叶金光菊

3）黑心菊（*R. hybrida*）：园艺杂种。全株被粗糙硬毛。基生叶3~5浅裂，茎生叶互生，无柄，长椭圆形。舌状花单轮，黄色，管状花深褐色。半球形。瘦果细柱状，有光泽。是花镜、花带、树群边缘的极好绿化材料。

同属花卉还有舌状花为两色的种类，即上部黄色，基部为橙黄、棕红、橘黄色而与管状花不同色。如二色金光菊（*R. bicolor*）：一年生花卉，高30~60cm；全缘叶金光菊（*R. fulgida*）：高30~60cm，花黄和橙黄色；齿叶金光菊（*R. speciosa*）：高1m，花黄和橘黄色。

（3）生态习性　金光菊原产于北美，在我国北方园林中栽培较多。耐寒性强，在我国北方入冬后宿根可在露地越冬。喜充足的阳光，也较耐阴，对土壤要求不严，但在疏松而排水良好的土壤上生长良好。

（4）繁殖与栽培　播种、扦插或分株繁殖。春、秋均可播种，可根据花期需要确定播种期。发芽适温10~15℃，两周发芽。花坛用花，可用营养钵育苗，于花前定植即可，也可进行分株繁殖，春、秋皆可。多于早春掘出地下宿根分根繁殖，每株需带有顶芽3~4个，温暖地区也可在10~11月分根，还可自播繁衍。

地栽的株行距保持80cm左右，3月上旬，及时浇返青水。生长期适当追肥1~2次。也可盆栽，但需用加肥培养土上入大盆。夏季开花后可将花枝剪掉，秋季还可长出新的花枝再次开花。可利用播种期的不同控制花期，如秋季播种，翌年6月开花。4月播种，7月开花；6月播种，8月开花；7月播种，10月可开花。管理过程中注意防治金光菊白粉病。

（5）园林应用　金光菊类风格粗放，耐炎热，花期长，株高不同，是夏季园林中常用花卉。可用于花境、花坛或自然式栽植。有的可以长成高大株丛，丛植屋前。管理粗放，在路边或林缘自然栽植效果也很好，又可作切花材料，叶可入药。

7. 楼斗菜类　（*Aquilegia* spp.）

科属：毛茛科，楼斗菜属。

（1）形态特征　楼斗菜（图5-19）为多年生草本植物，茎直立，多分枝。整个植株具细柔毛，2~3回3出复叶，具长柄，小叶深裂。花顶生或腋生，花形独特，花梗细弱，一茎多花，花朵下垂，花萼5片形如花瓣，花瓣基部呈长距，直生或弯曲，从花萼间伸向后方。花通常紫色，有时蓝白色，花期为5~6月。

图5-19　楼斗菜

（2）类型及品种

1）楼斗菜（*A. vulgaris*）：别名西洋楼斗菜。株高40~80cm，茎直立，多分枝。2回3出复叶，具长柄，裂片浅而微圆。一茎着生多花，花瓣下垂，距与花瓣近等长、稍内弯。花有蓝、紫、红、粉、白等色。有许多变种和品种，如大花种（Olympica），花大，萼片暗紫或浅紫色，花瓣白色；重瓣种（Florepleno），花重瓣，多种颜色；斑叶种（Vervaeneana），叶片有黄斑。

2）华北楼斗菜（*A. yabeana*）：原产于华北各省，茎生叶较小，具长柄，花下垂而美丽，萼片与花同为紫色，距末端狭，内弯。

3）加拿大楼斗菜（*A. canadensis*）：原产于北美，叶黄绿色，花大，萼片红色，花瓣浅黄。

（3）生态习性　楼斗菜原产于欧洲。性强健，耐寒性强，我国华北及华东等地区均可露地越冬。不耐高温酷暑，喜半阴，若在林下半阴处生长良好，忌干燥，喜富含腐殖质、湿润和排水良好的沙壤土。在冬季最低气温不低于5℃的地方，四季常青。

（4）繁殖与栽培　分株和播种繁殖。分株繁殖可在春、秋季萌芽前或落叶后进行，每株需带有新芽3~5枚。也可用播种繁殖，春、秋季均能进行，播后要始终保持土壤湿润，一个月左右可出苗。而加拿大楼斗菜发芽适温为15~20℃，温度过高则不发芽。发芽前应注意保持土壤湿润。

幼苗经一次移栽后，10月左右定植，栽植前整地施基肥。3月上旬浇返青水，并浇灌1%美曲膦酯液进行土壤消毒。忌涝，在排水良好的土壤中生长良好。春天可在全光条件下生长开花，夏季最好遮阴，否则叶色不好，呈半休眠状态。6~7月种子成熟，注意及时采收。老株3~4年挖出分株一次，管理过程中注意预防楼斗菜花叶病，重视科学施肥，重施有机肥，增施磷钾肥提高其抗病性。

（5）园林应用　楼斗菜品种繁多，是重要的春季园林花卉。植株高矮适中，叶形美丽，花形奇特，是花境的理想材料。丛植、片植在林缘和疏林下或山地草坡，可以形成美丽的自然景观，表现群体美，大量使用很壮观。可用于岩石园，也是切花材料。

8. 落新妇　（*Astilbe chinensis*）

别名：红升麻、虎麻、金猫儿。

科属：虎耳草科，落新妇属。

（1）形态特征　落新妇（图5-20）株高50~100cm。根状茎粗大，暗褐色，须根多数。茎直立。单叶或多出复叶，小叶卵状长圆形、菱状卵形或卵形，顶生小叶比侧生小叶大，基部楔形或微心形，先端渐尖，边缘有重牙齿，两面只沿叶脉疏生硬毛。顶生圆锥花序，花小，苞片卵形。园艺品种花色丰富，有紫色、紫红色、粉红色、白色等。花期为5~7月。

图5-20　落新妇

（2）类型及品种

1）落新妇（*A. chinensis*）：原产于中国，在长江中下游及东北地区均有野生，朝鲜、俄罗斯也有分布，株高50~90cm，地下有粗壮根状茎，须根多数；基生叶为2~3回3出羽状复叶。茎生叶小，边缘有重锯齿，圆锥花序50~100cm，花序轴密被褐色卷曲长柔毛，花密集，花瓣淡紫色至紫红色，花期为7~8月。

2）泡盛草（*A. japonica*）：又名日本落新妇，原产于日本，各国均有栽培。株高60cm，穗状花序呈圆锥花序式排列，长5~20cm，小花白而美丽，花期为5~6月。

3）朝鲜落新妇（*A. koreana* Nakai）：原产于朝鲜，株高50~60cm，叶1~2回羽状裂，初花粉红色，盛花乳白色，花期为6~7月。

4）阿兰德落新妇（*A. arendsii* Arends）：德国Georg Arends于1909~1955年利用原产于中国的大卫氏落新妇（*A. davidii*）的多个杂交种培育出的一系列无性系，是目前市场上比较流行的落新妇品种，株高30~100cm，2~3回3出复叶，圆锥花序密集，长20~80cm，花有白、粉、紫红、红等多种颜色，夏季盛开。

（3）生态习性　原生种约有20种，部分起源于东亚，我国原产7种，主要分布在华东、华中和西南。朝鲜和俄罗斯也有分布。喜半阴、潮湿而排水良好的环境。耐寒，喜疏松肥沃、富含腐殖质的酸性或中性土壤，轻碱地也能生长。酷暑时进入半休眠状态。适应性较强。

（4）繁殖与栽培　落新妇可用播种或分株繁殖，播种春秋两季均可进行，分株一般在秋季进行。分株时将母株挖起，从根茎处用利刀切开，另行栽种即可。

落新妇性耐寒，喜半阴及湿润环境。宜栽种在半阴处，栽前耕翻整平土地，并施入基肥。株行距以40~50cm为宜。春季施2~3次复合肥，生长季节保证充足的水分供应，保持根系活动层土壤湿润，否则叶片易萎蔫。春末及夏初要连续摘心2~3次，使植株矮壮，花序大，分枝多。若不想采种，要尽早剪去残花，促使新花序生长。晚秋可对落新妇进行促成栽培。先将健壮植株挖出，盆栽于事先准备好的培养土中。基质选用沙、腐殖土及有机肥的混合物。入冬后将植株放在3~5℃环境中，保持土壤湿润。次春在夜温10~16℃、日温14~22℃的环境中精心养护，10~14周即可开花。随着气温的升高，应加大浇水量，当叶片大量萌发出土时，更要大量浇水。当花序上的小花开始着色时，将夜温控制在10℃左右，可延长花序的开放时间。花后剪去残花，露地定植，使其继续生长复壮。同批植株不宜连年作促成栽培。

（5）园林应用　株形挺立，叶片秀美，花序紧密，呈火焰状，高耸于叶面，花色丰富、艳丽，有众多品种类型，观赏价值很高，是花境中优良的竖线条材料。在园林中，可用于花坛、花境和疏林下栽植。因其具耐阴喜湿特性，可作湿生花卉种植于溪边、林缘或庭院池塘边，还可做盆花或切花材料。

9. 荷包牡丹　（*Dicentra spectabilis* Lem）

别名：铃儿草、兔儿牡丹。

科属：罂粟科、荷包牡丹属。

（1）形态特征　荷包牡丹（图5-21）地下茎水平生长，稍肉质；株高30~60cm，茎直立带红紫色；叶有长柄，3出复叶极似牡丹而得名。花序顶生或与叶对生，呈下垂的总状花序，小花具短梗，向一侧下垂，每序着花10朵左右。花形奇特，萼2片，较小而早落，花瓣4枚交叉排成两轮，外层2片茎部联合呈荷包形，先端外卷，粉红至鲜红色；内层2片，瘦长外伸，白色至粉红色。花期为4~6月。

（2）类型及品种　同属常见的栽培种有：美丽荷包牡丹（*D. formosa*），原产于北美洲。

图 5-21 荷包牡丹

叶细裂，株丛柔细。总状花序有分枝，花粉红色。花期为 5~6 月。

（3）生态习性 荷包牡丹原产于我国东北和日本，耐寒性强，宿根在北方也可露地越冬。忌暑热，喜侧方蔽阴，忌烈日直射。喜湿润，不耐干旱；要求肥沃湿润的土壤，在黏土和沙土中明显生长不良。4~6 月开花。花后至夏季茎叶渐黄而休眠。

（4）繁殖与栽培 以分株繁殖为主，也可采用扦插和种子繁殖。春季当新芽开始萌动时进行最宜，也可在秋季进行。把地下部分挖出，将根茎按自然段顺势分开，每段根茎需带 3~5 个芽，分别栽植。也可夏季扦插，茎插或根插，成活率高，次年可开花。采用种子繁殖，春、秋播均可，实生苗 3 年可以开花。

春季浇足、浇透返青水，同时喷 1% 的美曲膦酯液，进行土壤消毒。生长期要及时浇水，保证土壤有充足的水分，孕蕾期间，施 1~2 次磷酸二氢钾或过磷酸钙液肥，可使花大色艳。若栽植于树下等有侧方遮阴的地方，可以推迟休眠期。7 月至翌年 2 月是休眠期，要注意雨季排水，以免植株地下部分腐烂。11 月除浇防冻水外，还要在近根处施以油粕或堆肥。盆栽时一定要使用桶状深盆，盆底多垫一些碎瓦片以利排水。

春节开花，可于 7 月花后地上部分枯萎时，将植株崛起，栽于盆中，放入冷室至 12 月中旬，然后移入 12~13℃ 的温室内，经常保持湿润，春节即可开花。花后再放回冷室，待早春重新栽植露地。

（5）园林应用 花朵似荷包，叶子像牡丹，故名荷包牡丹。植株丛生而开展，叶翠绿色，形似牡丹，但小而质细。花似小荷包，悬挂在花梗上优雅别致。是花境和丛植的理想材料，片植则具自然之趣。也可盆栽供室内、廊下等陈放，还可剪取切花。

10. 羽扇豆 （*Lupinus polyphyllus*）

别名：鲁冰花，多叶羽扇豆。

科属：豆科，羽扇豆属。

（1）形态特征 羽扇豆（图 5-22）株高 90~120cm。掌状复叶多基生，叶柄很长，但上部叶柄短；小叶 9~16 枚，表面光滑，叶背具粗毛。顶生总状花序，在枝顶排列很紧密，长可达 60cm。园艺栽培的还有白、红、青等色，以及杂交大花种，色彩变化很多，花期为 5~6 月。

（2）生态习性 羽扇豆喜气候凉爽，较耐寒，忌炎热；喜阳光充足的地方，略耐阴；

遇夏季梅雨易枯死。需肥沃、排水良好的沙质土壤，主根发达，须根少，不耐移植。

图 5-22　羽扇豆

（3）繁殖与栽培　播种、分株或扦插繁殖。播种繁殖于秋季进行，在 21~30℃ 高温下发芽整齐，小苗需覆盖越冬。播种第一年无花，次年开始着花。有些品种只有用扦插才可保持种性。扦插繁殖在春季剪取根茎处萌发枝条，剪成 8~10cm，最好略带一些根茎，扦插于冷床。

夏季炎热多雨地区，羽扇豆常不能越夏而死亡，故可作二年生栽培，宜早春栽植于栽培地，株距40cm，早栽早发棵，开花结籽较早。

入夏前结实后地上部分枯萎，秋季再萌发新株，或于枯萎前采收种子。华北需保护越冬。适宜布置花坛、花境或在草坡中丛植，也可盆栽或作切花材料。

（4）园林应用　植株高大，挺拔；叶秀美；花序丰硕，花色艳丽，花序长约 30~60cm，观赏价值高，是花境中优秀的竖线花卉。也可丛植，切花水养持久。

其他常见宿根花卉还有鼠尾草（*Salvia farinacea*）、桔梗（*Platycodon grandiflorum*）、石竹属（*Dianthus.*）、穗花婆婆纳（*Veronica spicata*）、麦冬（*Ophiopogon japonicus*）、射干（*Belamcannda chinensis*）、景天（*Sedum. spectabile*）、景天三七（*Sedum aizoon*）、垂盆草（*Sedum sarmentosum*）、费菜（*Sedum kamtschaticum*）、蜀葵（*Althaea rosea* Cav.）等。

项目6

球根花卉栽培技术

学习目标

◆ 解释球根花卉的概念，以及正确区分不同球根花卉的习性。

◆ 识别常见球根花卉，并能熟练运用球根花卉进行园林绿化布置。

◆ 熟练进行水仙、郁金香、百合、大丽花等球根花卉的繁殖技术和日常养护管理。

◆ 初步设计合理的工作步骤，制订球根花卉养护管理方案并实施。

工作任务

根据球根花卉的栽培管理任务，对水仙、郁金香、百合、大丽花等常见球根花卉进行繁殖和栽培管理，并作好管理记录。以小组为单位通力合作，制订养护方案，对现有的栽培技术手段要进行合理的优化和改进。在工作过程中，要注意培养团队合作能力和工作任务的信息采集、分析、计划、实施能力。

任务1 球根花卉栽培概述

球根花卉为多年生花卉中地下部分变态（包括根和地下茎），膨大成块状、根状、球状的这类花卉的总称。其种类丰富，花色艳丽，花期较长，栽培容易，适应性强，是园林布置中较理想的植物材料之一。

6.1.1 球根花卉类型及生态习性

1. 类型

（1）根据形态分类 根据球根花卉地下膨大部分形态的不同，可分为5种类型，即鳞茎、球茎、块茎、根茎和块根。

1）鳞茎类。地下部分的茎部极短缩，形成鳞茎盘，由鳞片包裹成球形，如水仙、郁金香、百合等。其中水仙、郁金香、风信子、石蒜为有皮鳞茎；百合则为无皮鳞茎。

2）球茎类。地下部分的茎部短缩肥大，呈球形，顶部有肥大顶芽，侧芽不发达，如唐菖蒲、小苍兰、番红花等。

3）块茎类。有肥大的地下块茎，外形不整齐，可从顶部抽芽萌发，如马蹄莲、仙客来、大岩桐、花叶芋、球根秋海棠、白芨等。

4）根茎类。有肥大的根状茎，肉质，有分枝，每节有侧芽和根，如美人蕉、鸢尾、荷花、睡莲、铃兰等。

5）块根类。根部肥大呈块形，只在根冠处生芽，如大丽花、花毛茛等。

（2）根据生活习性分类　各种球根花卉生长习性不同，栽培时间也不同，一般可分为两种类型：

1）春植球根。凡是春季栽植于露地，夏秋季开花、结实，到了秋冬后气温下降时，地上部分即停止生长并逐渐枯萎，而地下部分进入休眠状态的，则称为春植球根，如大丽花、唐菖蒲、美人蕉、晚香玉等。它们的原产地多在热带或亚热带地区，所以生长期要求温暖环境。其耐寒力较弱。

2）秋植球根。凡是秋季栽植于露地，其地下部分在冷凉条件下生长，并度过一个寒冷冬天，翌年春天地上部分逐渐发芽、生长、开花，炎夏花后，地上部分逐渐枯萎，然后进入休眠状态的，则称为秋植球根。如水仙、郁金香、风信子等。它们的原产地多为温带地区，很多在地中海沿岸，所以耐寒力较强，而不适应炎热气候。

2. 主要习性

原产地不同的球根花卉对环境条件的要求也不同，主要有以下几方面：

（1）对温度的要求　春植球根花卉主要原产于热带、亚热带及温带，主产于夏季降雨地区，生育适温普遍较高，不耐寒。秋植球根花卉主要原产于地中海地区和温带，主产于冬雨地区。喜凉爽，怕高温，较耐寒。

（2）对光照的要求　大多数喜光，要求阳光充足，少数喜半阴，如石蒜、百合、铃兰。一般为日中性花卉，只有铁炮百合、唐菖蒲的少数种类是长日照花卉。日照长短对地下器官形成有影响，如短日照促进大丽花块根的形成，长日照促进百合鳞茎的形成。

（3）对土壤的要求　大多数球根花卉以排水良好，含腐殖质多的砂质壤土为好，而水仙、晚香玉、风信子、百合、石蒜、郁金香则以粘质壤土更为适宜，除百合喜酸质土壤以外，其余多为喜中性。

（4）对水分的要求　球根花卉从形态上来说属于一种抗旱的植物，所以土壤中不要积水，尤其是在休眠期，过多的水分造成腐烂，但生长期要适当灌溉。

6.1.2　球根花卉栽培管理

1. 繁殖

球根花卉主要采用分球繁殖。可以采用分栽自然增殖球，或利用人工增殖的球。而仙客来等自然增殖力差的块茎类花卉主要是播种繁殖。还可依花卉种类不同，采用鳞片扦插、分珠芽等方法繁殖。

2. 栽培

（1）整地、施肥　整地深度可为 40～50cm。球根花卉对土壤要求较严，大多数的球根花卉喜富含有机质的沙壤土或壤土，尤以下层土为排水好的沙砾土，而表土为深厚的沙质壤土最理想。排水差的地段，在 30cm 土层下加粗沙砾以提高排水力或用抬高种植床的方法。

在土壤中施足基肥。有机肥必须充分腐熟，否则招致球根腐烂。磷肥对球根的充实及开花极为重要，通常使用含磷量较高的骨粉等作基肥。钾肥只需中等数量，氮肥切忌过多，否则容易遭受病虫侵害，且开花不良。

（2）栽植　秋植球根栽培在9～10月进行，春植球根栽培则在4月进行。3月上中旬可利用温室、温床等进行栽植。球根花卉栽培条件的好坏，对于新球的生长发育和第二年开花都有很大影响，所以对于整地、施肥、松土均需注意。

球根栽植的深浅，因种类和栽培目的而异。以观花为主栽植宜浅，以养球为主栽植宜深。栽植深度一般为球高的3倍左右。但晚香玉、葱兰以覆土至球根顶部为适度；朱顶红需要将球根的1/4～1/3露于土面之上；百合类多数种类要求深度为球高的4倍以上。

球根较大或数量较少时常穴栽，球小而量多时常开沟栽植。株行距也应视植株大小。一般大丽花为60～100cm；风信子、水仙为20～30cm；番红花、葱兰等仅为5～8cm。在栽植时，还应注意分离小球，以免分散养分而开花不良。最好大、小球分开栽植。球根花卉种植初期，一般不需浇水，如果过于干旱则应浇一次透水。

（3）生长期管理

1）保根保叶。球根花卉大多根少而脆，断后不能再生新根，因此栽后于生长期间绝不可移植。其叶片大多数少或有定数，栽培中应注意保护，避免损伤。否则影响光合作用，不利于新球的生长，也影响开花和观赏。许多球根花卉是良好的切花，因而切花栽培时，在满足切花长度要求的前提下，应尽量多保留植株的叶片。

2）花后剪除残花。花后正值新球成熟、充实之际，为了节省养分促进新球生长，应及时剪去残花和果实。而作为球根生产栽培时，见花蕾出现即行除去，不让其开花。

3）水肥管理。球根花卉大多不耐水涝，应作好排水工作，尤其在雨季。花后正值地下新球充实之际，应加强水肥管理。

（4）球根的采收　球根花卉在其停止生长进入休眠期后，大部分种类的球根需要采收，并进行贮藏。同时，采收后可将土地翻耕，加施基肥，有利于下一季的栽培，或在球根休眠期间栽种其他花卉。因此，在大规模的专业生产中，即使采收球根的工作量较大，仍每年进行采收。在园林应用中，如地被覆盖、缀花草坪、花境及其他自然式布置时，有些适应性较强的球根花卉，可隔数年掘起和分栽一次。

应掌握植株生长已停止，茎叶枯黄未脱落，土壤略湿润时为最佳采收时间。采收过早，养分尚未充实积累于秋根中，球根不够充实；采收过晚，茎叶枯黄脱落，不易确定土中球根的位置，采收时易受损伤，且子球易散失。以叶变黄1/2～2/3为采收适期。采收时可掘起球根，除去过多的附土，并适当剪去地上部分。春植球根中的唐菖蒲、晚香玉可翻晒数天，使其充分干燥；大丽花、美人蕉等可阴干至外皮干燥，勿过干，勿使球根表面皱缩。大多数秋植球根，采收后不可置于炎日下曝晒，晾至外皮干燥即可。经晾晒或阴干的球根就可进行贮藏。

（5）球根的贮藏　贮藏前应剔去病残球根。数量少而又名贵的球根，病斑不大时，可用刀将病部刮去，并涂上防腐剂或草木灰等。易受病害感染者，贮藏时最好混入药剂或先用硫酸铜等药液浸洗，消毒后再贮藏。

贮藏的环境条件，春植球根应保持室温4～5℃，不可低于0℃或高于10℃，秋植球根花卉于夏季贮藏时，应使环境干燥和凉爽，室温在20～25℃左右，切忌闷热潮湿。最为关键的是保持贮藏环境的干燥和凉爽，切忌闷热和潮湿。

贮藏方法，对于通风要求不高，且要求保持一定湿度的种类，如美人蕉、大丽花、大岩桐等可用微湿的沙或锯末等，将球根堆藏或埋藏起来。量少可用盆、箱贮藏，量大可堆于室内地上或挖窖贮藏。无皮鳞茎，如百合类，少数有皮鳞茎，如玉帘属、雪滴花属，也要这样贮存。对于要求通风良好，充分干燥的球根，可于室内设架，还可以使用网兜悬挂，置于通风处。球茎花卉一般都可采用此法，如唐菖蒲、小苍兰。鳞茎类的大多数花卉也可以这样贮存，如水仙、风信子、郁金香、晚香玉、球根鸢尾等。少数块根，如花毛茛、银莲花以及块茎，如马蹄莲也需要干存。

6.1.3　球根花卉园林应用

球根花卉是园林中一类重要花卉，受人类喜爱已有几千年的历史。与其他类花卉相比，种类较少，但球根花卉园艺化程度极高，品种极其丰富，可供选择的花卉品种多，易形成丰富的景观。

球根花卉是早春和春季的重要花卉。球根花卉大多数种类色彩艳丽丰富，观赏价值高，是园林中色彩的重要来源。

球根花卉可用于花坛、花丛、花群，还可以用于混合花境、种植钵、花台、花带等多种形式。有许多种类是重要的切花、盆花材料，还有些种类可作染料、香料等。

许多球根花卉可以水养栽培，方便室内绿化和不适宜土壤栽培的环境使用。

 任务2　水仙栽培技术

水仙（中国水仙）（*Narcissus tazetta* var. *chinensis* Roem）

别名：水仙花、金盏银台、天蒜、雅蒜。

科属：石蒜科、水仙属。

中国水仙是我国十大传统名花之一，栽培历史悠久，文字记载已有1000多年。水仙花是我国民间的清供佳品，每当新春佳节，人们喜欢用水仙花点缀室内几案，让它给人们带来生气和春意。

6.2.1　形态特征

水仙（图6-1）是多年生球根花卉。鳞茎肥大，卵形至广卵状球形，外被棕褐色薄皮膜。叶丛生于鳞茎顶端，带状线形或近柱形。伞形花序有花4～8朵，花被6片，高脚碟状花冠，芳香，白色，副冠黄色，杯状。花期为1～2月。

6.2.2　类型及品种

中国水仙为法国水仙变种。叶芽4～9叶，花芽4～5叶。花被片平展如盘，副花冠黄色浅杯状。常见栽培的品种有两个：

图6-1　水仙

金盏银台：单瓣，花被纯白色，平展开放，副花冠金黄色，浅杯状，香味浓。

玉玲珑：重瓣，副冠及雌雄蕊瓣化，并有皱褶，黄白相间，香味稍逊于单瓣。

中国水仙栽培基地以福建漳州最为著名。据考证，漳州栽培水仙已有500年的历史。漳州水仙具有鳞茎大、花许繁、花朵多、芳香浓的特点。另外，上海的崇明岛、浙江舟山等地也有栽培。

水仙属植物有40个原生种，中国水仙仅是众多水仙中朵花水仙的一个变种。在西欧有更多的水仙，绝大多数为大花种。英国皇家植物园1908年开始制定水仙分类标准，1950年修订后，将水仙分成11类。其他水仙种类（图6-2）有：

图6-2　其他水仙种类

1）喇叭水仙（*N. pseudo-narcissus*）。别名洋水仙、漏斗水仙。鳞茎球形，叶扁平线形，灰绿色，光滑。1葶1花，花大型，淡黄色，径约5cm；副冠约与花被片等长或略长于花瓣。花期为3~4月。本种有许多园艺品种，有宽叶和窄叶品种，有花被白色、副冠黄色或花被、副冠全为黄色的。

2）仙客来水仙（*N. cyclamineus*）。叶狭线性，背隆起呈龙骨状。植株矮小。花2~3朵聚生，形小而下垂或侧生；花黄色，花被片自基部极度向后卷曲。副花冠与花被片等长，鲜黄色，边缘具不规则锯齿。

3）红口水仙（*N. poeticus*）。花单生或2朵，花被片白色，副冠浅杯状，黄色，质厚，边缘皱褶色橘红。产自法国至希腊。品种极多。供庭院栽植或盆栽。

4）明星水仙（*N. incomparabilis*）。又称为橙黄水仙，原产于西班牙及法国南部。鳞茎卵形，1葶1花，横向或斜上开放。花色黄，副冠倒圆锥形，边缘波状，花期为4月。

5）三蕊水仙（*N. triandrus*）又称西班牙水仙、白玉水仙。原产于西班牙、葡萄牙。鳞茎小，株矮，1葶有1~5花，花白色，垂下开放。花被片披针形，反卷，副冠短杯状，花期为3~4月。

6）丁香水仙（*N. jonquilla*）。又称为黄水仙，原产于葡萄牙、西班牙等地。1葶有2~6花，花被片鲜黄色，副冠杯状，橘黄色，花期为4月。

7）多花水仙（*N. tazetta*）。又称为法国水仙，分布较广，自地中海直到亚洲东南部。鳞茎大，1葶有花3~8朵，花被片白色，副冠短杯状，黄色，极芳香。花期为12月至翌年2月。

6.2.3 生态习性

水仙属植物主要原产于北非、中欧及地中海沿岸，是秋植球根植物。秋冬为生长期，夏季为休眠期，鳞茎球在春天膨大，其内花芽分化在高温中（26℃以上）进行，温度高时可以长根，随温度下降才发叶，至6~10℃时抽花等。性喜温暖、空气湿润、阳光充足、冬无严寒、夏无酷暑的环境，略耐寒、耐半阴、耐肥，要求富含有机质、水分充足而又排水良好的中性或微酸性沙壤土，也能在浅水中生长。

6.2.4 栽培管理

1. 繁殖技术

以分球繁殖为主，将母株自然分生的小鳞茎分离下来作种球，另行栽植培养。有些种类，为了培育新品种，可用有性杂交方法获取种子，播种繁殖，播种苗3年后开花。但中国水仙系三倍体，具不育性。另外也可用组织培养法获得大量种苗和无菌球。

2. 栽培管理技术

中国水仙大面积栽培有两种方法：

（1）旱栽法 即秋季栽培地开深沟，沟底施入充足的腐熟厩肥和磷、钾基肥，注意种植的鳞茎勿与肥料接触，基肥上覆园土后再栽种，深约10cm，开花前后增施腐熟人粪尿或豆饼液肥，并经常保持土壤湿润。5~6月份叶枯黄后，将球掘出，贮藏于通风阴凉处。如喇叭水仙、红口水仙、上海崇明水仙常采用此法。

（2）露地灌水法 即在高畦四周挖成灌溉沟，沟内经常保持一定深度的水，使水仙在整个生长发育期都能得到充足的土壤水分和空气湿度。福建漳州采用此法培育出的漳州水仙以花大、花多、球形整齐优美而驰名中外，为我国重要的出口花卉。具体步骤如下：

① 耕地溶田。于8~9月间，翻耕土地，放水漫灌，浸泡1~2周，排水、多次翻耕、晒干、碎土，施入基肥。在溶耕后的田面上作出高40cm、宽120cm的高畦，畦四周挖深30cm的灌水沟。

② 种球消毒。挑选生长健壮、球体充实无病虫害、鳞茎盘小的种球，栽种前用40℃的1:400甲醛水溶液浸泡5~10min，进行消毒。

③ 种球阉割。一二年生种球不做阉割处理，仅第三年种球进行阉割。漳州水仙主要是

培养大球，每球有4~7个花芽。为使球大花多，第三年栽培前数日要先行种球阉割。水仙的侧芽均在主芽的两侧，呈一直线排列。阉割时将球两侧割开，挖去侧芽，勿伤茎盘，保留主芽，使养分集中。阉割后阴干1~2d再栽植。再经一年的栽培，形成以主芽为中心的膨大鳞茎，与数个侧生的小鳞茎，构成笔架形姿态，花多，叶厚。

④ 栽植。霜降前后进行。一般从子球到商品球共需3年的培养时间。一年生小鳞茎可用撒播法，二三年生鳞茎用开沟条植法。由于水仙的叶片是向两侧伸展的，注重排球时鳞茎上芽的扁平面与沟平行，采用的株距较小，约10~20cm，行距较大，30~40cm，以使有充足空间，沟深10cm左右，顶部向上摆入沟内，覆土不要太深。

⑤ 田间管理。种球栽植后浇液肥，肥干后浸水灌溉，使水分自底部渗透畦面。隔1~2月再于床面覆稻草，草的两端垂入水沟，保持床面经常湿润。一般一二年生球10~15d施肥一次，三年生球每周施追肥一次。二三年生鳞茎栽培后，当年冬季主芽常开花，可留下花基1/3处剪下作切花，避免鳞茎养分消耗，继续培养大球。

⑥ 采收与贮藏。6月以后，待地上部分枯萎后掘起。鳞茎掘起后去掉叶片和须根。在鳞茎盘处抹上护根泥，保护脚芽不脱落，晒到贮藏所需的干燥程度后，即可贮藏。水仙起球后常在30℃下处理4d，使伤口愈合。也可用甲醛或其他杀菌、杀虫剂混合液进球4h，注意温度不能过高。处理后鳞茎贮藏在17~20℃下到秋季栽种。

10月份进入分级包装上市销售阶段，漳州水仙按产地传统竹篓盛放鳞茎，按每篓放球数作为等级标准。漳州水仙分级标准见表6-1。

表6-1 漳州水仙分级标准

等级 项目	一级 20庄	二级 30庄	三级 40庄	四级 50庄	五级 60庄
每篓盛放球数	20	30	40	50	60
主鳞茎周径/cm	>36	>31	>26	>21	>15
每球平均花茎数	>6	>4	>3	>2	不少于1枝

（3）水养法 室内观赏栽培常用水养法。于10月下旬选大而饱满的鳞茎，将水仙球的外皮和干枯的根去掉。先将鳞茎放入清水中浸泡一夜，洗去粘液，水养于浅盆中，用小卵石固定，置于阳光充足、室温8~12℃条件下，2个月左右即可开花。水养期间，每隔1~2d换清水一次，换水冲洗时注意不要伤根。开花后最好放在室温10~12℃的地方，花期可延长半个月，如果室温超过20℃，水仙花开放时间会缩短，而且叶片会徒长，倒伏。

水仙鳞茎球经雕刻等艺术加工，可产生各种生动的造型，提高观赏价值，并能使开花期提早。雕刻形式多样，基本分为笔架水仙及蟹爪水仙两种。笔架水仙即将球纵切，使鳞茎内排列的花芽利于抽生。而蟹爪水仙，则雕刻时刻伤叶或花梗的一侧，未受伤部位与受伤部位生长不平衡，即形成卷曲。不管是笔架水仙或蟹爪水仙刻伤后，放入清水浸泡24h，然后洗净切口处胶状粘液，以免凝固在球体上，使球变黑、腐烂。然后进行水养。

水仙进行雕刻造型，培育成壶形、花篮形、象形、鸟形等，栩栩如生，提高了观赏价值。雕刻后的种球，白天光照4h，15℃左右的室温，水养45d，经加工、整理，便可成型开花。

6.2.5 园林应用

水仙有"凌波仙子"之称。植株低矮，花姿雅致，芳香，叶清秀，是元旦、春节期间的重要观赏花卉，适宜室内案头、几架、窗台点缀；又是早春重要的园林植物，散植于庭院一角，或布置于花台、草地，清雅宜人；更适宜布置专类花坛、花境或成片栽植在疏林下、溪流坡地、草坪上，不必每年掘起，是优良的地被花卉。由于水养方便，深受人们喜爱。当前我国南北各地普遍水培，作为冬春室内观赏花卉。

 任务3 大丽花栽培技术

大丽花（*Dahlia pinnata*）

别名：大理花、天竺牡丹、西番莲、地瓜花等。

科属：菊科、大丽花属。

大丽花（图6-3）1829年被人们引种到庭院，由于其适应性强，花姿优美、花期长，栽培容易等特点，现在各地几乎都有栽培，是世界名花之一。

图6-3 大丽花

6.3.1 形态特征

大丽花为多年生球根花卉，春植球根。地下部分具肥大纺锤状肉质块根，株高以品种而异，约为40~200cm。叶对生，1~3回羽状分裂，正面深绿色，背面灰绿色。头状花序具长梗，顶或腋生。总苞片6~7枚，外围舌状花色彩丰富而艳丽，除蓝色外，有紫、红、黄、粉红、白、金黄等各色俱全；中心管状花黄色。瘦果黑色，长椭圆形，花期夏秋。

6.3.2 类型及品种

现今的大丽花均为长期以来相互杂交选育而成，全世界有3万个品种，植株高矮、花朵、花形、花色变化多端。目前国内常用的几种分类方法：

1. 按花形分类

单瓣型（包括平瓣、星型、兰花型）；领饰型（环领型）；托挂型；牡丹型；球型；小球型；装饰型；睡莲型；仙人掌型（内曲型、外曲型）；菊型。

2. 按植株高度分类

高型：植株粗壮，高约 2m 左右，分枝较少。

中型：株高 1.0 ~ 1.5m，花型及品种最多。

矮型：株高 0.6 ~ 0.9m，菊型及半重瓣品种较多，花较少。

极矮型：株高 20 ~ 40cm，单瓣型较多，花色丰富。常用播种繁殖。

3. 按依花色分类

分为红、粉、紫、黄、白、彩色等六大色系。

4. 按依花径分类

大花径大于 25cm，中花径 15 ~ 25cm，小花径小于 15cm。

5. 按依花期分类

早花类自扦插到开花需 120 ~ 135d 左右；中花品种约 135 ~ 150d；晚花品种约 150 ~ 160d。

6.3.3 生态习性

大丽花原产于墨西哥高原海拔 1500m 以上地带。喜凉爽干燥气候，不耐寒，畏酷暑，8℃开始萌动，20℃左右生长最佳。生育期对水分要求比较严格，不耐干旱又忌积水，以富含腐殖质的中性或微酸性沙壤土为最宜。喜光，但花期宜避免阳光过强。大丽花为短日照花卉，短日条件（10 ~ 12h）促进花芽分化，长日条件促进分枝延迟开花，花期为 5 ~ 10 月。秋天经霜后，枝叶枯萎，以其块根休眠越冬。

6.3.4 栽培管理

1. 繁殖技术

通常以分根、扦插繁殖为主，也可用播种和块根嫁接。

（1）分根法 常用分割块根法。大丽花的块根（图 6-4）是由茎基部不定根膨大而成，分割块根时每株需带有根颈部 1 ~ 2 个芽眼。生产上常利用冬季休眠期在温室内催芽后分割，于 2 ~ 3 月间选用健壮老株丛，假植于素沙土上，每日喷水并保持昼 / 夜温为 18 ~ 20℃ / 15 ~ 18℃，经 2 周即可出芽，即可取出分割，分割伤面涂草木灰防腐，然后栽种。分割块根简便易活，可提早开花，但繁殖系数低，不利大量商品生产。

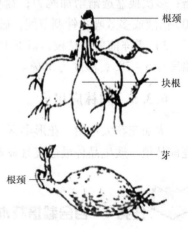

图 6-4 大丽花的块根

（2）扦插法 大丽花的扦插在春、夏、秋三季均可进行。一般是春季当新芽长至 6 ~ 10cm 时，采顶端 3 ~ 5cm 作插穗，基部保留 1 ~ 2 节，待侧枝长出后还可再次采穗。秋季采穗可选植株顶梢或侧梢，每一插穗长 1 ~ 3 节作带叶扦插，老茎还可自茎的中央割开，使成一芽一叶的茎段插条。扦插适温 15 ~ 22℃，插后约 10d 即可生根，当年秋可以开花。

（3）块根嫁接 春季将欲繁殖的品种的幼梢劈接于另一块根的根茎部，需注意预先将做砧木的块根根茎部的芽全部抹除。

（4）播种繁殖　矮生品种的繁殖，目前较多用播种法。一般春播，也可以秋播。播种可迅速获得大批实生苗，且生长势比扦插苗和分株苗生长健壮。

2. 栽培管理技术

（1）露地栽培　露地栽培生长健壮，花多，花期长，适用于扩大繁殖种株、切花栽培以及布置花坛、花境。

1）种植。应选择背风向阳，排水良好的高燥地（高床）栽培。大丽花喜肥，宜于秋季深翻，施足基肥。春季晚霜后栽植，深度为根颈低于土面5cm左右，株距视品种而异，高品种（120～150）cm×（120～150）cm；中品种（60～100）cm×（60～100）cm；矮品种（40～60）cm×（40～60）cm。

2）整枝修剪及拉网。整枝方式有独本式和多本式两种：独本式是摘除侧枝与侧蕾，只在主枝顶端留一蕾，此法适于大花品种。多本式整枝是在苗期当主干高15～20cm时摘心，每株保留花枝数量依品种特性及栽培要求而定，通常大型花品种可留4～6枝，中小型花品种作切花栽培8～10枝。整枝修剪中清除无用侧枝及侧蕾，花后剪除残花。大丽花植株高大，花头沉重，易倒伏，庭院栽培时可立支柱。切花栽培需立支架，于苗高20～25cm时拉网，共2～3层。

3）肥水管理。大丽花喜肥，露地栽培在施足基肥的基础上并辅以氮、磷、钾等量追肥2～3次，于孕蕾前、初花期、盛花期施入。保持土壤湿润，雨季注意排水防涝。

（2）盆栽　宜选中、矮型品种，高型品种需控制高度。

1）上盆定植及管理。多选用扦插苗，以低矮中、小花品种为好。栽培中除按一般盆花养护外，应严格控制浇水，以防徒长与烂根。掌握干时浇水，见干见湿。幼苗到开花之前须换盆3～4次，不可等须根满盆再换盆，否则影响生长。最后定植，以高脚盆为宜。长江流域一带炎夏季节植株常处于休眠状态，将盆放阴凉场所方可安全越夏。

2）控制植株高度。为了控制高度，应采取下述各项措施：选用矮型大花品种；控水栽培；多次换盆逐渐增加肥力；盘根曲枝降低植株高度；应用生长延缓剂，如矮壮素200～300倍液或多效唑；针刺节间，破坏输导系统延缓节间伸长。

3）霜冻前剪去枯枝，留下10～15cm的根颈，并掘起块根，晾1～2d，埋于沙内，维持温度在5～7℃，湿度为50%。

6.3.5　园林应用

大丽花花大色艳，花形丰富，品种繁多，是重要的夏秋季园林花卉，尤其适用于花境或庭前丛植。矮生品种最适宜盆栽观赏或花坛使用，高型品种宜作切花。

任务4　百合栽培技术

百合（*Lilium* spp.）

别名：百合蒜、强瞿、中逢花、中庭等。

科属：百合科，百合属。

我国是世界百合的分布中心，各地广为栽培。日本也是百合重要原产地，1794年麝香百合由日本传入荷兰，1819年传至英国。自20世纪前半期开始，大规模展开百合杂交育种，从而丰富了品种。60年代以来，世界百合球根生产占首位的是日本，其次是荷兰。百合（图6-5）是我国一种古老而又年轻的传统名花。它植株直立，叶如翠竹，花姿雅致，能喷发出隐隐幽香，被人誉为"云裳仙子"。我国古人把百合视为吉祥的象征。它的鳞茎由数十至百余块肥厚的鳞片组成，其形甚似莲花，含有"百年好合"、"百事合意"之兆。在国外，百合花更各受人们的推崇。基督教的仪式和3月的复活节，人们常互送百合花来表示良好的祝愿。西方人认为百合花是一种没有邪念，至为圣洁的花草。现在，世界各国许多情侣在举行婚礼时新娘手持的捧花都应用百合做陪衬。除供观赏外，其鳞茎又是一种驰名的特产，含有丰富的营养物质，对人体有润肺止咳、清心安神的功效。有些百合还可以提取香料。

图6-5 百合

6.4.1 形态特征

百合为多年生草本，茎直立，高50～150cm。鳞茎无皮膜，根系为基生根和茎生根（图6-6）。生于鳞茎盘下的为"基根"，具吸收养分、稳定地上部分的作用，其寿命两年至数年；生于鳞茎上部茎节处的根为"茎根"，也起吸收养分的作用，主要供给新鳞茎的吸收，其寿命为一个生长季。叶互生，条形、无柄。花大，单生、簇生或呈总状花序生于茎顶部。花开浅杯形，花被片6，基部具蜜腺，芳香，花期初夏至早秋。蒴果3室，种子扁平。

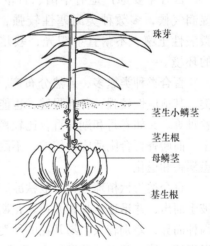

珠芽

茎生小鳞茎

茎生根

母鳞茎

基生根

图6-6 百合植株

6.4.2 类型及品种

百合属约100余种，我国有42种。百合类的原种杂种及园艺品种很多，关于它们的分类，目前尚未有统一的分类系统，其中北美百合协会的分类方案世界上应用较广。他们根据百合的亲缘种的发源地与杂种的遗传衍生关系、花色和花姿的不同等，将百合园艺品种划分为9个种系：

① 亚洲百合杂种系。本系的杂种或栽培品种均系来源于亚洲。

② 星状百合杂种系。系由欧洲百合和汉森百合的杂交后代所组成。

③ 白花百合杂种系。由白花百合、加尔亚顿百合和其他有关欧洲种衍生出的品种。

④ 美洲百合杂种系。所有杂种或品种均原产美洲。

⑤ 麝香百合杂种系。由麝香百合与台湾百合衍生出的杂种或杂交品种。

⑥ 喇叭百合杂种系。由喇叭百合杂种及亚洲百合种衍生出的杂种或品种。

⑦ 东方百合杂种系。包括来源于中国百合、印度百合和日本百合的杂种后代。

⑧ 各种各样杂种系。上述系列中未能包括的所有杂种，均由私人培育而成。

⑨ 百合原种系。包括所有百合原种及其植物分类学上的类型。

关于原种的分类，按叶序与花形特征，划分为4个组：

① 百合组。本组特征是叶散生，花喇叭形或钟形，花被片先端外弯；多开白花，有些种带浅粉或浅黄绿色。本组的种有岷江百合、麝香百合和百合。

② 钟花组。特征是叶散生；极少轮生；花钟形，花被片先端不弯或稍弯。本组种类有渥丹、毛百合、小百合和滇百合。

③ 卷瓣组。叶散生；花不为喇叭形或钟形，花被片反卷或不反卷，雄蕊上端常向外张开。本组有卷丹、药百合、湖北百合、宝兴百合、山丹、大理百合、绿花百合、条叶百合和单巴百合。

④ 轮叶组。叶轮生。花不为喇叭形或钟形，花被片反卷或不反卷，有斑点。本组有青岛百合。

6.4.3　生态习性

百合主要原产地有中国、日本、北美和欧洲等温带地区。百合类绝大多数性喜冷凉湿润气候，多数种类耐寒性较强，耐热性较差。要求肥沃、腐殖质丰富、排水良好的微酸性土壤。不耐直射阳光，栽培环境需要一定程度的遮阴。忌连作与湿热通风不良的环境。

百合类种类繁多，自然分布广，所要求的生态条件不尽相同。尤其是一些分布广的种类，其适应性较强，种性强健，也能略耐碱土和石灰质土，如王百合、湖北百合、川百合、卷丹等。又如卷丹和湖北百合比较喜温暖干燥气候，较耐阳光照射；要求高燥肥沃的沙质壤土。而麝香百合则适应性较差，不耐碱性土，对酸性土要求较严格；其种性亦不如前者，易患病害和退化。

百合类为秋植球根，一般秋凉后萌发基生根和新芽，但新芽常不出土，待翌春回暖后方破土而出，并迅速生长和开花。花期一般自5月下旬至9、10月，花期早晚和开花难易程度因种而异，差别较大。易开花的种类有王百合、湖北百合、川百合和卷丹等。而麝香百合对温度较敏感，其自然花期为6~7月，但常行促成栽培，令其冬春开花。百合类开花后，地上部分逐渐枯萎并进入休眠，休眠期一般较短，但亦因种而异。解除球根休眠需经一定低温，通常2~10℃即可。花芽分化多在球根萌芽后并生长一定大小时进行，具体时间因种而异。

6.4.4　栽培管理

1. 繁殖技术

百合类的繁殖方法较多，有分球、分珠芽、鳞片扦插及播种等。以分球法最为常用；鳞片扦插也较普遍应用，而分珠芽和播种则仅用于少数种类或培育新品种。

1）分球法。百合母球在生长过程中，于茎轴旁不断形成新的小球，并逐渐扩大与母球自然分裂，将这些小球与母球分离，另行栽植。为使百合多产生小鳞茎，常行人工促成方法，即适当深栽鳞茎或在开花前后切除花蕾，均有助于小鳞茎的发生。也可花后将茎切成小段，每段带3~4片叶，平铺湿沙中，露出叶片，经1个月左右便自叶腋处发生小鳞茎，上述小鳞茎大的经1年、小的经2~3年的培养，便可作为种球栽培。

2）鳞片扦插法。先取成熟的大鳞茎，阴晒数日后，将肥大健壮之鳞片剥下，斜插于粗沙、蛭石或珍珠岩中，鳞片内侧面朝上，顶端微露土面即可，以后自鳞片基部伤口处便可产生子球并生根，经3年培养便可长成种球。

3）分珠芽法。适用于产生珠芽的种类，如卷丹、沙紫百合等。可在花后珠芽尚未脱落前采集，并随即播入疏松的苗床内或贮藏沙中，待春季播种，一般2~3年可开花。

4）播种法。一般在培育新品种时，或结实多又易发芽的种类繁殖时才用此法，如台湾百合。播种时应采后即播，20~30d可发芽。

5）组织培养。不仅提高了繁殖率，而且可以脱除病毒，对品种进行提纯复壮。百合的鳞茎盘、鳞片、小鳞茎、珠芽、茎段、叶段、花柱等各部分可作为外植体分化成苗。

2. 栽培管理技术

（1）露地栽植　宜选高燥、阳光充足、土壤深厚、土质松软、排水通畅的平地或坡地。整地前要施入充足的腐熟有机堆肥和适量磷、钾肥作基肥，将肥料深翻入土混合均匀。大小不同的鳞茎分别栽种，以使花期一致。栽植深度15~20cm，约为鳞茎数倍。易出茎生根的种类可稍深，以促使发生茎生根增加营养吸收面积。株行距一般为（15~20）cm×（20~40）cm。

种植期我国北方地区为9~10月，南方地区可稍晚，使在低温来到前能充分生根。百合基生根可存活2年，一般不必每年起球，尤其是园林种植，可3~5年起球一次。起球后经分球可立即再种，也可湿润冷藏后于次年春季定植。但临冬栽种比春种可提前出苗，现蕾、开花也可提前。

（2）促成栽培

1）种球选择。盆栽百合应选用茎秆较矮、适合盆栽和促成的种类或品种。有些中矮秆的切花类品种也可盆栽，并使用生长抑制剂来矮化植株，如用0.5%的矮壮素浇灌盆土。盆栽植株茎高30~40cm较合适。

2）种植。选择发育充实无病、周径在12~14cm以上的鳞茎。一般9~10月上盆，可望元旦至春节开花。上盆时间根据品种而定，有些品种生育期长达16~17周，有的只有10~11周。上盆后要进行冷处理，打破休眠。盆土宜用肥沃、疏松无病的混合基质。球根种在盆中，下面应有1cm厚的土层。如果每盆种植2个以上的球根，则球根的顶部应朝向盆外。顶端盖土。

3）管理。上盆后浇水放置阴凉处，在9~13℃低温条件下促使发根。当新芽长出后，可移入温室，要求光照充足，温度升至14~16℃。最理想的是保持昼温20~25℃，夜温10~15℃，不宜超过25℃。相对湿度80%~85%，加强通风换气。生长期间保持盆土湿润，每1~2周施一次稀薄肥。显蕾后每天延长光照4~6h，可提高花的质量，并提前开花。

6.4.5　园林应用

百合品种资源丰富，可适时适地选用。庭院栽植，一次栽植，多年欣赏皆可，是夏、秋园林种植中的理想品种。庭园配置中，多用高、中茎种类在灌木林缘配置，中、低种类作疏林下片植；亦可作花坛中心及花境背景，草地丛植；矮生品种更适宜岩石园点缀与盆栽观赏。高杆品种最适宜作切花材料。百合花枝已成为插花装饰中的名贵花卉，周年供应。

任务5　郁金香栽培技术

郁金香（*Tulipa gesneriana*）

别名：洋荷花、草麝香。

科属：百合科、郁金香属。

郁金香为多年生鳞茎花卉。郁金香栽培历史悠久，品种繁多，已达数万个。郁金香是荷兰、土耳其、比利时、匈牙利的国花。荷兰17世纪从土耳其引入郁金香，大力开展了育种工作，培育出不同用途的郁金香品种，使郁金香成为世界最著名的球根花卉，也促进了荷兰郁金香产业的发展，不仅使之成为"郁金香王国"，而且登上了世界"花卉王国"的宝座。近年来我国各大城市纷纷引种栽培。

6.5.1　形态特征

郁金香（图6-7）鳞茎卵球形，具褐色或棕色皮膜。株高20~80cm，整株被白粉。叶3~5枚，呈带状披针形至卵状披针形，全缘略呈波状，基生或部分茎生。花单生茎顶，大型直立杯状，花被片2轮，每轮3枚。花色多种额，花被内侧基部常有色斑，花白天开放，夜间及阴雨天闭合。花期为3~5月。蒴果，种子扁平。

图6-7　郁金香

6.5.2　类型及品种

郁金香品种的亲缘关系极为复杂，是由许多原种经多次杂交培育而成的，也有些是通过芽变选育而成。因此，现代栽培郁金香具有极其丰富的变异性，不仅花期早晚不同，而且花形、花色及花被片也多变化。由于园艺品种非常多，而至今国际上尚未制订出统一的分类系统。目前，较多采用荷兰 R. G. B. A. 的标准（1981），将园艺品种分类如下：

（1）早花类

1）早生单瓣。自然开花早，花小型，杯状，花被片顶端尖锐，展开度大，花色鲜明，色彩丰富，株形矮小，仅 10～20cm。

2）早生重瓣。系早生单瓣的变种，花重瓣，花色丰富，株高 15 cm 左右。

（2）中花类

1）凯旋。早生单瓣与晚生种间的杂交种，花色丰富，株高 20～35cm，适合促成栽培。

2）达尔文杂交种。晚生种达尔文与早花种福斯特郁金香的杂种，或进一步与其他系统杂交而成的多代杂种。具有达尔文种的优点，即花形正、大形、圆筒形。又具有早花种的早花、大轮、颜色鲜艳的特点。株高达 50cm。

（3）晚花类

1）晚生单瓣。花单瓣，花期晚，在荷兰为 5 月份。主要是花为圆筒状的达尔文；另一种花为长卵形的乡村郁金香以及此两种的杂交种。

2）百合花形。花瓣先端像百合花那样向外细微反转，花单瓣，花瓣绢状，花色丰富，可作促成栽培。

3）饰边形。花瓣边缘具像玻璃碎片般缺刻。

4）绿斑形。花瓣的某处出现叶绿素而呈花纹者，以中央部到基部出现绿色斑点者居多。

5）伦布朗型。不能分类到上述类别的有斑点品系的总称。

6）鹦鹉。在花瓣边缘具有花边状缺刻的品系的总称。

7）晚生重瓣。称为牡丹型，花形象重瓣的芍药，主要是晚生单瓣的突变种。

8）考夫曼郁金香。叶呈斑驳的种，花较早。

9）福斯特郁金香。花早开，大轮花，圆筒状。

10）格里克郁金香。叶上有花斑或条纹，但花期晚于考夫曼郁金香。

11）其他类。不包括在上述种类的品种。

6.5.3 生态习性

郁金香原产于地中海沿岸及中亚、土耳其等地，现世界各国广为栽培，尤以荷兰栽培最多。喜冬季温暖湿润、夏季凉爽、稍干燥的向阳或半阴环境，耐寒性强，冬季可耐 –30℃的低温。生长适温 8～20℃，最适温度 15～18℃；花芽分化适温 17～23℃，最高不能超过 28℃；发根适温 9～13℃左右。夏季休眠，秋冬生根，萌发新芽，不出土，需经冬季低温后翌年 2 月左右开始生长，伸长茎叶。根系损伤后不能再生，适宜富含腐殖质、排水良好的微酸性沙壤土，忌低湿、黏重土。鳞茎养分消耗留下残体，通常 1 个母球可分生 2～6 个新球。

6.5.4 栽培管理

1. 繁殖技术

通常采用分球繁殖，若大量繁殖或育种也可采用播种繁殖和组织培养。

1）分球繁殖。秋季 9 月下旬至 11 月上旬都可栽种，大球翌年春天开花，小球需培育 1～3 年后开花。为增加子球繁殖系数，可采用"消花法"，即在收球后给以高温处理，使花芽分化受到抑制，促进侧芽分化，从而增加子球数量。

2）播种繁殖。种子无休眠特性，发芽需 7~9℃ 的低温条件，超过 10℃ 发芽迟缓，25℃ 以上不能发芽，播后 30~40d 萌动。秋播种子春季萌发，夏季收获小鳞茎置于 20~25℃ 下贮藏，秋季栽种，经 4~5 年培养后开花。

3）组织培养。所有器官均可作为组培外植体。用子球作外植体需 6 个月才诱导出芽，用花茎切段只需 8 周就可诱导出芽，将鳞茎经过 5℃ 低温预冷 9~15 周，可促进芽的诱导。组织培养的小苗到开花需要的时间很长，一般只用于新品种的扩繁和脱毒复壮。

2. 栽培管理技术

郁金香属于秋植球根，需要一定时间的低温处理，并在其茎得到充分生长后才能开花的鳞茎植物。我国大部分地区冬季有充足的低温时间，秋天种植的郁金香在自然气候下可获得足够的低温，在春天生长到一定的高度后就自然开花。因此，露地地栽或盆栽郁金香只要种球质量有保证一般都能栽培成功。

（1）露地栽培

1）定植。华东及华北地区以 9 月下旬至 10 月上旬为宜，暖地可延至 10 月末至 11 月初。栽前要深耕施足基肥，栽植深度为 10~15cm，垄栽时可深至 18cm，株行距 10cm × 15cm。注意定植前需种球消毒，用托布津或高锰酸钾溶液浸泡 15~20min。栽植后早期应充分灌水，促使其生根。

2）定植后管理。郁金香发根后经过一个自然低温阶段，此期间应注意保持土壤湿润，但要防止土壤积水。北方寒冷地区应适当覆盖。来年早春化冻前及时将覆盖物除去同时灌水，生长期内追肥 2~3 次。因郁金香对钾、钙较为敏感，适当施用磷酸二氢钾、硝酸钙等，可提高花茎的硬度。花后应及时剪掉残花不使其结实，这样可保证地下鳞茎充分发育。

3）收球与贮藏。入夏前茎叶开始变黄，当地上部达 1/3 时，是起球适宜时期。将球根大小分开，置于 26℃ 通风处 1 周，充分晾干或风干。将种球适当摊开，或装箱（只装半箱），在通风处贮藏越夏。贮藏期间温度为 17~23℃，相对湿度为 65%~70%，鳞茎内进行花芽分化。长期在高温（25~30℃）中贮藏会抑制花芽分化，在 15℃ 中贮藏会影响子球形成。

（2）促成栽培 要使郁金香在春天之前开花，必须给鳞茎一定的人工低温处理。鳞茎的温度处理需要几个不同的温度阶段。首先将挖出的鳞茎经过 34℃ 的高温处理 1 周，再置于 20℃ 的温度下贮藏，促使花芽充分发育完成，然后即可进入低温处理阶段。现将国内促成栽培方法与荷兰模式化促成栽培技术介绍如下：

1）国内促成栽培方法。我国北方地区一般于 10 月份开始，将干藏的郁金香种球上盆，浇透水后将盆埋放冷床或阴凉低温处，其上覆盖土壤或草苫，厚度 15~20cm，使环境温度稳定在 9℃ 或更低一些，但必须在冰点以上，同时防雨水浸入。经 8~10 周低温处理，根系充分生长，芽开始萌动。此时根据花期早晚，将花盆移进日光温室，温度保持在 15~18℃，起初温度可低些，约经 3 周以上便可开花。

2）荷兰模式化促成栽培技术。荷兰是郁金香生产王国，对郁金香的研究以及其生产水平居世界领先，他们利用现代化的生产设施，能够保证郁金香鲜花的周年上市。近年来，荷兰郁金香进口到我国的种球数量不断增加，占领了我国大部分郁金香种球市场。其进口到我国的种球主要有三种类型，即春季开花的常规种球，和促成栽培用的 5℃ 和

9℃种球。

① 5℃郁金香促成栽培技术。这种方法是干鳞茎在种植前用5℃或2℃的低温充分处理，处理时间各品种不同，一般需10~12周。随后直接在温室里种植培养，室温开始控制在9℃左右，两周后升高到15~18℃，约8周左右可以开花。即：

5℃郁金香，34℃1周—20℃处理完成花芽分化（约4周）—17~23℃中间温度（1~6周）—5℃9~12周—进温室定植—3~4周开花。

② 9℃郁金香促成栽培技术。有两种情况：一种是未经冷处理的鳞茎直接种在花盆里，然后接受9℃冷处理。另一种是已经接受部分冷处理的鳞茎种植在花盆里，剩余的冷处理继续在花盆中进行，直到冷处理结束。而且后一部分冷处理至少在6周以上。若种植后的一段时间内土温高于所需的温度，那么需要延长冷处理的周数。即：

9℃郁金香，34℃1周—20℃处理完成花芽分化约4周—种入种球箱—9℃冷库继续冷处理生根发芽（14~20周）—进温室生长—3~4周开花。

进行郁金香促成栽培时应注意以下几点：

a. 郁金香品种间对温度的反应不同，生育期差异较大，生产上要分别对待。

b. 郁金香花的质量除与栽培技术有关外，主要与种球的质量和大小直接相关。一般商品种球有三种规格：10/11、11/12、12＋，分别表示球径的周长（cm）。鳞茎越大，植株生长发育越健壮，花的质量也就越好。

c. 栽培期间的空气相对湿度很重要，一般以60%~80%为宜。土壤含水量不宜过大，以湿润为宜。应掌握气温低少浇水，气温高多浇水的原则，浇水后要及时通风。

d. 花盆大小适宜，一般12cm左右的盆栽一个球；15~16cm盆栽3个球；18~20cm盆栽4~6个球。栽培基质疏松。栽植深度以鳞茎顶芽露出为宜。上面最好盖一层粗沙，以防发根时将鳞茎顶出。基肥一次施足后，促成栽培期间可不施肥。

e. 5℃处理球种植时最好将鳞茎皮去掉。9℃处理球不需去皮。

f. 郁金香开花后，保持土壤湿润，温度8~12℃，环境明亮无强光直射，可保证有1个月的观赏期。

g. 选择盆栽品种和茎秆较矮的切花品种。

6.5.5　园林应用

郁金香花形独特，有杯形、碗形、卵形、百合花形，重瓣形等，色彩艳丽，变化多端，如成片栽植，花开时绚丽夺目，呈现一片春光明媚的景象。近年我国各大城市纷纷引种栽培，是春季园林中的重要球根花卉，宜作花境丛植及带状布置，也可作花坛群植。高型品种是重要切花材料，中型品种常盆栽或促成栽培，供冬季、早春欣赏。

实训17　球根花卉的识别

1. 任务实施的目的

使学生熟练认识和区分球根花卉的分类、生态习性，并掌握它们的繁殖方法、栽培要点、观赏特性与园林应用。

2. 材料用具

1）球根花卉15~20种。

2）笔，记录本，参考资料。

3. 任务实施的步骤

1）由指导教师现场讲解每种花卉的名称、科属、生态习性、繁殖方法、栽培要点、观赏特性和园林应用。学生进行记录。

2）在教师指导下，学生实地观察并记录球根花卉的主要观赏特征。

3）学生分组进行课外活动，复习球根花卉的主要观赏特性、生态习性及园林应用。

4. 分析与讨论

1）各小组内同学之间相互考问当地常见的球根花卉的科属、生态习性、繁殖方法、栽培要点、观赏特性和园林应用。

2）讨论如何快速掌握花卉主要的观赏特性？如何准确区分同属相似种，或虽不同科但却有相似特征的花卉种类。

3）分析讨论球根花卉应用形式有哪些？进一步掌握球根花卉的生态习性及应用特点。

5. 任务实施的作业

1）将15～20种球根花卉按种名、科属、观赏用途和园林应用列表记录。

2）用语言描述10种球根花卉的球茎。

6. 任务实施的评价

球根花卉识别技能训练评价见表6-2。

表6-2 球根花卉识别技能训练评价表

学生姓名					
测评日期			测评地点		
测评内容		球根花卉识别			
考评标准	内　　容	分值/分	自　评	互　评	师　评
	正确识别球根花卉的种类及名称	50			
	能说出球根花卉的含义及分类	20			
	描述球根花卉的球茎形态特点	20			
	能正确应用常见球根花卉	10			
合　　计		100			
最终得分（自评30%＋互评30%＋师评40%）					

说明：测评满分为100分，60～74分为及格，75～84分为良好，85分以上为优秀。60分以下的学生，需重新进行知识学习、任务训练，直到任务完成达到合格为止

实训18　球根花卉的栽培管理（郁金香、风信子）

1. 任务实施的目的

通过本次实训，初步掌握郁金香和风信子栽培条件、栽培管理技术及球根采收技术。

2. 材料用具

1）材料：郁金香种球、风信子种球。

2）药品与用具：40%甲醛或50%多菌灵可湿性粉剂；花盆、小铲、河沙或泥炭。

3. 任务实施的步骤

教师现场讲解操作要点，并进行实际演示操作。要求学生按照要点进行操作，分组完成郁金香和风信子的盆栽任务。利用课外活动，观察并记录栽培管理过程。

（1）郁金香的盆栽

1）球茎选择与消毒。购买5℃郁金香种球，种球周径在10~12cm以上。郁金香的发根温度在9℃左右，根据气温条件确定栽培时间。

① 球茎消毒：50%多菌灵500倍液浸30min，也可用40%甲醛80倍液进行消毒。

② 栽培基质：选择河沙或新鲜的泥炭，也可选择消毒后的疏松透气的培养土。

2）栽植。栽植前浇水，使盆土湿润便于操作。一般将种球顶部与土平齐。如大盆栽植可将种球顶部覆土10cm左右，小盆1个，大盆栽植3~5个。

3）盆栽管理。

① 发根时间：栽植后将盆置于温室外，球根在9℃左右生根，4周左右，生根后开始冒芽展叶时，移入温室。土壤持水量在50%~60%；

② 温室促成栽培：将生根后冒芽展叶的盆栽郁金香移入温室，温室温度控制在10~15℃，给以充足光照，至花苞显色。

③ 收球：种球收获前2~3周应停止浇水，当叶枯黄时起球。起球后连叶晾干或种球挖2d后用抗真菌剂浸泡。以17~23℃贮藏4~6周，至花芽分化后，温度逐渐降低至5℃冷藏，并保持通风、干燥。

（2）风信子的盆栽

1）种球选择和消毒。购买风信子种球，种球周径在18~20cm以上，确定栽培时间。种球和栽培基质的消毒方法同郁金香。

2）栽植。栽植前浇水，使盆土湿润便于操作。一般将种球露出土面1/3~1/2。如大盆栽植可将种球顶部覆土10cm左右，小盆1个，大盆栽植3~5个。

3）盆栽管理。

① 发根时间：栽植后将盆置于温室外，球根在9℃左右生根，4~6周左右，生根后开始冒芽时，移入温室。一定要浇足水，土壤持水量宜为50%~60%；

② 温室促成栽培：将生根后冒芽展叶的盆栽风信子移入温室，温室温度控制在8~12℃，给以充足光照，至花苞显色。上盆后新根没有长出前，不宜浇太多水；现蕾后可加大浇水量；浇水后要及时通风。

③ 收球与贮藏。

4. 分析与讨论

1）各小组内同学之间相互讨论郁金香和风信子的种球质量判断方法。

2）讨论在栽培过程中水肥如何管理，应该注意哪些问题。

3）分析讨论球根花卉在什么情况下易出现盲花？如何防止。

5. 任务实施的作业

1）观测记载郁金香和风信子从发根到开花的整个盆栽技术。

2）分析其生长发育过程中出现的问题，提出解决的方法。

6. 任务实施的评价

球根花卉的栽培管理技能训练评价见表6-3。

表6-3 球根花卉的栽培管理技能训练评价表

学生姓名					
测评日期		测评地点			
测评内容	球根花卉的栽培管理（郁金香、风信子）				
考评标准	内　　　容	分值/分	自　评	互　评	师　评
	正确判断球根花卉的种球质量	20			
	能正确进行种球消毒处理	20			
	能正确进行栽培基质的消毒处理	10			
	能掌握郁金香和风信子盆栽技术	30			
	能解决栽培管理中的常见问题	20			
	合　　　计	100			
最终得分（自评30% + 互评30% + 师评40%）					

说明：测评满分为100分，60～74分为及格，75～84分为良好，85分以上为优秀。60分以下的学生，需重新进行知识学习、任务训练，直到任务完成达到合格为止

实训 19 水仙的雕刻与水养

1. 任务实施的目的

水仙雕刻造型主要对花、叶的雕刻。通过刀刻或其他手段使水仙的叶、花矮化、弯曲、定向、成型，形成各种艺术造型以提高观赏性。通过操作使学生熟练掌握水仙雕刻的基本理论、技术及水养要点。

2. 材料用具

水仙球、小刀、水仙盆或无孔塑料盆、脱脂棉等。

3. 任务实施的步骤

教师现场讲解操作要点，并进行实际演示操作。要求学生按照要点进行操作，分组完成水仙雕刻任务。并利用课外活动，观察并记录水仙雕刻后的水养管理过程。

（1）基本雕刻要点

1）十字雕刻法。

2）笔架式雕刻法。去除全部老根、护根泥和干枯的棕褐色外鳞片，在花球靠底部或1/2处开始，把上部1/2的鳞片逐层剥掉，至露出叶芽为止。

3）蟹爪式雕刻法。

① 切削鳞片：去除全部老根、护根泥和干枯的棕褐色外鳞片。判断水仙头的生长方向，把顶端弯的叶芽尖向上对着操作者。在花球靠底部1/4或1/3或由根部向上1cm处开始，沿着和底部相平行的一条弧线轻轻切进，把上部2/3的鳞片从正面逐层剥掉，至露出叶芽为止。

② 刻叶苞片：在叶芽周围下刀。把鳞片、叶苞片一层层刻掉，留下1/4厚度的鳞茎，将叶芽外的鳞瓣片剥掉，使叶芽外露。

③ 削叶缘：把叶缘从上到下，从外到内叶削去1/3～1/2，使植株低矮、叶片卷曲。割除程度越大，卷曲程度越大。

④ 雕刻花梗：待花梗长出后，在希望花朝向的面削1/4；为使花茎矮化，可以幼花茎基

部用针头略加戳伤。

⑤雕侧球：侧球多只有叶芽，间或也有花芽，根据造型需要决定去留，雕刻方法同前。

（2）水养管理

1）漂水泡净。伤口面向下，在清水盆中浸泡一夜，次日反复用清水清净伤口处粘液。

2）盆中定植。放在水仙盆内，伤口面朝上，盆内放少量清水，用脱脂棉敷于根盘和伤口面上，一可帮助吸水，二可遮光防尘以免伤口变褐色。盆置于露天，避阳光曝晒，夜温4℃以上时，不必入室，每天换清水，3~4d后才能移至日光处。

3）光照条件。待叶芽开始返青，可将上盆全日置于阳光下，过早会造成叶芽干黄。如连续1周处于晴暖阳光处，能促花提早1~2d开放。反之，则推迟花期。

4）控制花期。气温和阳光直接影响花期。如距预定开花日5~6d花蕾苞膜尚未自然绽开，可人工撕破，接受日光，减少苞膜束缚，达到预定开花的目的。

（3）注意事项

1）操作要小心，免伤花芽，否则导致哑花。

2）雕刻结合造型持续进行，应边雕、边养、边整型。

3）水仙粘液有毒，雕完要清洗。

4. 分析与讨论

1）各小组内同学之间相互讨论如何判断水仙鳞茎质量。

2）讨论在水仙雕刻过程中应该注意哪些问题。

3）分析讨论水仙水养管理过程中应该注意哪些问题。

5. 任务实施的作业

1）如何选购水仙球？

2）怎样管理才能使水仙植株矮壮，花大、花香？

3）水养水仙如何防止叶片发黄和鳞茎腐烂？

6. 任务实施的评价

水仙雕刻与水养技能训练评价表见表6-4。

表6-4　水仙雕刻与水养技能训练评价表

学生姓名					
测评日期			测评地点		
测评内容	水仙雕刻与水养				
考评标准	内　　容	分值/分	自　评	互　评	师　评
	正确判断水仙球质量	10			
	能正确进行水仙球笔架式雕刻	20			
	能正确进行水仙球蟹爪式雕刻	20			
	能描述水仙水养管理技术	30			
	能解决水养管理中的常见问题	20			
合　　计		100			
最终得分（自评30% + 互评30% + 师评40%）					

说明：测评满分为100分，60~74分为及格，75~84分为良好，85分以上为优秀。60分以下的学生，需重新进行知识学习、任务训练，直到任务完成达到合格为止

习题

1. 填空题

1）多年生花卉又因其地下部分形态有变化，可分为＿＿＿花卉和＿＿＿花卉。

2）球根花卉根据其地下部分的形态不同，可以分为＿＿、＿＿＿＿、＿＿＿＿、＿＿＿＿、＿＿＿＿和＿＿＿＿。

3）球根花卉按其种植期可分为两类：即＿＿＿＿和＿＿＿。

4）球根花卉的栽培深度是种球高的＿＿＿倍。

2. 选择题

1）世界著名的"四大切花"为：康乃馨、菊花、玫瑰和（　　　）。

A. 郁金香　　　B. 唐菖蒲　　　C. 百合　　　D. 红掌

2）郁金香的品种类型丰富，主要花形有（　　　）。

A. 单瓣型、半重瓣型、重瓣型　　　B. 杯型、碗型、百合型、球型

C. 百合型、重瓣型、莲花型　　　D. 早花型、中花型、晚花型

3）郁金香夏季休眠，种球需贮存，期间的温度不宜高于（　　　）。

A. 15℃　　　B. 18℃　　　C. 25℃　　　D. 35℃

4）下列（　　　）不是球根花卉。

A. 唐菖蒲　　　B. 百合　　　C. 大丽花　　　D. 蒲包花

5）唐菖蒲、香雪兰的茎是（　　　）。

A. 球茎　　　B. 鳞茎　　　C. 根状茎　　　D. 块茎

6）下列（　　　）球根花卉最适宜水养观赏。

A. 藏红花、唐菖蒲、郁金香　　　B. 藏红花、香雪兰、风信子

C. 藏红花、风信子、水仙　　　D. 藏红花、水仙、百合

7）风信子栽植后，置入冷室是为了（　　　）。

A. 发芽　　　B. 生根　　　C. 杀菌　　　D. 春化

3. 判断题

1）中国水仙的雕刻水养目的是提早开花，并能增加造型观赏性。

2）百合、水仙都属于鳞茎类球根花卉。

3）郁金香是著名的球根花卉，盆栽观赏的宜摘心，保持良好株形。

4）唐菖蒲的叶片着生方式与鸢尾类相似，但唐菖蒲地下部分为球茎。

5）大丽花不耐霜冻，地下部分为块根而不能繁殖，主要靠播种繁殖。

6）石蒜的叶在开花前抽出，开花时花叶俱美，是良好的观花观叶地被植物。

7）郁金香和风信子都属于百合科的球根花卉，且都只具有基生叶。

8）中国水仙尤其漳州水仙是水仙类中最具观赏性的种类，具有香味，多花性，花色品种变化最丰富。

9）风信子、水仙、郁金香等的种球贮藏时需要相对干燥的环境。

10）美人蕉是美人蕉科的多年生草本花卉，耐高温，观赏的是雄蕊瓣化。

11）葱兰、韭兰既是球根花卉又是地被植物。

12）大丽花不耐霜冻，地下部分为块根，分根时宜早春先催芽。

13）百合是一种需低温春化的球根花卉，具长日照习性，切花、盆花应用较多。

14）晚香玉不耐寒，宜作春植球根花卉栽培。

4. 简答题

1）举出本地常见的8种球根花卉，说明它们的主要生态习性、栽培要点和园林应用。

2）简述郁金香、风信子的生长发育过程。

3）大丽花、百合怎样繁殖？

4）叙述球根花卉栽培的要点。

 知识拓展

其他常见球根花卉

1. 风信子（*Hyacinthus orientalis*）

别名：洋水仙、五色水仙。

科属：百合科、风信子属。

（1）形态特征 鳞茎球形或扁球形，外被皮膜具光泽，呈紫蓝色。叶基生，带状披针形，4~6枚。花葶高15~45cm，顶端着生总状花序；小花10~20余朵密生上部，多横向生长。花冠漏斗状，基部花筒较长，裂片5枚。向外侧下方反卷。花期早春，花色有白、黄、红、兰、雪青等。原种为浅紫色，具芳香，自然花期为3~4月。风信子（图6-8）栽培品种极多，具各种颜色及重瓣品种，也有大花和小花品种，早花和晚花品种等。

图6-8 风信子

（2）类型及品种

1）重要变种有3个。

① 罗马风信子（var. *albulus* Baker）：早生性，植株细弱，叶直立有纵沟。每株抽生数支花葶，花小，白色或淡青色。原产于法国南部。

② 大筒浅白风信子（var. *paecox* Voss.）：鳞茎外皮堇色。外观与前变种相似，唯花冠筒膨大且生长健壮。原产于意大利。

③ 普罗文斯风信子（var. *povincialis* Jord.）：全株细弱，叶浓绿色有深终沟。花少而小且疏生，花筒基部膨大，裂片舌状。原产于法国、意大利和瑞士。

2）主要栽培品种园艺上常分为两个系统：

① 荷兰系（*H. orientalis* L.）：由荷兰改良培养出来的品系。目前很多园艺品种均属于本系。其特点是花序长大，花朵也大。

② 罗马系（var. *albulus* Jord. 及 var. *praecox* Jord.）：由法国改良而成，也称为法国罗马系。鳞茎比前者略小，一球能抽生数支花葶。

（3）生态习性 风信子原产于南欧、地中海东部沿岸及小亚细亚一带，以荷兰栽培最盛。较耐寒，我国长江流域可露地越冬。喜凉爽、空气湿润、阳光充足的环境。要求排水良好的沙质土，低湿粘重土壤生长极差。6月上旬地上部分枯黄进入休眠，在休眠期进行花芽分化，分化的温度是25℃左右，分化过程需1个月左右。在花芽伸长前需经过2个月的低温环境，气温不能超过13℃。

（4）繁殖与栽培 播种繁殖多在培育新品种时使用，秋季将种子播于冷床中，种子播后覆土1cm，第二年1月底至2月初萌芽，入夏前长成小鳞芽，4～5年可开花。

风信子在每年9～10月间栽种。选择土层深厚，排水良好的沙质壤土，先挖20cm深的穴，穴内施入腐熟的堆肥，堆肥上盖一层土再栽入球根，上面覆土，冬季寒冷的地区，地面还要覆草防冻，长江流域以南温暖地区可自然越冬。春天施追肥1～2次。花后须将花茎剪除，以利于养球。栽培后期应节制肥水，避免鳞茎腐烂。采收鳞茎应及时。鳞茎不宜留在土中越夏，每年必须挖出贮藏，贮藏环境必须干燥凉爽，将鳞茎分层摊放以利通风。

盆栽风信子，选口径15cm的花盆，盆土以泥炭和河沙等量混合配制而成。种植后，浇透水，放入冷室催根；冷室温度9℃左右，根系充分发育后移入栽培室，环境温度控制在8～18℃，不宜低于0℃，给予充足的光照，平时浇水不要过多，保持微潮的土壤环境。花朵开放后，保持温度10℃左右，可延长观赏期。

风信子除进行基质栽培外，还可以进行水养栽培。栽培前也要对鳞茎进行低温处理。水养时可选用水仙盆或特制的玻璃瓶，将与瓶口大小相适应的鳞茎放在上面，不使鳞茎下部接触水面。瓶或盆内装水，放上风信子鳞茎，置于黑暗低温处让其发根，发出许多白根后再移到阴处长叶和抽花葶，最后把植株放在阳光充足、温度较高的温室内，促进花葶生长，植株健壮，开花繁盛。水养期间每3～4d换1次水。

（5）园林应用 风信子为著名的秋植球根花卉，株丛低矮，花丛紧密而繁茂，最适合布置早春花坛、花境、林缘，也可盆栽、水养或作切花观赏。

2. 大花美人蕉（*Canna generalis*）

别名：红艳蕉、兰蕉。

科属：美人蕉科，美人蕉属。

（1）形态特征 大花美人蕉（图6-9）为多年生春植球根花卉。具粗壮肉质根状茎，地上茎肉质，不分枝。叶片大，全缘，互生，广椭圆披针形，羽状平行脉。总状花序生茎端，每花序有花10余朵。

图6-9 大花美人蕉

花萼3枚，苞片状；花瓣3片，绿色或红色，萼片状。雄蕊5枚瓣化，为主要观赏部分，其中3枚呈卵状披针形，一枚翻卷为唇瓣，另一枚具单室的花药。雌蕊合生扁棒状。瓣化雄蕊的颜色有鲜红、橙黄或有橘黄色斑点等。花期为6~11月。蒴果球形，种子黑色，种皮坚硬。

（2）类型及品种　美人蕉科仅有美人蕉属一属，约50种，目前园艺上栽培的美人蕉绝大多数为杂交种及混交群体。同属植物：

1）蕉藕（*C. edulis*）。又名食用美人蕉、芭蕉芋。株高可达3m。茎紫色。叶下面被紫晕。瓣化雄蕊3枚，花小，鲜红色。产南美。我国南方地区农村多于田边栽种，根茎富含淀粉，可作饲料。

2）美人蕉（*C. india*）。别名小花美人蕉、小芭蕉。株高120cm。绿色，叶长45cm，花序疏散，花较小，常2朵聚生，瓣化雄蕊3枚，鲜红色。产热带美洲。

3）紫叶美人蕉（*C. warscewiczii*）。（图6-10）别名红叶美人蕉，是法兰西系统的原种之一。株高120cm。花深红色，唇瓣鲜红色。茎、叶均为紫褐色，有白粉。产巴西、哥斯达黎加等地。

4）鸢尾美人蕉（*C. iridiflora*）。（图6-11）又名垂花美人蕉。花形酷似鸢尾。株高可达2~4m。花序花朵少，花大，淡红色，稍下垂，瓣化雄蕊长。是法兰西系统的重要原种，产秘鲁。

图6-10　紫叶美人蕉　　　　　　图6-11　鸢尾美人蕉

5）柔瓣美人蕉（*C. flaccida*）。又名黄花美人蕉。根茎极大，株高1m以下。花极小，筒基部黄色，唇瓣鲜黄色。产南美。

园艺上将美人蕉品种分为两大系统，即法兰西系统与意大利系统。法兰西美人蕉系统即大花美人蕉的总称，参与杂交的有美人蕉、鸢尾美人蕉和紫叶美人蕉，花大，植株矮小，易结实；意大利美人蕉系统主要由柔瓣美人蕉、鸢尾美人蕉等杂交育成，植株高大，不结实。

（3）生态习性　大花美人蕉原产于热带美洲，我国各地普遍栽培。生长健壮，性喜温暖向阳，不耐寒，早霜开始地上部即枯萎。在我国华北、东北地区不能露地越冬。畏强风。对土壤酸碱度要求不严，但以轻松肥沃的沙壤土为好。耐湿但忌积水。花期从6月可延续到11月。

（4）繁殖与栽培　多用分株法繁殖。分割母根茎成段，每段根茎带 2~3 个芽就可栽植，切口处涂抹草木灰或硫黄粉防腐。也可用种子繁殖。美人蕉种皮坚硬，春季播种前需用温水（30℃）浸泡一昼夜，或用刀刻伤种皮后直接播种。出苗后定植，经 2~3 年开花。

美人蕉适应性强，管理粗放。每年 3~4 月挖穴栽植，内可施腐熟基肥，覆土约 8~10cm。开花前要施 2~3 次追肥，经常保持土壤湿润。花后要及时剪去花葶，有利于继续抽出花枝。长江以南，根茎可以露地越冬，霜后剪去地上部枯萎枝叶，在植株周围穴施基肥并覆土防寒。但经 2~3 年需挖出重新栽植。长江以北在秋季经霜后，茎叶大部分枯黄时将地下茎掘起，适当干燥后，贮藏于冷室内或埋藏于高燥向阳不结冰之处，翌年春暖挖出分栽。

（5）园林应用　美人蕉茎叶繁茂，花期长且花大色艳，是园林绿化的理想材料。宜作花境背衬或花坛的中心花，也可丛植于草坪边缘或绿篱前，展现群体美。还可用于基础栽植，遮挡建筑死角。可成片作自然式栽植或作室内盆栽装饰。它还是净化空气的理想材料，对有害气体如二氧化硫、氯气、氟等具有良好的抗性。

3. 花毛茛（*Ranunculus asiaticus*）

别名：芹菜花、波斯毛茛、陆地莲等。

科属：毛茛科，毛茛属。

（1）形态特征　花毛茛（图 6-12）地下部分具纺锤状小块根，常数个聚生在根颈处。茎单生或稀分枝，具毛，基生叶椭圆形，多为三裂，有粗钝锯齿，具长柄。茎生叶羽状细裂，几无柄。花单生枝顶或数朵生于长梗上，花径 2.5~4cm，萼片绿色，花瓣高出叶丛。花色丰富，花期为 4~5 月。

图 6-12　花毛茛

（2）变种与品种　园艺品种较多，花常高度瓣化为重瓣型，色彩极丰富，有黄、白、橙、水红、大红、紫及粟色等。根据荷兰 Krabbendam1961 年的方案，将园艺品种分四类：

1）土耳其花毛茛类。叶宽大，边缘缺刻浅，花瓣波状，内曲抱花心呈半球形。

2）法国花毛茛类。1875 年自法国引入荷兰后经改良而成。多为植株高、半重瓣的品种。

3）波斯花毛茛类。由原始的基本种改良而成。花大，色彩丰富，但花期较晚。

4）牡丹花毛茛类。1925 年引入荷兰。多数品种的花常呈单瓣，具芳香。栽培较普遍。

日本培育的花毛茛品种不同于上述类型，花径达 8~10cm，堪称超大花品种，并且花茎也高，是目前市场上较欢迎的品种。

（3）生态习性　花毛茛原产于欧洲东南部和亚洲西南部，现广布于世界各地。喜凉爽和半阴的环境，忌炎热，较耐寒，只要保持夜温在5℃以上，植株方能正常快速生长，在我国长江流域可露地越冬。翌春4~5月开花，花后地上部逐渐枯黄，6月后球根休眠。适生于排水良好、肥沃疏松的沙质壤土。土壤pH值以中性偏碱为宜。喜湿润，畏积水，怕干旱。

（4）繁殖与栽培　以分株繁殖为主。多在秋季9~10月栽植，将块根自根颈部顺自然分离状态用手掰开，以3~5根为1株栽植。繁殖球根可在露地进行。播种繁殖通常秋播。将种子浸湿后置于7~10℃下经20d便可发芽。翌春便可开花。种子在高温下（超过20℃）不发芽或发芽缓慢，故需人工低温催芽。

无论地栽或盆栽应选择无阳光直射，通风良好和半阴环境。秋季块根栽植前最好用福尔马林进行消毒。早春萌芽前要注意浇水防干旱，开花前追施液肥1~2次。入夏后枝叶干枯将块根挖起，放室内阴凉处贮藏，立秋后再种植。

促成栽培时，栽前球根先进行消毒，栽培基质要求肥沃、疏松。栽植深度以盆土盖住球根顶端为宜。栽后浇透水，适当遮阴。常用8℃低温处理4周。经低温处理后，块根已经发芽。如提前开花，室温可提高到15~20℃左右，如需开花延迟，可将室温降至5~10℃。

（5）园林应用　花毛茛花大色艳，是园林蔽阴环境下优良的美化材料，多配植于林下树坛之中，建筑物的北侧，或丛植于草坪的一角。适合盆栽也宜作切花材料。

4. 石蒜（*Lycoris radiata*）

别名：蟑螂花、老雅蒜、地仙、龙爪花、红花石蒜等。

科属：石蒜科，石蒜属。

（1）形态特征　红花石蒜（图6-13）为多年生鳞茎花卉。地下鳞茎广椭圆形，外被紫红色膜质外皮。基生叶线形，5~6片，长30~60cm，表面深绿，背面粉绿色，秋冬季抽出，夏季枯萎。花葶刚劲直立，先叶抽出，花5~7朵呈顶生伞形花序，花鲜红色，花被6片，向后翻卷，雌雄蕊均伸出花冠之外。

（2）类型及品种　同属有十多种，该属大多为美丽的观赏花卉。常见栽培的还有：

1）忽地笑（图6-14）（*L. aurea*）。又名黄花石蒜、铁色箭。叶阔线形，粉绿色。花大，鲜黄色。分布在我国中南部，生于阴湿环境，花期为9~10月。

图6-13　红花石蒜

图6-14　忽地笑

2）长筒石蒜（*L. longituba*）。又名白花石蒜。花被筒长4~6cm，顶端稍反卷，花白色，稍具红纹。分布于江苏南部。

3）鹿葱（*L. squamigera*）。又名夏水仙。叶落花挺。叶阔线形，淡绿色。花淡紫红色，生于山地阴湿处。花期为8月。

（3）生态习性　石蒜原产于我国和日本，分布在我国长江流域至西南地区。在自然界中多野生于山村阴湿处及溪旁石隙中，喜阴湿的环境，能耐盐碱。耐寒力强，在我国大部分地区鳞茎均可露地自然越冬。早春萌发出土，夏季落叶休眠。8月自鳞茎上抽出花葶，9月开花。要求富含腐殖质而排水良好的土壤。

（4）繁殖与栽培　本种为3倍体，不易结实，故多采用分球繁殖。入夏叶片枯黄后将地下鳞茎掘起，掰下小鳞茎分栽，鳞茎不宜每年采收，一般4~5年掘起分栽1次。

石蒜是秋植球根类花卉。立秋后选疏林荫地成片栽植，株行距20cm×30cm。石蒜适应性强，管理粗放。如土质较差，于栽植前可施有机肥1次。栽培深度以土刚埋过鳞茎之顶部为合适；过深翌年不能开花。在养护期注意浇水，保持土壤湿润，但不能积水。休眠期如不分球，可留在土壤中自然越冬或越夏。华北地区需保护越冬，花后常因气候寒冷不能抽叶；迟至翌春始发叶，初夏枯萎。

（5）园林应用　石蒜宜作疏林下地被，或栽植于溪涧、石旁作自然点缀，颇有野趣。因开花时无叶，可点缀于其他较耐阴的草本植物之间。鳞茎富含淀粉和多种生物碱，有毒。

5. 番红花（*Crocus sativus*）

别名：藏红花、西红花。

科属：鸢尾科，番红花属。

（1）形态特征　番红花（图6-15）多年生秋植球根花卉。地下具球茎，扁圆形或圆形，外被干膜质或革质外皮。叶多数，成束丛生，细线形，叶基具淡绿色鞘状宽鳞片。花单生葶顶，花被片6枚。花葶与叶同时或稍后抽出，顶生一花；一般不结实，花期春或秋季。

图6-15　番红花

（2）类型及品种　同属植物约100余种，按开花期分2个种类：

1）春花种类。花葶先于叶抽土，花期为2~3月。常见栽培的有：

①番黄花（*C. maesiacus* Ker.）。球茎扁圆形，径2.5cm。叶6~8枚，狭线形，明显高于花葶，苞片2，花金黄色，花期为2~3月。

②番紫花（*C. vernus* Wulfen.）。球茎扁圆形，径2.5cm。叶2~4枚，宽线形，与花葶等高。苞片1，花雪青色或白色，常具紫斑；花期为3月中、下旬。

③高加索番红花（*C. susianus* Ker.）。球茎卵圆形，径1.8cm。叶5~8枚，狭线形。苞

片2；花被内侧鲜橘黄色，外侧晕棕色，星形。

2）秋花种类。花葶常于叶后抽出。花期为9~10月。

① 番红花（*C. staivus* L.）。球茎扁圆形，径2.5~3cm。叶多数，狭线形，长可达30~40cm，灰绿色，缘具毛。苞片2；花大，芳香；雪青色、红紫色或白色，花期为9~10月。

② 美丽番红花（*C. speciosus* Biel.）。球茎扁圆形，径3cm。叶4~5枚，苞片2，花大，色艳，内侧雪青色带紫晕，外侧深蓝色，花期为10月中、下旬

（3）生态习性 番红花原产于南欧和小亚细亚，喜凉爽气候，忌酷热，生长温度以夜温5~10℃，昼温21℃为宜。喜充足阳光，亦耐半阴，宜排水良好、腐殖质丰富的沙壤土，pH值为5.5~6.5；忌积水。番红花无论是春花种或秋花种均为秋植球根，秋季萌发，冬、春季迅速生长并开花。

夏季球茎休眠并开始花芽分化。分化适温15~25℃。

（4）繁殖与栽培 以分球繁殖为主，也可播种。母球茎的寿命为1年，每年于母球上形成一个新球和几个子球。新球为开花商品球，子球培养2~3年为开花大球。也可播种繁殖，实生苗3~4年开花。

华北地区需温室栽培，如露地种植，冬季应覆盖过冬，苗期可耐-10℃低温。栽植深度为球茎的3倍，开花期多浇水，不宜施肥，否则易烂球。花后可追肥，以促进新球生长。夏季休眠应挖球后，球茎贮藏于17~23℃的干燥室内。

番红花促成栽培较简便。一般选用春花种类。9月初将球茎放置于6~10℃的低温、干燥贮藏8周，于需要花期前40d左右上盆，进温室培养，先期温度10℃左右，以后逐步升高，并通过温度来调节花期。也可以不经冷藏处理于9~10月直接上盆，种后放在室外培养，于11月气温降到2~5℃时，再移进温室培养，并于冬季开花。

（5）园林用途 番红花适宜作花坛、草地镶边，岩石园栽植或草坪丛植点缀，也可小型盆栽或水养，促成栽培观赏，为世界上最贵重的香料。柱头药用，俗称"藏红花"。

6. 朱顶红（*Amaryllis vittatum*）

别名：孤挺花、百枝莲、华胄兰、百子莲、对红等。

科属：石蒜科，孤挺花属。

（1）形态特征 鳞茎球形。叶着生于鳞茎顶部，6~8枚呈二列迭生，宽带状，略带肉质。花茎自叶丛抽出，粗壮、中空；近伞形花序，有花4~6朵，花大，漏斗状，鲜红色或带白色，或有时有白色条纹。花期为2~5月。果实球形，种子扁平。

（2）类型及品种 朱顶红（图6-16）属植物园艺品种很多，可分为两大类。一为大花圆瓣类，花大型，花瓣先端圆钝，有许多色彩鲜明的品种，多用于盆栽观赏；另一类为尖瓣类，花瓣先端尖，性强健，适于促成栽培，多用于切花生产。常见种类：

1）孤挺花（*A. belladonna*）。春季出叶。花鲜红色，基部黄绿色，花被片方格斑纹，喉部有一个小副冠。栽培品种：'爱神''Hathor'，花大，白色。花期为夏秋季。

2）杂种孤挺花（*A. hybridum* Hort.）。为朱顶红、短

图6-16 朱顶红

筒孤挺花、网纹孤挺花等种杂交而培育成的园艺品系。花大、色艳，丰富多彩。

3）短筒孤挺花（*A. reginae*）。花被筒短，花亮红色，无条纹，喉部有绿白色星；花期为春季。产热带美洲，非洲西部也有。

4）网纹孤挺花（*A. reticulata* L'Her.）。花叶同出，花粉红色，具暗色方格斑纹；花期为秋冬间。产巴西。

（3）生态习性　朱顶红原产秘鲁，世界各地广泛栽培。春植球根，喜温暖湿润和阳光不过强的环境，生长适温 18～25℃，冬季休眠期要求不低于 5℃ 的冷凉干燥环境。要求富含腐殖质而排水良好的土壤。喜肥，要求富含有机质的沙质壤土。

（4）繁殖与栽培　春天栽植时分栽子球或播种繁殖。朱顶红花后 30～40d 种子成熟，种子随采随播，10～15d 可出苗，2～3 年后可开花。

朱顶红在长江流域以南可露地越冬，华北地区仅作温室栽培。2～3 月间种植于排水通畅、肥沃的砂质壤土中。盆栽朱顶红需用开花大球，每盆 1 球，朱顶红栽植时顶端要露出 1/4～1/3。初上盆时不可多浇水，生长期每半月追肥 1 次，花后补肥，促进鳞茎生长。放在温暖、阳光充足之处，9 月减少浇水，10 月停水。露地栽培的略加覆土就可安全越冬，通常隔 2～3 年挖球重栽一次；盆中越冬的，春暖后应换盆或换土。

促成栽培时，9 月初，将朱顶红的鳞茎干燥置于 15～17℃ 条件下 4 周，然后在 23℃ 处并干燥。11 月初上盆，生长适温 18～25℃，可提前在圣诞节或元旦开花。

（5）园林应用　朱顶红花大、色艳，栽培容易，我国华南、西南地区可庭园丛植或用于花境；北方地区常作盆栽观赏或作切花材料。

7. 葱兰（*Zephyranthes candida*）

别名：葱莲、玉帘。

科属：石蒜科，葱兰属。

（1）形态特征　葱兰（图 6-17）地下具小而有皮鳞茎。株高 20cm 左右。叶基生，狭线形至带状，稍肉质，暗绿色。花葶中空，自叶丛中抽出，花单生顶端，花被 6 片，雄蕊 6 枚，白色外被淡红色晕，夏秋开花。蒴果近球形。

（2）类型及品种　同属植物有红花葱兰（*Z. grandiflora*），别名韭兰（图 6-18）、红玉帘、风雨花、菖蒲莲。叶长而软，扁线形，花漏斗状，粉红色或玫瑰红色。

图 6-17　葱兰

图 6-18　韭兰

（3）生态习性　葱兰原产于巴西、秘鲁等南美各国，我国栽培广泛。春植球根，性喜阳光，也能耐半阴。耐寒力强，暖地常绿，长江流域可露地越冬。要求排水良好，肥沃的粘质土壤。

（4）繁殖与栽培　常分球繁殖，也可种子繁殖。鳞茎分生能力强，以春季分栽子球繁殖。

生长健壮，管理粗放，其新鳞茎形成和叶丛生长，花芽分化渐次交替进行，故开花不断。栽植深度以鳞茎顶部稍露地面或与之平，每穴 2～3 球，间距 15cm。生长旺季充分供应水肥。一般 2～3 年分球重栽一次，花后及时剪去残花，花谢后再浇水，50～60d 再浇水又可开花，如此干湿相间，一年可多次开花。

（5）园林应用　株丛低矮而紧密，花期较长，最适合作花坛边缘材料和蔽阴地的地被植物，也可盆栽和瓶插水养。

8. 葡萄风信子（*Muscari botryoides*）

别名　蓝壶花、葡萄百合、葡萄麝香兰。

科属：百合科，蓝壶花属。

（1）形态特征　葡萄风信子（图 6-19）为多年生球根花卉。小鳞茎卵圆形，皮膜白色或淡褐色。叶基生，叶绒状披针形，丛生，植株矮小。花葶长 15～20cm，高于叶丛；小花多而密，组成细圆锥状的总状花序，顶生，呈坛状下垂，碧蓝色，白，粉红，花期于 3～5 月。

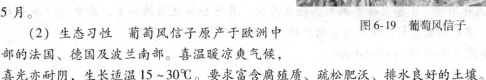

图 6-19　葡萄风信子

（2）生态习性　葡萄风信子原产于欧洲中部的法国、德国及波兰南部。喜温暖凉爽气候，喜光亦耐阴，生长适温 15～30℃。要求富含腐殖质、疏松肥沃、排水良好的土壤。

（3）繁殖与栽培　播种或分球繁殖。秋季采种即露地直播，也可秋植球根时分子球种植。

我国华北地区可露地越冬。性强健，适应性强，栽培中施足基肥，生长期可追肥。葡萄风信子适应性强，栽培管理容易，随时可移植，也能用于冬季促成栽培。8 月底将鳞茎放入 6～8℃的冰柜内冷藏 50d，然后取出放置在冷室通风处，12 月初用上盆栽植，每盆放 8～12 个种球。在 15～25℃养护，元旦、春节便能开花。

（4）园林用途　由于葡萄风信子株丛低矮，花色明丽，花期长，绿叶期也较长，是园林绿化优良的地被植物。常作疏林下的地面覆盖或用于花境、草坪的成片、成带与镶边种植，也用于岩石园作点缀丛植，也适于盆栽观赏。

9. 小苍兰（*Freesia refracta*）

别名：小菖兰、香雪兰、洋晚香玉、麦兰等。

科属：鸢尾科，香雪兰属。

（1）形态特征　小苍兰（图 6-20）为多年生球根花卉，具圆锥形小球茎。茎柔弱，少分枝。叶二列互生，狭剑形，较短而稍硬。株高 40cm。花茎细长，稍扭曲，着花部分横弯。单歧聚伞花序，花朵偏生一侧；花狭漏斗形，直立；花具芳香，苞片膜质，白色，花色丰富；花期为 3~4 月。

（2）变种与品种　主要变种有：

① 百花小苍兰（var. *alba* Baker）：叶片与苞片宽大，花大，纯白色，内部黄色。

② 鹅黄小苍兰（var. *leichtinii* W. Miller）：叶阔披针形，花大，鲜黄色，有铃兰香气。花被片边缘和喉部带橙黄色。此外还有粉红、玫红、雪青及紫色等杂种和品种。

（3）生态习性　小苍兰原产于南非好望角一带。为秋植球根花卉。冬春开花，夏季休眠。喜凉爽、湿润环境，不耐寒；最佳生长和发育温度为 13℃ 左右。喜阳光充足，肥沃而疏松的土壤。

图 6-20　小苍兰

（4）繁殖与栽培　播种或分球繁殖，以分球为主。春季 5 月份采种，即采即播，约经 3~5 年可开花。目前欧洲培育的播种新品种，可 6~7 月播种，次年 2~3 月开花。秋天栽植球茎，小的新球需培养 1 年后才能形成开花球，更小的子球栽培 1~2 年后也可开花。

中国大部分地区作温室栽培。8~9 月先对球进行冷处理，以打破休眠，促进花芽分化。种球消毒后，栽植于湿润木屑的箱中，保持一定湿度，放置于 10℃ 左右的低温下，生根发芽。移入温室，温度控制在 10~20℃。前期稍低，之后根据生长进度升高温度。可将花期提前到元旦或春节。生长期需经常追肥，保持土壤湿润，加强室内通风。开花期易倒伏，需设支架支撑花茎。

（5）园林用途　小苍兰株态挺秀、花色浓艳，具有独特优雅的芳香，是重要的冬春盆花，也是著名的切花材料。暖地可自然丛植，但对二氧化硫抵抗力极弱。

10. 姜花（*Hedychium coronarium*）

别名：香雪花、夜寒苏。

科属：姜科，姜花属。

（1）形态特征　姜花（图 6-21）为多年生草本花卉。有根状茎和直立茎，高可达 1~2m。叶互生，无柄。穗状花序顶生，苞片 4~6 枚，覆瓦状排列，每一苞片内有花 2~3 朵。花冠筒细长，裂片披针形，后方 1 枚兜状。小花白色，雄蕊退化呈花瓣状。极芳香，花期秋季。

图 6-21　姜花

（2）生态习性 姜花原产于中国南部、西南部，印度、越南也有分布。喜温暖湿润，不耐寒；喜半阴及肥沃、湿润的微酸性壤土。

（3）繁殖与栽培 春季分开地下块状根茎，另行栽植即可。栽前施足基肥，生长期追肥1~2次，保持土壤湿润。栽培管理简便。

（4）园林用途 花境，丛植，盆栽，或作切叶材料。

11. 花贝母（*Fritillaria imperalis*）

别名：冠花贝母、皇冠贝母、帝王贝母、王贝母等。

科属：百合科，贝母属。

（1）形态特征 花贝母（图6-22）多年生秋植球根花卉。鳞茎有肉质，鳞片2~3片，叶无柄，宽线形，3~4片叶轮生或对生，顶部须状钩卷。株顶着花，数朵集生，花冠钟形，下垂生于叶状苞片群下。花期为3~4月。

（2）类型及品种 贝母属约有100个种，栽培历史悠久，栽培品种较多。常见的种有浙贝母（*F. thunbergii*）、川贝母（*F. cirrhosa*）、平贝母（*F. ussuriensis*）、黑贝母（*F. camtschatcensis*）。另有波斯贝母（*F. persica*）和禾贝母，又名米其拉维基贝母（*F. michailovskyi*）。

（3）生态习性 花贝母原产于土耳其南部。喜光照充足，又耐阴、耐寒。适宜于富含有机质、排水良好、pH值6.0~7.5的沙质壤土。需要5~9℃的低温处理，约13~17周，生长温度为7~20℃。

图6-22 花贝母

（4）繁殖与栽培 播种或分球繁殖。夏季种子成熟后即采即播，次春发芽。分球繁殖在夏秋进行。秋季9~10月为种植适期，栽植深度为20cm。气候寒冷的地区，需覆盖越冬。早春新芽出土后，保持土壤湿润，要及时追肥1次，促进茎，叶生长。夏季地上部枯萎后，进入休眠期，可留土过夏，但土壤不宜过湿，避免地下鳞茎腐烂，也可挖起贮存于阴凉通风环境中越夏。收球贮藏，贮藏温度为13℃左右。

（5）园林用途 花贝母植株高大，花大而艳丽，是花境中优良独特的花材，也可丛植。矮生品种比较适合盆栽，观赏性很强。贝母有些种类为名贵药材，鳞茎和花入药。

12. 铃兰（*Convallaria majalis*）

别名：香水花、君影草、鹿铃、小芦铃、芦藜花等。

科属：百合科，铃兰属。

（1）形态特征 铃兰（图6-23）为多年生球根花卉。具横行而分枝的根状茎，株高30cm。叶2~3枚基生而直立。花葶由鳞片腋内抽出，顶端微弯，总状花絮偏向一侧，着花6~10朵，花朵乳白色悬垂若铃串，具芳香。花期为4~5月，被法国人视为报春花。浆果圆球形，熟时宝石红色，有毒。

（2）生态习性 花贝母原产于北半球温带，欧洲、亚洲及北美洲都有分布。铃兰喜半阴、湿润、

图6-23 铃兰

凉爽环境，耐寒冷，忌炎热，夏季休眠。只要有适当的阴凉条件，就会以散布根茎的方式迅速繁殖。喜富含腐殖质、湿润而排水良好的微酸性沙质壤土，忌干旱。

（3）繁殖与栽培　一般用分割根状茎进行繁殖。于秋季将母株带芽的根状茎切段栽种。遮阴以及潮湿肥沃的土壤是栽好的重要条件，栽植株行距25～30cm，每丛2～3个芽，覆土深5～6cm。生长期应经常保持土壤疏松湿润，早春和秋末各施一次充分发酵的追肥。开花前有适当阳光，花后较耐阴蔽。

（4）园林应用　铃兰是一种名贵的香料植物，它的花可以提取高级芳香精油，是一种优良的盆栽观赏植物，通常用于花坛和小切花，也可作地被植物，其叶常被利用做插花材料。

其他球根花卉还有文殊兰（*Crinum asiaticum*）、雪滴花（*Galanthus nivalis*）、网球花（*Haemanthus multiflorus*）、美丽蜘蛛兰（*Hymenocallis speciosa*）、大花葱（*Allium giganteum*）、文殊兰（*Crinum asiaticum*）、花贝母（*Fritillaria imperalis*）、六出花（*stroemeria aurantiaca*）、百子莲（*Agapanthus africanus*）、晚香玉（*Polianthes tuberose*）等。

项目⑦

水生花卉生产与应用

 学习目标

◆ 解释水生花卉的概念，以及正确区分不同水生花卉的习性。

◆ 识别10种以上常见水生花卉，并能熟练对水生花卉进行园林应用。

◆ 熟练掌握荷花、睡莲、千屈菜等水生花卉的繁殖技术和日常养护管理。

◆ 初步设计合理的工作步骤，学会制订水生花卉养护管理方案并实施。

工作任务

根据水生花卉的养护任务，对荷花、睡莲、千屈菜等常见水生花卉进行养护管理，包括繁殖和栽植、水肥及其他管理，并作好养护管理记录。要求要详细计划每个工作过程和步骤，以小组为单位通力合作，制订养护方案，对现有的栽培技术手段要进行合理的优化和改进。在工作过程中，要注意培养团队合作能力和工作任务的信息采集、分析、计划、实施能力。

任务1　水生花卉栽培概述

水生花卉不仅局限于植物体全部或大部分在水中生活的植物，泛指生长在水中、沼泽地或湿地上的一切可供观赏的植物，包括一年生花卉、宿根花卉、球根花卉。其明显的特点是对水分的要求和依赖性远高于其他植物。水生花卉是水生景观的主要材料，常栽植于公园、湖岸等各种水体，作为主景或配景供人们观赏，是公园景观、小区绿化、河道美化、大型盆栽以及污水处理的理想植物。近年来，水生植物以其特有的形态、观赏效果和耐水湿的特性，随着各地城市绿化、水景开发及生态治理工程的进展，逐步成为园林中一个新兴的行业。

7.1.1　水生花卉类型及生态习性

1. 类型

根据花卉在水体中生长状况不同将其分为：

（1）挺水花卉　根生于泥土中，茎叶挺出水面之上，花开时离开水面。包括沼生到

1.5m 水深的植物，栽培中一般是 80cm 水深以上。如荷花、香蒲、芦苇、水葱、千屈菜、菖蒲、水生鸢尾和雨久花等。

（2）浮水花卉　根生长于泥土中，叶片漂浮在水面上，花开时近水面。包括水深 1.5 ~ 3m 的植物，栽培中一般是 80cm 水深以下。如睡莲、王莲、萍蓬草、芡实、菱、荇菜等。

（3）漂浮花卉　根生长于水中，植物体漂浮在水面上，可随水漂移。如满江红、凤眼莲、浮萍等。

（4）沉水花卉　根生于泥中，茎叶沉于水中，是净化水质或布置水下景色的素材。如玻璃藻、莼菜、金鱼藻和苦菜等。

2. 主要习性

（1）对水分的要求　水生花卉的生长环境离不开水，对水分的要求很高。挺水花卉和浮水花卉一般要求 60 ~ 100cm 的水深，近沼生的花卉 20 ~ 30cm 水深即可。湿生花卉只适宜种植岸边潮湿地。另外水体质量的好坏也直接影响到水生花卉的生存。水体有一点流动，对花卉的生长有益，可以提供更多的氧气。

（2）对温度的要求　因原产地的不同而有很大的差异。睡莲的耐寒种类可以在俄罗斯西伯利亚地区的露地生长；而王莲适温为 40℃，在中国大部分地区不能露地越冬。

（3）对光照的要求　不同种类的水生花卉对光照要求不同。浮水花卉、挺水花卉、漂浮花卉都属于阳性植物，要求充足的光照，一般需光度为全日照 70% 以上的光强度。如荷花、睡莲、王莲、凤眼莲、芦苇等。沉水植物对光照要求较低，但不能没有光照。

（4）对土壤的要求　水生花卉喜粘质、有丰富腐殖质的土壤。

7.1.2　水生花卉栽培管理

1. 选择适宜的栽培种类或品种

首先，要遵循适地适物种的原则，选择在当地适生的种类和品种栽培；其次，根据各种观赏、配置要求，选择观赏价值高、与周围环境相协调的种类。当然还要考虑栽培技术、资金投入、管理养护等方面的问题。

2. 选用适宜的繁殖方式

大多数水生花卉是多年生花卉，因此主要繁殖方式为分生繁殖，即分株或分球，也可以扦插和播种。分株一般在春季萌芽前进行；播种可随采随播，或将种子贮藏在水中待播。

3. 确定栽培方式与方法

（1）容器栽培　根据栽培品种或种类的植株大小，来确定容器的大小。如荷花、香蒲等植株大的，可用大盆或缸（高 60 ~ 65cm，口径 60 ~ 70cm）栽种；植株较小的睡莲、再力花等，用中盆（高 25 ~ 30cm，口径 30 ~ 35cm）栽种；而碗莲等小型植株，用碗或小盆（高 15 ~ 18cm，口径 25 ~ 28cm）栽种。

（2）湖塘栽培　在湖塘栽植水生花卉时，应考虑水位。

4. 管理养护

（1）土壤和养分管理　选用池底有丰富腐殖质的粘质土壤的水体。地栽种类主要在基肥中解决养分问题。新挖的池塘需施入大量有机肥。盆栽也以富含腐殖质的粘质壤土为主。

（2）水的管理 不同水生花卉对水深要求不同，同一种花卉对水深的要求一般是随着生长要求不断加深，旺盛期达到最深水位。清洁的水体有益于水生花卉的生长发育，轻微流动的水体有利于植物生长。

（3）越冬管理 耐寒种类直接栽植在水边或池中，冬季不需要特殊防护；半耐寒种类直接种在水中的，初冬结冰前提高水位，使花卉根系在冰冻层之下过冬；半耐寒盆栽的，入冬前需放置在冷室过冬，保持土壤湿润即可；不耐寒的种类要盆栽，冬天移入温室过冬；特别不耐寒的种类，大部分时间要在温室栽培。

（4）其他管理 池内放养鱼时，在植物基部覆盖小石子可以防止小鱼啃食；在花卉周围设置细网稍高水面以不影响观赏为度，可以防止大鱼啃食。每年夏季应清理 1~2 次水中杂草，同时及时剪除残花败叶，以免影响观赏。

7.1.3 水生花卉园林应用

1）水生花卉是园林水体周围及水体中植物造景的重要花卉。

2）水生花卉是花卉专类园——水生园的主要材料。

3）水生花卉常栽植于湖岸、各种水体中作为主景或配景；在规则式水池中常作为主景。

任务2 荷花栽培技术

荷花（*Nelumbo nucifera*）

别名：莲、藕、芙蓉、芙蕖、水芝、红蕖、菡萏、水芙蓉、六月春、水芸、玉环等。

科属：睡莲科，莲属。

荷花是我国十大传统名花之一，具有悠久的栽培历史，经考古学家考证，已有 7000 多年的历史。在我国古籍文献记载中，至少也有 3000 多年。自古以来，荷花就成为宫廷园苑或庭院中的一种珍贵水生花卉。在近代园林中，其应用日趋广泛。荷花作为切花点缀式瓶插，可美化居住环境，增添生活情趣。

7.2.1 形态特征

荷花（图 7-1）为多年生宿根挺水花卉。荷叶基生，呈盾状圆形，具 14~21 条辐射状叶脉，叶径可达 70cm，全缘，具长柄。叶面绿色，表面被蜡粉，不湿水，叶背淡绿色，光滑。叶柄侧生刚刺。最早从顶芽长出的叶，形小、柄细，浮于水面，称为钱叶；最早从藕节上长出的叶浮于水面，称为浮叶；后来从藕节上长出的叶较大，叶柄也粗，立出水面，称为立叶。地下茎膨大横生于泥中，称为藕。地下茎有节和节间，节上环生不定根并抽生叶和花，同时萌发侧芽。花单生于花梗的顶端，有单瓣和重瓣之分，花色各异，有粉红、白、淡绿、深红及间色等。花径大小因品种而异，在 10~30cm 之间。花期为 6~9 月，单花期 3~4d。花谢后膨大的花托称为莲蓬，上有 3~30 个莲室，每个莲室形成一个小坚果，俗称莲子。果熟期为 9~10 月，成熟时果皮青绿色，老熟时变为深蓝色，干时坚固。

图 7-1　荷花

7.2.2　类型及品种

1. 按栽培目的分

以产藕为主的称为藕莲，此类不开花或少开花，花单瓣。以产莲子为主的称为子莲，此类开花繁茂，但观赏价值不如花莲。以观赏为主的称为花莲，此类雌雄蕊多数为泡状或瓣化，常不能结实，但开花多，花色、花形丰富，群体花期长，观赏价值高。

2. 按荷花品种分类体系（3 系 5 群 13 类 28 组）

（1）中国莲系

大、中花群：

单瓣类（花瓣 16 枚）：单瓣红莲组、单瓣粉莲组、单瓣白莲组。

复瓣类（花瓣 100 枚）：复瓣粉莲组。

重瓣类（花瓣 200～2000 枚）：重瓣红莲组、重瓣粉莲组、重瓣白莲组、重瓣洒金莲组。

重台类：红台莲组。

千瓣类：千瓣莲组。

小花群（碗莲群）：

单瓣类：单瓣红碗莲组、单瓣粉碗莲组、单瓣白碗莲组。

复瓣类：复瓣红碗莲组、复瓣粉碗莲组、复瓣白碗莲组。

重瓣类：重瓣红碗莲组、重瓣粉碗莲组、重瓣白碗莲组。

（2）美国莲系

大、中花群：

单瓣类：单瓣黄莲组。

（3）中美杂交莲系

大、中花群：

单瓣类：杂种单瓣红莲组、杂种单瓣粉莲组、杂种单瓣黄莲组、杂种单瓣复色莲组。

复瓣类：杂种复瓣白莲组、杂种复瓣黄莲组。

小花群（碗莲群）：

单瓣类：杂种单瓣黄碗莲组。

复瓣类：杂种复瓣白碗莲组。

除此以外还有观赏莲，价值较高的是一梗两花的"并蒂莲"，也有一梗能开四花的"四面莲"，还有一年开花数次的"四季莲"，又有花上有花的"红台莲"。常见观赏品种有西湖红莲、东湖红莲、苏州白莲、红千叶、大紫莲、小洒锦、千瓣莲、小桃红等。

7.2.3 生态习性

荷花原产于亚洲热带地区及大洋洲。荷花喜相对稳定的静水，湖塘栽植以 60～110cm 水深为宜。盆缸栽种，则需保持 5～10cm 的水层。高温和强光是荷花开花的主要因子。荷花生长最适气温为 28～32℃。强光照射，不仅提高了水温，而且能加速荷花的生殖生长。水温冬天不能低于 5℃；一般 8～10℃开始萌芽，14℃时抽生地下茎，同时长出幼小的"钱叶"，18～21℃开始抽生"立叶"，在 23～30℃时加速生长，抽出立叶和花梗并开花。pH 值以 6.5～7 为宜。荷花喜肥，要求含有丰富腐殖质、微酸性的肥沃粘质壤土，土壤酸度过大或土壤过于疏松，均不利于生长发育。

7.2.4 栽培管理

1. 繁殖技术

荷花可用播种繁殖和分株繁殖，园林应用中多采用分株繁殖，可当年开花。

（1）分株繁殖（分藕繁殖）　清明前后挑选生长健壮的根茎，每 2～3 节切成一段或用子藕作种藕。选用的种藕必须具有完整无损的顶芽和尾节，否则水易浸入种藕内，引起种藕的腐烂。分栽时间以 4 月中旬藕的顶芽开始萌发时最为适宜，过早易受冻害，过迟顶芽萌发，钱叶易折断，影响成活。用手指保护顶芽向下以 20°左右斜插土中 10cm 深即可。如果种藕不能及时栽种，应将其放置在背风阴凉的地方，覆盖草帘，洒上水以保持藕体的新鲜。

（2）播种繁殖　播种繁殖需选用充分成熟的莲子，播种前必须先"破头"，即用锉将莲子凹进去的一端锉伤一小口，露出种皮。将破头处理的莲子投入清水中浸泡 24h，保持温度 20℃左右，每天换一次水，一周后发芽，直至长出 2～3 片幼叶时即可播种于泥水盆中。实生苗一般次年可开花。

2. 栽培管理技术

（1）环境条件的选择　根据荷花喜光、喜温和畏风的特性，荷花栽培的环境应选择背风向阳的地方，栽植地还必须保证有 8h 以上的光照，否则，影响开花质量和数量。湖塘栽种简单，要求选择有充足的水源，水流缓慢，水位相对稳定，水质无严重污染，水深在 150cm 以内，排水便利的湖塘。荷花对土壤的适应性较强，以土壤肥沃、土层深厚、富含有机质的塘泥为宜。此外，荷花嫩叶易被鱼类啃食，因此在种植前，应先清除池内有害鱼类，并用围栏加以围护，以免鱼类啃食。如果选择盆缸栽培，则盆缸栽培场地应地势平坦，背风向阳，栽植时用花盆、花缸，高度为 40～50cm，直径为 60～70cm，盆缸中填入富含腐殖质的肥沃湖塘泥，泥量占盆缸深度的 1/3～1/2，并施足基肥。

（2）水的管理　因荷花对水分的要求在各生长期各不相同，如缸栽荷花在钱叶生长期，水深以 2～5cm 左右为宜，这既可以提高土温，又能促进荷花生长。随着荷花的生长，可逐渐提高水的深度，达到 10～30cm。荷花进入休眠期后，不必每天灌水，但需保持湿润。冬天，当气温达到 -5℃时，缸栽荷花如要露地安全越冬，就必须注满缸水，以防它们受冻腐烂。池塘栽培的荷花，栽后不立即灌水，3～5d 后再灌入少量水，深 10～20cm 为宜，入夏后加深水位至 60～110cm，立秋后在适当降低水位，水位最深不宜超过 1m，入冬后加深至 1m，北方应更深一些。

（3）合理施肥　荷花喜肥，但忌浓肥。池塘栽种荷花，一般不施追肥，但有时为促进塘荷的开花率，追施些以磷、钾肥为主的复合肥。将粉状或粒状复合肥，5～10g/包，用纱布包裹，埋入泥中。缸、盆栽植的荷花、碗莲，以长效有机肥为基肥，可用豆饼等作基肥，基肥用量为整个栽植土的 1/5，将基肥放入缸盆的最底层。进入立叶生长期，适当追施缓效磷、钾肥，能使茎干粗壮，提高抗倒伏性，延长其植株的绿色生长期。盆栽碗莲，进入开花盛期，叶片出现发黄症状，可在叶面喷施浓度为 20～60mg/L 的铁、锰、钾液肥。

（4）除草与修剪　杂草对荷花生长不利，如不及时清除，既与荷花争光夺肥，又影响观赏效果。荷花的杂草以青苔、浮萍、藻类为主，采用人工清除法及时打捞。塘荷杂草，一般以化学除草为主，每月 2 次。植株出现残花败叶，应尽早修剪。发生病叶，及时剪除烧毁，保持良好的生长环境和充足的养分资源。

7.2.5　园林应用

荷花，中国的十大名花之一，它不仅花大色艳，清香远溢，凌波翠盖，而且有着极强的适应性，既可广植湖泊，蔚为壮观，又能盆栽瓶插，别有情趣。荷花本性纯洁，花叶清丽，因其"出污泥而不染，迎朝阳而不畏"的高贵气节，深受文人墨客及大众的喜爱，被誉为"君子花"。自古以来，就是宫廷苑囿和私家庭园的珍贵水生花卉。在现代风景园林中，也越发受到人们的青睐，应用更加广泛。荷花可装点水面景观，也是插花的好材料。

1. 荷花专类园

近来国内兴起的荷花专类园有三种：一是武汉东湖磨山的园林植物园，园中开辟一处以观赏、研究荷花为主的大型水生花卉园；二是南京莫愁湖、杭州新"曲院风荷"，这类是以荷花欣赏为主的大型公园；再一类就是以野趣为主，旅游结合生产的荷花民俗旅游资源景区，如广东三水的荷花世界、湖南岳阳的团湖风景区。

2. 在山水园林中作为主题水景植物

俗话说"园无山不壮，山无水不丽"，用荷花布置水景，在中国园林中极为普遍。江南一带名园，多设有欣赏荷花风景的建筑，扬州的瘦西湖在堤上建有"荷花桥"，桥上玉亭高低错落，造型古朴淡雅，精美别致，与湖中荷花相映成趣，是瘦西湖的风景最佳处，岳阳金鹗公园的荷香坊临水而建，与曲栏遥相贯通，香蒲熏风，雨中赏荷，深受群众喜爱。

3. 作四季有花可赏中的夏花

四时景观的不同，是中国造园家恪守的造园规则，如梅花耐冬，柳丝迎春，绿荷消夏，桐叶惊秋。荷花的绿色观赏期长达 8 个月，群体花期在 2～3 个月左右。夏秋时节，人乏蝉鸣，桃李无言，亭亭荷莲在一汪碧水中散发着沁人清香，使人心旷神怡。

4. 作多层次配置中的前景、中景、主景

中国园林在配置植物时十分注意层次的变化，以形成远近、高低不同的丰富景观。柳荷并栽就是典型的手法。刘鹗在《老残游记》中曾用"四面荷花三面柳，一城山色半城湖"来概括济南大明湖。湖南湘潭的雨湖公园春季柳絮纷飞，小荷露尖；夏秋花叶亭亭，柳丝翠绿；冬季柳丝批雪，残荷有声，不失为佳景胜地。

5. 作工业三废水污染水域的"过滤器"

由于莲藕地下茎能吸收水中的好氧微生物分解污染物后的产物，所以荷花可帮助污染水域恢复食物链结构，促使水域生态系统逐步实现良性循环。

任务3 睡莲栽培技术

睡莲（*Nymphaea tetragona*）

别名：子午莲、水芹花、瑞莲、水洋花、小莲花。

科属：睡莲科，睡莲属。

睡莲为多年生浮水花卉，是水生花卉中名贵花卉。外形与荷花相似，不同的是荷花的叶子和花挺出水面，而睡莲的叶子和花浮在水面上。睡莲因昼舒夜卷而被誉为"花中睡美人"。

7.3.1 形态特征

睡莲（图7-2）为多年生水生草花。根状茎横生于淤泥中，叶丛生，具细长叶柄，浮于水面，纸质或革质，圆形或卵圆形，基部近戟形，全缘。叶正面浓绿有光泽，叶背面暗紫色。叶柄细长而柔软，因而使叶片浮于水面。花单朵顶生，浮于水面或略高于水面，直径2~7.5cm，花瓣8~15枚，有黄、白、粉红、紫红等色，萼片4枚，阔披针形或窄卵形。雄蕊多数。花期为6~9月，果熟期为7~10月。果实含种子多数，种子外有冻状物包裹，果实成熟后在水中开裂，种子沉入水底越冬。

图7-2 睡莲

7.3.2 类型及品种

睡莲属有40种左右，种类丰富，园艺品种上百个，是世界上应用最多的水生花卉。依据耐寒性可分为两大类：

1. 不耐寒类（热带性睡莲）

原产热带，耐寒力差，需越冬保护。许多为夜间开花种类。

1）红花睡莲（*N. rubra*）：原产印度。花大，深紫红色，花径15~25cm，傍晚开放。

2）埃及白睡莲（*N. lotus*）：原产非洲。叶缘具尖齿，花白色，花径 12～25cm，傍晚开放，午前闭合。

3）黄花睡莲（*N. mexicana*）（墨西哥黄睡莲）：原产墨西哥。叶表面浓绿，具褐色斑，叶缘具浅锯齿，花浅黄色，花径 10～15cm，中午开放。

4）蓝睡莲（*N. caerulea*）：原产非洲。叶全缘，花浅蓝色，花径 7～15cm，白天开放。

2. 耐寒类

原产温带，白天开花。适宜浅水栽培。

1）香睡莲（*N. odorata*）：原产北美。叶革质全缘，叶背紫红色，根茎横生，少分枝；花白色，花径 8～13cm，具浓香，午前开放，是现代睡莲的重要亲本。

2）白睡莲（*N. alba*）（欧洲白睡莲）：原产欧洲及北非。叶圆，幼时红色，根茎横生，黑色；花白色，花径 12～15cm，是现代睡莲的重要亲本。

3）块茎睡莲（*N. tuberosa*）：原产北美。地下部多为块茎，花白色。

4）矮生睡莲（*N. tetragona*）（子午莲）：园林中最常栽培的原种。叶小而圆，表面绿色，背面暗红色。花白色，花径 5～6cm，下午开放至傍晚，单花期 3d。

7.3.3 生态习性

睡莲原产中国、日本，俄罗斯西伯利亚地区也有分布。喜阳光充足、通风良好、水质清洁，温暖的静水环境，耐寒性极强，长江流域可在露地水池中越冬。要求腐殖质丰富的粘质土壤，pH6～8。生长季节要求水的深度在 20～40cm 之间，以不超过 80cm 为宜。冬季地上茎叶枯萎，耐寒类的根茎可在不结冰的水中越冬，不耐寒类则应保持水温 18～20℃。

7.3.4 栽培管理

1. 繁殖技术

（1）分株繁殖　睡莲常采用分株法繁殖，通常在春季断霜后进行，于 3～4 月间将根状茎挖出，不耐寒的种类于 5～6 月间水温较暖时进行。选带有饱满新芽的根茎切成 10～15cm 左右的段，随即平栽在塘泥中。

（2）播种繁殖　睡莲果实在水中成熟，种子常沉入水中泥底，因此必须从泥底捞取种子，种子捞出后，仍须放水中贮存；或在花后用纱布袋套头以收集种子。一旦种子干燥，即失去萌芽能力，故种子捞出后应随即播种。3 月底播种，播种前用 20～30℃的温水浸种，控制土壤温度 25～30℃，10～20d 发芽，第 2 年即可开花。

2. 栽培管理技术

浅水池中的栽植方法有两种。大面积种植时，可直接栽于池内淤泥中；小面积栽植时，先将睡莲栽植在缸（盆）里，再将缸置放池内，也可在水池中砌种植台或挖种植穴。

缸（盆）栽适合中小型品种，以挺水开花的瓶中为好。缸（盆）栽时，选直径 50～60cm、高 30～40cm 的缸（盆），首先在缸（盆）底放入蹄角肥 200g 并加入 250g 骨粉，培养土可直接用肥沃的塘泥或提前堆制的混合肥土，也可用塘泥、园土、厩肥按 1:1:1 的比例配制，并沤制 1 年以上。将培养土填入缸（盆）中，留出 15～20cm 储水层。然后将带新芽的地下茎切成几段植入土中，可平放或呈 15°倾斜入土，使其芽端在盆中心位置，促使顶部有向前生长扎根的空间。初栽水位宜浅，置于阳光充足处，待发芽后逐步加深水位至与缸

（盆）口平。

池栽适合于大中型品种。池栽时于早春将水放净，施入基肥后添入新塘泥，池底至少有40cm深的肥沃泥土，灌入充足的水栽植。冬季灌水深度保持1.1m以上，可使根茎安全越冬。

不论采用哪种栽培方式，初期水位都不宜太深，以后随植株的生长逐步加深水位。池栽雨季要注意排水，不能被大水淹没。睡莲生长需较多的肥料，生长过程中应及时追肥。耐寒性睡莲在池塘中自然越冬，但要保持一定的水层；盆栽睡莲冬季最低气温在−8℃以下要用农膜覆盖，防止冻伤，移入室内可安全越冬。

7.3.5　园林应用

睡莲为重要水生花卉，是水面绿化的主要材料。其花形小巧，花姿秀丽，花色丰富，体态可人，深受人们喜爱。盆栽在庭院、建筑物或假山石前摆放；微型睡莲可用小巧玲珑的盆栽培装饰室内。池栽时，大面积地密集型栽植，可形成莲叶接天的观赏效果。用睡莲与其他水生植物如王莲、芡实、荷花、荇菜、香蒲等配置，周围布置瀑布、溪流，可形成动静结合、生机勃勃的自然景观。睡莲还可以制成鲜切花或干花。

任务4　千屈菜栽培技术

千屈菜（*Lythrum salicaria*）

别名：水枝柳、水柳、对叶莲。

科属：千屈菜科，千屈菜属。

7.4.1　形态特征

千屈菜（图7-3）为多年生挺水植物，株高1m左右。地下根茎粗硬，木质化。地上茎直立，四棱形，多分枝，基部木质化。植株丛生状，单叶对生或轮生，披针形，基部广心形，全缘。穗状花序顶生；小花多而密集，紫红色，花瓣6片。花期为7~9月。蒴果卵形包于宿存萼内。

图7-3　千屈菜

7.4.2　类型及品种

1）毛叶千屈菜：全株被绒毛，花穗大。
2）紫花千屈菜：花穗大，深紫色。
3）大花千屈菜：花穗大，暗紫红色。
4）大花桃红千屈菜：花穗大、桃红色。

7.4.3　生态习性

千屈菜原产于欧洲和亚洲暖温带，现广布全球，我国南北各省均有野生。性喜强光、潮湿以及通风良好的环境。尤喜水湿，通常在浅水中生长最好，也可露地旱栽，但要求土壤湿润。耐寒性强，在我国南北各地均可露地越冬。对土壤要求不严。

7.4.4　栽培管理

1. 繁殖技术

千屈菜可用播种、扦插、分株等方法繁殖，但以扦插、分株为主。春、秋季均可分株。将母株丛挖起，切分数芽为一丛，另行栽植即可。扦插可于夏季 6～7 月间进行，选充实健壮枝条，剪取嫩枝长 7～10cm，去掉基部 1/3 的叶子插入无底洞装有鲜塘泥的盆中，及时遮阴，6～10d 左右可生根。播种繁殖宜在春季，盆播或地床条播，经常保持土壤湿润，在 15～20℃下，经 10d 左右即可出苗。

2. 栽培管理技术

千屈菜生命力极强，管理也较粗放。盆栽时，应选用肥沃壤土并施足基肥。在花穗抽出前经常保持盆土湿润而不积水为宜，花将开放前可逐渐使盆面积水，并保持水深 5～10cm，这样可使花穗多而长，开花繁茂。生长期间应将盆放置阳光充足、通风良好处，冬天将枯枝剪除，放入冷室或放背风向阳处越冬。

露地栽培按园林景观设计要求，选择浅水区和湿地种植，株行距为 30cm×30cm。生长期要及时拔除杂草，保持水面清洁。为增强通风剪除部分过密过弱枝，及时剪除开败的花穗，促进新花穗萌发，一般 2～3 年要分栽一次。露地栽植，养护管理简便，仅需冬天剪除枯枝，任其自然过冬。

7.4.5　园林应用

千屈菜株丛整齐清秀，花色淡雅，花期长，最宜水边丛植或水池栽植，也可作花境背景材料和盆栽观赏等，可成片布置于湖岸河旁的浅水处。如在规则式石岸边种植，可遮挡单调枯燥的岸线。其花期长，色彩艳丽，片植具有很强的绚染力，盆植效果亦佳，与荷花、睡莲等水生花卉配植极具哄托效果，是极好的水景园林造景植物。可盆栽摆放庭院中观赏，也可作切花用。

实训 20　水生花卉的识别

1. 任务实施的目的
使学生熟练认识和区分水生花卉的分类、生态习性，并掌握它们的繁殖方法、栽培要点、观赏特性与园林应用。

2. 材料用具

1）水生花卉15～20种。

2）笔，记录本，参考资料。

3. 任务实施的步骤

1）由指导教师现场讲解每种花卉的名称、科属、生态习性、繁殖方法、栽培要点、观赏特性和园林应用，学生进行记录。

2）在教师指导下，学生实地观察并记录水生花卉的主要观赏特征。

3）学生分组进行课外活动，复习水生花卉的主要观赏特性、生态习性及园林应用。

4. 分析与讨论

1）各小组内同学之间相互考问当地常见的水生花卉的科属、生态习性、繁殖方法、栽培要点、观赏特性和园林应用。

2）讨论如何快速掌握花卉主要的观赏特性？如何准确区分同属相似种，或虽不同科但却有相似特征的花卉种类？

3）分析讨论水生花卉的应用形式有哪些？进一步掌握水生花卉的生态习性及应用特点。

5. 任务实施的作业

1）将15～20种水生花卉按种名、科属、观赏用途和园林应用列表记录。

2）简述水生花卉的含义及其分类。

3）简述荷花的繁殖栽培管理技术要点。

6. 任务实施的评价

水生花卉识别技能训练评价见表7-1。

表7-1　水生花卉识别技能训练评价表

学生姓名					
测评日期		测评地点			
测评内容	水生花卉识别				
考评标准	内　　容	分值/分	自　评	互　评	师　评
	正确识别水生花卉的种类及名称	50			
	能说出水生花卉的含义及分类	20			
	能说出荷花栽培管理的要点	20			
	能正确应用常见水生花卉	10			
	合　　计	100			

最终得分（自评30%＋互评30%＋师评40%）

说明：测评满分为100分，60～74分为及格，75～84分为良好，85分以上为优秀。60分以下的学生，需重新进行知识学习、任务训练，直到任务完成达到合格为止

习题

1. 填空题

1）根据生活方式和形态不同，水生花卉一般可将其分为_____、_____、_____、_____4大类。

2）千屈菜可用_____、_____、_____等方法繁殖。但以_____为主。扦插应在_____进行，分株在_____或_____进行。

3）荷花为多年生水生_____花卉。供人观赏的为_____，供人食用地下茎的为_____，供人食用莲子的为_____。

2. 选择题

1）荷花是我国传统名花，对阳光的要求来看它是（　　　　）。

A. 阳性花卉　　　　B. 阴性花卉　　　　C. 中性花卉　　　　D. 半阴性花卉

2）荷花要使其开花良好，栽培种最（　　　　）。

A. 忌夏季高温　　B. 忌阳光不足　　C. 忌冬季低温　　D. 忌土壤粘重

3）睡莲类同荷花一样都是常用的水生花卉，根据其耐寒性来分属于（　　　　）。

A. 耐寒类　　　　　　　　　　　B. 不耐寒类

C. 有的耐寒，有的不耐寒　　　　D. 半耐寒类

4）下列（　　　　）水生花卉的种子不需在水中贮存。

A. 荷花　　　　　B. 睡莲　　　　　C. 王莲　　　　　D. 萍蓬莲

3. 判断题

1）荷花、睡莲常用于园林水景布置。

2）荷花栽培过程中根茎的多少是开花的关键之一。

3）荷花的主要繁殖方法是分株繁殖。

4）荷花、睡莲同属于睡莲科，它们的种子必须贮存在水中。

5）荷花、睡莲等水生花卉都可以播种繁殖，但播种必须在水槽中进行。

6）荷花、睡莲等水生花卉都可以播种繁殖，但种子必须贮存在水中。

7）荷花、睡莲常用于园林水景布置。荷花品种都耐寒，但睡莲需要选择耐寒性的品种。

8）荷花栽培过程中阳光充足时开花的关键之一。

9）王莲在我国栽培时间不长，主要繁殖手段是早春播种。

10）王莲原产我国南方，是一种要求生长温度较高的水生花卉。

11）王莲的生长温度在20℃以上，但在江南一带可以不在温室内坐观赏栽培。

4. 简答题

1）简述水生花卉的概念、类型及特点。

2）简述荷花的主要习性、繁殖方法及栽培要点。

3）简述睡莲的主要习性、繁殖方法及栽培要点。

4）简述千屈菜的主要习性、繁殖方法及栽培要点。

其他常见水生花卉

1. 王莲（*Victoria amazonica*）

别名：亚马逊王莲。

科属：睡莲科，王莲属。

（1）形态特征　王莲（图7-4）是水生花卉中叶片最大的植物，多年生宿根花卉，地下具短而直立的根状茎。叶从第1到第10片，依次呈针状、矛状、戟形、椭圆形、圆形，皆平展。第11片叶后叶缘上翘呈盘状，叶缘直立，叶片圆形，像圆盘浮在水面，直径可达2m以上，叶面光滑，绿色略带微红，有皱褶，背面紫红色，叶柄绿色，长2~4m，叶子背面和叶柄有许多坚硬的刺，叶脉为放射网状。成叶可承载50kg负重。花很大，单生，花瓣数目很多。花期为夏或秋季，傍晚伸出水面开放，甚芳香，第1天白色，有白兰花香气，次日逐渐闭合，傍晚再次开放，花瓣变为淡红色至深红色，第3天闭合并沉入水中。9月前后结果，浆果呈球形，种子黑色。种子含丰富淀粉，可供食用。

图7-4　王莲

（2）生态习性　王莲原产于南美洲热带水域，为典型的热带植物，喜高温高湿，耐寒力极差。喜肥沃深厚的污泥，但不喜过深的水，栽培水池内的污泥，需深50cm以上，水深以不超出1m较为适宜。种植时施足厩肥或饼肥，发叶开花期，施追肥1~2次，入秋后即应停止施肥。王莲喜光，栽培水面应有充足阳光。

（3）繁殖与栽培　播种繁殖，在中国常作一年生栽培。种子采收后需在清水中贮藏，否则会失水干燥，丧失发芽力。一般于12月至次年2月将种子浸入28~32℃温水中，距水面3cm深，经20~30d便可发芽。种子先在15℃沙藏8周，发芽率更高。长出2~3片叶和根后上盆。

盆土最好采用草皮土或沙土。将根埋入土中，生长点务必露出水面，然后将盆浸入水池内距水面2~3cm处。幼苗的生长很快，随植株生长逐次换盆，每次大一个规格，并依次调整水深，从最初的2~3cm到15cm。后期换盆应施足基肥。水温30~35℃生长良好，气温低于20℃即停止生长。生长期应保证高湿高温。

水池栽培王莲一株需水池面积 30~40m²，池深 80~100cm，设立种植槽，并有排气管和暖气管，同时保证水体清洁和水温正常。温室水池栽培，叶片长至 20~30cm，水温24~25℃，可以定植。生长旺季距水面 30~40cm 为好。

（4）园林应用　王莲叶片巨大肥厚而别致，漂浮水面，十分壮观，美化水体具有极高的观赏价值，是优美的水面花卉。其种子含丰富的淀粉，可供食用，水中裂深约为全叶的1/3；表面亮绿色，背面紫红色，密被柔毛；叶柄长，上部三棱形，基部半圆形。花单生叶腋，伸出水面；金黄色，花期为 5~7 月。

2. 雨久花（*Monochoria korsakowii*）

别名：浮蔷、蓝花菜。

科属：雨久花科，雨久花属。

（1）形态特征　雨久花（图7-5）为一年生挺水或湿生草本花卉。株高 50~90cm。全株光滑无毛，具短根状茎，茎直立或稍倾斜。叶多型；挺水叶互生，具短柄，阔卵状心形，基生叶（沉水叶）具长柄，狭带形，抱茎；浮水叶披针形。花两性；总状花序高于叶丛顶生，有时排成总状圆锥花序；花被片6，蓝紫色；雄蕊6；子房上位。蒴果卵状三角形，种子能自播。花期为 7~9 月。果期为 9~10 月。

图7-5　雨久花

（2）生态习性　雨久花原产中国东部及北部，日本、朝鲜及东南亚也有分布。喜温暖气候，但夏季高温、闷热（35℃以上，空气相对湿度在80%以上）的环境不利于它的生长；对冬季温度要求很严，当环境温度在10℃以下停止生长，在霜冻出现时不能安全越冬。雨久花喜光照充足，稍耐阴蔽。为了保证开花繁茂，每天应保证植株接受 4h 以上的直射日光。喜潮湿环境，肥水要求较高，但不宜使乱施肥、施浓肥和偏施肥。

（3）繁殖与栽培　雨久花以分株法繁殖为主，多在每年 3~5 月进行。也可采用播种法进行育苗。由于雨久花的种子成熟后常常脱落沉入水底，经过休眠后翌年春天即可发芽出苗，因此利用这种方法，也可获得品质优良的种苗。

（4）园林应用　雨久花花大而美丽，淡蓝色，像只飞舞的蓝鸟，所以又称为蓝鸟花。而叶色翠绿、光亮、素雅，在园林水景布置中常与其他水生植物搭配，也可成片种植效果，沿着池边、水体的边缘可作带形或方形栽种。

3. 凤眼莲（*Eichhornia crassipes*）

别名：水葫芦、凤眼兰、水浮莲、洋雨久花。

科属：雨久花科，凤眼莲属。

（1）形态特征　凤眼莲（图 7-6）为多年生浮水宿根花卉。高 10～50cm。茎极短缩，根丛生于节上，根系发达，靠毛根吸收养分，主根（肉根）分蘖下一代。叶呈莲座状基生，直立，卵形至肾圆形，顶端微凹，光滑，全缘；叶柄长，基部有鞘状苞片，中部以下膨大呈葫芦状海绵质气囊，故称为水葫芦。秆（茎）灰色，泡囊稍带点红色，嫩根为白色，老根偏黑色，生于浅水的植株，其根扎入泥中，植株挺水生长，叶柄不膨胀。花茎单生，高 20～30cm，穗状花序，花为浅蓝色，呈多棱喇叭状，上方的花瓣较大；花瓣中心生有一明显的鲜黄色斑点，形如凤眼，也像孔雀羽翎尾端的花点，非常耀眼、靓丽。花期为 7～9 月。蒴果卵形。

图 7-6　凤眼莲

（2）生态习性　凤眼莲原产南美洲。现我国长江、黄河流域广为引种。其适应性强，喜温暖湿润、阳光充足的环境，宜生活在富含有机质的静水中，或潮湿肥沃的边坡生长。有一定的耐寒性，适宜水温为 18～23℃，生长适温 20～30℃，低于 10℃停止生长，越冬温度 5℃以上。

（3）繁殖与栽培　通常分株繁殖，在春夏两季，母株基部侧生长出的葡萄枝，其顶端长叶生根，形成新植株，切取新植株作繁殖材料，投入水中即可生根，极易成活。也可播种繁殖，种子寿命长，能贮藏 10～20 年，可大量繁殖。种植密度为 50～70 株/m²。

春季（清明后）放养于池塘或盆中，当气温上升到 15℃以上时，越冬种株长出新叶即可进行，栽培管理简单，生长期稍施肥料即可促使其花繁叶茂。在生长前期生长缓慢，水位宜浅。秋分后，随气温下降，停止生长，在不受冻的情况下，可在浅水中火湿润的泥土中越冬。

（4）园林应用　凤眼莲叶色光亮，叶柄奇特，花色清丽高雅，是园林水景中的重要造景材料。可片植或丛植于小池一隅，以竹框之，野趣幽然，或进行盆栽、缸养，观花、观叶两相宜。除此之外，凤眼莲还具有很强的净化污水的能力。

4. 芡实（*Euryale ferox*）

别名：鸡头米、鸡头苞、鸡头莲、刺莲藕。

科属：睡莲科，芡属。

（1）形态特征　芡实（图7-7）为一年生大型浮水草本花卉，具白色须根及不明显的茎，全株具刺。初生叶沉水，箭形；后生叶浮于水面，叶柄长，圆柱形中空，表面生多数刺，叶片椭圆状肾形或圆状盾形，直径 65~130cm，表面深绿色，有蜡被，皱缩，叶脉分歧点有尖刺，背面紫红色，叶脉凸起，有绒毛，似蜂巢。花单生；花梗粗长，多刺，伸出水面，紫色，昼开夜合；萼片4，直立，披针形，肉质，外面绿色，有刺，内面带紫色；花瓣多数，分3轮排列，带紫色；雄蕊多数；子房半下位，8室，无花柱，柱头红色。

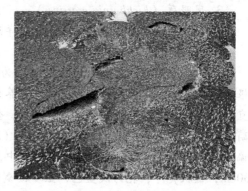

图7-7　芡实

浆果球形，紫红色，外被皮刺，上有宿存萼片。种子球形，黑色，坚硬，具假种皮。花期为 6~9 月，果期为 7~10 月。

（2）生态习性　芡实原产于中国，印度、日本、朝鲜以及俄罗斯也有。现广布于东南亚。中国中部、南部各省，多生于池沼湖塘浅水中，果实可食用，也作药用。喜温暖水湿，不耐霜寒。生长期间需要全光照。水深以 80~120cm 为宜，最深不可超过2m。最宜富含有机质的轻粘壤土。土壤有一定选择，要求土质肥沃深厚略带粘性。生长适宜温度为 20~30℃，低于15℃时，生长缓慢，10℃以下停止生长。全年生长期为 180~200d。

（3）繁殖与栽培　种子繁殖、直播或育苗移栽皆可。春末夏初播种繁殖，取出容器中水藏的种子，选择颗粒饱满充分成熟的种子，放到有水的浅钵中室内催芽，水浸没种子，水温 20~25℃，每天换水1次，约15~20d，种子开始萌芽。待苗长出 2~3 片叶、3~4 条根时，移到口径 2~15cm 的小盆里，经 2~3 次换盆后，直接定植在室外的种植槽中。在肥沃的黏土中生长良好，当叶色发黄长势减弱时，可在根际追肥。雨季水深超过 1m 时要排水。种子采收时应注意提前采收，以防种子成熟自行脱落。

（4）园林应用　芡实为观叶植物。在中国式园林中，与荷花、睡莲、香蒲等配植水景，尤多野趣。

5. 金鱼藻（*Ceratophyllum demersum*）

别名：细草、鱼草、软草、松藻、松针草。

科属：金鱼藻科，金鱼藻属。

（1）形态特征　金鱼藻（图7-8）为多年生沉水草本；茎长 40~150cm，平滑，具分枝。叶 4~12 轮生在小枝上呈松针状，裂片丝状，或丝状条形，先端带白色软骨质，边缘仅一侧有数细齿。花直径约 2mm；浅绿色、透明，雄蕊 10~16，微密集；坚果宽椭圆形，长 4~5mm，宽约 2mm，黑色，平滑，边缘无翅，有3刺，顶生刺（宿存花柱）长 8~10mm，先端具钩，基部 2 刺向下斜伸，长 4~7mm，先端渐细成刺状。花期为 6~7 月，果期为 8~9 月。

图7-8　金鱼藻

（2）生态习性　金鱼藻分布于中国（东北、华北、华东、台湾）、蒙古、朝鲜、日本、马来西亚、印度尼西亚、俄罗斯及其他一些欧洲国家、北非及北美，为世界广布种。群生于淡水池塘、水沟、稳水小河、温泉流水及水库中。金鱼藻全株沉于水中，因而生长与光照关系密切，当水过于浑浊，水中透入光线较少，金鱼藻生长不好，但当水清透入阳光后仍可恢复生长。金鱼藻在pH值7.1～9.2的水中均可正常生长，但以pH值7.6～8.8最为适。金鱼藻对水温要求较宽，但对结冰较为敏感，在冰中几天内冻死。金鱼藻是喜氮植物，水中无机氮含量高生长较好。其茎叶是水中很好的氧气制造者。

（3）繁殖与栽培　用营养体分割繁殖。切取带叶的小枝一段插入水下土壤中或投入水中即可。由于其茎叶易破碎，所以要小心。扦插后极易成活，投入水中的分枝也常常能自然发根固着于水下基质，管理粗放，不必施肥，结合鱼的粪便及其他水中污物为养料即可。冬季移入室内，春暖后移出室外。

（4）园林应用　人工养殖鱼缸布景，饲喂金鱼的水草，还是金鱼产卵的附着物，能增加水中的含氧量，有净水作用。

6. 梭鱼草（*Pontederia cordata*）

别名：北美梭鱼草。

科属：雨久花科，梭鱼草属。

（1）形态特征　梭鱼草（图7-9）为多年生挺水或湿生草本植物，株高80～150cm。叶柄绿色，圆筒形，横切断面具膜质物。叶片较大，光滑，深绿色，大部分为倒卵状披针形。根茎为须状不定根，地下茎粗壮，有芽眼。穗状花序顶生，小花密集在200朵以上，蓝紫色带黄斑点，花被裂片6枚，基部连接为筒状。果实成熟后褐色；果皮坚硬，种子椭圆形，花果期为5～10月。

图7-9　梭鱼草

（2）生态习性　梭鱼草原产于北美，现我国都有分布。喜温暖湿润、光照充足的环境条件，常栽于20cm以下的浅水池或塘边，适宜生长发育的温度为18～35℃，18℃以下生长缓慢，10℃以下停止生长，越冬温度不宜低于5℃，冬季必须进行越冬处理。喜肥、喜湿、怕风不耐寒，静水及水流缓慢的水域中均可生长，梭鱼草生长迅速，繁殖能力强，条件适宜的前提下，可在短时间内覆盖大片水域。

（3）繁殖与栽培　采用分株和种子繁殖，分株可在春夏两季进行，自植株基部切开即可，种子繁殖一般在春季进行，种子发芽温度需保持在25℃左右。种子繁殖于春季室内播种，培养土可用青泥土，装盆2/3，用水浸透，再将种撒播在上面，后覆盖薄的一层沙或土，然后再加水至满盆，再用玻璃盖住盆口，略留缝隙，以免温度过高烧死种苗。一般温度保持在25℃左右为宜。

（4）园林应用　梭鱼草叶色翠绿，花色迷人，花期较长，可用于家庭盆栽、池栽，也可广泛用于园林美化，栽植于河道两侧、池塘四周、人工湿地，与千屈菜、花叶芦竹、水葱、再力花等相间种植。

7. 香蒲（*Typha latifolia*）

别名：蒲草、水烛、蒲黄、鬼蜡烛。

科属：香蒲科，香蒲属。

（1）形态特征　香蒲（图7-10）为多年生落叶、宿根挺水花卉。地下具匍匐状根状茎，乳白色。地上茎粗壮，圆柱形，直立，质硬而中实，高1.3～3m。叶片条形，从茎基部抽出，二列状着生，光滑无毛，背面逐渐隆起呈凸形；叶鞘抱茎。穗状花序呈蜡烛状，浅褐色，雄花序在上，雌花序在下，中间有间隔，露出花序轴。种子褐色，微弯。花期为6～7月，果期为7～8月。

图7-10　香蒲

（2）生态习性　香蒲原产于欧亚两洲及北美，生于海拔700～2100m的沟边、沟塘浅水处、河边、湖边浅水中。因其穗状花序呈蜡烛状，故又称为水烛。适应性强，耐寒、喜光照充足，宜深厚肥沃的土壤。

（3）繁殖与栽培　用分株繁殖。3～4月，挖起发新芽的根茎，分成单株，每株带有一段根茎或须根，选浅水处，按株行距50cm×50cm栽种，每穴栽2株。栽后注意浅水养护，避免淹水过深和失水干旱，经常清除杂草，适时追肥。栽培水深为20～30cm。盆栽或露地种植。一般3～5年要重新种植，防止根系老化。

（4）园林应用　香蒲叶绿穗奇常用于点缀园林水池、湖畔，构筑水景。宜作花境、水景背景材料，也可盆栽布置庭院。蒲棒常用于切花材料。也可用于造纸原料、嫩芽蔬食等。此外，其花粉还可入药。

8. 水葱（*Scirpus tabernaemontani*）

别名：莞、符蓠、莞蒲、夫蓠、葱蒲、莞草、蒲苹、水丈葱、冲天草、管子草。

科属：莎草科，藨草属（莞草属、莞属）。

（1）形态特征　水葱（图7-11）为多年生宿根挺水草本植物。株高1～2m，茎秆高大通直，圆柱状，中空。根状茎粗壮而匍匐，须根很多。基部有3～4个膜质管状叶鞘，鞘长可达40cm，最上面的一个叶鞘具叶片。线形叶片长2～11cm。圆锥状花序假侧生，花序似顶生。小坚果倒卵形。花果期为6～9月。

（2）生态习性　水葱分布于我国东北、西北、西南各省。朝鲜、日本、澳大利亚、美洲也有分布。花叶水葱主要产地是北美，现国内各地引种栽培较多。耐寒、喜凉爽、湿润及通风良好，喜光，喜生于浅水或沼泽地，宜富含腐殖质、疏松、肥沃的土壤。较耐寒，在北方大部分地区地下根状茎在水下可自然越冬。

（3）繁殖与栽培　分株或播种繁殖。分株繁殖，早

图7-11　水葱

春天气渐暖时，把越冬苗从地下挖起，抖掉部分泥土，用枝剪或铁锹将地下茎分成若干丛，每丛带5~8个茎秆。栽到无泄水孔的花盆内，并保持盆土一定的湿度或浅水，10~20d即可发芽。播种繁殖，常于3~4月在室内播种。将培养土上盆整平压实，其上撒播种子，筛上一层细土覆盖种子，将盆浅沉水中，使盆土经常保持湿透。室温控制在20~25℃，20d左右既可发芽生根。

生长期间保持5~10cm深清水，夏季适当遮阴，冬季上冻前剪除上部枯茎。生长期和休眠期都要保持土壤湿润。每3~5年分栽一次。

（4）园林应用　水葱在水景园中主要作后景材料，茎秆挺拔翠绿，使水景园朴实自然，富有野趣。茎秆可作插花线条材料，也用作造纸或编织草席、草包材料。

9. 花菖蒲（*Iris kaempferi*）

别名：玉婵花。

科属：鸢尾科，鸢尾属。

（1）形态特征　花菖蒲（图7-12）为多年生宿根挺水花卉。根状茎短而粗，须根多并有纤维状枯叶梢，叶基生，长40~90cm，线形，宽10~18cm。叶中脉凸起，两侧脉较平整。花葶直立并伴有退化叶1~3枚。花大，直径可达15cm。外轮三片花瓣呈椭圆形至倒卵形，中部有黄斑和紫纹，立瓣狭倒披针形。花柱分枝三条，花瓣状，顶端二裂。蒴果长圆形，有棱，种皮褐黑色。花期4月下旬至5月下旬。花色丰富，有红、白、紫、蓝、黄等色。

（2）生态习性　花菖蒲产于我国东北、日本、朝鲜、俄罗斯。自然生长于水边湿地。性喜温暖湿润，强健，耐寒性强，生长适温为15~30℃。露地栽培时，地上茎叶不完全枯死。喜阳光充足，喜水湿、肥沃的酸性疏松土壤。

图7-12　花菖蒲

（3）繁殖与栽培　播种和分株繁殖。播种分春播和秋播两种，播种易产生变异，用于选育品种。分株宜在春季或花后进行。掘起老株，剪去1/2叶，将根茎分割，各带2~3个芽，分别进行栽植。栽植花菖蒲应选择地势低洼或浅水区，株行距为25cm×30cm，栽植深度以土壤覆盖植株根部为宜，栽植初期水尽量浅些，防止种苗漂浮，以利尽快扎根。

（4）园林应用　花菖蒲花大而美丽，色彩也丰富，叶片青翠似剑，观赏价值高。在园林中可丛栽、盆栽布置花坛。栽植于浅水区、河浜池旁，也可布置专类园，也可植于林阴树下作为地被植。

10. 花叶芦竹（*Arundo donax* var. *versicolor*）

别名：斑叶芦竹、彩叶芦竹。

科属：禾本科，芦竹属。

（1）形态特征　花叶芦竹（图7-13）为多年生宿根草本植物。根部粗而多结。秆高1~3m，茎部粗壮近木质化。叶宽1~3.5cm。圆锥花序长10~40cm，小穗通常含4~7个小花。花序形似毛帚。叶互生，排成两列，弯垂，具白色条纹。地上茎挺直，有间节，似竹。

（2）生态习性 花叶芦竹原产于地中海一带，国内已广泛种植。通常生于河旁、池沼、湖边，常大片生长。喜温喜光，耐湿较耐寒。在北方需保护越冬。

（3）繁殖与栽培 花叶芦竹可用播种、分株、扦插方法繁殖，一般用分株方法。早春用快锹沿植物四周切成有4~5个芽一丛，然后移植。扦插可在春天将花叶芦竹茎秆剪成20~30cm一节，每个插穗都要有节，掺入湿润的泥土中，30d左右间节处会萌发白色嫩根，然后定植。栽培管理非常粗放，可露地种植或盆栽观赏，生长期注意拔除杂草和保持湿度，无需特殊养护。

（4）园林应用 花叶芦竹主要用于水景园背景材料，也可点缀于桥、亭、榭四周，可盆栽用于庭院观赏。花序可用作切花材料。

图7-13 花叶芦竹

11. 再力花（*Thalia dealbata*）

别名：塔利亚、水竹芋，水莲蕉。

科属：竹芋科，塔利亚属。

（1）形态特征 再力花（图7-14）为多年生挺水草本植物。株高2m左右。叶卵状披针形，浅灰蓝色，边缘紫色，长50cm，宽25cm。复总状花序，花小，紫堇色。全株附有白粉。

图7-14 再力花

（2）生态习性 再力花原产于美国南部和墨西哥的热带植物。我国也有栽培。好温暖水湿、阳光充足的气候环境，不耐寒，入冬后地上部分逐渐枯死。以根茎在泥中越冬。

（3）繁殖与栽培 以根茎分株繁殖。初春，从母株上割下带1~2个芽的根茎，栽入盆内，施足底肥（以花生麸、骨粉为好），放进水池养护，待长出新株，移植于池中生长。

（4）园林应用 株形美观洒脱，叶色翠绿可爱，是水景绿化的上品花卉，或作盆栽观赏。

其他水生花卉还有莼菜（*Brasenia schreberi*）、旱伞草（*Cyperus alternifolius*）、慈姑（*Sagittaria sagittifolia*）、泽泻（*Alisma orientale*）、荇菜（*Nymphoides peltatum*）、菖蒲（*Acorus calamus*）、大漂（*Pistia stratiotes*）等。

项目 8

盆栽观花花卉栽培管理

学习目标

◆ 了解花卉盆栽的特点。

◆ 解释培养土的概念，熟悉不同类型培养土的特点。

◆ 识别30种以上常见盆栽观花花卉，并能熟练对盆栽观花花卉在园林上应用。

◆ 熟练进行瓜叶菊、报春类花卉、仙客来、大花君子兰、花烛、秋海棠等观花花卉的繁殖和日常栽培管理。

◆ 初步设计合理的工作步骤，学会制订盆栽观花花卉养护管理方案。

工作任务

根据盆栽观花花卉的栽培特点，对瓜叶菊、报春类花卉、仙客来、大花君子兰、花烛、秋海棠等观花花卉养护管理，作好记录。要求详细计划每个工作环节和步骤，以学习小组为单位通力合作，制订养护方案，对现有的栽培技术手段要进行合理的优化和改进。学习时，应该把重点放在熟练掌握不同类型花卉的栽培技术和管理措施上。

任务1 花卉盆栽技术概述

将地栽的花卉，由于各种需要栽入盆中称为盆栽花卉。盆栽花卉是由于气候或地域不同或特定的环境，必须在盆中栽植的花卉，室内或高档花卉也称为温室花卉。盆栽花卉一般都是种植在室内或高档的花卉，它种植时的要求高，观赏价值较高。近几年，山东、河北、北京郊区已应用日光温室，调节冬季的温度，降低了加温栽培的成本，提高了花卉盆栽生产的经济效益。

8.1.1 花卉盆栽的特点

1) 花卉盆栽小巧玲珑，花冠紧凑，有利于搬移，随时布置室内外的花卉装饰。

2) 花卉盆栽能及时调节市场，可不同地域相互调用，提高市场的占有率。

3）花卉盆栽能多年生栽培，可连续多年观赏。

4）花卉盆栽对温度、光照要求严格，北方冬季需保护栽培，夏季需遮阳栽培。

5）花卉盆栽条件人为控制，要求栽培技术严格、细致，有利于促成栽培和抑制栽培。

6）花卉盆栽花盆体积小，盆土及营养面积有限，必须配制培养土栽培。

8.1.2 培养土

1. 培养土的概念

为了满足花卉，特别是盆栽花卉生长发育的需要，根据各类品种对土壤的不同要求，用人工专门配制的含有丰富养料、具有良好排水和通透（透气）性能、能保湿保肥、干燥时不龟裂、潮湿时不粘结、浇水后不结皮的土壤称为培养土。

2. 花卉培养土配制的意义

土壤是植物生命活动的场所，是花卉栽培的重要介质。土壤质地、物理性能和酸碱度都能影响花卉的生长发育。花卉要从土壤中吸收水分、营养和氧气，调节好土壤的质地和肥料才能满足花卉的生长要求。

花卉栽培的土壤要求质地疏松，含腐殖质，物理性能透气性好，有保肥性能、蓄水性能和排水性能，无病虫毒害和杂草种子。

温室花卉采用盆栽方式为主，花盆容量限制了根系的伸展，所以对培养土的要求较高。由于花卉种类繁多，因此培养土也相应变化，一般花卉盆土要求结构良好，营养丰富，疏松通气，能排水保肥，腐殖质丰富，酸碱度适宜。

花卉植物与其他植物一样也需要光照、温度、水分、土壤、生物等多个环境因子的作用，适应环境才能生存下去，才能体现它们的审美价值，特有的特征等，其中营养及提供营养的环境更有别于其他栽培植物。

由于花卉多栽培在容器中，处于相对封闭的区域，受外来水肥影响较小，营养消耗较单一，造成土壤中的养分减少，土壤结构变坏，因而必须换土。

此外，不同花卉对其原生存地的土壤有一定的适应性，因此，不同来源的花卉，栽培所用的土壤也应有所不同，培养土的质地、肥力、pH 值、有机质含量等都应有变化，使之能满足花卉的要求。

由于花卉多是一年四季生长发育型的，其在栽培容器中的生存空间又较狭小，因此必须不断补充肥料，保持土壤供肥能力、保肥能力，优化土壤结构。

3. 花卉培养土配制的基本要求

花卉培养土都由人工来配制，因此必须有基本的要求来保证，一般来讲，应做到以下几点：

1）不同花卉对土壤要求不一样，因此应因花而宜，配制其适宜的土壤，即看花培土。

2）花卉不同生长发育阶段，对土壤要求不同，也应配制不同性质的培养土，即看苗配土。

3）花卉培养土必须有良好的保肥保水能力，因而培养土中应有保肥物质，主要是有机质。

4）花卉培养土应有很好的供肥能力，土壤中应加入一定肥料。

5）花卉培养土应无病毒无有害物质，必须过筛子，消毒处理后混匀。大多数水生花卉是多年生花卉，因此主要繁殖方式为分生繁殖，即分株或分球，也可以扦插和播种。分株一般在春季萌芽前进行；播种可随采随播，或将种子贮藏在水中待播。

4. 常用培养土的原料及功能

培养土的主要原料有田土、有机肥、草炭、河沙、细沙、腐殖土、炉灰渣、松针土、锯木屑、珍珠岩等。配制前要分别过筛，再按不同花卉或时期确定土的配方，按体积比配制，常用的盆土原料和比例要根据当地所能简易取得的材料为主。

1）田土。挖取菜园或田园中耕作地中的地表土层沙壤土，物理性状结构疏松，透气保肥保水，排水效果好，是常规培养土主要原料，各地性状，质地不同，以豆科地为好。

2）有机肥。包括厩肥、动物粪肥、饼肥、骨粉、草木灰、复合肥等。

厩肥是家养牲畜的圈肥，既可用作培养土原料又可用作追肥。但必须发酵腐熟后才能利用，常用有猪粪、牛羊粪、鸡鸭鹅粪肥等。马粪较特殊，肥力低，常用作有机物替代物。

饼肥是豆粕、豆饼、豆渣、花生粕的发酵物，既可用作肥又可用作料，至于骨粉、草木灰，用得较少，但在缺磷缺钾时用得较多。

3）草炭。草炭又称为泥炭土，是远古沼泽植物埋藏地下而未完全分解的有机物腐殖土，呈褐色或黑色，pH 值 5～6，质地松软，持水能力强，有机质含量高，可配制重量轻、质量好、不带病虫害的各种培养土原料。

4）河沙。颗粒较粗，大小不一，排水透气性能良好，但无肥力，可单独用于仙人掌类及多肉植物栽培。

5）细沙。质地较清洁，很少杂质。通气和透水性都非常良好，但没有肥力，更不具有团粒结构，保水性能差，适宜播种育苗和扦插用，也是调节培养土的疏松剂。

6）腐殖土。多空隙，疏松，呈酸性或微酸性，含腐殖质多，肥力充足。适宜栽种各类喜酸性土壤的花卉，也是调制培养土的主要原料。

7）炉灰渣。无肥力，大小不一，少数均匀一致，吸水但不多，同河沙相近。

8）松针土。有一定的肥力，通透性好，强酸性反应，是酸性花卉土的原材料之一。

5. 常用培养土的比例

常用培养土一般堆密度低于 $1g/cm^3$，孔隙度不低于 10% 为好，酸性花土一般 pH 值4～5。常用松针土与细沙及有机质以 1∶1∶1 组合而成。中性培养土 pH 值 6.5～7.5，是许多花卉培养土的基本用土值，质地多采用轻松土。碱性土的 pH 值为 7.5 以上，以细沙及石灰为添加物，在中性土中加入较多。培养土常分为三种类型：粘重型培养土、适中型培养土、轻松型培养土，比例见表 8-1：

表 8-1 培养土成分比例

	田 土	有 机 质	沙（炉灰）	有 机 肥
粘重型培养土	3	1	1	1/2
适中型培养土	2	2	1	1/2
轻松型培养土	1	3	1	1/2

6. 培养土配制的基本步骤

首先确定类型，再定基本构成，即由哪些原料组成，之后再每种材料过筛，基本筛孔为：小苗或播种用土要细一些，0.3cm×0.3cm 以下，大苗可用 0.6cm×0.6cm 孔径土，大木本植物可用 1cm×1cm 的土。在配制时要把各种原料准备好，计算各样的比例，再过筛，按照体积比配制。

各种培养土在配制后应轻敦实一些，再做沉水试验，测持水、保水、透水、空隙度情况试验也要求一致。

培养土配制后要根据原料情况进行消毒处理后才能利用，消毒方法主要是日光下暴晒、炒土、蒸汽加热蒸土、杀菌药物消毒等。

培养土应进行消毒处理，以杀死病菌孢子和害虫与卵。可以使用杀菌剂，可以炒土杀菌，或者用 70℃ 以上的开水冲洗，也可在日光下曝晒，冬季较冷的地区可在冬天条件下杀菌。

化学杀菌剂用 40% 的甲醛 $500mL/m^3$ 浇喷后封盖一周，打开后可以曝晒几天效果最好。

8.1.3 盆花的栽培养护

1. 盆栽花卉栽培管理的特点

盆栽花卉是在人工控制下进行的，因此，可以依花卉的要求调节各个环境因素，人工调控光、温、水、气等因子的手段仍是盆栽花卉管理的主要内容。要取得良好的栽培效果，还必须掌握全面精细的栽培管理技术，即根据各种盆栽花卉的生态习性，采用相应的栽培管理技术措施，创造最适宜的环境条件，取得优异的栽培效果，达到质优、成本低、栽培期短、供应期长、产量高的生产要求。

生产上盆栽花卉以温室栽培为主，温室中易于控制生长发育。同时也反映盆栽花卉的可变性。在不同的地区，同一种花卉的栽培方式有差异。

2. 盆栽花卉周年养护管理的基本技术措施

（1）盆土配制及消毒　盆栽花卉采用温室栽培为主，花盆容量限制了根系的伸展，所以对培养土的要求较高。由于花卉种类繁多，因此培养土也应相应变化。一般花卉盆土要求结构良好、营养丰富、疏松通气、能排水保肥、腐殖质丰富、酸碱度适宜。

（2）上盆、换盆、转盆　将花苗从苗床或育苗容器中取出移入花盆中的过程称为上盆。上盆的操作过程是：选好盆后，在盆底平垫瓦片，下铺一层粗粒河沙，再加入培养土，栽苗立在中央，敦实，盆土加至离盆口 5cm 处，留出浇水空间。栽苗后用喷壶洒水或浸盆法供水。

花苗在花盆中生长一段时间后，植株长大需将花苗脱出换栽入较大的花盆中，这个过程称为换盆。如果再栽入原来花盆或与原来一样大小的花盆中称为翻盆。操作时先配好换盆土，对花卉做初步修剪，选择新花盆，垫好盆底，脱出花苗根系，去掉肩土和底土，对根系进行修剪，剪除老根和残根，再把苗栽入盆中，深度与原来相同或略深 1~2cm，留出浇水口 2cm 左右，浇透水，放半阴处养护。

转盆是指在光线强弱不均或日光温室中栽培花卉时，因花卉向光性的作用而偏向生长，以至于生长不良或降低观赏价值。所以应定期转动花盆的方位，这个过程称为转盆。有的花卉 1 天就要转一次，有的要 1 周转一次。

（3）浇水、施肥　盆花浇水的原则是"见干见湿，间干间湿，不干不浇，浇必浇透"。目的是既使盆花根系吸收到水分，又使盆土有充足的氧气。此外，还应根据花卉的不同种类、不同生育期和不同生长季节而采取不同的浇水措施，喜湿花卉宁湿勿干，相反有些花卉宁干勿湿。夏季天气炎热，蒸发量大，每天浇水1~2次；冬天气温低，减少浇水量或不浇水。浇水方式常用的是用喷壶或水管向土中浇施，要见干见湿。其次是向叶面喷水，或地面喷水，增大空气湿度。在温室中找缺水的盆花进行浇水的方式称为找水。

盆栽花卉根部的吸收面积受到容器的限制，因此施肥比露地花卉显得更为重要，施肥的时间和方式分为基肥、追肥和叶面施肥。基肥在上盆或换盆时随盆土加入，也可在盆底直接添入有机肥料，常用的有机肥料有麻酱渣、豆粕、豆饼渣、蹄片等。追肥时花卉生长发育期增补到土壤中的速效肥料，一般为液体肥料，如豆饼水、矾肥水、兽蹄水、磷酸二氢钾、尿素等。叶面肥要控制好浓度，一般用0.1%~0.2%的速效肥料，如磷酸二氢钾、尿素、硝铵等。施肥的次数和时间要根据花卉的生长阶段和季节来定。

（4）整形修剪　为了保持盆花的株形美观，枝叶紧凑和花果繁密，常借整形修剪来调节其生长发育，包括修剪、绑扎、支架、摘心、抹芽等。花卉在上盆和移植时要对地上和根系进行修剪，剪去残弱枝条和根系，去除多余枝叶、老根、朽根枯枝等。盆栽花卉的整形要根据花卉的形状和观赏价值体现方式来定，整形的工作随时进行，保持优美的姿态和骨架。如欲使枝条集中向上生长则留内方的芽，如欲使其向外方开展生长则在外侧芽上剪去枝条，剪口要平滑利于愈合。一般落叶花卉在秋季落叶后或春季发芽前进行修剪，常绿花卉修剪量不要太大，注意疏剪。

（5）盆花摆放　花卉对光线、温度、水分的适应性不同，因此在室内的摆放位置也应有差异，喜光花卉放在阳光充足的南面，耐阴花卉放在背面或高大花卉的后面。喜湿花卉放在下部，耐旱喜温花卉放在高处。

（6）病虫害防治　盆栽花卉在室内栽培为主，空气流通差，因此很易引发病害和顽固性虫害，要加强管理，控制环境因子对病害的引发。采用低毒药剂，适当预防为主，综合防治。

 任务2　瓜叶菊盆栽管理

瓜叶菊（*Senecio cruentus*）

别名：千日莲、千叶莲、瓜叶莲。

科属：菊科，千里光属。

瓜叶菊原产于非洲北部大西洋上的加那利群岛。1777年马松（Masson）将其传至英国。1880年托马斯·劳德夫人将其育成重瓣品种。在欧洲育出了蓝紫色舌状花的单瓣品种。1921年瑞士育出多花型品种。目前国内外对界限分明的二色舌状花类品种甚为酷爱。瓜叶菊中具有其他花卉中少有的蓝色品种。栽培简单，花期长，人工可调节延长花期，为节日花卉布置的理想材料，还可用作切花、花篮、花圈、共束等。采用多色品种布置花坛，宛如繁花似锦的地毯一样，因此长期以来，一直备受人们的喜爱。

8.2.1　形态特征

瓜叶菊（图8-1）为多年生草本植物。一般作二年生栽培。茎粗壮、直立，全株有柔毛，株高20~50cm。叶片大，三角状心形，似黄瓜叶，密被短刺毛，边缘有多角或波状锯齿。叶柄粗壮，有槽沟，叶柄基部成耳状，半抱茎，多为浓绿色，有的品种略带蜘色。头状花序簇生成伞劈状，舌状花冠，中央为筒状花。花期为 12 月至翌年 4 月。瘦果纺锤形，表面是纵条纹，并有白色冠毛。

8.2.2 类型及品种

1）大花型：株高 30 ~ 50cm，花大而密，头状花序径可达 4cm，花色从白到深红、蓝色，一般多为暗紫色。

2）星型：株高 60 ~ 80cm，叶小，花小但量多，舌状花短狭而反卷，花色有红、粉、紫红等色。植株性强健，宜做切花。

图 8-1 瓜叶菊

3）多花型：株高 25 ~ 30cm，花小数量极多，每株可达 400 ~ 500 个头状花序，花色丰富，很受人们欢迎。

4）中间型：株高约 40cm；花径较星型为大，约 3.5cm。多花性，品种较多。其中以矮生类型，株矮花多，观赏价值最高。

8.2.3 生态习性

瓜叶菊性喜温暖、湿润通风良好的环境。不耐高温，怕霜冻。一般于低温温室栽培，温度夜间不低于 5℃，但小苗也能经受 1℃ 的低温，白天不超过 20℃，以 10 ~ 15℃ 最合适。室温过高易徒长，造成节间伸长，缺乏商品价值。气温太低，影响植株生长，花朵发育小。

瓜叶菊为喜光性植物，阳光充足，叶厚色深，花色鲜艳，但阳光过分强烈，也会引起叶片卷曲，缺乏生气。由于瓜叶菊叶片大而薄，需保持充足水分，但又不能过湿，以叶片不凋萎为宜。

8.2.4 栽培管理

1. 繁殖技术

（1）拟定播种时间　播种日期可根据用花日期来决定，一般瓜叶菊播种后及幼苗上盆，在适生的环境条件下，需 4 ~ 5 个月才能开花。如需在春节开花，可在 8 月份播种，需在劳动节开花，可在 9 ~ 10 月播种。

（2）配制培养土　培养土通常选用肥沃园土（无杂草籽）5 份、细沙 3 份、碳化稻壳 2 份，充分混合而成，趁盛夏高温烈日曝晒消毒，育苗用的浅泥盆也要消毒。

（3）播种　先在泥盆底铺一层碎泥盆片，再在盆片上铺上纱网后填入培养土至盆口 2 ~ 3cm 处，采用渗透法浸透水分，由于培养土下沉，需补添上培养土，然后将种子均匀撒上，用细沙覆盖，其厚以不见种子为度。置放在 20℃，少光照处管理，盆上盖玻璃保湿，适当开缝口通气，10d 左右种子就可发芽出土。

2. 栽培管理技术

（1）及时分植土盆加强管理　当盘苗长至 3 片真叶（25 ~ 30d）时，要及时分植于

10cm×10cm营养钵中（钵土同育苗土）。分植后将钵摆在光照处，温度18～20℃。当苗长至5～6片叶时可将钵苗整体移栽入17～20cm盆中。盆土要疏松肥沃，保湿，透水性好。可用充分腐熟筛细的纯鸡、马、猪粪，掺少量腐殖土、园土和细沙，按3∶1∶1∶1比例混匀。定植后盆应摆在预先做好的宽80cm、高10cm的畦中，利于浇水保湿；此时棚温应保持在15～21℃，不超过25℃，相对湿度应为60%～65%，保持良好通风和光照。每隔半月，浇一次稀氮、磷、钾液肥（2‰～3‰），使株体长得茂盛紧凑。大约经90～100d，就可开花。需国庆节开花的，大棚应采取75%遮阳网和通风处理。要经常检查霜霉病和蚜虫，如发现可用百菌清、乐果防治。

（2）授粉与收种　瓜叶菊分高、中、低三个品种，盆栽应采用中低型品种，株高20～30cm，花多而密集。瓜叶菊自然杂交变异较大，需人工授粉制种，特别是大棚冬季盆栽，不经人工授粉，结种很少。根据选定的优良品种进行杂交育种，选用相同颜色和不同颜色的品种相互人工授粉。并罩以透明塑料袋，待花朵干后，剪下除掉杂质，剩下坚硬发亮的瓜叶菊小籽，于干燥处保存。

8.2.5　园林应用

瓜叶菊花期较长，为冬季主要的温室盆花，可用于室内布置。高型品种可作切花制作。

任务3　报春花类盆栽管理

报春花类（*Primula.*）

别名：小樱草、七重樱。

科属：报春花科、报春花属。

报春花属植物在世界上栽培很广，历史也较久远，近年来发展很快，已成为当前一类重要的园林花卉。报春花的中名和学名（*Primula*）均含有早花的意思。早春开花为本属植物的重要特性。

8.3.1　形态特征

报春花（图8-2）为多年生草本植物，常作一二年生栽培。叶基生，全株被白色绒毛。叶椭圆形至长椭圆形，叶面光滑，叶缘有浅杯状裂或缺，叶背被白色腺毛。花葶由根部抽出，高约30cm，顶生伞形花序，高出叶面。有柄或无柄，全缘或分裂；花通常2型，排成伞形花序或头状花序，有时单生或成总状花序；萼管状、钟状或漏斗状，5裂；花冠漏斗状或高脚碟状，长于花萼，裂片5，广展，全线或2裂；雄蕊5，着生于冠管上或冠喉部，内藏；胚珠多

图8-2　报春花

数；蒴果球形或圆柱形，5～10瓣裂。花期冬春两季，花有深红、纯白、碧蓝、紫红、浅黄等色；红、蓝、白色花有黄芯，还有紫花白芯、黄花红芯等，多数品种花还具有香气。蒴果球状，种子细小，褐色，果实成熟时开裂弹出。

8.3.2　类型及品种

多年生宿根草本植物，但多数作一二年生花卉栽培。植株低矮，叶全部基生，形成莲座状叶丛，花有红、黄、橙、蓝、紫、白等色，在花蕾上排成伞形花序，总状花序，蒴果球状。报春花类种类繁多，最常见的有：

报春花（P. malacoides）：原产云贵，园艺品种繁多，为优良冷温室冬季盆花。

鄂报春（P. obconica）：又名四季樱草，原产西南，园艺品种花色丰富，色彩鲜明，既有单瓣，又有重瓣型，为冷室冬季早春盆花，现广泛栽种于世界各地，在昆明全年开花不辍，故又名四季报春。

藏报春（P. sinensis）：又名中国樱草，原产四川、湖北等地。原种花玫瑰紫色，园艺品种花形更大，花色有桃红、橙、深红、蓝及白色等，为重要的冷室冬春盆花。

欧报春（P. vulgaris）：商业上常用P. acaulis来指园艺变种群，原产西欧和南欧，现代园艺品种除单瓣、重瓣外，还有套瓣。花色丰富，性耐寒，在西欧可露地越冬，为早春花坛优良品种，也可盆栽。

8.3.3　生态习性

报春花属是典型的暖温带植物，绝大多数种类均分布于高纬度低海拔或低纬度高海拔地区，喜气候温凉、湿润的环境和排水良好、富含腐殖质的土壤，不耐高温和强烈的直射阳光，多数也不耐严寒。

一般用作冷温室盆花的报春花，如鄂报春、藏报春，宜用中性土壤栽培，不耐霜冻，花期早。而作为露地花坛布置的欧报春花，则适合生长于阴坡或半阴环境，喜排水良好、富含腐殖质的土壤。

8.3.4　栽培管理

1. 繁殖技术

报春花以种子繁殖为主，特殊园艺品种也用分株或分蘗法。

种子寿命一般较短，最好采后即播，或在干燥低温条件下贮藏。采用播种箱或浅盆播种。因种子细小，播后可不覆土。种子发芽需光，喜湿润，故需加盖玻璃并遮以报纸，或放半阴处，10～28d发芽完毕。发芽适温15～21℃，超过25℃时，发芽率明显下降，故应避开盛夏季节。播种时期根据所需开花期而定，如为冷温室冬季开花，可在晚春播种；如为早春开花，可在早秋播种。春季露地花坛用花，也可在早秋播种。

分株分蘗一般在秋季进行。

2. 栽培管理技术

报春花栽培管理并不困难，作温室盆花用的种类，自播种至上盆上市，约需160d。如在7月播种，可在年初开花。为避开炎热天气，在8月播种，也可在1月开花。第一次在浅盆或木箱移植，株距约2cm，或直接上8cm小盆，盆土切不可带酸性，然后直接上12cm

盆。栽植深度要适中，太深易烂根，太浅易倒伏。须经常施肥。叶片失绿的原因除盆土酸性外，还可能太湿或排水不良。不仅夏季要遮阳，在冬季阳光强烈时，也要给庇阴，以保证花色鲜艳。

耐寒种类，在长江以北地区露地越冬时，要提供背风的条件，并给予轻微防护，以保安全。8 月播种，盆栽苗在冷床越冬，可于 2 ~ 4 月开花上市。

幼苗移植上盆，花盆一般以 12 ~ 16cm 为限。二年生老株，盆可适当放大。越夏时应注意通风，给予半阴并防止阵雨袭击，采用喷雾、棚架及地面洒水等措施以降温。冬季室内夜温最低温度控制在 5℃左右，不宜过高。但作为盆花，如播种过迟（10 月份），则越冬温度需提高至 10℃，以便加速生长，保证明春及时开花。

8.3.5　园林应用

报春花小巧玲珑，品种多、形态各异，花色艳丽，且花期长，为冬季早春的小型室内盆栽花卉，多置于室内的餐桌、案几上陈设、点缀。

任务 4　仙客来盆栽管理

仙客来（*Cyclamen persicum*）

别名：兔耳花、萝卜海棠。

科属：报春花科，仙客来属。

仙客来原产地中海一带，现世界各地广为栽培，仙客来原产地在欧洲南部希腊等地中海地区，栽培历史已有 300 年以上。在 18 世纪时曾以德国为栽培中心，后来更风靡了整个欧洲。由于不断地进行品种改良，后栽培中心转移至美国，并逐渐成为世界性的观赏花卉，很受爱花者的推崇，因此被推举为"盆花的女王"。现栽培的均为杂交种，品种甚多。广泛栽培于各温带地区，是著名的冬春季温室盆花。花期长达数月，深受人们喜爱。圣马力诺确定该花为"国花"。

8.4.1　形态特征

仙客来（图 8-3）为多年生草本植物，地下具扁圆形球茎。一年生球茎暗红色；多年生球茎紫黑色，外皮木栓质。地上无茎。单叶丛生于球茎顶部，叶片心状卵圆形边缘细锯齿；叶面深绿色有白色斑纹；叶柄长，肉质，紫红色。花梗自叶丛中长出，直立，高 15 ~ 25cm，顶端着生 1 花，形大、俯垂。花萼 5 裂；花冠基部连合成筒状，上部深裂，裂片向上翻卷而扭转，形如兔子耳朵，呈桃红、绯红、玫红、紫红或白色。蒴果，花果期为 10 月至翌年 5 月。

8.4.2　类型及品种

1）大花型：花大，花瓣全缘、平展、反卷、有单瓣、重瓣、芳香等品种。

2）平瓣型：花瓣平展、反卷，边缘具细缺刻和波皱，花蕾较尖，花瓣较窄。

3）洛可可型：花半开、下垂；花瓣不反卷，较宽，边缘有波皱和细缺刻。花蕾顶部圆

图 8-3　仙客来

形，花具香气。叶缘锯齿显著。

4）皱边型：花大，花瓣边缘有细缺刻和波皱，花瓣反卷。

8.4.3　生态习性

仙客来喜凉爽、湿润及阳光充足的环境。生长和花芽分化的适温为 15～20℃，湿度 70%～75%；冬季花期温度不得低于 10℃，若温度过低，则花色暗淡，且易凋落；夏季温度若达到 28～30℃，则植株休眠，若达到 35℃ 以上，则块茎易腐烂。幼苗较老株耐热性稍强。仙客来为中日照植物，生长季节的适宜光照强度为 28000lx，低于 1500lx 或高于 45000lx，则光合强度明显下降。要求疏松、肥沃、富含腐殖质，排水良好的微酸性沙壤土。花期为 10 月至翌年 4 月。

8.4.4　栽培管理

1. 繁殖技术

仙客来采用种子繁殖，9～10 月份采收和选取粒大、饱满的种子，用 30℃ 的温水浸泡 3～4h 撒播于盆中，发芽适温为 18～20℃，保持盆土湿润，经庇阴约 40d 发芽出苗，出苗常不整齐，全部苗出齐后，进入实生苗管理，幼苗逐渐见光，要防止阳光直射可用遮阴网适当遮阴，温度不可过低，以免休眠，土壤干时可用喷壶喷水。

2. 栽培管理技术

（1）促花技术

1）精选种子。进行种子处理选择饱满有光泽的褐色种子，将种子放在 30℃ 左右的水中浸泡 3～4h，然后播种，比未浸种的种子提前开花 10d 左右。

2）合理浇水。仙客来属喜湿怕涝植物，水分过多不利于其生长发育，甚至引起烂根、死亡现象。因此，每天保持土壤湿润即可，且水量不宜过大。

3）增施肥料。仙客来也属喜肥植物，首先应从土壤入手，花盆内的土取腐殖质较多的肥沃沙壤土，一年更换一次盆土，并在每年春季和秋季追施 2‰ 的磷酸二氢钾各 1 次，切忌施用高氮肥料，可提前开花 15～20d。

4）创造适宜的温度条件。仙客来不耐高温。温度过高会使其进入休眠状态。因此，温度对仙客来影响极大。一般情况下，仙客来适宜生长在白天 20℃ 左右，晚上 10℃ 左右的环境条件下，幼苗期温度可稍低一些。此外，花芽分化和花梗伸长时温度稍低一些，有利于开花。仙客来夏季因气温高而进入休眠阶段，如果创造低温条件，可以不休眠，有利于开花。

5）延长光照条件。仙客来喜阳光，延长光照时间，可促进其提前开花，因此，应将仙客来放置在阳光充足的地方养护。

6）激素处理。在仙客来的幼蕾出现时，用 1mg/kg 的赤霉素轻轻喷洒到幼蕾上，每天喷 1~3 次即可，可提早开花 15d 以上。

（2）花期养护

1）仙客来是喜光花卉，冬春又是旺盛生花开花期，欲使花蕾繁茂，在现蕾期要给以充足的阳光，放置室内向阳处，并每隔 1 周施一次磷肥，最好用 0.3% 的磷酸二氢钾复合肥（含锌、硼、钼、锰、镁、铜、铁、硫等中微量元素）溶液浇施，每盆用量约 150mL。平时每隔 1~2 天浇水 1 次，使盆土湿润，切不可浇大水，掌握盆土见干才浇水。但切忌盆土过干，过干会使根毛受伤和植株上部萎蔫，再浇大水也难以恢复。浇水时水温要与室温接近。

2）开花期不宜施氮肥，否则会引起枝叶徒长，缩短花朵的寿命。如枝叶过密，可适当稀疏，以使营养集中，开花繁多。摘叶或摘除残花时，为防止软腐病的感染，应立即喷洒一次 1000 倍"多菌灵"液。

3）仙客来开始开花并继续形成花蕾时，室温应保持在 15~18℃，最低不能低于 10℃，温度太高花期缩短，超过 28℃ 叶片发黄，切忌将花盆放在暖气片上。

（3）日常管理　当温度在 30℃ 以上时，球茎休眠。届时可将仙客来置于室外避雨的凉爽处，并减少浇水。盆土以偏干为好，但注意不能过干，以防球茎干瘪或过迟萌芽和开花，使之安全进入休眠状态。立秋后当气温在 25℃ 左右时开始少量浇水，保持盆土湿润，但不能过湿，以防腐烂。9 月下旬，当仙客来即将萌发生长时，进行一次翻盆换土。盆土选用腐殖质丰富的沙质土壤，最好高温消毒半小时（隔水蒸或直接用开水烫）。球茎露出土面 1/3 的同时摘除黄叶。发育期间，每隔 10d 施一次以磷为主的稀薄液肥（日常养护浇水施肥不要淹没球顶，也不能浇在花芽和嫩叶上，否则容易造成腐烂），并逐步多见阳光，不使叶柄生长过长。当花梗抽出含苞欲放时，可增施一次骨粉。花期可施一些水溶性高效营养液。

（4）换盆养护　第一次换盆时间在清明到谷雨之间，这时仙客来已长出 10 片叶左右，此时室外气温为 18~25℃，昼夜温差较大。换盆后可及时增加基质中的营养供给面积，为仙客来的第一个旺盛生长期提供必要的条件。第二次换盆时间为立秋后至霜降前，这是最后一次换盆。此时换盆，不仅及时增加了基质中的营养供给面积，还增加了每次浇水的储水量，为快速生长的植株提供了充足的水肥资源。

第一次换盆后，仙客来处于旺盛生长期，此时应保证养分供应，每隔 7~10d 需向叶面喷施一次 500~800 倍的液体肥料。清明过后，阳光渐强，这时应在上午 10 时至下午 4 时之间对植株进行遮光，遮阳网的密度以 65% 为宜。此阶段的温度及昼夜温差极适合仙客来的花芽分化，部分植株会开出一些颜色较淡也较小的花朵，俗称"假花"。为积蓄养分，应及时将"假花"和稍大些的花蕾一同摘掉。在酷暑高温期来临之前，应对植株进行"蹲苗"处理，即控制浇水，要本着宁干勿湿的基本原则。当基质干到叶片即将萎蔫的程度时再浇透水，使植株逐渐适应干燥的环境，为过夏作好生理上的准备。芒种以后，气温逐渐升高，这时应减少施肥，如温度过高使植株进入强迫性休眠，则应停止施肥，并采取良好的通风降温措施。同时，高温季节还要加强病虫害的防治工作。

第二次换盆后，仙客来进入爆发生长阶段，对养分的需求进一步加大，每隔半个月施用一次充分腐熟的、用豆饼或马掌沤制的稀薄肥水（花农称为壮苗水）。这时植株正处于孕蕾期，对磷、钾肥的需求比平时高，应在以上施肥的基础上，每月再对叶面喷施 2~3 次 300~500 倍的磷酸二氢钾液体肥料。为使孕蕾过程中有足够的光照，必须采取人工辅助的方式，将密集的叶片向周围拉开，必要时摘掉植株中心过多的叶片，使其刚刚萌发的花芽充分接受光照。这一步骤，将影响到花期所呈现的花朵大小及鲜艳程度。冬季花盆的摆放要拉开一定的距离，避免叶片之间相互重叠，使其采光不足而造成株形散乱、叶片徒长、花梗细长。另外，应根据植株的长势，经常转动花盆，方可得到丰满整齐的株形。

8.4.5 园林应用

它适宜于盆栽观赏，可置于室内布置，尤其适宜在家庭中点缀于有阳光的几架、书桌上。因其株形美观、别致，花盛色艳，还有具香味的品种，深受人们青睐。仙客来还可用无土栽培的方法进行盆栽，清洁迷人，更适合家庭装饰。

 任务5 大花君子兰盆栽管理

大花君子兰（*Clivia miniata*）

别名：剑叶石蒜、君子兰。

科属：石蒜科，君子兰属。

君子兰的园艺栽培，到目前为止有 170 多年历史，1823 年英国人在南非发现了垂笑君子兰，1864 年发现了大花君子兰，19 世纪 20 年代传入欧洲，1840 年传入我国青岛，1932 年君子兰由日本传入中国长春，目前在国内栽培的主要是大花君子兰，经多年选育，已推出许多品种，中国君子兰栽培在世界君子兰中占有重要地位。

8.5.1 形态特征

君子兰（图 8-4）是多年生常绿草本植物，基部具叶基形成的假鳞茎，根肉质纤维状。叶二列迭生，宽带状，端圆钝，边全缘，剑形；叶色浓绿，革质而有光泽。花茎自叶丛中抽出，扁平，肉质，实心，长 30~50cm，伞形花序顶生，有花 10~40 朵，花被 6 片，组成漏斗形，基部合生，花橙黄、橙红、深红等色。浆果，未成熟时绿色，成熟时紫红色，种子大，白色，有光泽，不规则形。花期为 12 月至翌年 5 月，果熟期为 7~10 月。

8.5.2 类型及品种

1）长春兰：1932 年由日本引进我国，经多代选育系列园艺品种的总称，特点是脉纹清晰，凸显隆起，青筋黄地，蜡膜光亮，花大艳丽，株形较大或适中，常见品种有大胜利、青岛大叶、黄枝师、和尚、染厂、圆头、短叶、花脸等。

2）鞍山兰：株形适中，叶片的长宽比例为 2∶1~2.5∶1.0，圆头、厚、硬、座形正，花

图 8-4　君子兰

序直立，花色艳丽，成株期短，种植后 2 ~ 2.5 年开花，耐高温，适应性强。

3）横兰：叶片宽而短，如同一面叶片"横"着生长，故名。叶片长 12cm 左右，宽 11 ~ 12cm，厚 2.5 ~ 3.0mm，叶片长宽比为 1.0 ~ 1.5 : 1.0，叶的顶端圆或凹，微有勺形翘起，假鳞茎短，脉纹隆起，细小、整齐、脉络长方形，叶尖部脉呈网状，叶色浅绿或深绿，性喜高温，适合南方栽培。

4）雀兰：叶顶有一急尖，似麻雀的嘴，因而得名，叶片长 15 ~ 18cm，宽 8 ~ 12cm，叶片长宽比为 1.5 : 1，株形小，叶层紧凑，脉纹突显，整齐，叶色深绿，花瓣金黄色，花序不易抽出，适合作父本。

5）缟兰：叶片具有数条黄、白条纹，黄白、绿白条纹，或半绿半白、半黄条纹，叶片长 25 ~ 35cm，宽 6 ~ 8cm，长宽比为 4 : 1，脉纹不明显，稳定性不强，喜弱光，生长慢，株形不整齐，厚硬度差。

8.5.3　生态习性

君子兰性喜温暖而半阴的环境，忌炎热，怕寒冷。生长适温为 15 ~ 25℃，低于 5℃生长停止，高于 30℃叶片薄而细长，开花时间短，色淡。生长过程中怕强光直射，易出现日灼害。喜湿润，忌排水不良和通透性差的土壤，有一定耐旱能力。

8.5.4　栽培管理

1. 繁殖技术

播种为主。当种子采收以后立即盆播于素沙土中，在 25℃的温度条件下，经庇阴、保湿，约 1 月余生根发芽，待长出 2 枚真叶后移植或上小盆。也可用分株繁殖，但须待切口干燥并用草木灰涂抹，再上盆。

2. 栽培管理技术

（1）对光照的要求　大花君子兰属半阴性花卉，早春、晚秋和冬季的光照对促使君子兰开花结果极为重要。家庭种养君子兰，冬季应放在室内向阳处，春季出室后和秋季宜见半光，夏季宜放置在通风凉爽的散射光下培养，避免强光直射。君子兰的叶子生长受光照方向的影响较大，为使其叶片逐层排列整齐美观，需注意光照的方向，如果叶子的伸展方向与光照方向垂直，往往叶片生长错乱，排列不整齐；如果叶子的方向与光照方向平行，同时每隔一周将花盆转180°，这样叶片的排列就整齐美观，形成"侧视一条线，正视如开扇"的优美株形。

（2）对温度的要求　大花君子兰喜温暖凉爽气候，最适宜生长温度为15～25℃。30℃以上时，植株呈半休眠状态，易使植株生长不良。一般冬、春两季白天室温保持在15～20℃，夜间10～15℃为宜；夏季白天室温保持在20～25℃，夜间18～20℃为宜；秋天白天室温保持在15～23℃，夜间13～18℃为宜；越冬温度最低不要低于10℃，5℃以下生长受抑制，0℃则受冻害死亡。不同生育期要求的温度不同，播种育苗期温度达25℃则出苗快，出苗率高；幼苗期15～18℃有利蹲苗；抽箭阶段温度应高一些；开花期温度降到15℃左右则可延长花期。试验证明，君子兰昼夜最好有7～10℃的温差。

（3）对水分的要求　大花君子兰肉质根发达，能贮存较多的水分，有一定的耐旱性。但不能长时间缺水，以免根、叶受害，影响新叶生长、生根和出箭。空气相对湿度为70%～80%，土壤含水量以20%～30%为宜。具体地讲，给君子兰浇水不能等盆土干了再浇，半干就要浇，使盆土上下经常保持湿润，则有利于生长。小盆小花，气温高，通风好，蒸发快，土壤透气好者应多浇，反之要少浇；一般苗期需水少，开花期需水多；秋、冬浇水宜少，春、夏浇水宜多。春、夏需每天浇一次水，秋季每隔一天浇一次水，冬季每隔3～5d浇一次。浇君子兰最好用磁化水、雨水、雪水及活水。幼株可用喷壶浇水，直接往叶子上喷洒，但拔箭前后不能把水浇在叶片上，以防烂箭。

（4）对肥的要求　大花君子兰施肥过量会造成烂根。根据植株生长发育情况，结合季节和肥料性质，合理施用，原则是"薄肥勤施"。一般施肥方法是换盆时施底肥，春、秋、冬季每隔一个月施一次发酵后的固体肥，约每旬施一次液体肥。常用的固体肥料主要是将各种油料种子，如芝麻、蓖麻籽等，用铁锅炒熟碾碎即可施用，也可施用腐熟发酵好的饼肥、骨粉等。施肥量一般是：1～5片叶时每次施5～15g；5～10片叶时每次施15～30g；10～15片叶时每次施30～40g；15～20片叶时每次施40～50g；20片叶以上的每次约施50g。施肥时应扒开盆土，埋入土中2cm，不要使肥料直接接触根系，以免烧伤。常用的液体肥料，主要是碎骨、豆类、芝麻、河虾等沤制的汁液，取其上清液，对水稀释20～40倍施用。小苗施液肥，以水、肥40∶1的比例较好，大、中苗以20∶1较好。施肥时间一般以清晨为好。施肥时应沿盆边浇入，不要直接施到植株上，也要避免溅到叶片上。施液肥后应及时浇一次水，可促进肥料的溶解，以免伤根。但水量不可过大。不同季节施肥的种类有所差异，春、冬季应偏施些磷、钾肥，如麻籽、芝麻、骨粉之类，以利叶脉的形成和亮度的提高；秋季要偏施些氮肥，如豆饼水之类，以利叶片的生长。此外，还可用0.2%磷酸二氢钾或0.5%过磷酸钙等喷洒叶面，进行根外追肥，可使幼苗长得快，抽箭多，花果大，果实也大。根外追肥一年四季都可进行，尤其是夏季经常喷洒叶面，不仅提供了君子兰生育的养料，而且还起到了降温的作用，叶面湿润又可增强光合作用，使君子兰生长健壮。

（5）对盆土的要求　大花君子兰根系粗大，肉质，要求盆土肥沃疏松、透气性好，具微酸性（pH值6.5～7.0），通常用腐熟马粪、腐叶土、泥炭土、腐殖土、河沙、炉渣等，根据不同需要，依不同比例配制而成。幼苗初次上盆，可以腐叶土为主，加马粪、河沙，以5∶3∶1的比例配制。二年生苗可用腐叶土4份、马粪5份、河沙1份的比例，再加入适量磷肥；也可用腐叶土、泥炭土加少量河沙混匀配制，另加少量骨粉作基肥。三年生苗（10~12片叶）应以泥炭土为主，混以腐叶土和河沙，以7∶2∶1的比例配制；也可用腐叶土、泥炭土各4份、河沙2份混合配制，另加50g饼肥末作基肥。成龄植株盆土应调整为马粪5份、腐殖土4份、河砂1份，另加适量磷钾肥；也可用腐叶土6份、园土2份、河沙或炉灰渣2份混匀配制，另加50~75g骨粉作基肥则效果良好。

一般2年换盆一次，可3~4月或8月进行。换盆时除去部分宿土，剪掉腐烂的根，添加新的培养土并施入基肥。

8.5.5　园林应用

君子兰常年翠绿，耐阴性强，适合室内盆栽，是花叶兼美的盆栽花卉，观赏期长，是布置会场、居室的名贵花卉；南方可植于露地。

 任务6　花烛盆栽管理技术

花烛（*Anthurium andraeanum*）

别名：红掌、安祖花、火鹤花。

科属：天南星科，花烛属。

花烛盆原产于南美洲热带雨林潮湿、半阴的沟谷地带，通过引种改良和用光、温、水调节系统的大棚栽培，现在欧洲、亚洲、非洲皆有广泛栽培。目前，红掌世界科研已处于较为深入的阶段，其中欧洲水平较高。荷兰在红掌的系统研究中居于领先地位。我国于20世纪70年代开始引种栽培。

8.6.1　形态特征

花烛（图8-5）为多年生常绿草本花卉。其株高一般为50~80cm，因品种而异。具肉质根，无茎，叶从根茎抽出，具长柄、单生、心形、鲜绿色、叶脉凹陷。花腋生，佛焰苞蜡质，正圆形至卵圆形，鲜红色、橙红肉色、白色，肉穗花序，圆柱状，直立。四季开花。

图8-5　花烛

8.6.2　类型及品种

1）高山（Alpine）：佛焰苞白色，佛焰花序粉色，常用14~20cm盆。

2）亚利桑那（Arizona）：佛焰苞鲜红色，花序黄色，用17~20cm盆，从栽植至开花需11个月。

3）安托洛尔（Antalore）：佛焰苞深粉红色，用17cm盆需栽培10个月开花，用20cm盆需栽培12个月。

4）皇石（Kingston）：佛焰苞红色，叶深绿色，用20～25cm盆。

5）红星（RedStars）：佛焰苞红色，用17～20cm盆。

6）糖果（Sweety）：佛焰苞橙红色，用17～20cm盆，从栽植至开花需9～11月。

7）红美（RdeBeauty）：佛焰苞红色，叶片红色，耐低温。

目前，荷兰安祖花公司已拥有盆花安祖花新品种30多个。佛焰苞有白色的，而花序有鲜红色、粉红色、直立的、弯曲的等，还有正面白色、背面红色和洒金的。佛焰苞有红色的，而花序有粉红色、大红色、长花序、短花序和弯曲的花序。另外，有绿白、粉红佛焰苞等。品种繁多，为盆栽花烛提供了最佳种源。

常见同属观赏种有猪尾花烛（*A. sherzerianum*）、水晶花烛（*A. crystallinum*）和林登花烛（*A. lindenianum*）。

8.6.3　生态习性

花烛盆原产于亚洲热带地区及大洋洲。性喜温热多湿而又排水良好的环境，怕干旱和强光暴晒。其适宜生长昼温为26～32℃，夜温为21～32℃。所能忍受的最高温为35℃，可忍受的低温为14℃。光强以16000～20000lx为宜，空气相对湿度（RH）以70%～80%为佳。

8.6.4　栽培管理

1. 繁殖技术

常用分株、播种和组织培养繁殖。

（1）分株繁殖　春季选择3片叶以上的子株，从母株上连茎带根切割下来，用水苔包扎移栽于盆内，经20～30d萌发新根后重新定植于15～20cm盆内。对直立性有茎的花烛品种可采用扦插繁殖，剪取带1～2个茎节有3～4片叶的作插穗，插入水苔中，待萌发新根后定植盆内。

（2）播种繁殖　花烛种子较大，采用室内盆播，发芽适温为25～28℃，播后20～25d发芽。播种苗需培育3～4年才能开花。

（3）组培繁殖　20世纪70年代末，荷兰开始用组培繁殖花烛。至今，欧美的花烛专业公司基本都采用组培技术大量繁殖种苗。以叶片、芽、叶柄为外植体，经消毒后接种在添加6-BA 1mg/L的MS培养基上，形成愈伤组织，再转移到添加6-BA 3mg/L的MS培养基上，有65%形成小苗。

2. 栽培管理技术

可根据品种和商品要求选择15～25cm不同规格盆钵。栽培基质可因地制宜选择材料。目前最多使用的为水苔、泥炭、腐叶土、陶粒、稻糠和树皮颗粒等，常用2～3种配置的混合基质。一般品种定植后栽培9～12月开花。如保持高温和高湿条件下，盆栽花烛可开花不断。一般每两年换盆一次。

花时的花烛是热烈、豪放的象征，盆栽摆放客厅和窗台，显得异常瑰丽和华贵。用它点缀橱窗、茶室和大堂，格外娇媚动人，效果极佳。植株具2～3朵花时即可上市，以18～

21℃保存时间最长，每天向叶面喷雾，保持80%以上空气湿度。

8.6.5 园林应用

可以放在书房，办公室等地，青翠宜人，富有热带情调；也可作吊盆栽植，放在楼台上，更有几分自然气息。

任务7 秋海棠类盆栽管理

秋海棠 (*Begonia* spp.)

科属：秋海棠科，秋海棠属。

8.7.1 形态特征

秋海棠多数为多年生草本植物，亚灌木。叶互生，叶片左右不等，基部偏斜，叶全缘，具托叶，雌雄同株，聚伞花序腋生，多数为蒴果，种子细，无胚乳。

8.7.2 类型及品种

秋海棠属约有2000种，园艺品种繁多，在园艺上，根据根茎的特征，大致上将其分为三类：

1）须根类：又称为灌木类，包括多浆草本、亚灌木、灌木，常绿，生长高大，分枝多，主要花期在夏秋两季，冬季进入半休眠，但仍可供观叶之用，如四季秋海棠 (*B. semperflorens*) (图8-6)、银星秋海棠 (*B. arsenteo-guttata*) 等。

2）根茎类：茎匍匐地面，粗大多肉，节极短，叶及花茎自根茎叶腋抽出，叶柄粗壮，花期均在冬春之间，叶多具美丽的斑纹，如蟆叶秋海棠 (*B. rex*)、槭叶秋海棠 (*B. digyna*)、铁十字海棠 (*B. masoniana*) 等。

图8-6 四季秋海棠

3）球根类：地下部具有块茎或球茎。为温室春植球根，秋季花谢后地上部分逐渐枯死，球根在冬季休眠，如园叶秋海棠 (*B. cxclophylla*)、掌叶秋海棠 (*B. hemslcyana*) 等。

丽格海棠 (*Begonia x aelatior*) 为冬季开花的一个秋海棠杂交群。

8.7.3 生态习性

秋海棠大部分原产于热带及亚热带，在自然界多生长在温暖地区的林下沟边、溪边或潮湿的岩石上。因此秋海棠类植物耐寒力弱，喜湿润，不耐干旱，忌直射阳光，在适当蔽阴下生长繁茂。除冬季外，自晚春到初秋都需适当遮阳，夏季应置于阴棚下，冬季温室夜间温度应不低于10℃，但种与种之间也有差异，有的种类耐寒较强。

8.7.4　栽培管理

1. 繁殖技术

秋海棠类常用播种、扦插和块茎分割法繁殖。

海棠类种子很小，如四季海棠种子1g约20万粒，发芽率约30%，播种1g即可有5000～7000株，四季均可播种，一般在8～9月或11月间，但春播生长良好。播种用土为腐叶土或泥炭土加上壤土和沙，配合比例为1:1:1，并加入适量过磷酸钙。播种后置半阴处，维持20～25℃，保持土壤湿润，一周后开始发芽，3～4周基本出齐，发芽后逐渐增加光照，当真叶长出1～2片时，即可分苗，株行距2cm，然后再移植一次后，定植于12～15cm的盆中。

扦插繁殖主要是叶插，多用于蟆叶海棠等，自春至夏均可进行。温度20～22℃，要求水分充足，一般2～3周即生根，当根群充分发生后，即应连叶片移栽于相适应的盆中。冬花类秋海棠也可用刚发生的新芽进行扦插。须根类均可在春季分株繁殖，球根类也用块茎分割法繁殖，即3～4月块茎萌发前，将块茎顶部切割成数块，每块留一个芽，切口用草木灰涂拌，待分割块茎萌芽后，即可上盆。

2. 栽培管理技术

秋海棠类多数作为盆花栽培，盆土要用加沙的培养土，6～9月在室外阴棚下生长较佳，10月以后即要移入温室越冬。夏季浇水需充足，冬季少量浇水即可。生长旺盛期应施以追肥，花前增施磷肥，可达到花大和延长花期的目的。

生育期如遇高温多湿，常发生茎腐病和根腐病，应控制温度和浇水，喷25%的多菌灵250倍液可以预防。

8.7.5　园林应用

秋海棠为世界著名的盆栽花卉，用它点缀客厅、橱窗，娇媚动人，布置花坛、花径和入口处，分外窈窕。吊篮悬挂厅堂、阳台和走廊，色翠欲滴，鲜明艳丽。

实训21　培养土的配制与消毒

1. 任务实施的目的

使学生熟悉培养土的要求，掌握培养土的配制技术及培养土的消毒技术。

2. 材料用具

田土、细沙、有机质、有机肥、炉灰、锯木屑、草炭、酒糟渣、蘑菇渣、松针、马粪、花盆、塑料盆、铁锹、土篮、编织袋、脸盆、水桶、水壶、水管、直尺、卡片、瓦片、苗盘、地膜、塑料袋、杀菌剂、杀虫剂、无机肥料、硫黄粉、珍珠岩、石砾、竹签等。

3. 任务实施的步骤

1）教师讲解本次实践活动时间安排及纪律要求，分发工具用品，各组确定人数及发放药剂等必须用品。

2）教师讲解原材料准备的方法和要求，示范操作方法。

3）在原材料准备后，确定配制要求和步骤，讲解示范操作方法和步骤。

4）学生分组准备培养土原材料，首先要按规定要求取得，过筛后运回配制地点，也可以先运回来再过筛。过筛后尽量在太阳下晾晒一段时间，用阳光灭菌或用杀菌药剂灭菌处理。需注意的是各种原材料要准备充分。主要原材料有田土、炉灰、细沙、锯木屑、落叶松针叶、马粪、草炭、腐熟有机肥、无机肥料、石棉、珍珠岩、酒糟渣、腐叶土、稻壳等。

5）各组培养土原材料准备情况检查后，初步练习配制，三种基本培养土类型。全组人员共同完成，配制前用手感受各种基质的手感，之后再配制完培养土进行比较，判断不同基质的作用，加入多与少的作用，对培养土的性能变化的影响。

6）每个人试配一种花卉培养土，另外参与或合作配制出一种3种已知配方的培养土。认真体会，明确各成分的作用效果。要交流参观，用手感受各配方的差别，以及不同基质带来的变化。

7）对已配制完成的3种类型培养土进行沉水试验，首先要保证花盆大小一致，下孔正常垫瓦片，把培养土均匀填好入盆，不要用手或其他物压挤，3种培养土装填方法一致，放平整地面上。向3个花盆同时浇入同样量的水，观察哪个下沉快，继续浇水，看各自渗透的时间。

8）检查总结。

9）清理环境，收回工具用品。

4. 分析与讨论

1）各组要认真准备原材料，尽量多一些种类和数量，4种类型原材料不能少，有机质要多一些，至少2种。及时过筛，处理，消毒，晾晒。

2）分析3种基本配方各自适合的花卉。用手感受其中培养土差异。

3）根据沉水试验结果，如何自制配方并验证结果？

5. 任务实施的作业

1）记录各类培养土配制的过程及对酸碱度测定结果。

2）以上各项需要学生反复练习、亲自操作，及时总结，才能熟练掌握。

6. 任务实施的评价

培养土的配制与消毒技能训练评价见表8-2。

表8-2 培养土的配制与消毒技能训练评价表

学生姓名					
测评日期			测评地点		
测评内容	培养土的配制与消毒				
考评标准	内 容	分值/分	自 评	互 评	师 评
	培养土原料的选择及比例确定	30			
	培养土的配制	30			
	培养土消毒处理	20			
	培养土装盆效果	20			
合 计		100			
最终得分（自评30% + 互评30% + 师评40%）					

说明：测评满分为100分，60～74分为及格，75～84分为良好，85分以上为优秀。60分以下的学生，需重新进行知识学习、任务训练，直到任务完成达到合格为止

实训 22　常见盆栽花卉的识别

1. 任务实施的目的

通过盆栽花卉种类识别，掌握盆栽花卉识别方法，熟悉常见盆栽花卉形态特征、生态习性及观赏用途，掌握常见盆栽花卉 30 种以上。

2. 材料用具

铅笔、笔记本、橡皮、刀片、直尺、放大镜、标本夹、塑料袋、识别花卉、报纸等。

3. 任务实施的步骤

1）教师现场讲解花卉识别方法，主要从叶、花、果、分枝特点、株形等方面入手。

2）在教师讲解下，识记盆栽花卉种类，测量各个器官，认真记录。

3）学生分组进行复习盆栽花卉名称，查找盆栽花卉特征，测量每种盆栽花卉的特征指标。

4）教师总结，答疑，抽查学生识别盆栽花卉情况。

4. 分析与讨论

1）各小组内同学之间相互考问当地常见的盆栽花卉的科属、生态习性、繁殖方法、栽培要点、观赏特性和园林应用。

2）学生分组复习所识别盆栽花卉，分析同科盆栽花卉主要特征的异同点。

5. 任务实施的作业

把所看到的盆栽花卉名称、主要形态特征描述下来，每个大类别中选出一种花卉绘图说明其特征。

6. 任务实施的评价

常见盆栽花卉识别技能训练评价见表 8-3。

表 8-3　常见盆栽花卉识别技能训练评价表

学生姓名					
测评日期			测评地点		
测评内容	常见盆栽花卉的识别				
	内　　容	分值/分	自　评	互　评	师　评
考评标准	盆栽花卉识别	60			
	提问（盆栽花卉相关知识）	20			
	实训报告	20			
合　　计		100			
最终得分（自评 30% + 互评 30% + 师评 40%）					

说明：测评满分为 100 分，60~74 分为及格，75~84 分为良好，85 分以上为优秀。60 分以下的学生，需重新进行知识学习、任务训练，直到任务完成达到合格为止

习题

1. 填空题

1）花卉盆栽对土壤的要求为_____，_____，_____，_____，_____。

2）花卉浇水时要根据_____，_____，_____，_____来决定。

3）君子兰生长适温_____℃，栽培中造成君子兰夹剪的原因有_____，_____，_____，_____。

4）腐叶土多空隙，疏松，呈_____性，含_____多，_____充足。适宜栽种各类_____的花卉，是调制培养土的主要原料。

2. 选择题

1）将盆栽的植株重新上盆的过程称为翻盆，常在（　　）情况需要换盆。

A. 随幼苗增大，根系无法伸展，由小盆换到大盆来扩大营养面积

B. 盆土经长期使用后，养分缺乏，土壤理化性变差，需更换培养土，一般不需变换盆的大小；往往结合分株繁殖

C. 植株根系生长不良，有根部病虫害需及时换盆

D. A、B、C

2）配制盆栽混合土壤，对各种混合材料的理化性质需有一个全面了解。就吸附性能（即保肥性能）来说，下列材料中，最强的是（　　）。

A. 珍珠岩　　　　B. 木屑　　　　C. 黏土　　　　D. 泥炭

3）从通气性能来看，最强的材料是（　　）。

A. 蛭石　　　　B. 珍珠岩　　　　C. 陶粒　　　　D. 木屑

4）从持水性能来看，最强材料是（　　）。

A. 稻壳　　　　B. 壤土　　　　C. 木屑　　　　D. 黏土

5）下列花卉可作观果栽培的是（　　）。

A. 南天竹　　　　B. 蟹爪兰　　　　C. 四季海棠　　　　D. 米兰

6）天竺葵种类和品种类型丰富，其中天竺葵为最常用的种类，目前生产上较先进的繁殖方法是（　　）。

A. 播种繁殖　　　B. 扦插繁殖　　　C. 组织培养　　　D. 分株繁殖

7）我国是报春花（樱草类）的主要原产地，约有300余种，广布云南、四川等地，多数春季开花，常作温室两年生花卉。栽培的报春花的主要繁殖方法是（　　）。

A. 播种繁殖　　　B. 扦插繁殖　　　C. 组织培养　　　D. 分株繁殖

8）下列（　　）是蒲包花、瓜叶菊、报春花共同特点。

A. 常作温室两年生花卉　　　　　B. 采用播种繁殖

C. 不耐寒、忌夏季炎热　　　　　D. A、B和C

3. 名词解释题

上盆；换盆；摘心；修剪。

4. 简答题

1）什么是培养土？有什么特点？列举各种培养土类型。

2）报春花与仙客来在形态、栽培有什么不同？

3）叙述盆栽仙客来生长周期。

4）常用盆栽花卉盆土配方有哪些？适用于什么植物类型？

5）盆栽花有哪些浇水方法？浇水要掌握什么原则？

6）大花君子兰栽培管理措施有哪些？

知识拓展

其他常见盆栽花卉

1. 马蹄莲（*Zantedeschia aethiopica* Spreng）

别名：慈姑花、水芋马、观音莲。

科属：天南星科，马蹄莲属。

（1）形态特征 马蹄莲（图8-7）为多年生草本植物，地下具粗大肉质块茎，株高40～80cm。叶基生，叶片卵状箭形，先端短尖；亮绿色；叶柄长，基部鞘状。花序梗自叶丛中抽出，与叶等高，顶生长约10cm的肉穗花序；佛焰苞白色或乳白色，宽大，先端尖，长达14cm，宽13cm，呈马蹄形。花小单性，无花被；花穗上部为雄花、下部雌花，芳香。花期为11月至翌年5月，尤以3～4月最盛。浆果，近球形。园艺品种有白梗马蹄莲、绿梗马蹄莲、紫梗马蹄莲。

（2）生态习性 马蹄莲原产于南非。性喜温暖、湿润的环境，冬季应有充足光照，不耐寒、不耐旱；能在沼泽地、水湿地生长，如能在富含腐殖质的沙质土壤上生长，则植株健壮。

图8-7 马蹄莲

（3）繁殖与栽培 以秋季分球为主。秋季，剥离老植株母球四周形成的小球，另行栽植，通常每盆植2～3个块茎。培育新品种常用人工授粉等，得到种子即行播种，发芽适温20℃。

8月，将种球盆栽也可在温室进行地栽，用园土2份、碳化稻壳1份，再添加厩肥混合作栽培基质。生长期保持土壤湿润，如水分偏多对生长有利；为增加空气湿度可向叶面常洒水；生长适温15～25℃，冬季夜温不宜低于10℃并于白天保持充足光照。植株开花以后有短时的休眠期，此时少浇水，常在夏季，视叶片枯黄后置盆株于凉通风处，或取出块茎贮藏秋季再上盆。为促进开花常采取将无花穗植株的老片剥除，追施磷钾肥等措施。细小块茎，培育2年发育成大球，才能孕蕾、开花。盆栽植株每隔1～2年进行换盆。

（4）园林应用 叶形奇丽，佛焰苞色彩素雅，盆栽观赏；常作切花、切叶、插花材料。同属花卉有银星马蹄莲、黄花、红花、黑心马蹄莲。

2. 大岩桐（*Sinningia speciosa* Benth）

别名：六雪尼，落雪泥。

科属：苦苣苔科，大岩桐属。

（1）形态特征　大岩桐（图 8-8）为多年生草本植物，地下具肥大扁球状块茎，株高约 25cm，全株密被白色绒毛。茎极短，上部红褐色。单叶对生，叶片长椭圆状卵形，叶脉间隆起，边缘波状并有锯齿；叶背呈红色；叶柄短。花梗自茎上部长出，高出叶面顶生 1 花。花萼 5 裂，钟状；花冠阔钟状 5 裂，呈洋红、深墨红、紫蓝、白色等，还有彩色镶以白边者。花期为 4 ~ 7 月。蒴果，种子细小。

（2）生态习性　大岩桐原产于巴西我国南北各地有栽培。性喜高温多湿和半阴通风的环境，忌阳光直照，不耐寒；要求富含腐殖质、疏松的微酸性沙质土壤。

图 8-8　大岩桐

（3）繁殖与栽培　以播种为主。常在 10 月或 11 月于温室盆播，由于种子细小播后不盖土用木板轻压使种子接触盆土，室温保持在 20℃左右，经约 15d 发芽、出苗。播种的盆土由腐叶 3 份、腐熟有机肥 3 份、细沙 1 份配制而成，也可用块茎上萌发的芽扦插。此外，还可用分割块茎法待干燥后再上盆。

（4）园林应用　大岩桐为温室名花，主要以盆栽观赏（花期值夏季高温的少花时节）。

3. 天竺葵（*Pelargonium hortorum*）

别名：洋绣球、入腊红、石腊红、日烂红、洋葵、天竺葵、驱蚊草。

科属：牻牛儿苗科，天竺葵属。

（1）形态特征　天竺葵（图 8-9）为多年生草本植物，基部稍木质化，株高 30 ~ 60cm，全株被细毛和腺毛，具异味。茎肉质。叶互生，圆形至肾形，通常叶缘内有马蹄纹。伞形花序顶生，花蕾下垂，花冠有红、白、淡红、橙黄等色，还有单瓣、半重瓣、重瓣和四倍体品种。花期为 5 ~ 6 月，除盛夏休眠外，如环境适宜可不断开花。常见的品种有真爱（True Love），花单瓣，红色；幻想曲（Fantasia），大花型，花半重瓣，红色；口香糖（Bubble Gum），双色种，花深红色，花心粉红；紫球 2 佩巴尔（Purpurball 2 Penbal），花半重瓣、紫红色。探戈紫（Tango Violet），大花种，花纯紫色；美洛多（Meloda），大花种，花半重瓣，鲜红色；贾纳（Jana），大花、双色种，花深粉红，花心洋红；萨姆巴（Samba），大花种，花深红色；阿拉瓦（Arava），花半重瓣，淡橙红色；葡萄设计师（Designer Grape），花半重瓣，紫红色，具白眼；迷途白（Maverick White），花纯白色。

图 8-9　天竺葵

（2）生态习性　天竺葵喜冷凉，但也不耐寒。忌高温，喜阳光充足，喜排水良好的肥沃壤土；不耐水湿，湿度过大易徒长，稍耐干旱。生长适温为白天15℃左右，夜间不低于5℃。夏季休眠或半休眠，应置半阴处，并控制水分。天竺葵生性健壮，各种土质均能生长，但以富含腐殖质的沙壤土生长最良；喜阳光，好温暖，稍耐旱，怕积水，不耐炎夏的酷暑和烈日的曝晒。入夏植株停止生长，叶片老化，呈半眠状，此时可转至室外阴凉处，停施液肥，按时浇水，雨天将盆放倒，防止积水烂根。

（3）繁殖与栽培　播种繁殖，春、秋季均可进行，以春季室内盆播为好。发芽适温为20～25℃。天竺葵种子不大，播后覆土不宜深，约2～5d发芽。秋播，第二年夏季能开花。经播种繁殖的实生苗，可选育出优良的中间型品种。

除6～7月植株处于半休眠状态外，均可扦插。以春、秋季为好。夏季高温，插条易发黑腐烂。选用插条长10cm，以顶端部最好，生长势旺，生根快。剪取插条后，让切口干燥数日，形成薄膜后再插于沙床或膨胀珍珠岩和泥炭的混合基质中，注意勿伤插条茎皮，否则伤口易腐烂。插后放半阴处，保持室温13～18℃，插后14～21d生根，根长3～4cm时可盆栽。扦插过程中用0.01%吲哚丁酸液浸泡插条基部2s，可提高扦插成活率和生根率。一般扦插苗培育6个月开花，即1月扦插，6月开花；10月扦插，翌年2～3月开花。

天竺葵苗高12～15cm时进行摘心，促使产生侧枝。盛夏高温时，严格控制浇水，否则半休眠状态的天竺葵如盆土过湿，叶片常发黄脱落。茎叶生长期，每半月施肥一次，但氮肥不宜施用太多。茎叶过于繁殖，需停止施肥，并适当摘去部分叶片，有利于开花。花芽形成期，每两周加施一次磷肥。为了控制挖株高度，达到花大色艳的目的，除选择矮生天竺葵品种以外，生长调节物质的应用十分重要。当天竺葵定植后两周，可用0.15%矮壮素或比久喷洒叶面，每周一次，喷洒两次，每天光照14～18h，这样可以有效地控制天竺葵的高度，提供优质的商品盆花。

（4）园林应用　天竺葵花色丰富，花期又长，是常见的盆花；如能将不同花色的植株盆栽一起，则花期五彩缤纷、引人注目。在冻暖夏凉地区可植于露地，点缀景色。

4. 蒲包花（*Calceolaria herbeohybrida* Voss）

别名：荷包花。

科属：玄参科，蒲包花属。

（1）形态特征　蒲包花（图8-10）为多年生草本植物，在园林上多作一年生栽培花卉，全株有细小茸毛，叶片卵形对生。花形别致，花冠二唇状，上唇瓣直立较小，下唇瓣膨大似蒲包状，中间形成空室，柱头着生在两个囊状物之间。花色变化丰富，单色品种有黄、白、红等深浅不同的花色，复色则在各底色上着生橙、粉、褐红等斑点。萌果，种子细小多粒。本种经培育多分为三种类型：大花系蒲包花的花径3～4cm，花色丰富，多为有色斑的复色花；多花矮蒲包花的花径2～3cm，植株低

图8-10　蒲包花

矮，耐寒；另有多花矮性大花蒲包花。除此外还有很多固定的杂交F1代。

（2）生态习性　蒲包花性喜凉爽湿润、通风的气候环境，惧高热、忌寒冷、喜光照，但栽培中需避免夏季烈日曝晒，需蔽阴，在7~15℃条件下生长良好。对土壤要求严格，以富含腐殖质的沙土为好，忌土湿，有良好的通气、排水的条件，以微酸性土壤为好。15℃以上营养生长，10℃以下经过4~6周间即可花芽分化。

（3）繁殖与栽培　一般以播种繁殖为主，少量进行扦插，播种多于8月底9月初进行，此时气候渐凉。培养土以6份腐叶土加4份河沙配制而成，于"浅盆"或"苗浅"内直接撒播，不覆土，用"盆底浸水法"给水，播后盖上玻璃或塑料布封口，维持13~15℃，一周后出苗，出苗后及时除去玻璃、塑料布，以利通风，防止摔倒病发生。逐渐见光，使幼苗生长苗壮，室温维持20℃以下。当幼苗长出2片真叶时进行分盆。

盆栽花土以腐叶土或混合培养土为好，从播种苗第一次上盆到定植，通常要倒三次盆，定植盆径为13~17cm。生长期内每周追施一次稀释肥，要保持较高的空气湿度，但盆土中水分不宜过大，空气过于干燥时宜多喷水、少浇水，施水掌握间干间湿的原则，防止水大烂根。浇水施肥勿使肥水沾在叶面上，造成叶片腐烂。冬季室内温度维持在5~10℃，光线太强要注意遮阴。蒲包花为长日照植物，因此在温室内利用人工光照延长每天的日照时间，可以提前开花。蒲包花12月到次年5月开花。蒲包花自然授粉能力差，须人工授粉，授粉后去除花冠，避免花冠霉烂，并可提高结实率，5~6月种子逐渐成熟，在萌果未开裂前种子已变褐色时，及时收取。

蒲包花易发生病虫害，种植中应采取措施，幼苗期易发生猝倒病，应进行土壤消毒，拔出病株，或使盆土稍干，空气过于干燥，温度过高，易发生红蜘蛛、蚜虫等，可喷药，增加空气湿度或降低气温。

（4）园林应用　由于花形奇特，色泽鲜艳，花期长，观赏价值很高，蒲包花是初春之季主要观赏花卉之一，能补充冬春季节观赏花卉不足，可作室内装饰点缀，置于阳台或室内观赏，也可用于节日花坛摆设。

5. 鹤望兰（*Strelitzia reginae* Aiton）

别名：极乐鸟花、天堂鸟。

科属：旅人蕉科，鹤望兰属。

（1）形态特征　鹤望兰（图8-11）为常绿宿根草本植物。高达1~2m，根粗壮肉质。茎不明显。叶对生，两侧排列，革质，长椭圆形或长椭圆状卵形。花梗与叶近等长。花序外有总佛焰苞片，长约15cm，绿色，边缘晕红，着花6~8朵，顺次开放。外花被片3个、橙黄色，内花被片3个、舌状、天蓝色。花形奇特，色彩夺目，宛如仙鹤翘首远望。秋冬开花，花期长达100d以上。

（2）生态习性　鹤望兰喜温暖、湿润气候，怕霜雪。南方可露地栽培，长江流域作大棚或日光温室栽培。生长适温，3月至10月为18~24℃，10月至翌年3月为13~18℃。白天20~

图8-11　鹤望兰

22℃、晚间 10~13℃，对生长更为有利。冬季温度不低于 5℃。鹤望兰是一种喜光植物，夏季强光时宜遮阴或放阴棚下生长，冬季需充足阳光，从出现花芽至形成花苞需 30~35d。单花开花 13~15d，整个花序可持续观赏 21~25d。

（3）繁殖与栽培　鹤望兰的种子可在任何季节播种，但从遗传特性来讲，种子的发芽率一般为 50% 左右，其发芽适宜温度为 25~30℃。种子点播后，经 20~25d 开始长出胚根，再经 35~40d，叶出土。

除去种子上的有色绒毛，温水浸泡种子 1~2d，每天换两次水，以利发芽。将湿润的介质铺在容器中。把种子按进容器约 0.7cm 深，中度覆盖，放在 24~30℃ 的温暖地方。保持湿润，避免干透。容器必须用塑料布覆盖，有助于保持湿度。种子出苗后护理。保持足够的光照，避免浇水过度和强光。加强通风，尽量做到早上浇水，傍晚落干。在二叶期移植育苗，苗移栽到 5cm 泥炭穴盘中，当根长出孔外时移到 10cm 盘中。

当苗高 30~40cm，约有 8 片叶时可定植。移植时必须防止肉质根的损伤。栽植深度以根茎埋在土表以下 2~3cm 为度。栽植浅，易伤新芽；栽植过深影响芽的萌发与花芽分化。栽植后浇足水，以后连续两周左右，坚持每天叶面喷水以利植株恢复生长。盆栽用花园土、泥炭和沙子的混合土，要有良好的排水效果，最好使用消过毒的混合土。无土介质也可以使用。

（4）园林应用　鹤望兰株形膨大，叶片宽厚；花姿花色奇丽，花形似极乐鸟又如仙鹤翘首遥望，象征着胜利，是世界名花，盆栽观赏。我国华南地区常作庭院栽植，观赏，也可作切花材料。

其他常见盆栽花卉还有松叶菊（*Lampran thusspectabilis*）、珊瑚花（*Justicia carnea*）、非洲紫罗兰（*Saintpaulia ionantha*）、金苞花（*Pachystachya lutea*）等。

项目 9

室内观叶花卉栽培管理

学习目标

◆ 能熟练识别常见的室内观叶花卉 40 种以上。

◆ 能独立熟练进行室内观叶花卉的繁殖栽培和日常养护管理。

◆ 能运用室内观叶花卉进行室内装饰布置。

工作任务

根据室内观叶花卉的养护管理任务，对蕨类植物、凤梨类植物、天南星科植物、竹芋科植物、椒草属植物等常见室内观叶类花卉进行养护管理，包括繁殖、栽培、肥水管理及其他养护管理，并作好养护管理记录。以小组为单位通力合作，制订养护方案，对现有的栽培技术手段要进行合理的优化和改进。在工作过程中，要注意培养团队合作能力和工作任务的信息采集、分析、计划、实施能力。

任务 1 室内观叶花卉栽培概述

9.1.1 室内观叶花卉概念与特点

1. 概念

室内观叶花卉是目前世界上最流行的观赏门类之一，它在园艺上泛指原产于热带、亚热带，适宜在室内环境条件下较长期正常生长，以观叶为主，同时也兼有赏茎、赏花、赏果的一个形态各异的植物群。有较高观赏价值，常用于室内装饰与造景。

2. 特点

（1）观赏特点

1）观叶形叶色：如龟背竹、万年青等。

2）观叶赏花：如凤梨类、红掌等。

3）观叶赏姿：如巴西铁、发财树等。

（2）生态特点

1）喜半阴或阴蔽环境。一般要遮光50%～80%，在强光直射的条件下，叶片易被灼焦或卷曲枯萎。具体划分为极耐阴种类（如一叶兰、虎耳草），耐半阴种类（如吊兰），中性种类（如花叶芋、棕竹），阳性种类（如变叶木）。

2）喜较高的温度。一般生长适温白天22～30℃，夜间16～20℃，温度过高或过低，均不利于其生长和发育。

3）喜较高的空气湿度。一般空气湿度在60%以上，湿度过低易造成叶片萎缩，叶缘或叶尖部位干枯。

4）喜湿润而忌渍水。它们的茎、叶及暴露于空气的根系，喜高温多湿的环境，而地下根系忌渍水。栽培过程中，其盆土根系少灌水而地面以上的根、茎、叶则需多喷洒清水保持湿润，多行根外施肥，以促进生长。具体划分为耐旱类、不耐旱类、中性类、耐湿类。

5）喜疏松透气排水良好的基质。特别是附生种类，不少种类除靠地下根系稳定生机之外，还本能地利用气生根及叶片摄取空间水分和游离氮，供其发芽长叶。栽培时，要有支持攀附生长的桩柱、木板、岩石、浅隙、怪石和墙壁等物品，供植物依附定位后而向上延伸，扩大蔓延。

9.1.2　室内观叶花卉的繁殖

1）营养繁殖（扦插、分株、压条等）：为大部分室内观叶植物的繁殖方式。

2）种子繁殖：主要用于营养繁殖困难的棕榈科植物。

3）孢子繁殖：主要用于观赏蕨类的繁殖。

4）组织培养：主要用于大规模的工厂化育苗。

9.1.3　室内观叶花卉的栽培

1. 栽培基质

室内观叶花卉栽培容器小，土层浅，因此要求栽培基质供应水、肥的能力强，以最大限度地满足室内观叶花卉生长发育的需要。具体要求如下：持水性好，不易积水；通透性好，充足供氧；疏松轻便，养分丰富；清洁卫生，无病虫害。

2. 栽培容器

栽培室内观叶花卉的容器，虽然从外形、质地还是审美学的观点看，有多种选择，但都要满足下列要求：满足植物生长需要；外形美观，质地轻便；与植物的形、色要搭配协调；与室内环境相协调。

因植物种类和栽培用途不同，常用容器主要有塑料盆、素烧泥盆、陶盆、瓷盆、金属盆、吊篮、木桶、木框等。

3. 栽培养护

1）环境因子管理。应从光照、温度、水分、养分等正常管理，不能忽视某一方面，保证花卉正常生长发育。

2）株形控制。由于室内观叶花卉主要是用于装饰室内环境的，要求有较高的艺术观赏价值，因此，要对室内观叶花卉进行修剪、造型。在室内观叶花卉成形后，需较长时间保持株形，可选用生长延缓剂如多效唑等处理，控制植株的高度，延长观赏期。

3）叶片管理。叶面上常落灰尘甚至被油烟玷污，宜用软布擦拭、软刷清除或喷水冲除，并应定期执行。必要时可利用植物生长调节剂延缓衰老和防止黄化。

任务2 蕨类植物盆栽技术

蕨类（Pleridophyla）也称为羊齿植物，是高等孢子植物。其种类很多，包括不同科、属、种共12000多种，广布全球，以热带、亚热带地区为分布中心。蕨类植物的孢子体，即通常所谓的绿色蕨类植物，形态多变的叶片与姿态，加上细致柔美的质感，具有高度的观赏价值，尤其大多数种类能忍受较低的光线，正好适合室内环境，常用以布置室内环境或作插花的配叶等。有些大型蕨类在庭园景观中，能营造特有的山林野趣，为向往大自然的人们所喜爱。热带地区的树干上，常有野生或种植的附着生蕨类植物，展现奇异的姿态造型，是热带地区特有的景象，常用在表现热带风情的设计布置中。薄嫩纤细的叶片、浓淡有致的绿意、婆娑轻盈的叶丛与奇特多变的造型，是蕨类植物最吸引人的地方。经过长期的选育，也不断地发掘野外具观赏性的原生品种，让蕨类植物在观叶植物的市场上始终占有一席之地。以铁线蕨为例。

铁线蕨（*Adiantum capillus-veneris*）

水猪毛，铁线草，美人粉。

科属：铁线蕨科，铁线蕨属。

9.2.1 形态特征

铁线蕨（图9-1）为多年生常绿草本蕨类植物。根块茎横走，密被淡褐色鳞片。叶基生，叶柄细长，近黑色，有光泽，叶片薄革质，卵状三角形，鲜绿色，一回羽状复叶，小羽片互生，斜扇形，裂片边缘小脉顶部生孢子囊群，囊群盖成肾形至矩圆形。

图9-1 铁线蕨

9.2.2 生态习性

铁线蕨分布于中国长江以南各地，北至陕西、甘肃和河北，多生于山地、溪边和山石上。喜温暖、湿润及半日照环境，如户外的树下遮阴处或室内窗边，太阴暗会导致生长不良。不耐寒，忌阳光直射和风吹。喜疏松肥沃的石灰质土壤。

9.2.3 栽培管理

以分株法繁殖为主，于 4 月结合换盆进行；常用根茎繁殖，春天切分根茎，每段带有 1～2 个生长点，栽于盆中。

栽培时要求空气湿度高，在生长期甚至冬季土壤都要保持温湿。湿度高有助于生长，但是盆土不能积水。枝叶非常纤细娇弱，放置地点应避免受空调送风吹袭，否则嫩芽易摩擦损伤。

9.2.4 园林应用

铁线蕨叶柄乌黑明亮，细圆坚韧如铁丝，故得名。叶片似云片，纤细优雅，株态秀丽多姿，四季常青。可盆栽点缀窗台、门厅、台阶、书房、案几、几架，也可瓶插，配以鲜花。在温暖湿润地区，可植于假山缝隙，柔化山石轮廓，丰富景观色彩，营造出生机勃勃、浑如天然的山野风光。

任务3　凤梨类植物盆栽技术

凤梨科植物（Bromeliaceae）为单子叶植物，是非常庞大的一类，依形态特征分为 50 多个属，原生品种约 2500 个，主要分布在中南美洲的墨西哥、安的列斯群岛、哥斯达黎加、巴西、哥伦比亚、秘鲁和智利。许多生长在热带雨林中，有的生长在高山上，还有生于干旱沙漠地区的。凤梨类植物属多年生常绿草本植物，地生或附生，形态多样，叶片姿态优雅，带有美丽的斑纹，花苞艳丽持久可达数月。凤梨类植物能适应不良光线、温度或湿度，具有管理粗放、萌蘖力强、观赏期长的特点。

近年来，从国外引进不少新的种类和园艺变种。繁殖多用分株法，方法简单，成长迅速。多数品种使用无土栽培，效果极佳。观花品种欲调节花期，成株可使用电石稀液灌注心部，由于品种不同，灌注后1～2 个月能抽出花穗，促进提早开花。以果子蔓为例。

果子蔓凤梨（*Guzmania lingulata*）

别名：红杯凤梨，擎凤梨，姑氏凤梨，红星凤梨。

科属：凤梨科，果子蔓属。

图9-2　果子蔓凤梨

9.3.1 形态特征

果子蔓凤梨（图9-2）为多年生附生性常绿草本植物。株高 30cm，叶舌状，基生，长达 40cm，宽约 4cm，弓状生长，全缘，叶面平滑，亮绿色。总花梗不分枝，挺立于叶丛中央，与总苞片等长，周围是鲜红色的苞片，可观赏数月之久，花浅黄色，每朵花开2~3d。花期为晚春至初夏。花期可达3~4个月。

9.3.2 生态习性

果子蔓凤梨原产于哥伦比亚，喜半阴、温暖湿润的环境，不宜暴晒。生长适宜温度为18~25℃，不耐寒，冬季8℃以上可安全越冬。要求富含腐殖质、排水良好的土壤。

9.3.3 栽培管理

花后叶腋多萌生侧芽，可切取扦插繁殖，1个月后可生根；也可将切取的侧芽，用湿苔藓包裹直接栽植于花盆内，保持湿润，即可生根。大量生产以组培繁殖。

生长季节保持湿润，自夏至秋，莲座叶丛中要保持足够水分。夏季放置荫棚下养护，加强通风。生长旺季，1个月追施稀薄液肥1~2次，也可叶面喷施0.1%~0.3%的尿素。秋末进温室栽培，最低温度应在8℃以上。催花时温度要求控制在25℃左右，以免温度过高引起叶片损伤。

9.3.4 园林应用

果子蔓凤梨叶色终年常绿，花叶俱美，花梗挺拔，色资优美，花期持久，是优良的观花和室内观叶植物。其可用于室内装饰和组合盆栽，还可用作切花。

任务4 天南星科植物盆栽技术

天南星科植物（Araceae）为多年生常绿或落叶草本植物，约有115属，其中常见室内栽培的有12属。其主要原产于热带地区及西印度，少数产于亚洲东南部。观赏的天南星科植物可分为两大类：一是常绿的，如花烛、龟背竹、花叶万年青等。二是休眠期叶子枯萎的，如花叶芋、马蹄莲等。天南星科植物多数生于阴湿环境，常具块茎或根状茎，植物体多含水质、乳汁或针状结晶体，汁液对人的皮肤或舌和咽喉有刺痒或灼热的感觉。单叶或复叶，叶具长柄，有鞘，叶形变化很大，幼期与成熟期形状不一，该科植物的显著特点是有一个粗直、肉质的中央佛焰花序。花小，密集着生于苞片之上的穗轴上，雄花在上、雌花居下，缺花被，仅在肉穗花序的基部有一个佛焰苞片。佛焰苞片色彩艳丽。以花叶万年青为例。

花叶万年青（*Dieffenbachia picta* Lodd.）

别名：黛粉叶，银斑万年青。

科属：天南星科，花叶万年青属。

9.4.1 形态特征

花叶万年青（图9-3）为多年生常绿草本。茎粗壮多肉质，每枝上有残留叶柄，茎基部稍有葡萄。叶大而光亮，长圆至椭圆形，深绿色有布满白色或黄色斑块。佛

图9-3 花叶万年青

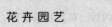

焰花序较小，浅绿色，短于叶柄，隐藏于叶丛之中。

9.4.2 类型及品种

花叶万年青的主要品种及杂交种有：

1）大王黛粉叶（*D. amoena*）：别名大王万年青，巨万年青，可爱花叶万年青。其原产于哥伦比亚、哥斯达黎加，株高1～2m，叶长椭圆形，薄革质，长30～45cm，宽10～25cm，绿色有乳白色斑条块。适应性强，耐干旱、耐寒力比其他种类稍强。

2）白玉黛粉叶（Camille）：又称为粉黛，小型种，株高30～45cm，叶长、宽（17～25）cm×（8～14）cm，椭圆形，边缘绿色，中央乳白色，宛如少女粉妆，易从叶腋中长出小株。

3）鲍曼氏花叶万年青（*D. bowmanii*）：叶片椭圆形，深绿色与浅绿色相杂，叶缘及主脉附近斑纹为深绿色。

4）舶来花叶万年青（Exotica）：叶卵圆形，长25cm，宽10cm，叶浓绿色，有不规则的白色或淡绿色条纹，十分美丽。

9.4.3 生态习性

花叶万年青原产于美洲热带地区。其性喜高温高湿、半阴或阴蔽环境。生长适温为20～30℃；不耐寒，越冬温度为8～10℃。

9.4.4 栽培管理

花叶万年青以扦插繁殖为主。25℃温度条件下可随时进行扦插，剪取10～15cm长的嫩枝，保留上部叶片，插于湿润沙土中，经30d可生根；也可水插，生根后上盆栽植。

盆栽花叶万年青的土壤一般用2份腐叶土，1份菜园土，1份河砂加少量腐熟基肥混合而成。在其生长季节，要给予充分的水分供应，宁湿勿干，同时给予叶面喷水。立秋后则控制水分的供给，要干才浇，浇则透；而冬季则要适当保持土壤干燥，太湿则会引起落叶。施肥要把握好量，其虽喜肥，但过多会使叶面斑纹不清晰，特别是氮肥过量时，冬季不宜施肥。在夏季中午阳光直射时要遮阴，以免烧伤叶片，使叶面变得粗糙，冬季则必须有一定的阳光直射，以免过阴导致叶面斑纹部分减少，叶色变绿或枯黄，从而降低观赏价值。花叶万年青不耐寒，气温低于5℃很易受冻害，注意冬季防寒。

9.4.5 园林应用

花叶万年青的规格很多，大型的适合作庭院或室内主景，因它叶片宽大且株形气势俱佳，也可以种在大型的陶瓷、瓷缸内，摆放于门厅，既大方又气派。21cm盆的中型品种适合成排摆放，可以让室内环境充满绿意，而且叶色鲜明，美化效果显著，在组景中群组设计可以让其更加亮眼。高度30～50cm、规格9～15cm的白玉黛粉叶等小型品种，最适合当小品盆或作组合盆栽的材料。

任务5 竹芋科植物盆栽技术

竹芋科（Marantaceae）本科植物多达1000余种，并有很多园艺品种，原产于美洲、非洲热带。丛生状，株高10~50cm，地下有根茎，根出叶，叶鞘抱茎，叶有椭圆形、卵形或披针形，全缘或波状缘，叶面具有不同的斑块镶嵌，变化多样，花自叶丛抽出；穗状或圆锥花序。花小不明显，以观叶为主。性耐阴，不耐寒。叶形叶色如图案般美妙，适合盆栽或园景阴蔽的变化，是高级的室内观叶植物。以肖竹芋类为例。

肖竹芋类（*Calathea*）

别名：蓝花蕉类。

科属：竹芋科，肖竹芋属。

9.5.1 形态特征

肖竹芋类为常绿宿根草本。叶基生或茎生，叶面常有美丽的色彩，叶面斑纹及颜色变化极为丰富，并且幼叶与老叶常具有不同的色彩。叶单生，平滑，具蜡质光泽，全缘，革质。穗状或圆锥花序自叶丛中抽出，小花密集着生。肖竹芋属约150种，分布于美洲热带和非洲，生长在热带雨林，我国引入栽培多种，广东、广西、云南可露地栽培。

9.5.2 类型及品种

1）紫背肖竹芋（*C. insignis* Bull）（图9-4）：别名箭羽竹芋、红背葛郁金。多年生常绿草本植物，株高30~100cm，块茎。叶线状披针形，长8~55cm稍波状，光滑；表面淡黄绿色，交互生有大小不等的深绿色羽状斑块；叶背深紫红色。穗状花序长10~15cm，花黄色。原产于巴西。

2）孔雀竹芋（*C. zebrina* Lindl.）（图9-5）：别名天鹅绒竹芋、花条蓝花蕉、绒叶肖竹芋、斑马竹芋、斑叶竹芋株高约100cm。叶大，长椭圆状披针形，长30~60cm，两端尖，表面有天鹅绒状光泽，暗绿色，有绿白色羽状条斑，背面紫红色。花序头状，花为堇色。

图9-4 紫背肖竹芋　　　　　　图9-5 孔雀竹芋

3）红边肖竹芋（*C. roseopicta* Regel）（图9-6）：别名红边蓝花蕉、玫瑰竹芋、彩虹竹芋。株高约17cm。叶阔卵形，近钝头，长23cm，宽约15cm，叶暗绿色，中脉淡粉色，近边处有具光泽的淡粉色带纹，叶上玫瑰色的斑纹与侧脉平行；叶背面暗紫色，无毛；叶柄紫红色。

4）斑叶肖竹芋（*C. zebrina*）（图9-7）：别名绒叶肖竹芋、斑纹竹芋、斑马竹芋。株高30～80cm。叶大，长椭圆形；叶面有浅绿色和深绿色交织的斑马状的阔羽状条纹，具天鹅绒光泽，叶背初为灰绿色，随后变成紫红色。

图9-6 红边肖竹芋 　　　　　　　　图9-7 斑叶肖竹芋

9.5.3 生态习性

肖竹芋类分布于美洲和非洲热带，宜高温多湿及半阴环境。不宜强光直射，但过阴则叶柄较弱，叶片失去特有的光泽。不耐寒，生长期适温25～30℃，冬季温度不可低于10℃。喜疏松多孔的栽植材料，生长期需较高的空气湿度，但盆土浇水过量可能引起根腐烂。

9.5.4 栽培管理

肖竹芋类为分株或插芽繁殖。分株在春末夏初结合换盆进行，将生长过密的植株分成若干丛，每丛保留3～4条根茎。插芽繁殖是将萌芽切下，插入基质中，使其生根。

盆栽培养土以疏松肥沃壤土为宜，通常用腐叶土、园土及河砂配制。对直射光及空气湿度十分敏感，短时间阳光暴晒，可能造成日灼病，叶片卷曲、变黄；空气湿度低，叶片打卷。因此保持高温高湿的环境，夏季置阴棚下栽培。夏季超过32℃以上时，叶片边缘和顶端也会出现局部枯焦，新芽萌发少，新叶停止生长，叶色变黄等，应及时改变栽培环境，并剪除黄枯叶片。植株生长旺季每月施1～2次追肥，以磷钾肥为主。

9.5.5 园林应用

肖竹芋类喜阴，株态秀雅，其叶形优美，叶色绚丽多彩，斑纹奇异，有如精工雕刻，别具一格，周年可供观赏，十分适合家庭室内装饰，可布置在客厅、会议室、宾馆等地，是重要的室内观叶植物。在北方长年室内种植，南方可露地栽培。

任务6 椒草属植物盆栽技术

椒草属（*Peperomia*）

别名：豆瓣绿。

科属：胡椒科，豆瓣绿属（草胡椒属）。

9.6.1 形态特征

椒草品种繁多，全世界约有1000多种。广泛分布于热带、亚热带地区，尤其是美洲；我国产的有9种。椒草多年生常绿草本观叶植物，有两种类型：一种是直立性的，从植株的基部分枝；另一种是丛生性的，即根出叶，没有明显的基部，从植株基部丛生叶片，大部分椒草属于这一类。

9.6.2 类型及品种

1）西瓜皮椒草（*P. sandersii*）（图9-8）：别名西瓜皮、银白斑椒草，丛生型。原产于巴西。植株低矮，株高20～25cm。茎极短。叶近基生，心形；叶脉浓绿色；叶脉间为白色，半月形的花纹状似西瓜皮的斑纹，故得名。叶片厚而光滑，叶背为紫红色，叶柄红褐色。多做小型盆栽。

2）皱叶椒草（*P. caperata*）（图9-9）：别名四棱椒草，丛生型。植株低矮，高20cm左右。茎极短。叶长34cm，叶片心形，多皱褶，整个叶面似波浪起伏，暗褐绿色，具天鹅绒般的光泽叶柄狭长，红褐色。穗状花序白色，长短不一；一般夏秋开花。有观赏价值，多做小型盆栽。

3）花叶椒草（*P. magnoliaefolia*）：别名花叶豆瓣绿、乳纹椒草，直立型草本植物。茎褐绿色，短缩。叶片宽卵形，长5～12cm，宽3～5cm，绿色，有黄白色花纹。可做小型盆栽或吊挂摆设。

图9-8 西瓜皮椒草

图9-9 皱叶椒草

9.6.3　生态习性

椒草属性喜高温高湿与半阴环境。光线太强会引起叶变色。耐寒性稍强，直立性的品种，一般5℃以上就可安全越冬；丛生性品种，耐寒力较直立性品种差，越冬温度宜稍高，约10℃以上。椒草虽然喜湿，但它的厚叶可以贮藏水分，因而也能耐旱。

9.6.4　栽培管理

椒草繁殖可用茎插、叶插或分株，但不同类型品种所采用的方法有别。直立性椒草（如花叶椒草、玲珑椒草、五彩椒草）都是用扦插法。扦插时期为5~10月。剪取茎部先端3~4节为插穗，顶端保留1~2个叶片；剪下后稍晾干，使切口干燥，然后再插于河砂、珍珠岩或蛭石培成的苗床中。丛生性椒草（如西瓜皮椒草、皱叶椒草）可用分株或叶插法，时间也在5~10月，叶插繁殖即在植株上切取生长充实的叶片，保留叶柄2~3cm；晾干后斜插于苗床中，保持湿润；待其发生不定根与不定芽后移植上盆。生长茂密的丛生性椒草也可利用换盆时进行分株繁殖。值得注意的是，无论是茎插或叶插，插床都不可过湿，以免肉质插穗发生腐烂。

生长期须保持盆土湿润和足够的空气湿度，但盛夏气温超过30℃以上时，盆土不易过湿，以防烂根。叶面可适当喷雾，增加空气湿度，忌自上而下叶面淋浇。春秋季适量施用稀薄液肥，尤其少用氮肥，以避免花叶品种斑纹消失。秋后控制浇水，冬季盆土稍干即可。丛生性植株，叶片生长较快，生长期可剪取过密重叠叶或叶柄过长的叶片扦插。直立性植株生长强健，可摘心促侧枝萌发，丰满株形。通常每两年换盆一次，剪除地下部老根及地上部叶柄过长的叶子，保持株形整齐匀称。

9.6.5　园林应用

椒草作为世界著名的观叶植物，其叶片肥厚、光亮翠绿、四季常青、株形美观，给人以小巧玲珑之感，它适合于小盆种植，常用于布置窗台、书案、茶几等处，其蔓性种类又为理想的悬吊植物。又因其在乔木或灌木等阴蔽下生长繁茂，故又为很好的地被和岩石园观赏植物。它的观赏价值高，管理简单，适应性强，有较强的耐阴能力，在较明亮的室内可连续观赏1~2个月，是一类很有推广价值的室内观叶植物。

实训23　室内观叶植物的识别

1. 实训目的

使学生熟练认识和区分盆栽观叶花卉的形态特征、生态习性，并掌握它们的繁殖方法、栽培要点、观赏特性与园林应用。

2. 实训的材料工具

1）盆栽观叶花卉30~40种。

2）笔，记录本，参考资料。

3. 实训的方法步骤

1）由指导教师现场讲解每种花卉的名称、科属、生态习性、繁殖方法、栽培要点、观赏特性和园林应用。学生进行记录。

2）在教师指导下，学生实地观察并记录盆栽观叶花卉的主要观赏特征。

3）学生分组进行课外活动，复习盆栽观叶花卉的主要观赏特性、生态习性及园林应用。

4. 分析与讨论

1）各小组内同学之间相互考问常见的盆栽观叶花卉的科属、生态习性、繁殖方法、栽培要点、观赏特性和园林应用。

2）讨论如何快速掌握盆栽观叶花卉主要的观赏特性？如何准确区分同属相似种，或虽不同科但却有相似特征的花卉种类？

3）分析讨论盆栽观叶花卉的应用形式有哪些？进一步掌握盆栽观叶花卉的生态习性及应用特点。

5. 作业

1）将30~40种盆栽观叶花卉按种名、科属、观赏用途和园林应用列表记录。

2）简述盆栽观叶花卉的含义及其观赏特点。

3）简述蕨类植物、凤梨类植物、天南星科植物、竹芋科植物的主要特征。

6. 任务实施的评价

室内观叶花卉识别技能训练评价见表9-1。

表9-1 室内观叶花卉识别技能训练评价表

学生姓名						
测评日期			测评地点			
测评内容			室内观叶花卉识别			
	内　　容	分值/分	自　评	互　评	师　评	
考评标准	正确识别室内观叶花卉的名称	40				
	能说出室内观叶花卉的含义及分类	10				
	能说出蕨类植物的主要特征	10				
	能说出凤梨类植物的主要特征	10				
	能说出天南星科植物的主要特征	10				
	能说出竹芋科植物的主要特征	10				
	能正确应用常见盆栽观叶花卉	10				
合　　计		100				
最终得分（自评30% + 互评30% + 师评40%）						

说明：测评满分为100分，60~74分为及格，75~84分为良好，85分以上为优秀。60分以下的学生，需重新进行知识学习、任务训练，直到任务完成达到合格为止

实训24 观叶植物的繁殖与养护管理

1. 任务实施的目的

使学生熟练掌握观叶植物的繁殖方法及栽培要点。

2. 材料工具

1）盆栽观叶植物30～40种。

2）笔，记录本，参考资料。

3. 任务实施的方法步骤

1）由指导教师现场讲解每种观叶植物的生态习性、繁殖方法、栽培要点。

2）在教师指导下，学生实地动手操作，对常见观叶植物进行繁殖和日常养护。

3）学生分组进行课外活动，复习观叶植物的主要观赏特性、生态习性及园林应用。

4. 分析与讨论

1）各小组内同学之间相互考问常见的观叶植物的生态习性、繁殖方法、栽培要点。

2）讨论如何快速掌握观叶植物主要的繁殖方法、栽培要点？

5. 任务实施的作业

1）将30～40种盆栽观叶植物按种名、科属、观赏用途和园林应用列表记录。

2）简述盆栽观叶植物的含义及其观赏特点。

3）简述蕨类植物、凤梨科物、天南星科植物、竹芋科植物的主要繁殖措施及栽培要点。

6. 任务实施的评价

观叶植物的繁殖与养护管理技能训练评价见表9-2。

表9-2 观叶植物的繁殖与养护管理技能训练评价表

学生姓名					
测评日期			测评地点		
测评内容	室内观叶植物识别				
	内　　容	分值/分	自　评	互　评	师　评
考评标准	正确识别室内观叶植物的名称	20			
	能说出室内观叶植物的繁殖措施	20			
	能说出蕨类植物的栽培养护要点	15			
	能说出凤梨类植物的栽培养护要点	15			
	能说出天南星科植物的栽培养护要点	15			
	能说出竹芋科植物的栽培养护要点	15			
合　　计		100			

最终得分（自评30% + 互评30% + 师评40%）

说明：测评满分为100分，60～74分为及格，75～84分为良好，85分以上为优秀。60分以下的学生，需重新进行知识学习、任务训练，直到任务完成达到合格为止

实训25　盆栽花卉的室内设计和摆放

1. 任务实施的目的

使学生掌握大型会议会场、宾馆饭店等花卉租摆场所盆花装饰的基本技术。

2. 材料用具

1）材料：适宜室内装饰的各类应时盆花（足量）。

2）用具：皮尺、钢卷尺、铅笔、笔记本。

3. 任务实施的步骤

1）设计租摆方案。根据租摆场所的环境设计花卉租摆的具体方案，包括所用的花卉种类、规格、数量、摆放位置等。如大型会议会场的主席台、舞台的前沿、背景，宾馆饭店的大堂等处摆放花卉的种类、规格、数量等。

2）实地摆放。根据设计方案选择适宜的盆花，在模拟场所进行实地摆放，摆放过程中根据具体情况反复调整，以达到最佳装饰效果。

4. 分析与讨论

1）各小组内同学讨论居室花卉布置意义和作用、基本原则、植物的选择和主要形式。

2）找出所拟室内设计方案的不足之处，并提出改进意见。

5. 任务实施的作业

1）拟出盆栽花卉的室内设计和摆放方案。

2）花卉租摆操作过程有哪些？

3）花卉租摆如何管理？

6. 任务实施的评价

盆栽花卉的室内设计和摆放技能训练评价见表9-3。

表9-3 盆栽花卉的室内设计和摆放技能训练评价表

学生姓名					
测评日期			测评地点		
测评内容	盆栽花卉的室内设计和摆放				
	内 容	分值/分	自 评	互 评	师 评
考评标准	能合理设计花卉租摆的具体方案	40			
	能根据设计方案选择适宜盆花	30			
	能熟练进行租摆过程的操作	30			
合 计		100			

最终得分（自评30% + 互评30% + 师评40%）

说明：测评满分为100分，60～74分为及格，75～84分为良好，85分以上为优秀。60分以下的学生，需重新进行知识学习、任务训练，直到任务完成达到合格为止

习题

1. 填空题

1）观叶植物特点主要有_____、_____、_____。

2）变叶木别名_____，一叶兰别名_____，马拉巴栗别名为_____。

3）棕榈科植物常用于室内观叶的有_____、_____、_____等。

4）蕨类植物一般采用_____或_____繁殖。

2. 选择题

1）凤梨科植物要求的 pH 值（ ）。

A. 4.0　　　　　　B. 4.5～5.0　　　　　C. 5.5～6.0　　　　　D. 6

2）下列花卉喜高温的是（　　）。

A. 花叶竹芋　　　B. 瑞香　　　　　　C. 仙客来　　　　　D. 南天竹

3）比较喜光的观叶植物是（　　）。

A. 肾蕨　　　　　B. 竹芋　　　　　　C. 苏铁　　　　　　D. 绿萝

4）近年来凤梨种植物已成为重要的室内盆栽观赏植物，除了观叶，（　　）的颜色艳丽而夺目，常能延续几个星期，成为主要的观赏部分。

A. 苞片　　　　　B. 花瓣　　　　　　C. 果实　　　　　　D. 种子

5）凤梨科植物往往观赏价值很高，尤其开花时，这个时期对该植株来讲正处于（　　）。

A. 生命的旺盛期　B. 生命的末期　　　C. 壮年期　　　　　D. 青年期

6）下列各组花卉中，（　　）都是观叶花卉。

A. 青紫木、吊竹梅、一叶兰　　　　　B. 青紫木、文竹、一叶兰

C. 红背桂、龙吐珠、文竹　　　　　　D. 红背桂、龙吐珠、地肤

7）属于棕榈科植物的是（　　）。

A. 铁线蕨　　　　B. 棕竹　　　　　　C. 蜈蚣草　　　　　D. 石斛

8）下列观叶植物中，可耐0～5℃室温的是（　　）。

A. 龙血树　　　　B. 广东万年青　　　C. 朱蕉　　　　　　D. 常春藤

9）下列室内观叶植物中，不可耐5～10℃室温的是（　　）。

A. 吊兰　　　　　B. 一叶兰　　　　　C. 竹芋类　　　　　D. 豆瓣绿

10）下列观叶植物中，喜阴畏光的是（　　）。

A. 变叶木　　　　B. 一叶兰　　　　　C. 短穗鱼尾葵　　　D. 棕榈

11）棕榈类植物多（　　）。

A. 雌雄同株或异株，佛焰花序　　　　B. 扦插或分株繁殖

C. 耐旱耐寒，抗逆性强　　　　　　　D. 总状花序，花淡黄色

12）下列关于棕榈类植物的叙述，错误的是（　　）。

A. 一般寿命较长，病虫害少　　　　　B. 叶掌状或羽状分裂，多具长柄

C. 喜高温高湿环境　　　　　　　　　D. 以偏碱性土壤为宜

13）下列描述，不是关于龟背竹的是（　　）。

A. 为天南星科常绿攀援藤本植物　　　B. 花小，白色，总状花序

C. 原产墨西哥热带雨林　　　　　　　D. 叶二裂状互生，羽状分裂

14）观赏凤梨可以采用的繁殖方法为（　　）。

A. 嫁接　　　　　B. 扦插　　　　　　C. 分割吸芽法　　　D. 压条

3. 简答题

1）什么是室内观叶植物？有什么特点和特殊功能？

2）天南星科植物常用哪些方法繁殖？

3）凤梨类、龙舌兰、朱蕉、红背桂、变叶木等的最佳繁殖期是什么季节？为什么？

4）棕榈科植物能自我修补和互相嫁接吗？为什么？

5）原产热带与亚热带地区的观赏植物在低温时期为什么要"减水停肥"？

知识拓展

其他常见盆栽观叶花卉

1. 肾蕨 （*Nephrolepis cordifolia* N. auriculata）

别名：蜈蚣草、石黄皮，圆关齿，篦子草。

科属：骨碎补科，肾蕨属。

（1）形态特征　肾蕨（图9-10）根状茎具主轴并有从主轴向四周横向伸出的葡萄茎，由其上短枝可生出块茎。根状茎和主轴上密生鳞片。叶片密集簇生，直立，具短柄，其基部和叶轴上也具鳞片；叶披针形，一回羽状全裂，羽片无柄，以关节着生于叶轴，基部不对称，一侧为耳状凸起，一侧为楔形；叶浅绿，近革质，具疏浅钝齿。孢子囊群生于侧脉上方的小脉顶端，孢子囊群盖肾形。

图9-10　肾蕨

（2）生态习性　肾蕨原产于热带、亚热带地区，中国华南各省山地林缘有野生。喜温暖、半阴和湿润环境，忌阳光直射。最适生长温度15～26℃，能耐短暂−2℃低温，越冬温度5℃。要求疏松、透气、透水、腐殖质丰富的土壤，盆栽要用疏松透水的植料，可用泥炭、河砂与腐叶土混合调制。

（3）繁殖与栽培　春季孢子繁殖或分株及分栽块茎繁殖。分株繁殖于春季结合换盆进行。孢子繁殖时，播于水苔、泥炭土或腐殖土上，约2个月后发芽，幼苗生长缓慢。

生长期要多喷水或浇水以保持较高的空气湿度。光照不可太弱否则生长势弱，易落叶；光照过强，叶片易发黄。夏季高温时，置于阴棚下，注意通风。冬季应减少浇水。生长快，每年要分株更新。

（4）园林应用　肾蕨因地下茎具有储水的球状体而得名，俗称"玉羊齿"。肾蕨叶色浓绿，青翠宜人，姿态婆娑，株形潇洒，是厅堂、书房的优良观叶植物。可盆栽，也可吊篮栽培，以展现其丰满四散的青翠叶片；也可切叶生产。

2. 鸟巢蕨 （*Neottopteris nidus*）

别名：巢蕨，山苏花。

科属：铁角蕨科，巢蕨属。

（1）形态特征　鸟巢蕨（图9-11）根状茎短，顶部密生鳞片，鳞片端呈纤维状分枝并卷曲。叶革质，丛生于根状茎顶部外缘，向四周辐射状排列，叶丛中心空如鸟巢，固有其名。叶革质，两面光滑，边缘软骨质，干后略反卷；叶脉两面隆起，侧脉分叉或单一，顶部和一条波状脉的边缘相连。狭条形孢子囊群生于侧脉的上侧，向叶边伸达1/2。

图 9-11　鸟巢蕨

（2）生态习性　鸟巢蕨原产于热带、亚热带地区，分布于中国台湾、广东、广西、海南及云南等地及亚热带其他地区。成丛附生于雨林中的树干或岩石上。喜温暖、阴湿，不耐寒，宜疏松、排水及保水皆好的土壤。

（3）繁殖与栽培　采用孢子繁殖，于3月或7~8月间进行。栽培基质应通透性好，如草炭、腐叶土、蕨根、树皮及苔藓等。生长适温20~22℃，越冬温度5℃以上。生长期需高温、高湿，需经常浇水、喷雾，合理追肥；忌夏日强光直射。生长期缺肥或冬季温度过低，会造成叶缘变成棕色，影响观赏效果。

（4）园林应用　中、大型盆栽植物。株形丰满，叶片挺拔，色泽鲜亮，观赏价值高。可植于室内、花园水边、溪边、荫阴处，或悬吊于空中，或植于大树枝干上，营造热带雨林茂盛的植物景观。可作切叶材料。

3. 美叶光萼荷（*Aechmea fasciata*）

别名：光萼凤梨，蜻蜓凤梨，粉菠萝。

科属：凤梨科，光萼荷属。

（1）形态特征　美叶光萼荷（图9-12）为多年生附生性常绿草本植物。叶基生，莲座状叶丛基部围成筒状，有叶10~20枚，叶片带状条形，革质，被灰色鳞片，边缘有黑色刺状细锯齿，先端弯垂；叶内面红褐色，背面有虎纹状银灰色横纹。花葶直立，穗状花序，有短分枝，密集构成阔圆锥状的大花序；苞片淡玫瑰红色，小花浅蓝色。自然花期为春夏。

图 9-12　美叶光萼荷

（2）生态习性　美叶光萼荷原产于巴西东南部。喜明亮散射光，极耐阴，但过分阴蔽叶片会徒长伸长，色斑暗淡，忌暴晒。适宜温热湿润环境，生长适温18~22℃，开花温度不低于18℃，不耐寒，低于2℃容易引起冻伤，6℃以上可以安全越冬。喜排水良好、富含腐殖质和纤维质的土壤，耐旱。

（3）繁殖与栽培　常用分株繁殖，大量繁殖时用组培法。盆栽观赏的盆土可用泥炭土、腐叶土、河沙等调制。夏秋季遮光70%~80%、冬春遮光40%~50%。生长季节应多施液肥并保持湿润，冬季要注意防寒。只要环境温度在20℃以上，植株成熟，即可用乙烯利喷叶催花，约两个月后开花。

（4）园林应用 美叶光萼荷叶色美丽，花期持久，是优良的室内观叶植物。

4. 彩叶芋（*Caladium bicolor*）

别名：花叶芋，五彩芋，二色芋。

科属：天南星科，花叶芋属。

（1）形态特征 彩叶芋（图9-13）为多年生草本，地下具膨大的扁圆形黄色块茎。叶卵形三角形至心状卵形基生，盾状，叶面图案美丽多彩，为主要观赏部位。

（2）生态习性 彩叶芋原产于南美热带地区。喜高温、多湿和半阴环境，不耐寒。生长适温为21~27℃；低于20℃块茎休眠，适温18~24℃。低于12℃，地上叶片枯黄。喜充足的光照，忌强光暴晒。光照不足，叶色差，易徒长，叶柄伸长，叶片易折断，株形不均衡。要求疏松、肥沃、排水良好的微酸性腐殖土。

图9-13 彩叶芋

（3）繁殖与栽培 以分株繁殖为主，每年3~4月将块茎周围的小块茎剥下，晾干数日，上盆栽培；或在块茎萌芽时，用刀纵切块茎，每块应有2~3个芽，切口涂以草木灰，稍晾干后栽种在苗床上覆土，保温及给予充足的光照，待发根后，即可上盆栽植。

块茎上盆后，覆土2cm，保持土壤湿润，温度在20℃以上，4~5周后萌芽展叶。6~10月为生长旺期，可适度遮阴，经常向叶面喷水，保持充足肥水。及时摘掉花蕾，抑制开花；秋季叶片开始变黄时停止浇水。植株进入休眠期，可去除地上枯叶，贮存在温暖处；或把块茎取出，稍晾干，贮存在干燥的沙土中，保持15~18℃条件下越冬，次年再行种植。

（4）园林应用 彩叶芋为中小型盆栽。绿色叶片上嵌红、白斑点或条纹。色彩斑斓，浓淡协调、夺目，顶生在细长叶柄上，飘逸潇洒，是盛夏室内重要的彩叶花卉，巧置案头，极雅致。

5. 广东万年青（*Aglaonema modestum* Schott）

别名：亮丝草。

科属：天南星科，广东万年青属（粗肋草属、亮丝草属、粤万年青属）。

（1）形态特征 广东万年青（图9-14）为多年生常绿草本植物。株高60~70cm，茎直立，肉

图9-14 广东万年青

质，不分枝，节间明显。叶互生，叶柄长，基部扩大成鞘状，叶绿色，长披针形或卵圆披针形。秋季开花，花序腋生，短于叶柄。

（2）生态习性　广东万年青原产于亚洲热带、亚热带林下沟谷中，性喜温暖湿润的半阴环境，畏烈日直射，生长适温20～28℃，冬季室温应保持在10℃以上，相对湿度70%～90%，在中等光照条件下远较阴暗环境生长良好。栽培用土以疏松、肥沃、排水良好的微酸性土壤为宜。

（3）繁殖与栽培　扦插或分株繁殖。扦插繁殖多在春、秋季进行，剪取10cm左右茎段，插于沙土中，保持25～30℃及较高的空气湿度，1～2个月生根。因其汁液有毒，操作时应戴手套进行，切勿溅落眼中或误入口中，分株可结合春季换盆进行，切断地下根茎，分别上盆栽种。

盆栽用土以疏松肥沃、排水良好的微酸性土壤为宜。浇水以软水为宜；春、夏季多浇，秋、冬季少浇。3～8月每两个星期施一次稀薄肥。盆土保持温暖。

（4）园林应用　广东万年青为中型盆栽。株形丰满端庄，叶形秀雅多姿，叶色浓绿光泽或五彩缤纷，又具有极强的耐阴、耐寒力，特别适宜于其他观叶植物无法适应的阴暗场所，如走廊、楼梯等处。

6. 龟背竹（*Monstera deliciosa* Liebm）

别名：蓬莱蕉、电线草、穿孔喜林芋、团龙竹。

科属：天南星科，龟背竹属。

（1）形态特征　龟背竹（图9-15）为常绿攀援性藤本植物。它在原产地都是附生在高大榕树的树干上，绿色粗壮的茎干长达7～8m。龟背竹茎干多节，类似竹节，但没有顶芽和侧枝。叶形巨大互生，幼时呈现心脏形，长大后各叶脉间，有长椭圆形或矩圆形空洞，酷似龟背，常年碧绿。花期为8～9月，佛焰状花苞黄白色。

（2）生态习性　龟背竹原产于墨西哥的热带雨林中，最适宜在15～25℃的环境中生长，气温5℃以下易受冻害。喜温暖湿润气候和散射光照，盆栽用土要富含腐殖土。

图9-15　龟背竹

（3）繁殖与栽培　常用扦插、播种繁殖。扦插繁殖，春季4～5月从茎节的先端剪取插条，每段带2～3个茎节、去除气生根，带叶插于沙床。保持25～30℃和较高湿度，插后20～30d生根，当长出新芽时即能盆栽。播种繁殖常用盆播，盆土经高温消毒，播种前用40℃温水浸泡半天，发芽适温为25～28℃，播后25～30d发芽。

龟背竹管理粗放，对不良环境有较强的忍耐力。喜肥，在生长季节要注意薄肥勤施，以增加叶片的光泽和颜色。其叶片较大，水分流失也较快，夏季要多给水，特别是叶面喷水，夏季有强烈的阳光照射时要适当进行遮阴，以免叶片枯焦，影响观赏价值。

（4）园林应用　龟背竹叶形奇特，色浓绿，较耐阴，适合家庭布置。株形较小时可放置在有散射光的花架、窗台、卫生间等处，株形较大时可放置在沙发旁、书桌边、窗边，或置于墙角，让其沿墙角向上生长。

7. 绿萝（*Scindapsus aureus* Engler）

别名：黄金葛、魔鬼藤。

科属：天南星科，绿萝属。

（1）形态特征　绿萝（图9-16）为多年生常绿略带木质的蔓生性攀援植物。茎干肉质，分枝较多，茎干的下端生存粗壮的肉质根，茎节间有气生根，藤状茎，节间长，呈现攀援性依附在其他物体上生长。叶片广椭圆形或心形，晶莹浓绿。也有黄绿或暗绿色，镶嵌着不规则的金黄色斑点或条纹的品种。

（2）生态习性　绿萝原产于东南亚的马来亚半岛，印度尼西亚的所罗群岛等。性强健，喜温暖、湿润的散射光环境，畏寒冷，冬季温度须高于5～8℃；要求疏松、肥沃、排水良好的沙质壤土。

（3）繁殖与栽培管理　绿萝常用扦插繁殖。可将绿萝攀援茎切成20cm一段，插于沙床或用水苔包扎，约1个月萌发新芽和新根。最流行藤柱式盆

图9-16　绿萝

栽绿萝，其方法是秋季将带顶尖的幼苗3株栽在直径25～35cm花盆中，盆中央衬一个直径8cm左右的棕柱，高80～100cm，让绿萝沿棕柱向上生长，并随时捆扎，不使其顶尖下垂，给予充足的肥料和水分，保持半阴、高温、高湿的环境，使顶尖向上生长，则叶片一片比一片大，经过4～6个月，可长成丰满的植株，盆栽基质以疏松、透气、富含有机质的微酸生沙壤土主为宜，可用腐叶土70%，红壤土20%，饼肥或骨粉10%混合沤制，也可用腐殖土、泥炭和细沙土。生长季节充分浇水施肥，如施肥不足，叶片发黄，但施肥过多，茎徒长，破坏株形。盛夏避免直射光，并经常叶面喷水。秋季勿浇水过多，否则极易烂根。冬季室内养护，如光照不足，叶片易徒长，叶片斑纹减少；温度过低，植株易受冻，但只要基部未出现水浸状，次年可恢复生长，切去茎干基部，下部腋芽迅速萌发。

（4）园林应用　小型吊盆、中型柱式栽培或室内垂直绿化，绿叶光泽闪耀，叶质厚而翘展，有动感。适应室内环境，栽培管理简单。多应用于室内，可以很好地营建绿色的自然景观，烂漫温馨，极富诗情画意。

8. 竹芋属（*Maranta*）

科属：竹芋科，竹芋属（葛郁金属）。

（1）形态特征　本属植物株形矮小，大多数种类地下具有块状根。叶片圆形或卵形，具各色美丽的斑纹，为主要欣赏部位。

（2）常见栽培种（品种）

1）哥氏白脉竹芋（*M. leuconeura* 'Kerchoveana'）：别名兔斑竹芋。叶片浅绿色，叶脉两侧有深绿色或褐色的斑，如兔足迹状。褐色斑点随叶片成熟而转成绿色。

2）豹纹竹芋（*M. leuconeura* 'Massangeana'）：植株低矮，叶片较小。叶面蓝绿色，沿中脉有鱼尾状白斑排列，与银白色脉动纹构成精美图案，在脉纹间为紫色的斑晕。

3）红脉豹纹竹芋（*M. leuconeura* 'Erthrophylla' 或 '*M. tricolor*'）（图 9-17）：别名鱼骨草、红叶葛郁金。植株低矮，生长缓慢。叶片多呈横伸展；叶椭圆形、绿色，主脉及羽状脉红色，主脉两侧具银绿色至黄绿色的齿状斑纹，叶背紫红色，叶面花纹如鱼骨状；叶柄有翼。

（3）生态习性　竹芋属喜温暖、湿润和半阴环境。不耐寒，越冬温度不低于10℃；不耐高温，夏季温度超过32℃，抑制植株生长。忌强光曝晒。以肥沃、疏松、排水良好的微酸性腐叶土为好。

图9-17　红脉豹纹竹芋

（4）繁殖与栽培

分株及扦插繁殖。分株结合早春换盆，气温达到15℃以上时进行，去除宿土将根状茎扒出，选取健壮整齐的幼株分别上盆；栽后充分浇水并置于半阴处养护。扦插，切取带2~3叶的幼茎，插于沙床中，半个月可生根。

竹芋属植物在夏秋季节以半阴环境为好，甚怕强光。不耐土壤和空气干燥，在生长期，盆土保持湿润，并且每天叶面喷水，增加空气湿度。秋后盆土应保持稍干。无须过大浇水，重要的是经常向叶面喷水。冬季植株处于半休眠状态，控制好越冬温度，置于散射光充足处，保持盆土稍干燥，可以保持地上叶片不凋，叶色亮丽。盆栽竹芋属植物根系较浅，多用浅盆栽植，生长数年的成株，茎过于伸长，破坏株形，应及时剪枝，剪下枝叶可用于扦插。

（5）园林应用　竹芋类植株大小各有差异，小型种类多栽培成9~15cm盆，大型种类以21cm盆较多，所以在室内环境可以妥善利用各种不同品种，发挥所长。在应用于盆栽造景时，竹芋类能丰富与强调热带气氛的效果，应用种类以中大型种为主。

9. 袖珍椰子（*Chamaedorea elegans* Mart.）

别名：矮棕、玲珑椰子、矮生椰子、袖珍棕。

科属：棕榈科，袖珍椰子属。

（1）形态特征　袖珍椰子（图9-18）为常绿矮小灌木。一般为50~200cm，茎干较短。茎尖先抽生长的叶柄，羽状小叶，分两边对称排列，颜色鲜绿，富有光泽。每个叶柄着生数十片小叶，小叶革质线形。花朵单生，雌雄异株，花后坐果，成熟

图9-18　袖珍椰子

的果实有棕褐色，可作为种子进行有性繁殖。

（2）生态习性　袖珍椰子原产于美洲，属于热带植物，性喜温暖湿润的有阳光照射的环境。经过引种、驯化和改良培育，与原来和生态环境有很大的改变，能耐半阴，具有一定的抗寒能力。从长江流域及其以南地区的培养情况来看，袖珍椰子最适宜的生长温度为22～28℃，在生长过程中，如果气温低于15℃，或者高于32℃，植株便停止生长。在我国南方城市，只要温度控制在10℃以上，也能安全越冬。

（3）繁殖与栽培　常用播种和分株、繁殖。播种在5～6月进行，采种后即播。发芽室温为28～30℃，播后2～3个月发芽。苗高10～15cm时移栽。分株以春季为宜，将母株旁的蘖芽切开，先栽在沙床中，待长出新根后再盆栽。

生长季节，要有充足的水分；夏季旺盛生长期，除浇水外，还要经常给叶面喷水，以防叶尖枯焦；冬季要减少浇水，以保持盆土潮润为度。盆土过干开裂，也会导致植株根部受损和叶片枯死。袖珍椰子根部忌积水，对搁放于有暖气或空调室内的盆栽植株，要特别注意盆土浇水与叶面喷水相结合。盆栽袖珍椰子要求培养土富含有机质。每年4～9月生长季节每月追施一次沤透的稀薄饼肥液，也可直接将多元缓释复合颗粒肥撒施于盆土表面；秋末追施一次磷钾肥，如磷酸二氢钾，浓度为0.2%～0.3%，以增加植株的抗寒适应能力，确保其能安全越冬。

（4）园林应用　袖珍椰子株形较小，叶色浓绿，披散飘逸，较耐阴，适合家庭长期布置。可放置于有散射光的窗台、墙角、花架、书桌、餐桌、床头、茶几等处。

10. 一叶兰（*Aspidistra elatior* Bl.）

别名：蜘蛛抱蛋，大叶万年青，箬兰。

科属：百合科，蜘蛛抱蛋属。

（1）形态特征　一叶兰（图9-19）根状茎粗壮，横生于土壤表面。叶基生，丛生状；长椭圆形、深绿，叶缘波状；叶柄粗壮直而长。花单生于短花茎，贴近土面，紫褐色，外面有深色斑点。球状浆果，成熟后果皮油亮，外形似蜘蛛卵，靠在不规则似蜘蛛的块茎上生长，故名"蜘蛛抱蛋"。

（2）生态习性　同属植物有13种，分布于亚洲的热带和亚热带地区。中国产8种，分布于长江以南各省（区）。适应性强，喜温暖、湿润的半阴环境。耐阴性及耐寒性较强，有"铁草"之称，可长期置于室内阴暗处养护，盆栽0℃不受冻害，叶色翠绿，室外栽植能耐-9℃低温。对土壤要求不严，以疏松、肥沃壤土为宜。

图9-19　一叶兰

（3）繁殖与栽培　分株繁殖。早春新芽萌发之前，结合换盆进行。剪去枯老枝和病残叶，带叶分割根状茎，每段带3～5个叶芽，即可分别上盆，交足水，半年后长满盆。

长期薄肥勤施，水分充足，利于叶丛密集茂盛。夏秋高温干旱期，叶面需喷水，加强通风，否则介壳虫侵食叶柄和叶背，使叶面点点黄斑；此期阳光暴晒，极易造成叶面灼伤。室内放置半阴处时间过长，及室内空气湿度过低，叶片缺乏光泽，发生黄化，并影响来年新叶萌发和生长，应定期更换至明亮处养护。尤其新叶萌发生长期，不宜太阴，否则叶片细长，失去观赏价值。

（4）园林应用　叶片浓绿光亮，质硬挺直，植株生长丰满，气氛宁静，整体观赏效果好，又耐阴、耐干旱，是室内盆栽观叶植物的佳品。还可作切叶材料。

11. 巴西铁 (*Dracaena fragrans cv.* Victoria)

别名：香龙血树，巴西木，幸福之树，缟千年木。

科属：百合科，龙血树属。

（1）形态特征　巴西铁（图9-20）为多年生木本观叶植物。巴西铁为常绿乔木，在原产地可高达6m以上，一般盆栽高50~100cm。它树干直立，有时分枝。叶簇生于茎顶，长椭圆状披针形，没有叶柄；叶长40~90cm、宽6~10cm，弯曲成弓形，叶缘呈波状起伏，叶尖稍钝，鲜绿色，有光泽；穗状花序，花小，黄绿色，芳香。

图9-20　巴西铁

（2）生态习性　巴西铁并非产自巴西，而是原产美洲的加那利群岛和非洲几内亚等地，我国近年来已广泛引种栽培。其性喜高温高湿及通风良好环境，较喜光，也耐阴，怕烈日，忌干燥干旱，喜疏松、排水良好的沙质壤土。生长适温为20~30℃，休眠温度为13℃，越冬温度为5℃。

（3）繁殖与栽培　扦插繁殖。龙血树属植物耐修剪，只要剪去枝干，剪口下部的隐芽就会萌发成新枝，15个簇生枝顶。待新生枝长约10cm或具有7~8片叶，基部已木质化时，即可辦下，扦插于清洁无菌的湿沙土中，下部入土2~3cm，勿过深，保持25~30℃及较高的空气湿度，12个月成株上盆。

喜高温，生长期间应适当多浇水，并经常叶面喷水，增加空气湿度，又兼防红蜘蛛、螨虫的发生，湿度不足，具黄色条斑叶片常出现横纹。室内长期阴蔽，叶片会失去美丽的光泽与色泽；强光下易引起叶烧，叶色变坏。植株应两年换盆一次，一般在6~7月份进行，选排水良好土壤作盆土，发现烂根应及时用水清洗，并切去烂处，换新土栽植上盆。对于下部叶片脱落外观不良植株，可剪枝整形，保持优美株形。

（4）园林应用　有桌上型的组合与落地型的大型盆栽，以不同高度的茎秆做搭配，层次分明落落大方。也有单卖一段的商品，买回竖立在水盘中即可。

12. 吊兰 (*Chlorophytum capense* (L.) Kuntze)

别名：挂兰，纸鹤兰，窄叶吊兰。

科属：百合科，吊兰属。

（1）形态特征　吊兰（图9-21）为多年生常绿草本植物。具簇生圆柱状须根和短根状茎，肉质、肥厚。叶基生，叶片线形，条形，绿色或具黄色纵条纹或边缘黄色，全缘；走茎自叶丛中抽出弯垂，走茎先端节上常滋生带根的小植株，顶生总状花序；花小成簇，白色。花期为5～6月或冬季，蒴果。

（2）生态习性　吊兰原产于南非。喜肥沃的沙质壤土，喜温暖、潮湿、充分光照或半阴环境。生育适温15～20℃，冬季室温不可低于5℃，春末至夏季为生育盛期。夏季忌强光直射。要求疏松肥沃、排水良好的土壤。适应性强，可以忍耐较低的空气温度。

图9-21　吊兰

（3）繁殖与栽培　以无性繁殖为主，可用分株或剪取茎上的幼苗栽植，春夏秋三季均能育苗。也可将花盆盛满栽培介质，放置于成株四周，把走茎牵引到盆上。经过一段时间，待走茎上的幼苗发根成长后，再从母株上分开即成新苗。

盆栽用肥沃的沙质壤土。日常管理要保持充足水分，生长期每日洒水一次，干湿交替。生长季节每2周施一次以氮肥为主的液肥。夏季应移至阴棚下养护，并保持盆土湿润。低温期减水停肥。越冬保温8℃以上。冬季寒冷地区需温暖避风，可入室养护。斑叶品种在生长期中常有返祖现象发生，叶片变成全绿，此时应将其摘除，方能保持斑叶特征。

（4）园林应用　中小型盆栽或吊盆植物。株态秀雅，叶色浓绿，走茎拱垂，是优良的室内观叶植物。也可点缀于室内山石之中。其纤细长茎拱垂，给人以轻盈飘逸，自然浪漫之感，固有"空中花卉"之美誉。室内也可采用水培，置于玻璃容器中，以卵石固定，即可观赏花叶之姿，又能欣赏根系之态。

13. 马拉巴栗（*Pachira macrocarpa*）

别名：马拉瓜栗，中美木棉，发财树。

科属：木棉科，瓜栗属。

（1）形态特征　马拉巴栗（图9-22）为常绿亚乔木。原产于墨西哥、哥斯达黎加。树形优美，掌状复叶，小叶5～9片，近无柄，长圆至倒卵圆形，基部楔形。花白色、粉红色，里面浅黄色，外面褐色或绿色。花期为6～9月。蒴果卵圆形。

（2）生态习性　马拉巴栗喜温暖的气候，生长适温20～32℃，冬季6～10℃以上才能安全过冬，在原产地及海南岛露地栽培时为阳性树种，不要遮阴，北方春夏秋三季可遮阴30%左右，冬季温室内栽培不遮阴。有一定的耐阴能力，在室内光线比较弱的情况下，可连续欣赏2～4周。光线弱生长停止或新长出的叶片纤细，时间太久会引起老叶脱落，冬季应在16～18℃环境中养护。在高温生长时需要充足的水分，

图9-22　马拉巴栗

245

干燥易造成落叶，但不会旱死，有较强的抗旱能力。在冬季低温时，必须保持盆土相当干燥。对土壤要求不严，要求微酸性的土壤，pH以6~6.5为宜。

（3）繁殖与栽培　繁殖的方法主要以扦插法及播种法为主，扦插法繁殖速度快，播种法则较易培育出优雅树形。

马拉巴栗多用于盆栽，盆土一般用疏松、透气、排水性好的菜园土加入少量的复合肥配制即可，小苗上盆后，长到一定的高度就必须剪去顶芽，以使其长出侧枝，茎基部也会随之膨大起来，夏季不可受烈日暴晒，冬季必须保证一定的越冬温度，否则，都会导致灼伤或寒害症状，生长期要保持盆土湿润，但不能积水，以免引起根茎腐烂，夏天可适当地向叶面喷水，以保证叶色浓绿而又光亮，施复合肥时要同时追磷钾肥，以促进茎基部膨大。马拉巴栗喜温暖气候，冬季气温最好不低于5℃，马拉巴栗怕烟熏，烟熏极易导致叶片枯萎。

为了增强马拉巴栗的观赏性，常把其树干编织起来，具体的做法是：在播种苗长高到2m左右时，在其1.5m处剪掉上部定杆，然后将其挖出，在自然条件下晾晒1~2d，使树干变得柔软而易于加工弯曲，再用细绳将几株同样粗细的植株的基部捆紧，而后将其树干进行编织，编完后用重物压在地上，使其形状能固定，将来能直立向上生长，然后将其栽于露地或上盆即可，目前市场上出现的"三龙"、"五龙"、"七龙"即是用3株、5株、7株马拉巴栗编织而成的。

（4）园林应用　马拉巴栗主干直立，枝条轮生，茎干基部肥圆，枝叶潇洒婆娑，极具自然美，观赏价值很高。盆栽适于室内绿化美化装饰，加之其发财之寓意，给人以美好的祝愿，深受人们的青睐。播种一个月的小苗，多以9cm小品盆栽。50cm至1m高度的，三株编成麻花状，呈现艺术化的塑形。树干粗壮、高约30cm者，种在元宝盆内，寓意招财进宝。150cm高的落地盆栽，三棵植株种在一起，形状壮观。

14. 鹅掌藤（*Schefflera arboricola*）

别名：鹅掌柴，七叶莲，小叶手树。

科属：五加科，鸭脚木属。

（1）形态特征　鹅掌藤（图9-23）为常绿半蔓性灌木，成株高达2~3m。茎直立柔韧，枝条密集，茎节处易生细长气生根。掌状复叶，小叶5~9枚，长圆形，绿色有黄白斑纹，叶缘波状，先端尖；叶色浓绿，有光泽。

（2）生态习性　鹅掌藤喜温暖、湿润、半阴（50%~70%光照）环境。不耐寒，要求越冬温度大于5℃，0℃落叶现象严重。忌夏日强光直射，其他季节可充分光照。不择土壤，耐旱；在疏松、肥沃、排水良好的微酸性土壤上生长良好，叶色美丽。

（3）繁殖与栽培　播种、扦插繁殖或高位压条繁殖。4月下旬于细沙土播种，保持20~25℃及沙土湿润。15~20d发芽。在春季新梢生长之前，剪取一年生枝条，长约8~10cm，插于湿润沙中。尤其对于花叶品种，扦插法能保持花叶特性，二播种使花叶丧失。高位压条发根率高。

图9-23　鹅掌藤

对光的适应性强，全光、半阴、阴蔽处都能生长。摘心或修剪可以促使多发分枝。生长势过强，易萌发徒长枝时，要注意经常整形修剪，并结合每年春季萌芽之前换盆，去除大部分枝叶和部分老根，用新盆、新土栽植，否则根系密集，极易造成叶片变黄脱落。

（4）园林应用　鹅掌藤中型盆栽。株形圆整，枝繁叶茂、柔美，清新宜爽，是室内的优良盆栽植物。可以单株盆栽，也可以数株捆绑于柱上观赏。可作切叶材料。

15. 网纹草（*Fittonia verschaffeltii*）

科属：爵床科，网纹草属。

（1）形态特征　网纹草（图9-24）为多年生常绿草本植物。植株20～25cm。茎直立，落地茎节易生根，多分枝，分枝斜生，开展。叶片卵形，十字对生，具光泽，叶长5～8cm。叶面密布白色网纹状脉或具深凹的红色叶脉，十分清晰。一般春季开花，顶生穗状花序，花小，黄色或微带绿色，生于叶腋。

（2）生态习性　网纹草原产于热带。喜温暖、多湿和半阴环境。生长适宜温度夜间为15～20℃，白天25～30℃不耐寒，越冬温度不能低于15℃；忌干旱，要求空气相对湿度50%左右；怕强光，以散射光最好；要求疏松、肥沃、通气良好的沙质壤土。

图9-24　网纹草

（3）繁殖与栽培　扦插繁殖。多于春季进行扦插，自匍匐茎上剪取5～10cm茎段，去掉下部叶片，晾干2～3h，插入沙床中，保持25℃及较高空气湿度，15～20d生根。商品生产多采用组培法，繁殖量大，植株生长整齐健壮。

幼苗上盆后，应注意多次摘心，促进多发分枝，萌发新叶；或3株幼苗合栽同一盆中，快速丰满株形，覆盖盆钵。盛夏高温植株生长快，应充分浇水，干燥会导致叶片枯萎、卷曲、脱落。叶片薄而娇嫩，叶面喷水易发生腐烂，适宜在环境中喷水，增加空气湿度。生长期适当遮阴，光线太强植株生长缓慢、矮小，叶片卷缩，失去原有色彩；过阴，节间徒长，叶片退化，无光泽。秋后逐渐减少浇水，增强植株耐寒力。冬季置于室内明亮光线处，保持20℃左右温度，低于15℃易导致叶片脱落，植株枯萎。室内空气过干，叶面易遭受介壳虫侵害，故叶面可适量喷雾。在北方室内盆栽越冬后，茎基部叶片常常大片脱落，可结合重剪，进行扦插繁殖，更新老植株。

（4）园林应用　网纹草叶片花纹美丽独特，娇小别致，惹人喜爱，适合小型盆栽。点缀书桌、茶几、窗台、案头、花架等，美观雅致。也可作室内吊盆和瓶景观赏，小巧玲珑，楚楚动人。

其他盆栽观叶植物还有苏铁（*Cycas revoluta*）、鹿角蕨（*Platycerium bifurcatum*）、孔雀木（*Dizygotheca elegantissima*）、酒瓶兰（*Nolina recurvata*）、朱蕉（*Cordyline fruticosa*）、虎纹凤梨（*Vriesea splendens*）、姬凤梨（*Crytanthus aculis*）、变叶木（*Codiaeum variegatum* Linn.）、橡皮树（*Ficus elastica* Roxb.）、棕竹（*Rhapis excelsa*）、散尾葵（*Chrysalidocaarpus lutescens*

Wendl)、蒲葵(*Livistona chinensis* R. Br)、吊竹梅(*Zebrina pendula*)、富贵竹（*Dracaena sanderiana*）、龙血树（*Dracaena angustifolia*）、心叶喜林芋（*Philodendron gloriosum* Andre）、春芋（*Philodenron selloum* Koch）、合果芋(*Syngonium podophyllum*)等。

项目⑩

盆栽木本花卉栽培管理

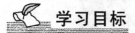

学习目标

掌握不同盆栽木本花卉生态习性。

识别 15 种以上常见盆栽木本花卉，熟练掌握盆栽木本花卉的观赏应用。

掌握杜鹃、山茶、一品红、三角花等常见盆栽木本花卉的繁殖和栽培养护及应用技能。

制订并组织实施盆栽木本花卉繁殖、养护管理方案。

工作任务

根据盆栽木本花卉的养护管理任务，对杜鹃、山茶、一品红、三角花等常见盆栽木本花卉进行养护管理，包括繁殖、栽培、肥水管理及其他养护管理，并作好养护管理记录。以小组为单位通力合作，制订养护方案，对现有的栽培技术手段要进行合理的优化和改进。在工作过程中，要求同学们团结协作，虚心学习，注意培养信息采集、分析、计划、执行职业能力，培养创新意识和爱岗敬业、诚实守信的良好职业道德和责任意识。

 ### 任务1 杜鹃盆栽管理

杜鹃（*Rhododendron hybrida*）

别名：杜鹃花、红杜鹃、映山红、艳山红、艳山花、清明花、金达莱、山踯躅、红踯躅、山石榴、羊角花（羌族）。

科属：杜鹃花科杜鹃花属。

杜鹃花，中国十大名花之一。在所有观赏花木之中，称得上花、叶兼美，地栽、盆栽皆宜，用途最为广泛的。在世界杜鹃花的自然分布中，中国种类最多、数量最大。杜鹃花根、叶、花可供药用。

10.1.1 形态特征

杜鹃花（图 10-1）在不同的自然环境中，形成不同的形态特征，差异悬殊，有常绿大乔木、小乔木，常绿灌木、落叶灌木，有的主干粗大，高达20m，有的呈匍匐状、垫状或附生类型，高仅10~20cm。基本形态是：主干直立，单生或丛生；枝条互生或假轮生。枝、叶有毛或无，枝、叶、花梗有鳞片或无；叶互生，长椭圆状卵形，全缘，极少有细锯齿，革质或纸质，常绿、半常绿或落叶，有芳香或无；花顶生、单生或腋生，漏斗状，单花、少花或20余朵集成总状伞形花序，先叶开花或后于叶，花冠显著，漏斗形、钟形、辐射状杆白式钟形、碟形至碗形或管形，4~5裂，也有6~10裂的；雄蕊7~10枚，花丝中部以下有微毛，花药紫色；子房及花柱近基部有糙伏毛，为酸性土指示植物，柱头头状。蒴果卵圆形，长约1cm，花色丰富多彩。花期为4~5月，果熟期为10月。

图10-1　杜鹃花

10.1.2　类型及品种

我国目前广泛栽培的园艺品种约有300种，根据其形态、性状、亲本和来源，将其分为东鹃、毛鹃、西鹃、夏鹃4个类型。

（1）东鹃　即东洋鹃，因来自日本之故，又称为石岩杜鹃、朱砂杜鹃、春鹃小花种等。本类包括石岩杜鹃（Rh. obtusum）及其变种，品种甚多。其主要特征是体型矮小，分枝散乱，四月开花，着花繁密，花朵最小，一般花径2~4cm，最大至6cm，单瓣或由花萼瓣化而成套筒瓣，少有重瓣，花色多种。传统品种有新天地、雪月、碧止、日之出以及能在春、秋两季开花的四季之誉等。

（2）毛鹃　俗称毛叶杜鹃、大叶杜鹃、春鹃大叶种等。本类包括锦绣杜鹃（Rh. pulchrum）、毛白杜鹃（Rh. mucronatum）及其变种、杂种，体型高大，生长健壮，适应力强，可露地种植，是嫁接西鹃的优良砧木。花大、单瓣、少有重瓣，花色有红、紫、粉、白及复色。品种10余个，栽培最多的有玉蝴蝶、紫蝴蝶、琉球红等。

（3）西鹃　最早在西欧的荷兰、比利时育成，故称为西洋鹃，简称西鹃，系皋月杜鹃（Rh. indicum）、映山红及毛白杜鹃反复杂交而成，是花色、花形最多最美的一类。其主要特征是，体型矮壮，树冠紧密，习性娇嫩、怕晒怕冻，花期为4~5月，花色多种多样，多数为重瓣、复瓣，少有单瓣，花径6~8cm，传统品种有皇冠、锦袍、天女舞、四海波等，近年出现大量杂交新品种，从国外引入的四季杜鹃便是其中之一，因四季开花不断而取名，深受人们喜爱。

（4）夏鹃　原产印度和日本，日本称其为皋月杜鹃（Rh. indlcum）。其发枝在先，开花最晚，一般在 5 月下旬至 6 月，故得名。枝叶纤细、分枝稠密，树冠丰富、整齐，叶片排列紧密，花径 6 ~ 8cm，花色、花瓣同西鹃一样丰富多彩。传统品种有长华、大红袍、五宝绿珠、紫辰殿等。其中五宝绿珠花中有一小花，呈台阁状，是杜鹃花中重瓣程度最高的一种。

10.1.3 生态习性

杜鹃性喜凉爽、湿润、通风的半阴环境，既怕酷热又怕严寒，生长温度为 15 ~ 25℃，多数品种能耐 -12 ~ -8℃的低温。杜鹃喜欢酸性土壤，在钙质土中生长得不好，甚至不生长。光线太强易造成叶片发黄、反卷、生长不良，光线不足则影响花芽分化与开花数量，土壤以偏酸性腐殖土为佳。杜鹃喜多雨、多雾、高温的环境，忌水涝，栽植地要有一定坡度，积水容易造成烂根。杜鹃根系较浅，多密集成团，移栽时切忌栽植过深，否则恢复期长，生长慢，数年后老根会逐渐腐烂，从表土层重新长出新根，形成"多层根"。杜鹃除苗期猝倒病外，无毁灭性病虫害，但褐斑病、象鼻虫的发生会严重影响杜鹃的观赏价值，应及时防治。花期为 15 ~ 25d，从开花到结实成熟约需 140d。实生苗 6 ~ 8 年开始开花，40 ~ 60 年是杜鹃生长旺期，其寿命可长达数百年。

10.1.4 栽培管理

1. 繁殖技术

播种、扦插、嫁接均可。播种多用于培育杂种实生苗时进行，在生产上多采用扦插和嫁接繁殖。

扦插是应用最广泛的方法。优点是操作简便，成活率高，生长快速，性状稳定。插穗取自当年生嫩枝刚刚木质化的枝条，带踵掰下，剪去下部叶片，留顶端 4 ~ 5 叶，如枝条过长可截取顶梢。若不能随采随插，可用湿布或苔藓包裹基部，套以塑料薄膜，放于阴处，可存放数日。扦插以梅雨季节前成活率最高，一般西鹃 5 月下旬至 6 月上旬，毛鹃 6 月上旬至下旬，东鹃、夏鹃 6 月中旬至下旬，此时插穗老嫩适中，天气温暖湿润，成活率可达 90% 以上。基质可用泥炭、腐熟锯木屑、兰花泥、黄山土、河沙、珍珠岩等，大面积生产多用腐熟锯木屑加珍珠岩，插床底部应填 7 ~ 8cm 排水层，以利排水，扦插深度为插穗的 1/3 ~ 1/2。用萘乙酸 300mg/L、吲哚丁酸 200 ~ 300mg/L 快浸处理，可促进生根。插后管理重点是遮阳和喷水，使插穗始终新鲜，高温季节要增加地面、叶面喷水，注意通风降温。毛鹃、东鹃、夏鹃发根快，1 个月左右，西鹃需 40 ~ 70d。长根后顶部抽梢，如形成花蕾，应摘除。9月后减少遮阳，使小苗逐步壮实，10 月可施薄肥，下旬即可上盆。

嫁接在繁殖西鹃时采用较多。其优点是：接穗只需一段嫩梢，可随时嫁接，不受时间限制，可将几个品种嫁接在同一株上，比扦插苗长得快。最常用的嫁接方法，是嫩枝顶端劈接，以 5 ~ 6 月最宜，砧木选用二年生独干毛鹃，要求新梢和接穗粗细相仿，嫁接后要在接口处连同接穗用塑料薄膜袋套除，扎紧袋口。然后置于阴棚下，忌阳光直射，注意袋中有无水珠，若无，可解开喷湿接穗重新扎紧。接后 7d 不萎即有成功把握，两个月后去袋，次春松绑。

2. 栽培管理技术

（1）栽植 长江以北均以盆栽观赏。盆土用腐叶土、沙土、园土（7:2:1），搀入饼肥、厩肥等，拌匀后进行栽植。一般春季 3 月上盆或换土。长江以南地区以地栽为主，春季萌芽前栽植，地点宜选在通风、半阴的地方，土壤要求疏松、肥沃，含丰富的腐殖质，以酸性沙质壤土为宜，并且不宜积水，否则不利于杜鹃正常生长。栽后踏实，浇水。

（2）光照与温度　4月中下旬搬出温室，先置于背风向阳处，夏季进行遮阴，或放在树下疏阴处，避免强阳光直射。生长适宜温度为15～25℃，最高温度为32℃。秋末10月中旬开始搬入室内，冬季置于阳光充足处，室温保持5～10℃，最低温度不能低于5℃，否则停止生长。

（3）浇水与施肥　栽植和换土后浇一次透水，使根系与土壤充分接触，以利根部成活生长。生长期注意浇水，从3月开始，逐渐加大浇水量，特别是夏季不能缺水，经常保持盆土湿润，但勿积水，9月以后减少浇水，冬季入室后则应盆土干透再浇。合理施肥是养好杜鹃的关键，喜肥又忌浓肥，在春秋生长旺季每10d施一次稀薄的饼肥液水。在秋季还可增加一些磷、钾肥。切记要"薄"肥适施。入冬前施一次干肥（少量），换盆时不要施盆底肥。另外，无论浇水或施肥时用水应酸化处理（加硫酸亚铁或食醋），在pH值达到6左右时再使用。

（4）整形修剪　蕾期应及时摘蕾，使养分集中供应，促花大色艳。修剪枝条一般在春、秋季进行，剪去交叉枝、过密枝、重叠枝、病弱枝，及时摘除残花。整形一般以自然树形略加人工修饰，随心所欲，因树造型。

（5）花期控制　若想春节开花，可于1月或春节前20d将盆花移至20℃的温室内向阳处，其他管理正常，春节期间可观花。若想劳动节见花，可于早春萌动前将盆移至5℃以下室内冷藏，4月10日移至20℃温室向阳处，4月20日移出室外，劳动节可见花。因此，温度可调节花期，另外，花后即剪的植株，10月下旬可开花；若生长旺季修剪，花期可延迟40d左右；若结合扦插时修剪，花期可延迟至翌年2月。因此，不同时期的修剪，也影响花期的早晚。

10.1.5　园林应用

杜鹃花植株矮小、枝叶繁茂、耐修剪的灌木状杜鹃可以列植路边、墙根或花坛草坪边缘，构成绿篱；常绿型大灌木杜鹃可组成树墙、花屏；体形高大、枝干挺拔、花多、叶亮、冠形浓密或造型独特的常绿杜鹃可孤植于草坪等开阔地带；主干细长、分枝稀少的杜鹃可数株丛植，结合园林修枝，形成树球、花丛；大面积造景则应以片植为主，配以色块组合，以多取胜，突出杜鹃造景主体。

1）杜鹃为特色的生态旅游主题。我国是世界杜鹃资源的宝库，杜鹃使得我国的许多山谷成了天然的花园，如贵州百里杜鹃、浙江天台山杜鹃、四川峨眉古道杜鹃、云南大理苍山杜鹃、江西井冈山杜鹃、西藏林芝杜鹃等。

2）作为盆景与盆花的应用。杜鹃在我国作为盆花栽培应用不仅历史悠久，而且应用范围也非常广泛。传统的杜鹃花盆栽方式，不仅可以随意搬动位置，最重要的可以保证杜鹃花在有利的环境中生长，这使得即使生性娇嫩的西洋杜鹃，在我国自清代以来就成为盆栽杜鹃花的主流种类。

3）绿化上的应用。长江以南各省份的园林绿化中广泛应用毛鹃、夏鹃、东鹃，多以丛、群、片、块状种植。江浙一带普遍以2～3年生的低矮毛鹃或夏鹃作地被，在街头、广场、居住小区、公共绿地、公园、风景区等广泛种植；也有以各种形状如圆形、菱形等区块种植；在温州等地也有把毛鹃作绿篱，修剪成50cm左右高度，规则、整齐。西鹃抗寒性稍差，一般不作露地绿化，但近几年，在成都、重庆、昆明等西南地区的绿化中有应用。并且据媒体报道，深圳有条街道就应用了100万株比利时杜鹃。

4）建设杜鹃专类园。我国目前的杜鹃专类园都是"园中之园"的居多，通常以植物园的专类植物收集区、园的形式，或以风景名胜区、公园的杜鹃园、杜鹃谷、杜鹃山的形式出现，如庐山植物园、昆明植物园、都江堰的高山植物园、杭州植物园、贵州植物园等植物园都有杜鹃花专类园区。

任务2　山茶盆栽管理

山茶（*Camellia japonica*）

别名：山茶花、耐冬花、曼陀罗、晚山茶、耐冬、檀、洋茶、菇春、山椿。

科属：山茶科，茶花属。

山茶是山茶科山茶属的常绿阔叶观花灌木或小乔木。其主产中国，集中分布于中国的南部和西南部，以云南、广西和广东横跨北回归线向南北扩散而逐渐减少，中国的南部和西南部是茶属植物的现代分布中心和起源中心。山茶是我国的十大名花之一，也是世界名花，具有观赏价值高、品种繁多、花期长、凌寒开放等独特优势，尤为难得的是它具有较强的抗污染能力，故在城市森林中有着广泛的应用前景。

10.2.1　形态特征

山茶（图10-2）为灌木或小乔木。叶片革质，互生，椭圆形、长椭圆形、卵形至倒卵形，长4～10cm，宽2～6cm，先渐尖或急尖，基部楔形至近半圆形，边缘有锯齿，叶片正面为深绿色，多数有光泽，背面较淡，叶片光滑无毛，叶柄粗短，有柔毛或无毛，叶干后带黄色；叶柄长8～15mm。花单生或2～3朵着生于枝梢顶端或叶腋间，花单瓣、半重瓣或重瓣，花梗极短或不明显，花瓣5～6个，呈1～2轮覆瓦状排列，花朵直径5～6cm，色大红，花瓣先端有凹或缺口，基部连生成一体而呈筒状。雄蕊发达，多达100余枚，花丝白色或有红晕，基部连生成筒状，集聚花心，花药金黄色，雌蕊发育正常，子房光滑无毛，3～4室，花柱单一，柱头3～5裂，结实率高。蒴果近球形，外壳木质化，直径2.2～3.2cm。

图10-2　山茶

10.2.2 类型及品种

（1）单瓣类 花瓣 1~2 轮，5~7 片，基部连生，多呈筒状，结实。其下只有 1 个型，即单瓣型。

（2）复瓣类 花瓣 3~5 轮，20 片左右，多者近 50 片。其下分为 4 个型，即复瓣型、五星型、荷花型、松球型。

（3）重瓣类 大部雄蕊瓣化，花瓣自然增加，花瓣数在 50 片以上。其下分为 7 个型，即托桂型、菊花型、芙蓉型、皇冠型、绣球型、放射型、蔷薇型。

10.2.3 生态习性

山茶喜温暖气候，忌烈日，喜半阴的散射光照，亦耐阴。生长适温为 18~25℃，始花温度为 2℃。略耐寒，一般品种能耐 -10℃ 的低温耐暑热，但超过 36℃ 生长受抑制。喜空气湿度大，忌干燥，宜在年降水量 1200mm 以上的地区生长。喜肥沃、疏松的微酸性土壤，pH 值以 5.5~6.5 为佳，忌黏土。一年有两次枝梢抽生，第一次为春梢，于 3~4 月开始，夏梢 7~9 月抽生。花期长，多数品种为 1~2 个月，单朵花期一般为 7~15d，花期为 2~3 月。

10.2.4 栽培管理

（1）扦插繁殖 以 6 月中旬和 8 月底左右最为适宜。选树冠外部组织充实、叶片完整、叶芽饱满的当年生半熟枝为插条，长 8~10cm，先端留 2 片叶。剪取时，基部尽可能带一点老枝，插后易形成愈伤组织，发根快。扦插要求叶片互相交接，插后用手指按实。以浅插为好，这样透气，愈合生根快。插床需遮阴，每天喷雾叶面，保持湿润，温度维持在 20~25℃，插后约 3 周开始愈合，6 周后生根。当根长 3~4cm 时移栽上盆。扦插时使用 0.4~0.5% 吲哚丁酸溶液浸蘸插条基部 2~5min，有明显促进生根的效果。生根后，要逐步增加阳光，10 月份以后要使幼苗充分接受阳光，加速木质化。

（2）嫁接繁殖 常用于扦插生根困难或繁殖材料少的品种。5~6 月，新梢已半质化时进行嫁接成活率最高，接活后萌芽抽梢快。砧木以油茶为主，10 月采种，冬季沙藏，翌年 4 月上旬播种，待苗长至 4~5cm，即可用于嫁接。采用嫩枝劈接法，用刀片将芽砧的胚芽部分割除，在胚轴横切面的中心，沿髓心向上纵劈一刀，然后取山茶接穗一节，也将节下基部削成正楔形，立即将削好的接穗插入砧木裂口的底部，对准两边的形成层，用棉线缚扎，套上清洁的塑料口袋。约 40d 后去除口袋，60d 左右才能萌芽抽梢。

（3）播种繁殖 适用于单瓣或半重瓣品种。种子 10 月中旬成熟，即可播种。以浅播为好，用蛭石作基质，覆盖 6mm，室温 21℃，每晚照光 10h，能促进种子萌发，播后 15d 开始萌发，30d 内苗高达到 8cm，幼苗具 2~3 片叶时移栽。

（4）组培繁殖

1）定植。在每年 2~3 月树液将要流动或开始流动时，于新芽萌发前移植或换盆，将山茶苗木移入排水保水性能良好的肥沃疏松的微酸性土壤。盆栽的，盆土按腐叶土、菌根土、细沙以 4:3:2 的比例配合，再添加少量的磷、钾肥或复合肥混合而成。混合后的土壤最好用 2% 甲醛或其他药物进行灭菌处理。栽植地点宜选在半阴地，切勿种在整天被阳光直射的地方，以免光照太强灼伤树叶和花朵。移栽时，尽量使其根系舒展，压实土、浇水。

2）遮光。山茶花为半阳性植物，喜半阴地环境，适宜生长在气候温暖、空气湿润的地方。

3）灌水。山茶花对水分要求较严，要尽量使土壤湿度保持在半墒状态。土壤过干会导致生长不良、落叶，甚至死亡；太湿易引起根系腐烂。浇水量和浇水次数要根据季节不同而有差异。春季和秋季浇水量较多，每次浇水以土壤浇完后捏能成团、放可松散为宜。冬季少浇，夏季浇水量最大、浇水次数最多，但不能积水。当花芽分花时，更不可断水、缺水，以免着花不易或引起落花。

4）施肥。山茶花不可多施肥，一般施用肥性较柔和的肥料为宜，如经浸泡腐熟的猪粪水、豆饼水等。可以有机质肥为主供应：骨粉、草木灰、油粕，或过磷酸石灰、氯化钾。其氮、磷、钾的比例为 5∶3∶2，开花后可施重肥，5～7 月花芽分化期间忌施肥，尤其是氮肥。施肥量因季节的更替而变化：春季，树体生长势复苏，在开花后开始浇肥水，随着生长加快，逐渐增加浇肥次数；5～6 月，每月浇肥水 4～5 次；7 月是生长最盛的季节，浇 6～8 次；8 月以后逐渐减少，秋分（9 月）以后，停止施肥，直到第 2 年春天。施肥水与浇水要轮流进行。

5）摘蕾。山茶花的花芽分化多为 6 月间，但摘蕾时须视花蕾如黄豆一般大小时约在 9～11 月间才可进行。摘蕾的原则为：每节花芽仅留一个花蕾为原则，且其花蕾须朝上，并不可伤及新芽。

6）花后处理。12 月至翌年 1 月间，花后应尽早除去残花，并立即追肥，在支干基部起仅保留 2～3 节新芽，其余顶端可去除。4～5 月间，须减少供水，使新芽所生长枝条不会过分伸长，以免后续花芽分化的萌花蕾数减少。

7）修剪。基本原则是：一是要把病枝和死枝剪除；二是根据造型需要进行适当地修剪；三是把主枝剪除，让其多发侧芽，防止其过高生长。要抑制山茶花盆景过快地扩大空间，以免失去盆景价值，除修剪外，还要控制水肥施用量，有的需要施用 15% 的多效唑粉剂 80～100mg/L 溶液浇灌进行矮化处理。

10.2.5　园林应用

选择几个生长旺盛、枝叶茂密的山茶品种，互相搭配，在工业园区绿地或厂矿庭院内采用孤植、散植、丛植、混植的方式进行配置。如果地方足够大，可采用片植或群植以山茶为主要树种，配以其他具有抗污染、吸收有毒物质、净化空气的生态群落。

庭院（包括厂矿区）、公园及风景区种植。选用冠形好、冠幅大、枝条密、花繁叶茂、花期长的品种，在庭院公园或风景区开阔的地进行配置，以突出其优美的姿态。与其他观赏树或行道树混植，也可与乔、灌、草相结合，共同组成一个景观单元。或成群种植，形成山茶花主题公园、山茶花区或山茶花林。如果有足够大的绿地，可采用散植或群植的方法。

山茶花非常适宜盆栽或制作盆景。挑选叶片小、花朵小的茶花品种，从小苗培养起，用金属丝蟠扎成曲干式、卧干式、悬崖式等多种形式，制作成微型或小型茶花盆景。也可用油茶老桩作砧木，嫁接茶梅、茶花（如粉十样景、鸳鸯凤冠、十八学士等），进行造型和修剪，制成较大的茶花盆景。

任务3 一品红栽培管理

一品红（*Euphorbia pulcherrima* Willd. ）

别名：象牙红、老来娇、圣诞花、圣诞红、猩猩木。

科属：大戟科，大戟属。

一品红原产于墨西哥及热带非洲的某种变色型观叶植物。其花朵很小并不容易被人注意，引起人们关注的是位于植株顶端的叶片，其叶片入冬后就会变为耀眼的红色，艳丽非凡。花期从12月可持续至翌年的2月，时正值圣诞节、元旦、春节期间，非常适合节日的喜庆气氛。

10.3.1 形态特征

一品红（图10-3）是常绿灌木，高50~300cm，茎叶含白色乳汁。茎光滑，嫩枝绿色，老枝深褐色；单叶互生，卵状椭圆形，全缘或波状浅裂，顶部叶片较窄，披针形；叶被有毛，叶质较薄，脉纹明显；顶端靠近花序之叶片呈苞片状株红色，为主要观赏部位；杯状花序聚伞状排列，顶生；总苞淡绿色，边缘有齿及1~2枚大的黄色腺体；雄花具柄，无花被；雌花单生，位于总苞中央；自然花期为12月至翌年2月。

图10-3　一品红

10.3.2 类型及品种

常见品种有一品白，苞片乳白色；一品粉，苞片粉红色；一品黄，苞片淡黄色。

深红一品红（AnnetteHegg）：苞片深红色。

三倍体一品红（Eckespointc-1）：苞片栋叶状，鲜红色。

重瓣一品红（Plenissima）：叶灰绿色，苞片红色、重瓣。

亨里埃塔·埃克（HenriettaEcke）：苞片鲜红色，重瓣，外层苞片平展，内层苞片直立，十分美观。

球状一品红（PlenissimaEcke" sFlamingSphere）：苞片血红色，重瓣，苞片上下卷曲成球形，生长慢。

斑叶一品红（Variegata）：叶淡灰绿色、具白色斑纹，苞片鲜红色。

保罗·埃克小姐（Mrs. PaulEcke）：叶宽、栋叶状，苞片血红色。

喜庆红（FestivalRed）：矮生，苞片大，鲜红色。

皮托红（PetoyRed）：苞片宽阔，深红色。

胜利红（SuccessRed）：叶片栋状，苞片红色。

橙红利洛（OrangeRedLilo）：苞片大，橙红色。

珍珠（Pearl）：苞片黄白色。

皮切艾乔（Pichacho）：矮生种，叶深绿色，苞片深红色，不需激素处理。

10.3.3　生态习性

一品红原产于墨西哥和中美洲地区。喜温暖、湿润及充足的光照，向光性强，不耐寒，我国广大北方地区均作温室盆栽，早霜前即须移入温室，否则叶片变黄大量脱落，冬季室温不得低于15℃，以16~18℃为宜。一品红为典型的短日照植物。强光直射及光照不足均不利其生长，在日照10h、20℃条件下，花芽分化孕蕾开花，作短日照处理8~9h，单瓣种约50d开花，重瓣种约60d开花。对土壤要求不严，但以疏松肥沃、通透性能良好、微酸性（pH值为6）的沙质培养土为好，盆栽土以培养土、腐叶土和沙的混合土为佳。对水分要求严格，土壤过湿，容易引起根部腐烂、落叶等，一品红极易落叶，温度过高，土壤过干过湿或光照太强太弱都会引起落叶。

10.3.4　栽培管理

1. 繁殖技术

以扦插为主，也可根插繁殖。

1）扦插时间。利用温室和塑料大棚，可在3月下旬进行。露地最好在4月下旬至6月上旬扦插。扦插时最好选择在阴天的清晨（4：00~8：00），也可在下午16：00以后扦插。

2）扦插基质。主要用细沙、珍珠岩、泥炭，也可因地制宜地采用腐熟的锯木屑、细煤渣灰和细园土等。用0.1%高锰酸钾溶液喷洒消毒。

3）插穗处理。从母株上切取节间短而粗壮的一年生枝条或新梢，剪成5~10cm长的插穗，并将叶片剪去一半，于清水中将切口伤流乳液洗净或用草木灰或硫黄粉封住阴干，然后将茎基部置于1000mg/L的萘乙酸中浸泡3~5min，即可扦插。

4）扦插方法。先用小木棍于基质上打好扦插孔，深度为扦穗的1/2，间距4cm，行距5~6cm，然后把扦穗插进孔内，轻按基部周围，压紧基质，并浇透水。

5）插后管理。环境温度应保持在20℃左右，用遮阳网遮阴，并经常喷水，保持空气和插床湿润，但注意苗木不能太湿。插后一般20~30d生根。待新枝高10~12cm时即可上盆。扦插好后立即进行喷水，喷水时不能间隔太久，一般雾状喷水后约10min又要重新喷水，阳光强烈时采用粗雾，清晨或阳光不强烈时采用细雾，一般情况下6~8d即可形成愈伤组织，13~15d开始长根，18~20d可以减少喷水的次数。在喷水过程中，一般3~5d要消毒一次。扦插后15d左右可喷适量的叶面肥，20d左右可放奥妙肥（进口长效肥料），一个月后可进行正常管理。

2. 栽培管理技术

（1）上盆　盆土配方采用4~5份堆肥土、腐叶土、3~4份园土和1~2份沙、炭渣或蛭石等。盆底垫1层粗炭渣，填入1层培养土，再将苗放入盆口中央适当位置，填培养土，用手压紧。上盆后，浇透水，置于遮阳网下养护1周。然后在全光照下生长。

（2）肥水管理　浇水要注意干湿适度，防止过干过湿，引起脚叶变黄脱落。一般盛夏可每天早晚浇两次水，其他季节浇水量相应减少。雨季及时排除盆内积水，防止烂根。平时施肥不必过于频繁，一般在生长季每月施2~3次肥水，为防止徒长，氮肥不能施得过多。秋后增加施肥次数并加大磷肥的用量，促进花蕾形成。

（3）矮化整形　一品红茎生长直立，没有开张的枝条，植株较高，达1~2m，若让其自然生长，则观赏价值较低。因此，商业栽培中必须对其进行矮化整形处理，达到造型丰满、矮化美观效果。其具体方法包括摘心，拉枝盘扎等。

1）摘心。生长期视幼苗分枝及生长情况摘心1~2次，促生侧枝。在株高30cm时打顶，第一级侧枝各保留下部1~2个芽，剪去上面部分。一般整株保留6~10个芽即可，其他新芽全部抹去。

2）拉枝盘扎。于8~9月份，新梢每生长10~20cm可拉枝作弯一次，直到苞片现色为止。拉枝时用细绳捆好，将枝条拉至与其着生部位齐平或略低的位置。最下面3~4个侧枝要基本拉至同一水平线上，其余侧枝均匀拉向各个方位，细弱枝分布在中央，强壮枝在周围，各枝盘曲方向一致。为防止枝条折断，通常作弯前要进行控水或于午后枝条水分较少时进行。

（4）花期调控　加温催花：一品红在露地10月中旬就形成花芽，10月下旬移入大棚后，保持昼温20~25℃，夜温15℃，12月初即可陆续开花。

1）短日照催花：气温20~25℃，经过遮光处理，每天给9h的光照，单瓣品种45~55d即可开花，重瓣品种55~65d可开花。如从8月上旬开始遮光处理，并在夜间通风降温，每周追肥一次，9月下旬顶叶就开始转色，国庆节即可上市。

2）长日照延花：为达到抑止开花、推迟花期的目的，可在傍晚人工补光使日照延长至16h，或夜间补光2~4h作暗中断处理。也可用40mg/L的赤霉素处理来推迟花期。

10.3.5　园林应用

一品红花色鲜艳，花期长，花期正值元旦、春节期间（也可采取一些技术处理，使其逢节开花）。花开时，绿叶层层，红花鼎鼎，是常见的盆栽观赏植物。一品红适于盆花、切花美化环境，供室内观赏，当为首选。特别是临冬季节，正值百花凋谢之时，一品红却以独特娇艳的色彩装饰，把周围环境装点得热闹非凡。如布置在公共场所，可使场馆生辉，增加喜庆气氛，极受人们喜爱。近年来一品红已成为新兴的大宗年花品种，在国内广为栽培。

 任务4　三角花栽培管理

三角花（*Bougainvillea spectabilis*）

别名：叶子花、三角梅、九重葛、室中花、贺春红、毛宝巾、勒杜鹃。

科属：紫茉莉科，三角花属。

三角花（图10-4）是原产南美的一种藤本花卉，属紫茉莉科，它的花生于枝条顶端，小花三朵生在包叶内，叶呈三角形，故名三角梅。因为它生长快，花繁叶茂，种植技术简单，病虫害很少，深受人们喜爱。

图10-4 三角花

10.4.1 形态特征

三角花攀援灌木，茎粗壮，长数米，茎弯曲并生绒毛，株高1~2m，老枝褐色，小枝青绿，长有针状枝。单叶，互生，卵形或卵圆形，全缘，长5~10cm，宽3~6cm，先端渐尖，基部楔形，下面无毛或微生柔毛；叶柄长约1cm。花生于新梢顶端，常3朵簇生于3枚较大的苞片内，苞片椭圆形，苞片则有单瓣、重瓣之分，形态似叶，为主要观赏部位，故名叶子花、三角花，有红、淡紫、橙黄等色。花梗与苞片的中脉合生；苞片3枚，叶状，暗红色或紫色，椭圆形，长3~5cm，宽2~4cm，全缘，纸质；花冠管状，淡绿色，先端5齿裂。枝具刺、拱形下垂。花被管密生柔毛，雄蕊5~10枚，子房1室，果五棱形，常被宿存的苞片包围，很少结果，花期为6~12月。

10.4.2 类型及品种

白苞重瓣（Albe- plena）：苞片白色，重瓣。

皱叶深红（BarbarKarst）：苞片红色。

金黄加州（CaliforniaGold）：苞片淡黄色。

樱桃红（CherryBlossom）：苞片玫瑰红，重瓣，具白至淡绿色花心。

红宝石（CrimsonJewel）：矮生，多花，苞片深红色。

红湖（CrimsonLake）：苞片深红色。

牙买加白（JamaicaWhite）：苞片白色，具淡绿色脉纹。

紫皇后（LavenderQueen）：苞片大，淡紫色。

马尼拉（ManilaMagicPink）：苞片粉红，重瓣。

鸳鸯三角花（MaryPalmer）：苞片红、白色跳枝。

米尔弗洛里斯（Milflores）：苞片洋红色，重瓣。

巴特小姐（Mrs. Butt）：苞片深红色。

橙王（OrangeKing）：苞片橙色。

罗茜（Rosea）：苞片玫瑰红色。

塔希提（TahitianMaid）：苞片粉红色，重瓣。

同属观赏种有光叶三角花（B. glabra），苞片呈三角状。其栽培品种有白苞光叶三角花（ElizabethDoxey）、橙黄光叶三角花（Laterialalam）、橙红光叶三角花（Salmonea），还有叶淡灰绿色、具米白色宽斑的光叶斑叶三角花（Variegata）。

10.4.3　生态习性

三角花性喜温暖湿润气候，不耐寒，喜充足光照，如光线不足或过于阴蔽，新枝生长细弱，叶片暗淡。三角花在充足阳光下可开花不断，花色鲜艳。土壤以肥沃、疏松和排水良好的沙质壤土最为适宜。耐干旱、忌积水，萌芽力强，耐修剪。生长适温为 15 ~ 30℃，5 ~ 9月为 19 ~ 24℃，9 月至翌年 5 月为 13 ~ 16℃。夏季耐 35℃高温，生长不受影响。冬季温度不低于7℃，开花需15℃以上。3℃以下叶片易遭冻害。对水分的需要量较大，特别盛夏季节，水分供应不足，易产生落叶现象，直接影响植株正常生长或延迟开花。夏季和花期浇水应及时，花后浇水可适当减少。如土壤过湿，会引起根部腐烂。

10.4.4　栽培管理

1. 繁殖技术

（1）扦插繁殖　扦插时间，一年四季都可扦插，但以春夏秋三季为主，冬季扦插要在温棚进行。一般在 3 ~ 4 月份扦插，成活率不高，只有70%左右。夏秋扦插，在 5 ~ 6 月份正是三角花生长旺盛季节，选择当年生半木质化枝条进行嫩枝扦插，其成活率在90%以上。用 0.1% 多菌灵对基质进行消毒处理，堆积，用薄膜覆盖 7 ~ 10d 备用。插床宽 1 ~ 1.2m，床高 15 ~ 20cm 为宜。插穗要选择节间短而又粗壮的一年生枝条，将其剪成 8 ~ 10cm 长的一段。将插穗的叶片只留下 2 ~ 3 片，扦插前，用生根素进行处理，促使扦插条早生根，多生根。扦插深度以 3 ~ 4cm 或插穗的 1/3 ~ 3/5 为宜，搭起拱棚，随后盖好薄膜进行密封，最后盖上遮阳网。

插后温度保持 25 ~ 28℃，只要插条叶片不萎蔫，就说明湿度正常，不要浇水过多，造成插床湿度过大，否则容易烂根。放在荫凉通风处养护，待长叶后可进行适度根外喷肥，待根系长到2cm时进行盆栽。加强管理，当年可开花。

（2）嫁接繁殖　砧木的选择培育。一般都可以作为砧木（本砧），但以选择大红单瓣、紫花两个品种作为砧木为宜。南方地区三角梅周年生长，花期较长，选择在 5 ~ 6 月和 8 ~ 9月的晴朗天气进行嫁接，成活率较高，苗木长势较好。采用劈接法。嫁接后的植株应置于半阴蔽的场所进行养护，可采用遮阳度为 90% 的遮阳网进行遮盖。

（3）压条繁殖　在 6 ~ 7 月进行，主要用于扦插生根困难品种，一般采用高空压条法。在离顶端 15 ~ 20cm 处，进行环状剥皮，宽 1.5cm，包上腐叶土并用塑料薄膜包扎，约两个月可愈合生根，于秋季盆栽。

也可以采用组培繁殖。

2. 栽培管理技术

（1）合理施肥　三角花适宜在肥沃、疏松、排水良好的沙质土中生长，在粘重、碱性、低湿易涝的土壤中不仅生长不良，且易烂根枯死。培养土应选腐殖土 4 份、园土 2 份、腐熟厩肥 1 份、锯木屑 1 份、河沙 2 份进行配制，上盆时还需掺入腐熟饼肥 30g 作基肥。春季换盆时，施足基肥。出室后追施速效氮肥。生长旺盛期，每隔 7d 施腐熟饼肥水，加速花芽分化。叶腋出现花蕾时，可多施肥、施大肥，以磷钾肥为主。夏季盛花期，每 3～5d 施一次磷肥水，每 7d 喷 0.3% 磷酸二氢钾。8～10 月更要大肥大水，以肥代水，用磷肥水或饼肥水浇施。

（2）科学管水　浇水、控水、重浇水三点结合。初夏生长季节，每天浇一次水，保证枝叶生长。6～7 月，根据不同品种适当控水 3～4 次，当枝梢和叶片稍萎蔫时，每天叶片喷水 1～2 次，待 2～3d 后浇透水。新梢出现花蕾时，每天早晚各浇一次重水，并向叶面喷水 1～2 次。10 月后视土壤的干湿程度适当浇水。冬季入室后，保持不干不浇，浇则浇透。盆栽老株在翻盆修根时，不要马上浇水，可在 2d 后浇一次透水。以后适度保湿，待新芽茎基本长出后，逐渐改为正常浇水。

（3）充足光照　盆栽三角花，在光、温、水、肥满足条件下，一年四季都可开花。每天日照 10～12h，光照强、通风条件好，花期可达到 180～200d。紫色三角花可开到春节，清明出室后，劳动节又可鲜花怒放。株形可修剪成各种形状，如"花篮、孔雀"等。

（4）科学修剪　三角花性强健，萌芽力强，特耐修剪。经常修枝整形，能使其枝多花繁。栽培过程中要经常摘心，以形成丛生而低矮的株形。也可设支架，使其攀援而上。盆栽以灌木形为主，栽培中可用摘心或花后短剪以保持灌木形态。三角花生长期新枝生长很快，易造成树形不美、枝条繁乱，应及时清理整形，及时短截或疏剪过密的内膛枝、枯枝、老枝、病枝，促生更多的茁壮新枝条，以保证枝繁花茂。开花期落花、落叶较多，要及时清理，保持植株整洁美观。大约 5 年左右可以重剪更新一次。

10.4.5　园林应用

三角花品种多达百余种，植株适应性广，生命力强，能够花叶俱赏，而且开花多，花期长，花色丰富，是很好的盆栽花卉，也可应用于风景园林栽作花篱、门廊、盆景等。

南方暖地常用作棚架、篱垣等绿化材料及作盆栽观赏，可以采用花架，供门或高墙覆盖，形成立体花卉；老株还可用来制作树桩盆景，生命力较强，可扦插繁殖，又可人工嫁接，"天工不如人工巧"，如经过人工将多个品种嫁接为一体，可形成五彩缤纷的一树多花现象，极富观赏性。三角花适宜种植在公园、花圃、棚架等的门前两面，或种植在围墙、水滨、花坛、假山等的周边，作防护性围篱，成为华南的一大景观。

北方地区则作为温室花卉盆栽培养，主要用于冬季观花的茎干奇形怪状、千姿百态，或左右旋转，反复弯曲，或自己缠绕，打结成环；枝蔓较长，具有锐刺，柔韧性强，可塑性好，萌发力强，极耐修剪，盘卷或修剪成各种图案或育成主干直立的灌木状，作盆花栽培。常将其编织后用于花架、花柱、绿廊、拱门和墙面的装饰，或修剪成各种形状供观赏。

实训 26　盆花的整形与管理

1. 任务实施的目的
使学生熟悉花卉开花习性，掌握盆花整形与管理技术方法。
2. 材料用具
花枝剪、剪枝剪、刀片、细绳、米尺、扫帚、塑料袋、花卉材料。

3. 任务实施的步骤

选定木本花为材料，由教师指导学生分组进行整形修剪。

1）根据花卉开花习性研究制订整形与管理方案。

2）具体操作：先修剪枯枝、残花、残叶，再修剪徒长枝、过弱枝、砧木萌蘖。

3）根据株形培养计划，剪去多余枝叶，根据花期及花枝数，确定摘心、抹芽、摘蕾数量。

4. 分析与讨论

1）各小组内同学之间互考问盆花整形与管理的内容，如何根据栽培目的及不同植物类型创造和维护良好株形。

2）盆花整形与管理的目的是什么？

3）分析讨论扶桑、倒挂金钟及杜鹃、山茶修剪时间。

5. 任务实施的作业

1）互评各小组所制订花整形管理方案的可行性，分析讨论存在的问题。

2）在方案实施过程中，依据栽培目的和植物不同，能够创造和维持良好的株形，提高观赏价值。

6. 任务实施的评价

盆花整形与管理技能训练评价见表 10-1。

表 10-1 盆花整形与管理技能训练评价表

学生姓名					
测评日期		测评地点			
测评内容	盆花整形与管理				
	内　　容	分值/分	自　评	互　评	师　评
考评标准	能制订杜鹃花的整形管理方案	30			
	能说几种不同开花习性花卉进行整形修剪的时间	20			
	能说出花卉整形技艺方法	20			
	能正确实施花卉整形管理方案	30			
合　　计		100			
最终得分（自评30% + 互评30% + 师评40%）					

说明：测评满分为100分，60~74分为及格，75~84分为良好，85分以上为优秀。60分以下的学生，需重新进行知识学习、任务训练，直到任务完成达到合格为止

习题

1. 填空题

1）木本花卉按形态分为＿＿＿、＿＿＿、＿＿＿。白玉兰属＿＿＿，牡丹属＿＿＿，三角花属＿＿＿。

2）花卉花芽分化的类型有_____、_____、_____、_____、_____等五种类型，月季是_____型，牡丹是_____型。

3）一品红是_____花卉，每日光照时数在12h以内才能花芽分化开花。光照时数过长，花卉_____。

4）八仙花为_____观花花卉，其习性_____，_____，_____。

5）牡丹一般采用_____法繁殖，繁殖季节在_____。

6）一品红为观_____年宵花卉，生长适温为_____。

2. 简答题

1）举出10种常用盆栽观花花卉，说明它们的生态习性和生产管理要点。

2）简述杜鹃的花期调控及整形修剪技术要点。

3）简述盆栽山茶茶养护管理要点。

4）如何进行一品红矮化整形？

5）一品红的花期调控措施有哪些？

6）如何科学进行三角花修枝整形，能使其枝多花繁？

7）盆栽三角花的催花技术有哪些？

知识拓展

其他盆栽木本花卉

1. 梅（*Prunus mume*）

别名：春梅、干枝梅。

科属：蔷薇科，李属。

（1）形态特征　梅花（图10-5）为落叶乔木。树冠开展，多分枝。树干褐紫色或淡灰色，多纵驳纹。小枝细长，枝端尖，绿色，无毛。单叶互生，有叶柄，叶基有腺体；叶柄长约1cm，近顶端有2腺体；具托叶，常早落。叶片卵形至长圆形，边缘有细锯齿，先端渐尖或尾尖，基部阔楔形，幼时或在沿叶脉处有短柔毛，边缘具细锐锯状齿，沿脉背呈褐黄色。花单生或2朵簇生，白色或粉红色，芳香，通常先叶开放，有短梗，苞片鳞片状，萼筒钟状；裂片5枚，基部与花托合生，花瓣单瓣或重瓣，通常5枚，阔倒卵形，雄蕊多数，生于花托边缘，雌雄1枚。核果球形，绿色，熟时黄色，核硬，有槽纹。花期为1～2月，果期为5月。

图10-5　梅花

（2）生态习性　梅花原产于中国，后来引种到韩国与日本，树高可达5～6m。梅花对土壤要求不严格，土质以疏松肥沃、排水良好为佳。幼苗可用园土或腐叶土培植。梅花对水分敏感，虽喜湿润但怕涝。盆土长期过湿会导致落叶黄叶。梅花不喜大肥，在生长期只需施少量稀薄肥水。梅花可耐 –15℃的温度。

（3）繁殖与栽培　芽接，常用的繁殖方法，多于 7~8 月进行，采用"T"字形芽接法。选健壮枝条中上部饱满的嫩芽作接穗，在腋芽的上方约 0.5cm 处横切一刀，深达木质部，从腋芽左右各 0.5cm 处竖斜切一刀，使接芽成上宽下窄的盾形，削面要平滑，去掉里面的木质部。剪去叶片反留叶柄。在砧木苗基部距地面 5~6cm 处选一光滑的皮面，切成一个"T"字形切口，长短大小与接穗相仿。随即把芽片插入接口，使切口密结，最后用塑料条绑扎固定，将叶柄及芽露在外面。嫁接后如干旱要适当浇水，多雨季节要开沟排水，多风天气要防止接芽枯萎或接枝处因刮风而断裂，并要随时剪除砧木上萌生的蘖芽及剪砧。

扦插繁殖成活率很低，若要得到较高的成活率，必须选用容易生根的品种。插条选择幼龄母树当年生健壮枝条，长 10~15cm，于早春花后或秋季落叶后进行扦插。基质选用沙壤土。扦插深度以插条的 1/3~1/2 为度，株行距 10cm×20cm。插后先浇一次透水，以后浇水不必过多，床土过湿易招致插条腐烂，适当喷雾增湿有利插条生根成活。春插者越夏期间须搭阴棚，一般成活率为 30%~80%，宫粉、绿萼、骨里红等易生根品种常用扦插繁殖。

压条繁殖，繁殖量不大时可使用压条法。早春 2~3 月选生长茁壮的 1~3 年生长枝，在母树旁挖一条沟，在枝条弯曲处下方将枝条刻伤或环剥（宽 0.5~1cm，深达木质部），压入沟中，然后覆土，待生根后逐渐剪离母树。

栽培管理技术。上盆，选择腐殖土 3 份、园土 3 份、河沙 2 份、腐熟的厩肥 2 份均匀混合后的培养土作盆土。栽后浇一次透水。放遮阴处养护，待恢复生长后移至阳光下正常管理。

光温管理。喜温暖和充足的光照。除杏梅系品种能耐 –25℃低温外，一般耐 –10℃低温。耐高温，在 40℃条件下也能生长。在年平均气温 16~23℃地区生长发育最好。对温度非常敏感，在早春平均气温达 –5~7℃时开花，若遇低温，开花期延后，若开花时遇低温，则花期可延长。生长期应放在阳光充足、通风良好的地方，若处在遮阴环境，光照不足，则生长瘦弱，开花稀少。冬季不要入室过早，以 11 月下旬入室为宜，使花芽分化充分经过春化阶段。冬季应放在室内向阳处，温度保持 5℃左右。

水肥管理。生长期应注意浇水，经常保持盆土湿润状态，既不能积水，也不能过干，浇水掌握见干见湿的原则。一般天阴、温度低时少浇水，否则多浇水。夏季每天可浇两次，春、秋季每天浇一次，冬季则干透浇透。栽植前施好基肥，同时掺入少量磷酸二氢钾，花前再施一次磷酸二氢钾，花后施一次腐熟的饼肥，补充营养。6 月还可施一次复合肥，以促进花芽分化。秋季落叶后，施一次有机肥，如腐熟的粪肥等。

整形修剪。盆栽梅花上盆后要进行重剪，为制作盆景打基础。通常以梅桩作景，嫁接各种姿态的梅花。保持一定的温度，春节可见梅花盛开。若想劳动节开花，则需保持温度 0~5℃并湿润的环境，4 月上旬移出室外，置于阳光充足、通风良好的地方养护，即可劳动节前后见花。

花期控制。盆栽梅花一般为家庭观赏。冬季落叶后置于室内，温度保持在 0~5℃，元旦后逐渐加温至 5~10℃，并要充分接受光照，经常向枝条喷水，水温应与室温接近。

（4）园林应用　在园林、绿地、庭园、风景区，可孤植、丛植、群植等；也可在屋前、坡上、石际、路边自然配植。若用常绿乔木或深色建筑作背景，更可衬托出梅花玉洁冰清之美。如松、竹、梅相搭配，苍松是背景，修竹是客景，梅花是主景。古代强调"梅花绕屋"、"登楼观梅"等，均是为了获取最佳的观赏效果。另外，梅花可布置成梅岭、梅峰、梅园、梅溪、梅径、梅坞等。

2. 牡丹（*Paeonia suffruticosa*）

别名：鹿韭、白茸、木芍药、百雨金、洛阳花、富贵花。

科属：芍药科，芍药属。

（1）形态特征　牡丹（图10-6）为多年生落叶小灌木，生长缓慢，株形小，株高多在0.5~2.0m之间；根肉质，粗而长，中心木质化；根皮和根肉的色泽因品种而异；枝干直立而脆，圆形，为从根茎处丛生数枝而成灌木状，当年生枝光滑、草木，黄褐色，常开裂而剥落；叶互生，叶片通常为二回三出复叶，枝上部常为单叶，小叶片有披针、卵圆、椭圆等形状，顶生小叶常为2~3裂，叶上面深绿色或黄绿色，下为灰绿色，光滑或有毛；总叶柄长8~20cm，表面有凹槽；花单生于当年枝顶，两性，花大色艳，形美多姿；花的颜色有白、黄、粉、红、紫红、紫、墨紫（黑）、雪青（粉蓝）、绿、复色十大色；正常花的雄蕊多数，结籽力强，种籽成熟度也高，雌蕊瓣化严重的花，结籽少而不实或不结籽，完全花雄蕊离生，心皮一般5枚，少有8枚，各有瓶状子房一室，边缘胎座，多数胚珠，骨果五角，每一果角结籽7~13粒，种籽类圆形，成熟时为共黄色，老时变成黑褐色，千粒重约400g。

图10-6　牡丹

（2）生态习性　牡丹原产于中国，为落叶亚灌木。喜凉恶热，宜燥惧湿，可耐-30℃的低温，在年平均相对湿度45%左右的地区可正常生长。喜阴，要求疏松、肥沃、排水良好的中性土壤或沙土壤，忌粘重土壤或低温处栽植。牡丹是深根性肉质根，怕长期积水，平时浇水不宜多，要适当偏干。适温16~20℃，低于16℃不开花。夏季高温时，植物呈半休眠状态。花期为4~5月。

（3）繁殖与栽培　分株繁殖，秋季选4~5年生的植株，挖出去土，晾1~2d，顺根系缝隙处分开，据株丛大小可分成数株另栽，并剪去老根、死根和病根。分株早些可多生新根，分株太晚，新根长不出来易造成冬季死亡。

嫁接繁殖，生产中多采用根接法，选择2~3年生芍药根作砧木，在立秋前后先把芍药根挖掘出来，阴干2~3d，稍微变软后取下带有须根的一段剪成长10~15cm，随即采生长充实、表皮光滑而又节间短的当年生牡丹枝条作接穗，剪成长6~10cm一段，每段接穗上要有1~2个充实饱满的侧芽，并带有顶芽。用劈接法或切接法嫁接在芍药的根段上，接后用胶泥将接口包住即可。接好后立即栽植在苗床上，栽时将接口栽入土内6~10cm，然后再轻轻培土，使之呈屋脊状。培土要高于接穗顶端10cm以上，以便防寒越冬。寒冷地方要进行盖草防寒，来年春暖后除去覆盖物和培土，露出接穗让其萌芽生长。

栽植于选择向阳、不积水之地，最好是朝阳斜坡，土质肥沃、排水好的沙质壤土。栽植前深翻土地，栽植坑要适当大，牡丹根部放入其穴内要垂直舒展，不能拳根。栽植不可过深，以刚刚埋住根为好。一般盆栽较少。

光照与温度。充足的阳光对其生长较为有利，但不耐夏季烈日暴晒，温度在25℃以上则会使植株呈休眠状态。开花适温为17~20℃，花前必须经过1~10℃的低温处理2~3个月。最低能耐-30℃的低温，但北方寒冷地带冬季需采取适当的防寒措施，以免受到冻害。南方的高温高湿天气对牡丹生长极为不利，因此，南方栽培牡丹需给其特定的环境条件才可观赏到奇美的牡丹花。

浇水与施肥。栽植前浇两次透水。入冬前灌一次水，保证其安全越冬。开春后视土壤干湿情况给水，但不要浇水过大。全年一般施3次肥，第1次为花前肥，施速效肥，促其花开大开好。第2次为花后肥，追施一次有机液肥。第3次是秋冬肥，以基肥为主，促翌年春季生长。另外，要注意中耕除草，无杂草可浅耕松土。

整形修剪。花谢后及时摘花、剪枝，根据树形自然长势结合自己希望的树形下剪，同时在修剪口涂抹愈伤防腐膜保护伤口，防治病菌侵入感染。若想植株低矮、花丛密集，则短截重些，以抑制枝条扩展和根蘖发生，一般每株保留5~6个分枝为宜。

花期控制。盆栽牡丹冬季催花处理春节开花，方法是春节前60d选健壮鳞芽饱满的牡丹品种（如赵粉、洛阳红、盛丹炉、葛金紫、珠砂垒、大子胡红、墨魁、乌龙捧盛等）带土起出，尽量少伤根、在阴凉处晾2~3d后上盆，并进行整形修剪，每株留10个顶芽饱满的枝条，留顶芽，其余芽抹掉。上盆时，盆大小应与植株相配，达到满意株形。浇透水后，正常管理。春节前50~60d将其移入10℃左右温室内每天喷2~3次水，盆土保持湿润。当鳞芽膨大后，逐渐加温至25~30℃，夜温不低于15℃，如此春节可见花。

（4）园林应用 牡丹雍容华贵，国色天香，花大色艳，有"花中之王"的美称，称为"富贵花"，象征着繁荣昌盛。牡丹可在公园和风景区建立专类园；在古典园林和居民院落中筑花台养植；在园林绿地中自然式孤植、丛植或片植。也可做盆花室内观赏或切花之用。

3. 扶桑（*Hibiscus rosa-sinensis*）

别名：佛槿、朱槿、佛桑、大红花、赤槿、日及、花上花。

科属：锦葵科，木槿属。

（1）形态特征 扶桑（图10-7）为常绿灌木，多分枝，通常为鲜红色，一般盆栽高约1m。单叶互生，叶片宽卵形，3出脉，叶面深绿色具光泽，先端突尖或渐尖，叶缘有粗锯齿或缺刻，基部近全缘，背脉有少许疏毛，形似桑叶。花大，有下垂或直上之柄，单生于上部叶腋间，花瓣5或更多，离生呈漏斗形，有单瓣、重瓣之分；单瓣者漏斗形，

图10-7 扶桑

重瓣者非漏斗形，呈红、黄、粉、白等色，花期全年，夏秋最盛。蒴果。

（2）生态习性　扶桑原产于我国南部。喜阳光充足、温暖湿润及通风的环境，不耐寒霜，不耐阴，宜在阳光充足、通风的场所生长，对土壤要求不严，但在肥沃、疏松的微酸性土壤中生长最好，冬季温度不低于5℃。

（3）繁殖与栽培　扦插繁殖，一年四季均可进行，以5～6月最佳，冬季只能在温室中进行。剪取粗壮的二年生枝或一年生半木质化的粗壮枝条作插穗，一年生半木质化的最好，截成10～12cm，去掉下部叶片，只保留顶部1～2片叶，切口要平，插入粗沙为基质的插床土，每天喷水，保持较高的空气湿度。置于阴处，覆以塑料薄膜，经常喷水保温，保持空气湿度80%以上，室温18～25℃，20d左右即可生根。带有顶芽的插穗生根更快。生长45d后，即可上盆。

扦插苗成活后新梢长约10cm时就可上盆，扶桑较耐肥，生长期每月施肥一次，花期增施2～3次磷、钾肥。生长期给予充足的光照，生长适温20～28℃，每隔15d追肥一次。扶桑萌芽力较强，生长期必须经常适时摘心，短截整形，以保证株形饱满，并增加开花量，苗高15cm时，开始摘心1～2次，促发新梢，增多着花部位。夏季避免烈日直射，中午前后应遮阴，炎热天气向叶面洒水。开花以后对植株重剪，诱发新梢。北方霜降前后应移入室内，维持室温12～15℃，过低叶片易脱落，温度过高，易使枝条徒长或者冬季继续开花不断而影响明年开花。冬季可减少浇水量，越冬温度8℃以上。每年春季需换盆，并进行修剪整形。

（4）园林应用　扶桑叶如桑叶，花大色艳，是美丽的盆栽花卉。华南地区可植于露地花坛、树坛或作花篱，美化环境。

4. 倒挂金钟（*Fuchsia hybrida* Voss）

别名：吊钟海棠、吊钟花、灯笼海棠。

科属：柳叶菜科，倒挂金钟属。

（1）形态特征　倒挂金钟（图10-8）为半灌木或小灌木，株高30～150cm，茎近光滑，枝细长稍下垂，常带粉红或紫红色，老枝木质化明显。叶对生或三叶轮生，卵形至卵状披针形，边缘具疏齿，花单生于枝上部叶腋，具长梗而下垂。萼筒长圆形，萼片4裂，翻卷。花瓣4枚，自萼筒伸出，常抱合状或略开展，也有半重瓣。萼筒状，特别发达，4裂，质厚；雄蕊8枚，伸出瓣之外，花瓣有红、白、紫色等，花萼也有红、白之分。花期为4～7月。

图10-8　倒挂金钟

（2）生态习性　倒挂金钟喜凉爽湿润环境，怕高温和强光，以肥沃、疏松的微酸性壤为宜，冬季要求温暖湿润、阳光充足、空气流通；夏季要求高燥、凉爽及半阴条件。忌酷暑闷热及雨淋日晒。生长适温15～25℃。冬季温度不低于5℃。夏季温度达30℃时生长极为缓慢，35℃时大批枯萎死亡。宜富含腐殖质、排水良好的肥沃沙壤土。

（3）繁殖与栽培　扦插繁殖，除夏季外，全年均可进行。4～5月或9～10月扦插发根最快，扦插用枝梢顶端或中下部均可，剪截成8～10cm，插入盛有沙土的盆内，放置日阴处，盖上玻璃，经10余天即生根，再培育7d，即可换盆分栽。

盆栽土壤应疏松、肥沃和排水良好，积水易发生烂根死亡，注意肥水管理，倒挂金钟枝条细弱下垂，需摘心整形，促使分枝，花期少搬动，防止落蕾落花。开花后修剪仅留茎部15~20cm，控制浇水，放凉爽处过夏，待天气转凉再勤施肥水，促使生长。冬季入温室，盆土宜用黏土4份，腐叶土4份，河沙2份拌和。每年春季进行一次换盆，生长旺盛时，每10~15d应施用油饼水液肥一次。

(4) 园林应用　倒挂金钟为多年生灌木，开花时，垂花朵朵，婀娜多姿，如悬挂的彩色灯笼。盆栽适应客厅，花架，在暖地和夏季凉爽地区也常用作花坛材料。

5. 米兰 (*Aglaia odorata*)

别名：珠兰、米仔兰、树兰、鱼仔兰。

科属：楝科，米仔兰属。

(1) 形态特征　米兰 (图10-9) 为常绿灌木或小乔木。多分枝，幼枝顶部具星状锈色鳞片，后脱落。奇数羽状复叶，互生，叶轴有窄翅，小叶3~5枚，有光泽，对生，倒卵形至长椭圆形，先端钝，基部楔形，两面无毛，全缘，叶脉明显。圆锥花序腋生。花黄色，极香。花萼5裂，裂片圆形。花冠5瓣，长圆形或近圆形，比萼长。雄蕊花丝结合成筒，比花瓣短。雌蕊子房卵形，密生黄色粗毛。浆果，卵形或球形，有星状鳞片。种子具肉质假种皮。花期为7~8月，或四季开花。

图10-9　米兰

(2) 生态习性　米兰性喜温暖湿润和阳光充足环境，好肥，不耐寒，稍耐阴，喜酸性土。生长适温为20~25℃，冬季温度不低于10℃。在通常情况下，阳光充足，温度较高（约30℃左右），开出来的花就有浓香。生长期间浇水要适量。若浇水过多，易导致烂根，叶片黄枯脱落；开花期浇水太多，易引起落花落蕾；浇水过少，又会造成叶子边缘干枯、枯蕾。因此，夏季气温高时，除每天浇灌1~2次水外，还要经常用清水喷洗枝叶并向放置地面洒水，提高空气湿度。由于米兰一年内开花次数较多，所以每开过一次花之后，都应及时追肥2~3次充分腐熟的稀薄液肥，这样才能开花不绝，香气浓郁。生长旺盛期，每周喷施一次0.2%硫酸亚铁液，则叶绿花繁。

(3) 繁殖与栽培　扦插繁殖，老枝扦播于4~5月间进行，嫩枝扦插于6~8月进行。

高空压条法，每年春季或秋季从前一年生枝条中选健壮木质化硬枝，在离分枝点6~8cm的部位进行环剥皮，环宽约2~5cm，深度以见木质部为准，涂上生根粉，用青苔或山泥覆盖数层，再用塑料薄膜上下扎紧，浇透水。也可以用割伤法，在刀口处夹小石子或小树枝，涂上维生素B_{12}，待略干后用山泥或苔藓包好。干燥时应经常浇水，约经4个月即可从母枝切取盆栽。

米兰喜酸性，常用泥炭7份、河沙3份，每盆拌入1%硫酸亚铁和0.8%硫黄，生育期每隔3~5d浇稀磷肥水。盆栽米兰每1~2年需翻盆一次，新上盆的花苗不必施肥，生长旺盛的盆株可每月施饼肥水3~4次。

米兰极喜阳光，室内若没有强光，入室后 3d 叶子就会变黄脱落。谚语说"米兰越晒花越香"。夏季需防烈日暴晒。盆栽米兰秋季于霜前入温室养护越冬，温室保持 12~15℃，低于 5℃易受冻害，注意通风，停止施肥，节制浇水，至翌年春季气温稳定在 12℃以上出室。要经常保持盆土湿润，但过湿易烂根。夏季可经常向叶面喷水或向空间喷雾增加空气湿度。为促使盆栽植株生长得更丰满，可对中央部位枝条进行修剪摘心，促进侧枝的萌芽、新梢开花。

（4）园林应用 米兰在华南地区多行露地栽培。树态优美，叶形秀丽，四季常青，花香馥郁，是优良的观赏树种。在华中一带则多行盆栽观赏。因能耐阴，家庭培养颇为适宜。

6. 栀子（*Gardenia jasminoides* Ellis）

别名：黄栀子、白蟾花、山栀子、木舟、玉荷花。

科属：茜草科，栀子属。

（1）形态特征 栀子（图 10-10）为常绿灌木，高达 2m。叶对生或 3 叶轮生，叶片革质，长椭圆形或倒卵状披针形，长 5~14cm，宽 2~7cm，全缘；托叶 2 片，通常连合成筒状包围小枝。花单生于枝端或叶腋，白色，芳香；花萼绿色，圆筒状；花冠高脚碟状，裂片 5 或较多；子房下位。花期为 5~7 月，果期为 8~11 月。

（2）生态习性 栀子性喜温暖湿润，好阳光但又不能经受强烈阳光照射，适宜生长在疏松、肥沃、排水良好、轻粘性酸性土壤中，是典型的酸性花卉。不耐寒，在东北、华北、西北地区只能作温室盆栽花卉。对二氧化硫抗性强。

图 10-10 栀子

（3）繁殖与栽培 扦插繁殖。北方 10~11 月在温室，南方 4 月至立秋随时可扦插，但以夏秋之间成活率最高。插穗选用生长健康的二年生枝条，长度 10~12cm，剪去下部叶片，先在维生素 B_{12} 针剂中蘸一下，然后插于沙中，在 80% 相对湿度条件下，温度 20~24℃条件下约 15d 左右可生根。待生根小苗开始生长时移栽或单株上盆，二年后可开花。

压条繁殖。4 月份从三年生母株上选取健壮枝条，长 25~30cm 进行压条，如有三叉枝，则可在叉口处，一次可得三苗。一般经 20~30d 即可生根，在 6 月可与母株分离，至次春可分栽或单株上盆。

播种繁殖。多在春季进行，种子发芽缓慢，播后约 1 年左右发芽，3~4 年后开花，北方盆栽不易收到种子。

移植苗木或盆栽，以春季为好，需带土球。生长期保持土壤湿润，花期和盛夏要多浇水。每月施肥一次，开花前增施磷钾肥一次。翌年早春修剪整形，并及时剪去枯枝和徒长枝。

（4）园林应用 栀子花叶色四季常绿，花芳香素雅，绿叶白花，格外清丽可爱，又有一定的耐阴和抗毒气能力，是良好的绿化、美化、香化环境的材料。可成片丛植或配植于林缘、庭院、路旁等，也可作为花篱栽培或应用于阳台绿化，或作盆花、盆景和切花装饰室内外环境。适用于阶前、池畔和路旁配置，花还可做插花和佩带装饰，是良好的绿化、美化、香化环境的材料。

7. 佛手 (*Citrus medica* var. sarcodactylis)

别名：九爪木、五指橘、佛手柑、香橼、雪梨。

科属：芸香科，柑属。

(1) 形态特征　佛手（图 10-11）为常绿小乔木或灌木。老枝灰绿色，茎叶基有长约 6cm 的硬锐刺，新枝三棱形，略带紫红色，有短而硬的刺。单叶互生，长椭圆形，叶片革质，有透明油点，长 5~16cm，宽 2.5~7cm，先端钝，有时微凹，基部近圆形或楔形，边缘有浅波状钝锯齿；叶柄短，长 3~6mm，无翼叶，无关节；花单生，簇生或为总状花序；花萼杯状，5 浅裂，裂片三角形；花瓣 5 枚，内面白色，外面紫色；雄蕊多数；子房椭圆形，上部窄尖。柑果卵形或长圆形，先端分裂如拳状，或张开似指尖，表面橙黄色，粗糙，果肉淡黄色。种子数颗，卵形，先端尖，有时不完全发育。花期为 4~5 月，果熟期为 10~12 月。

图 10-11　佛手

(2) 生态习性　佛手为热带、亚热带植物，喜温暖湿润、阳光充足，不耐严寒、怕冰霜及干旱，耐阴，耐瘠，耐涝。最适生长温度 22~24℃，越冬温度 5℃ 以上，年降水量以 1000~1200mm 最适宜，年日照时数 1200~1800h 为宜。适合在土层深厚、疏松肥沃、富含腐殖质、排水良好的酸性壤土、沙壤土或粘壤土中生长。

(3) 繁殖与栽培　扦插繁殖，3~9 月均可，在雨季初的夏至以后为宜，选去年或当年生长青绿健壮的枝梢（忌用当年徒长枝），剪下，除去叶刺，截成 12~15cm 长一段，具 3~5 个芽，下端用锋利小刀削成 45° 的斜面，苗床选沙质壤土，深耕细耙，株行距 12~15cm，斜插入土约 2/3，压实，淋水，以后保持沙土湿润，但又不能有积水，约 20d 生根，及时锄草，夏季过热则需遮阴，并施用 10 倍稀释人粪尿，冬季防寒。来年雨季可定植。起苗前 1~2d 浇水再起苗，注意勿伤根系，定植株行距 150~200cm。

高枝压条，选 2~3 年生枝条，用刀划破皮层长约 3cm（或环状剥皮宽约 1cm），再用席或布包以润土，捆紧，常浇水保润，约 2 个月后可截断移栽。也可用刀切割，深入枝条的一半，再将枝向上弯，任其纵裂长达 10~15cm，用筒形瓦块，或竹筒（对剖）夹入，捆后再入湿润泥土，待生根后截断移栽。

嫁接，多用扦插香橼作砧木（扦插佛手，结果期约 20 年，而用香橼作砧木的可达 40~

50年，此外野香橼、柠檬等柑桔类均可作砧木），在雨季选基部直径约3cm粗的香橼，切去大部分枝叶；另选去年生而略小于砧木的佛手枝条作接穗，在其下部削去皮层与砧木的削皮部靠接，使两切面密接，用绳捆紧，待愈合后剪去上面的香橼和下面的接穗。

立春后多施花前肥，4月追肥以减少落果，5~6月追肥以促果实壮大，采果后施肥以充实秋梢或恢复伤势。疏枝摘除夏季腋芽（不结果）和疏花疏果（去密去小），并在落果已定的夏至间剪去老枝、前枝及病虫病枝，以减少养分的消耗。采果后进行弯枝，以抑制佛手向上生长和促进秋梢的生长，增加结果枝，并便于剪枝、采果。同时结合中耕除草和防寒工作

（4）园林应用　佛手花朵洁白、香气扑鼻，并且一簇一簇开放，十分惹人喜爱。到了果实成熟期，它的形状犹如伸指形、握拳形、拳指形、手中套手形，状如人手，惟妙惟肖。成熟的金佛手颜色金黄，并能时时溢出芳香。挂果时间长，有3~4个月之久，甚至更长，可供长期观赏。佛手不仅仅可以用来盆栽欣赏，还可以用来切果，装饰在花束当中，别有一番美丽。

项目⑪

仙人掌及多浆植物栽培技术

学习目标

解释多浆植物的概念，以及正确区分不同多浆植物的习性。

识别10种以上常见仙人掌及多浆植物，并能熟练掌握其观赏应用。

熟练进行蟹爪兰、仙人球、芦荟等的繁殖技术和日常养护管理。

初步设计合理的工作步骤，学会制订仙人掌及多浆植物养护管理方案并实施。

工作任务

根据仙人掌及多浆植物的养护任务，对蟹爪兰、仙人球、芦荟等常见仙人掌及多浆植物进行养护管理，包括栽植、水分管理、繁殖及其他管理，并作好养护管理日志。要求要详细计划每个工作过程和步骤，以小组为单位通力合作，制订养护方案，对现有的栽培技术手段要进行合理的优化和改进。在工作过程中，要注意培养团队合作能力和工作任务的信息采集、分析、计划、实施能力。

任务1 仙人掌及多浆植物栽培概述

多浆植物又称为多肉植物、肉质植物，意指具肥厚多汁的肉质茎、叶或根的植物。全世界约有10000余种，分属40多个科。其中属仙人掌科的种类较多，因而栽培上又将其单列为仙人掌类植物，而将其他科的植物称多浆植物。多浆植物多数原产于热带、亚热带干旱地区或森林中；植物的茎、叶具有发达的贮水组织，是呈现肥厚而多浆的变态状植物。多浆植物通常包括仙人掌科以及番杏科、景天科、大戟科、萝摩科、菊科、百合科、凤梨科、龙舌兰科、马齿苋科、葡萄科、鸭跖草科、酢浆草科、牻牛儿苗科、葫芦科等植物。仅仙人掌科植物就有140余属，2000种以上。为了栽培管理及分类上的方便，常将仙人掌科植物另列一类，称为仙人掌类；而将仙人掌科之外的其他科多浆植物（约55科），称为多浆植物。有时两者通称为多浆植物。在园艺上，这一类植物生态特殊，种类繁多，或体态清雅而奇特，或花色艳丽而多姿，颇富趣味性。多浆植物大多耐室内半阴、干燥的环境，是理想的室内盆栽植物。许多国家的植物园和公园常辟专门温室展览。

11.1.1　仙人掌类及多浆植物的类型与特点

1. 类型

（1）按产地分类　仙人掌类原产南、北美洲热带、亚热带大陆及附近一些岛屿，部分生长在森林中。从产地及生态环境上看，可把上述植物分为 3 类：

1）原产热带、亚热带干旱地区或沙漠地带：在土壤及空气极为干燥的条件下，借助于茎叶的贮水能力而生存。像原产智利北部干旱地区的龙爪球（*Copiapoa.*）及原产墨西哥中部沙漠地区的金琥（*Echinocactus grusonii*）等。

2）原产热带、亚热带高山干旱地区：由于这些地区水分不足、日照强烈、大风及低温等环境条件而形成了矮小的多浆植物。这些植物叶片多呈莲座状，或密被蜡质层及绒毛，以减弱高山上的强光及大风危害，减少过分蒸腾。

3）原产热带森林中：这些种类不生长在土壤中，而是附生在树干及阴谷的岩石上。如昙花（*Epiphyllum oxypetalum*）、蟹爪兰（*Zygocoactus truncactus*）及量天尺（*Hylocereus undatus*）等。其习性接近于附生兰类。

（2）按形态分类　多浆植物从形态上看，可分为两类：

1）叶多浆植物：贮水组织主要分布在叶片器官内，因而叶形变异极大。从形态上看，叶片为主体；茎器官处于次要地位，甚至不显著。如石莲花（*Echev-eria glauca*）及雷神（*Ageve potatorum* var. *verscheffeltii*）。

2）茎多浆植物：贮水组织主要在茎器官内，因而从形态上看，茎占主体，呈多种变态，绿色，能代替叶片进行光合作用；叶片退化或仅在茎初生时具叶，以后脱落。如仙人掌（*Opuntia dillenii*）、大犀角（*StapeLia gigantea*）等。

2. 生物学特性

（1）具有鲜明的生长期及休眠期　陆生的大部分仙人掌科植物，原产在南美洲、北美洲热带地区。该地区的气候有明显的雨季（通常 5～9 月）及旱季（10～4 月）之分。长期生长在该地的仙人掌科植物就形成了生长期及休眠期交替的习性。在雨季中吸收大量的水分，并迅速地生长、开花、结果；旱季为休眠期，借助贮藏在体内的水分来维持生命。对于某些多浆植物，也同样如此，如大戟科的松球掌等。

（2）具有非凡的耐旱能力　生理上称为仙人掌科、景天科、番杏科、凤梨科、大戟科的某些植物为景天酸代谢途径植物，即 CAM 植物。由于这些植物长期生长在少水的环境中，从而形成了与一般植物的代谢途径相反的适应性。这些植物在夜间空气的相对湿度较高时，张开气孔，吸收 CO_2，对 CO_2 进行羧化作用，将 CO_2 固定在苹果酸内，并贮藏在液泡中；白天气孔关闭，既可避免水分的过度蒸腾，又可利用前一个晚上所固定的 CO_2 进行光合作用。这种途径是上述 CAM 植物对于旱环境适应的典型生理表现，最早是在景天科植物中发现的，故称为景天酸代谢途径。

生理上的耐旱机能，也必然表现在它们体形的变化和表面结构上。对于各种物体来说，在体积相同的情况下，以球形者面积最小。多浆类植物正是在体态上趋于球形及柱形，以在不影响贮水体积的情况下，最大限度地减少蒸腾的表面积。此外，仙人掌及多浆类植物多具有棱肋，雨季时可以迅速膨大，把水分贮存在体内；干旱时，体内失水后又便于皱缩。

某些种类还有毛刺或白粉，可以减弱阳光的直射；表面角质化或被蜡质层，也可防止过度蒸腾。少数种类具有叶绿素分布在变形叶的内部而不外露的特点，叶片顶部（生长点顶部）具有透光的"窗"（透明体），使阳光能从"窗"射入内部，其他部位有厚厚的表皮保护，避免水分大量蒸腾。

（3）繁殖方式　仙人掌科及多浆类植物大体来说，开花年龄与植株大小存在一定相关性。一般较巨大型的种类，达到开花年龄较长；矮生、小型种类，达到开花年龄也较短。一般种类在播种后 3 ~ 4 年就可开花；有的种类到开花年龄需要 20 ~ 30 年或更长的时间。如北美原产的金琥，一般在播种 30 年后才开花。宝山仙人掌属及初姬仙人掌属等其球径达 2 ~ 2.5cm 时才能开花

在某些栽培条件下，有不少种类不易开花，这与室内阳光不充足有较大关系。

仙人掌及多浆类植物在原产地是借助昆虫、蜂鸟等进行传粉而结实的，其中大部分种类都是自花授粉不结实的。在室内栽培中，应进行人工辅助授粉，才易于获得种子。

3. 观赏特点

仙人掌及多浆类植物，种类繁多，趣味横生，可供观赏的特点很多。

（1）棱形各异，条数不同　这些棱肋均突出于肉质茎的表面，有上下竖向贯通的，也有呈螺旋状排列的，有锐形、钝形、瘤状、螺旋棱、锯齿状等 10 多种形状；条数多少也不同，如昙花属、令箭荷花属只有 2 条棱，量天尺属有 3 条棱，金琥属有 5 ~ 20 条棱。这些棱形状各异，壮观可赏。

（2）刺形多变　仙人掌及多浆类植物，通常在变态茎上着生刺座（刺窝），其刺座的大小及排列方式也依种类不同而有变化。刺座上除着生刺、毛外，有时也着生仔球、茎节或花朵。依刺的形状可区分为刚毛状刺、毛髯状刺、针状刺、钩状刺、栉齿状刺、麻丝状刺、舌状刺、顶冠刺、突锥状刺等。这些刺，刺形多变，刚直有力，也是鉴赏方面之一。如金琥的大针状刺呈放射状，金黄色，7 ~ 9 枚，使球体显得格外壮观。

（3）花的色彩、位置及形态各异　仙人掌及多浆类植物花色艳丽，以白、黄、红等色为多，而且多数花朵不仅有金属光泽，重瓣性也较强，一些种类夜间开花，花白色还有芳香。从花朵着生的位置来看，分侧生花、顶生花、沟生花等。花的形态变化也很丰富，如漏斗状、管状、钟状、双套状花以及辐射状和左右对称状花均有。因此不仅无花时体态诱人，花期更加艳丽。

（4）体态奇特　多数种类都具有特异的变态茎，扁形、圆形、多角形等。此外，像山影拳（*Cereusspp. F. monsl*）的茎生长发育不规则，棱数也不定，棱的发育前后不一，全体呈溶岩堆积姿态，清奇而古雅。又如生石花（*Lithops pseudotruncatella*（Bgr.）N. E. Br）的茎很短，变态叶肉质肥厚，两片对生联结而成为倒圆锥体，外形很似卵石，虽是对旱季的一种"拟态"适应性，却是人们观赏的奇品。仙人掌及多浆类植物在园林中应用也较广泛，由于这类植物种类繁多、趣味性强、具有较高的观赏价值，因此一些国家常以这类植物为主体而辟专类花园，向人们普及科学知识，使人们饱尝沙漠植物景观的乐趣。如南美洲一些国家及墨西哥均有仙人掌专类园；日本位于伊豆山区的"多浆植物国"有各种旱生植物 1000 余种；中国台湾省的农村仙人掌园也拥有 1000 种，其中适于在台湾地区生长的达 400 余种。

（5）露地栽培　不少种类也常作篱垣应用。如霸王鞭（*Enphorbia neriifolia*），高可达 1 ~ 2m，云南傣族人民常将它栽于竹楼前作高篱。原产南非的龙舌兰（*Agave americana*），在中国广东、广西、云南等省（区）生长良好，多种在临公路的田埂上，不仅有防范作用，

还兼有护坡之效。此外，在广东、广西及福建一带的村舍中，也常栽植仙人掌、量天尺等，用于墙垣防范。

园林中常把一些矮小的多浆植物用于地被或花坛中。如垂盆草（*Sedum sarmentosum*）在江浙地区作地被植物，北京地区在小气候条件下也可安全越冬；蝎子草（八宝）（*Seduln spectabile*）作多年生肉质草本栽于小径旁。台湾省一些城市将松叶牡丹（*Portulaca grandiflora*）栽进安全绿岛等，都使园林更加增色。

此外，不少仙人掌及多浆植物都有药用及经济价值，或作为食用果实、制成酒类、饮料等。

11.1.2　仙人掌类及多浆植物的生态习性

1. 光照

原产于沙漠、半沙漠、草原等干热地区的多浆植物，在旺盛生长季节需要阳光适宜，水分充足，气温也高。冬季低温是休眠时期，在干燥与低光照下易安全越冬。幼苗比成年植株需要较低的光照。一些多浆植物，如蟹爪兰、仙人指等，是典型的短日照花卉，必须经过一定的短日照，才能正常开花。附生型仙人掌原产热带雨林，终年均不需强光直射，冬季不休眠，应给予充足的光照。

2. 温度

除少数原产高山的种类外，都需要较高的温度。生长期间，不能低于18℃，最适宜温度为25～35℃。冬季能忍受的最低温度随种类而异，多数在干燥休眠情况下能忍耐6～10℃的低温。原产北美洲高海拔地区的仙人掌，在完全干燥条件下能耐轻微的霜冻。原产亚洲山地的景天科植物，耐冻力较强。仙人掌科的一些属种，如葫芦掌、鹿角柱属、仙人球属、丽花球属、仙人掌属、子孙球属（*Rebutia*）等越冬时在不浇水完全干燥的条件下，较低的温度能促进花芽分化，在次年开花更丰盛；相反，次年则常不开花。

3. 土壤

由沙与石砾组成，有极好的排水、通气性能，氮及有机质含量很低。pH 值为 5.5～6.9 时最适，但不要超过 7.0。某些仙人掌在 pH 值超过 7.2 时，很快失绿或死亡。附生型多浆植物也需要有良好的排水、透气性能，但需含丰富的有机质并常保持湿润才有利于生长。

4. 水分

多浆植物大都具有生长期与休眠期交替的节律。休眠期中需水很少，甚至整个休眠期中可完全不浇水，休眠期中保持土壤干燥能更安全越冬。生长期中足够的水分能保证旺盛生长，若缺水，虽不影响植株生存，但干透时会导致生长停止。根部应绝对防止积水，否则会很快造成死亡。另外，水质对多浆植物也很重要，忌硬水及碱性水。

5. 空气

在高温、高湿下，若空气不流通对生长不利，易染病虫害甚至腐烂。

11.1.3　仙人掌类及多浆植物的繁殖与栽培

1. 繁殖技术

（1）扦插　利用这类植物的茎节或茎节的一部分、带刺座的乳状突以及仔球等营养器官具有再生能力的特性，进行扦插繁殖。扦插成活的个体不仅比播种苗生长快，而且提早开花，并且能保持原有品种特性。切取时应注意保持母株株形完整，并选取成熟者，过嫩或过于老化的茎节都不易成活。切下部分首先置于阴处半日至四、五日后再插。扦插基质应选择通气良好，既保水且排水也好的材料，如珍珠岩、蛭石，含水较多的种类也可使用河沙。在有保护设施的条件下，四季均可进行，但以春夏为好，雨季扦插易于烂根。一些种类不易产生侧枝，可在生长季中将上部茎切断，促其萌发侧芽，以取插穗。

（2）嫁接　把嫁接技术应用到仙人掌及多浆植物的繁殖上，是近20年的事。嫁接多用于根系不发达、生长缓慢或不易开花的种类，珍贵稀少的畸变种类，或自身球体不含叶绿素等不宜用他法繁殖者，或为便于观赏，如将球形接在柱形上，或像蟹爪兰等呈悬吊下垂式观赏者。嫁接时间以春、秋为好，温度保持在20~25℃下易于愈合。接后5d再浇水，约10d就可去掉绑扎线。

1）平接。适用于柱状或球形种类。通常接穗粗度较砧木稍小，或相差不多，并注意接穗与砧木的维管束要有部分接触才利于成活。接上之后用细线或塑料条做纵向捆绑，使接口密接。

2）劈接。多用于茎节扁平的种类，如蟹爪兰（*Zygocactus truncactus*）、仙人指（*Schlumbergera bridgesii*）等。常用的砧木有仙人掌属（*Opuntia*）、叶仙人掌属（*Pereskia*）及天轮柱属（*Cereus*）、量天尺属（*Hvlocereus*）等。砧木高出盆面15~30cm，以养成垂吊式供观赏。

劈接时，将砧木从需要的高度横切，并在顶部或侧面切成楔形切口，接穗下端的两侧也削成楔形，并嵌进砧木切口内，用仙人掌刺或竹针固定。但应注意：楔形切口在砧木侧面时，应切至砧木的髓部，砧木与接穗的维管束才易于愈合。用叶仙人掌作砧木嫁接时，先将接穗小球下部中心作一个"十"字形切口，再将砧木先端削成尖楔形，把小球安在砧木先端，用细竹针固定，可称为尖座接。除嫁接技术纯熟外，砧木与接穗之间的亲和力，以近缘种者为强。

（3）播种　仙人掌及多浆类植物在原产地极易结实，进行种子繁殖。室内盆栽仙人掌及多浆植物，常因光照不充足或受粉不良而花后不易结实，可采取人工辅助授粉的方法促进结实。通常这类植物在杂交授粉后约50~60d种子成熟，多数种类为浆果。除去浆果的皮肉，洗净种子备用。种子寿命及发芽率依品种而异，多数种类的种子生活力为1~2年。

种子发芽较慢，可在播种前2~3d浸种，促其发芽。播种期以春夏为好，多数种类在24℃条件下发芽率较高。播种用土，用仙人掌盆栽用土即可。

此外，某些种类还可用分割根茎或分割吸芽（如芦荟）的方法进行繁殖。近年来也有利用组织培养法进行无菌播种及大量增殖进行育苗的。

2. 栽培管理要点

（1）浇水　多数种类原产地的生态环境是干旱而少水的，因此在栽培过程中，盆内不应"窝水"，土壤排水良好才不致造成烂根现象。

对于多棉毛及有细刺的种类、顶端凹入的种类等，不能从上部浇水，可采用浸水的方法，否则上部存水后易造成植株溃烂而有碍观赏，甚至死亡。

这类植物休眠期以冬季为多（温带自10月以后；暖地在12月左右），因而冬季应适当控制浇水；体内水分减少，细胞液渐浓，可增强抗寒力，也有助于翌年着花。

由于地生、附生类的生态环境不同，在栽培中也应区别对待。地生类在生长季中可以充分浇水，高温、高湿可促进生长；休眠期宜控制浇水。附生类则不耐干旱，冬季也无明显休眠，要求四季均较温暖、空气湿度较高的环境，因而可经常浇水或喷水。

（2）温度及湿度　地生类冬季通常在5℃以上就能安全越冬，但也可置于温度较高的室内继续生长。附生类四季均需温暖，通常在12℃以上为宜，空气湿度也要求高些才能生长良好；但温度超过 30～35℃时，生长趋于缓慢。

（3）光照　地生类耐强光，室内栽培若光照不足，则引起落刺或植株变细；夏季在露地放置的小苗应有遮阴设施。附生类除冬天需要阳光充足外，以半阴条件为好；室内栽培多置于北侧。

（4）土壤及肥料　多数种类要求排水通畅、透气良好的石灰质沙土或沙壤土。地生类可参照下述比例配制培养土：

① 壤土 3，泥炭 3（或腐叶土），粗沙 3 草木灰与腐熟后的骨粉 1。

② 腐殖质土 7，粗沙 3 骨粉和草木灰少许。

有时也可加入少许木炭屑、石灰石或石砾等。幼苗期可施少量骨粉或过磷酸盐，大苗在生长季可少量追肥。

附生类可参照下述比例配制培养土：粗沙 10 份，腐叶土 3～4 份，鸡粪（蚓粪）1～2份。若在其中加入少许石灰石、木炭屑、草木灰则生长尤佳。在生长季施些稀薄液肥，并且加些硫酸亚铁，以降低 pH 值，更有利于生长。

任务 2　蟹爪兰栽培技术

蟹爪兰（*Zygocactus trurncatus*）

别名：蟹爪莲，蟹爪仙人掌，锦上添花，螃蟹兰，仙人花，蟹足霸王树，圣诞仙人掌

科属：仙人掌科，蟹爪兰属。

由于它开花正逢圣诞节日，故而西方又称为"圣诞花"，是隆冬季节一种非常理想的室内盆栽花卉，株形垂挂，花色鲜艳可爱，适合于窗台、门庭入口处和展览大厅装饰，热闹非凡，满室生辉、美胜锦帘。

11.2.1　形态特征

蟹爪兰（图 11-1）为多年生常绿植物，老株基部常木质化。枝茎变态呈片状，表面暗紫红色，多分枝，常成簇下垂向四方扩展，节间短，节部明显，将变态枝分成许多小段，长4～4.5cm，宽 1.5～2.5cm，两端及边缘有尖齿 2～4 个，似螃蟹的爪子，中央的骺部明显而突出。冬季至早春在茎节的顶端开花，两侧对称。品种不同，有桃红、深红、白、橙、黄等多种花色，花筒淡褐色，具 4 个棱角，花被3～4 轮，呈塔状叠生，花瓣张开反卷，长6.5～8cm，基部 2～3 轮为苞片，呈花瓣状，

图 11-1　蟹爪兰

向四周平展伸出，因花冠下垂生长，故能自花授粉。果梨形或广椭圆形，光滑暗红色。

11.2.2 类型及品种

蟹爪兰自1918年被发现并进行栽培以后，人们通过杂交选育出的园艺品种已有200个以上，花色变化非常丰富，还有带花边的品种出现，只要栽培管理得当，一株栽培几年的嫁接植株，可同时开花200～300朵，十分壮观。

近几年来，英国、法国、德国、美国、日本和丹麦等国的花卉育种家，都做了大量的蟹爪兰杂交育种研究，选育出200个蟹爪兰栽培品种。常见的有白花的圣诞白、多塞、吉纳、雪花，黄色的金媚、圣诞火焰、金幻、剑桥，橙色的安特、弗里多，紫色的马多加，粉色的卡米拉、麦迪斯托和伊娃等。常见的同属观赏种有茎淡紫色、花红色的圆齿蟹爪兰，花芽白色、开放时粉红色的美丽蟹爪兰，花洋红色的红花蟹爪兰。还有拉塞尔蟹爪兰、巴克利蟹爪兰、钝角蟹爪兰和圣诞仙人掌等，它们既是观赏种，又是育种的好材料。

同时，根据花期的早晚，蟹爪兰又分为早生种、中生种和晚生种。蟹爪兰的花期从9月至翌年4月，鲜艳绚丽的蟹爪兰给人们带来了春天的气息。

11.2.3 生态习性

蟹爪兰原产巴西东部热带森林中，在自然环境里常附生在树干上或阴蔽潮湿的山谷里，枝条下垂形成悬挂状。喜温暖湿润和半阴环境，夏季避免烈日暴晒和雨淋，冬季要求温暖和光照充足。土壤要求富含腐殖质、排水良好的腐叶土和泥炭土，酸碱值为pH 5.5～6.5。不耐寒，生长最适温度为15～25℃，冬季温度以15℃～18℃为宜，温度低于15℃，即有落蕾的可能。夏季超过28℃，植株便处于休眠或半休眠状态。在开花季节保持10～15℃，可使开花期持续2～3个月。蟹爪兰是典型的短日照花卉，在每天8～10h光照条件下2～3个月即可开花。

11.2.4 栽培管理

1. 繁殖技术

用扦插、嫁接和播种繁殖。

1）选择健壮、肥厚的茎节，切下1～2节，放阴凉处2～3d，待切口稍干燥后再插入沙床，基质为比例4:1的泥炭和沙，插床温度为15～20℃。插床湿度不宜过大，以免切口过湿腐烂。插后2～3周开始生根，4周后可盆栽。

2）嫁接繁殖比扦插繁殖生长势旺，开花早。常在5～6月和9～10月进行，砧木用量天尺、虎刺，需大盆栽培的选用梨果仙人掌。接穗以2～3茎节为宜，下端削成鸭嘴状，与砧木的楔口接合，用仙人掌长刺或消毒的牙签插入固定。一般一株砧木可接3个接穗，每个接穗相距120°。嫁接后植株放半阴处养护，保持较高的空气湿度。如嫁接后10d内接穗仍保持新鲜硬挺，即已愈合成活，需精心养护，1个月后嫁接成活植株可转入正常管理。

3）播种繁殖。蟹爪兰需人工授粉后才能结果。常采用室内盆播，发芽适温22～24℃，播种基质用泥炭、腐叶土、粗沙的混合土壤，播前需高温消毒。蟹爪兰种子播后，盆口盖上玻璃，以便保持盆土湿度。播后5～9d发芽。幼苗生长较慢，应谨慎管理。

2. 栽培管理技术

（1）盆土要求　盆栽用土要求土壤疏松、含丰富的有机质，排水良好，可用腐叶土和泥炭土加 1/3 的河沙和少量的基肥配成营养土。成熟的植株每 3 年于春季换一次盆。

（2）生长习性　蟹爪兰喜温暖、半阴而湿润的环境，忌雨淋、忌曝晒，喜排水良好、肥沃而微酸性土壤。

（3）浇水施肥　虽然蟹爪兰喜湿，但因其砧木喜干，因而浇水时掌握"宁干勿湿，不干不浇，干则浇透"的原则，所用的水最好含有少量的养分，如沤制的饼肥水。蟹爪兰旺盛生长期及孕花蕾需大量肥料，一般每隔 10d 施一次薄肥，如 0.2% 的磷酸二氢钾或少量的多元复合肥。蟹爪兰开花后有一段短时间（5~6 周）的休眠期，应控制水肥，进入夏季以后蟹爪兰完全进入休眠期，要停止水肥。

（4）遮阴　进入炎热的夏季，蟹爪兰要避开曝晒和雨淋。当暴雨侵袭时，蟹爪兰极易烂茎掉节，因此蟹爪兰夏季不能放在室外，以防大雨浇淋；同时因蟹爪兰喜半阴，忌曝晒，晴天时要遮去 30%~40% 的阳光，以防强光灼伤茎节，影响观赏。

（5）搭架　蟹爪兰茎节不断生长分枝，当达到 3~4 节以上时，枝条开始下垂，如任其自然，则株形不整，零乱无姿，影响观赏，所以必须搭架。架材可用毛竹劈成筷子粗细，长 40cm，每盆插 3 根，一直插到盆底。以 14 号铁线围成直径约 20~40cm 的圆圈，置于竹棒上，以绳扎紧。然后将蟹爪兰的枝条均匀地分布于圆架的四周，随着植株的生长，蟹爪兰将逐渐形成悬伞垂状的造型。

（6）修剪　春季蟹爪兰花谢后，应及时从残花下的 3~4 片茎节处短截，同时疏去部分老茎和过密的茎节，以利于通风。蟹爪兰在生长过程中，有时从一个节片的顶端会长出 4~5 个新枝，应及时删去 1~2 个，还应适当疏花，以促进花形整齐，开花旺盛。蟹爪兰成型后，平时要经常进行疏枝，将过长、过密、突出枝条以及病虫枝剪除。修剪应在春季、秋季晴朗的天气进行，夏季、雨季均不宜进行。

（7）冬季管理　蟹爪兰的生长适温为 20~26℃，越冬的温度要求在 5℃ 以上，花期温度最好维持在 10~15℃，冬季可放在室内有直射阳光的地方。蟹爪兰属于短日照植物，每天日照 8~10h 的条件下，2~3 个月即可开花。

（8）病虫害防治　蟹爪兰病害主要症状是掉节，一般发生在湿度大、温度高的雨季，主要由真菌感染引起，管理上要注意通风，创造相对干燥的小环境，药剂防治可使用甲基托布津 800 倍、可杀得 1000 倍液，每隔 7~10d 喷一次。介壳虫对蟹爪兰的危害较大，可采用在上盆时土中掺入 0.1% 呋喃丹进行预防。

11.2.5　园林应用

蟹爪兰节茎常因过长而呈悬垂状，故又常被制作成吊兰作装饰。蟹爪兰开花正逢圣诞节、元旦节，株形垂挂，花色鲜艳可爱，适用于窗台、门庭入口处和展览大厅装饰。但因为饲养方式的关系，有些蟹爪兰被调控在十月开花。

　任务 3　仙人球栽培技术

仙人球（*Echinopsis tubiflora*）

别名：草球、长盛球、刺球、雪球等别名。

科属：仙人掌科，仙人球属。

11.3.1　形态特征

仙人球（图 11-2）为仙人科多年生肉质多浆草本植物。原产于南美洲，一般生长在高热、干燥、少雨的沙漠地带。茎呈球形或椭圆形，高可达 25cm，绿色，球体有纵棱若干条，棱上密生针刺，黄绿色，长短不一，作辐射状。花着生于纵棱刺丛中，银白色或粉红色，长喇叭形，长可达 20cm，喇叭外鳞片，鳞腋有长毛。仙人球开花一般在清晨或傍晚，持续时间几小时到一天。球体常侧生出许多小球，形态优美、雅致。

图 11-2　仙人球

11.3.2　类型及品种

最常见的粗放品种叫花盛球，俗称"草球"，茎球形成椭圆形，绿色，有纵棱若干条；棱上有丛生的针刺，黄褐色，长短不一，作辐射状。花着生于纵棱刺丛中，银白色或粉红色，大形，长喇叭状，喇叭外被鳞片，鳞腋有长毛，傍晚或清晨开放，开花时间几小时到一天，有淡香。近来流行的有一种叫"绯牡丹"（又叫"红牡丹"）的仙人球，球体有鲜红、粉红、橙红、紫红等色。在阳光充足处球体色彩更加艳丽，引人喜爱。还有带化品种绯牡丹冠及红、黄、绿、褐的嵌合体品种绯牡丹锦，更是绚烂夺目，娇艳可掬，都是非常珍贵的品种。绯牡丹如图 11-3 所示，绯牡丹冠如图 11-4 所示，绯牡丹锦如图 11-5 所示。

图 11-3　绯牡丹

图 11-4　绯牡丹冠

图 11-5　绯牡丹锦

11.3.3　生态习性

仙人球具喜干、耐旱、怕涝、怕冷的特性，喜生于排水良好的沙质土壤。夏季是仙人球的生长期，也是开花期。

11.3.4　栽培管理

1. 繁殖技术

仙人球的繁殖因品种而异，容易生子球的品种可在生长季摘取子球晾几天，等伤口干燥后扦插。不易生子球的品种可用播种繁殖。长势较弱的品种多用嫁接繁殖。对于不易生子球，又采收不到种子的品种，可将长势健壮的植株顶部的生长点破坏，促发子球，等子球长到一定大小，取下扦插或嫁接。

2. 栽培管理技术

仙人球是家庭花卉中的常见种类，只要养护得当，不但生长快，而且球体亮丽，开花繁茂。

（1）温度　仙人球性喜高温、干燥环境，冬季室温白天要保持在20℃以上，夜间温度不低于10℃。温度过低容易造成根系腐烂。

（2）光照　仙人球要求阳光充足，但在夏季不能强光暴晒，需要适当遮阴。室内栽培，可用灯光照射，使之健壮生长。

（3）盆土　盆栽仙人球用土要求排水、透气性良好、含石灰质的沙土（或沙壤土），可用壤土、腐叶土各2份，粗沙3份，另加石灰石砾或陈旧建筑物拆除时废弃的陈石灰墙屑1份混合配制而成，也可用壤土、粗沙各2份，碎砖、腐叶土及陈灰墙屑各1份混合配制而成。栽培时应在盆底部垫以少量碎砖石、瓦片，以使排水通畅。

（4）栽植　栽植上盆最好在早春进行，花盆不宜过大，以能容纳球体且略有缝隙为宜。花盆过大，浇足水后吸收不了，盆内空气不通，易使根系腐烂。少数直根性的种类和鸟羽玉、巨象球等要求用较深的筒子盆。银毛球、子孙球等根系较浅的种类，可用较浅的普通花盆。

（5）换盆方法　换盆时，应剪去一部分老根晾4～5d后再上盆栽植，栽种不宜太深，以球体根茎处与土面持平为宜。为避免引起烂根，新栽植的仙人球不要浇水，只需每天喷雾2～3次，半个月后可少量浇水，一个月后新根长出才能逐渐增加浇水。

（6）浇水　夏季是仙人球生长期，气温高，需水量大，必须充分浇水，宜在早、晚气温低时进行，中午炎热，浇水易引起球体灼伤。在高温梅雨季节，也要适当节制浇水。对那些顶部凹陷的仙人球，注意不要将水浇进凹陷处，以免引起腐烂，傍晚浇水更应注意。

冬季休眠期间应节制浇水，以保持盆土不过分干燥为宜，温度越低，越要保持盆土干燥。成年大球较小苗更耐旱。冬季浇水应在晴天上午进行。随着气温的升高，植株将逐渐脱离休眠，浇水次数及浇水量才能随之逐渐增加。

（7）施肥　盆栽仙人球生长季节也可适当施肥，尤其是用三棱箭嫁接的，更应当重视施肥，肥料可用充分腐熟的稀薄液肥，每10～15d施用一次。入秋后注意控制肥水，一般每月施一次即可，至10月上旬停肥。如果不控制肥料，让仙人球继续生长，柔嫩的球体越冬时易受冻害。施肥时要注意不可沾到球上，如有沾上应及时用水喷洗。

（8）病虫害防治　在高温、通风不良的环境中，容易发生病虫害。病害可喷洒多菌灵或托布津；虫害可喷洒乐果。无论喷洒哪种药液，都要在室外进行。

11.3.5　园林应用

仙人球生长快速，易开花，栽培普遍，可孳生仔球，容易繁殖，是大众化的室内盆花，也是嫁接仙人掌类球形品种的良好砧木。通过植物水生诱变技术培育出的水培仙人球，比较赏心悦目。它是水培花卉的艺术精品，还可以用仙人球制作掌上盆景。

任务4　芦荟栽培技术

芦荟是百合科多年生多肉类植物，有500多种。芦荟形状差别很大，千姿百态，花色、叶形各有特色，可适于各种不同的栽培目的，深受人们的喜爱。芦荟属中的一些种株形奇特，叶片肥厚，具有医疗、美容、保健等多种功能。芦荟的药用范围很广，被称为"不需要医生"的植物，人们很早就知道它可以作为泻药及胃肠药来用，同时对于日常的伤害，如烫伤、刀伤等，是最适合用来作应急处理的药物。长期以来，芦荟一直是深受民间喜爱及依赖的家庭常备药。

11.4.1　形态特征

芦荟为常绿、多肉质草本植物。叶簇生，呈座状或生于茎顶，叶常披针形或叶短宽，边缘有尖齿状刺。花序为伞形、总状、穗状、圆锥形等，色呈红、黄或具赤色斑点，花瓣六片、雌蕊六枚。花被基部多连合成筒状。芦荟的品种至少有300种以上，其中非洲大陆就有250种左右，马达加斯加大约有40种，其余10种分布在阿拉伯等地。芦荟各个品种性质和形状差别很大 有的像巨大的乔木，高达20m左右，有的高度却不及10cm，其叶子和花的形状也有许多种，栽培上各有特征，千姿百态，深得人们的喜爱。芦荟本是热带植物，生性畏寒，但芦荟也是好种易活的植物。

11.4.2　类型及品种

芦荟种类繁多，已知的有300多种，按其用途可分为药用芦荟、食用芦荟和观赏芦荟。药用芦荟有10多种（如好望角芦荟等），食用芦荟只有几种，其余大多为观赏芦荟。下面介绍几个常见的芦荟种：

1. 库拉索芦荟（*Aloe vera*）

库拉索芦荟（图11-6）一般称为蕃拉芦荟，蕃拉为其种名的音译，又称为真芦荟。它是目前应用在食品、药品和美容方面最广泛的品种，原产非洲北部地区，现在美洲栽培最多，日本、韩国和我国台湾岛、海南岛也都有大面积商业化栽培。库拉索芦荟主要用于提取芦荟原汁，是中药老芦荟的原植物。后来由于人工选择栽培的结果，在库拉索芦荟中，又选出不少变种，如中国芦荟、上农大叶芦荟等。中国芦荟（*Aloe vera. var. chinesis*（Haw.）Berger）（图11-7）是库拉索芦荟的变种，又称为斑纹芦荟。在中国云南元江地区，福建闽南和广东沿海有一定面积栽培。叶片较库拉索芦荟细长，叶汁也具有美容和药用价值，叶嫩可作芦荟色拉原料食用。但产量低，叶肉不如库拉索芦荟厚，分蘖能力极强，具有较强的适应性。我国民间有此变种普遍栽培。

2. 小木芦荟（*Aloe arboresesens* Mill.）

小木芦荟（图11-8）又称为木剑芦荟、木立芦荟，原产于南非，叶汁极苦。目前在日本进行商品化生产，日本人认为小木芦荟是最好的药用芦荟品种。用小木芦荟加工成芦荟干粉，可医治各种疾病。原产地株高可达6m以上，在温室中也可长到2m左右，但单叶比较小，中肉也较薄，适宜于加工利用。

| 图 11-6 库拉索芦荟 | 图 11-7 中国芦荟 |

3. 开普芦荟（*Aloe ferox* Mill.）

开普芦荟（图11-9）又称为好望角芦荟、青鳄芦荟，主产于南非的开普州。这是一个大型品种群，高度可达6m，叶子大而硬，并有尖锐的刺，无侧枝，用种子繁殖。开普芦荟是中药新芦荟干块的原料。作药用时，一般认为新芦荟的品质稍逊于老芦荟，但各国药典中都列有开普芦荟，是一种传统的药用植物。

| 图 11-8 小木芦荟 | 图 11-9 开普芦荟 |

4. 皂质芦荟（*Aloe saponaria*（Ait.）Haw.）

皂质芦荟（图11-10）叶汁如肥皂水一样，十分滑腻。皂质芦荟有许多变种，如广叶皂质芦荟，主要用于观赏，叶上有白色条斑，纹理清楚，叶片较阔，具有较高的观赏价值。皂质芦荟叶片薄，新鲜叶汁也有一定护肤作用，但由于其所含的粘性叶汁远不如库拉索芦荟丰富，所以至今尚无大面积的产业化栽培。

5. 珍珠芦荟（*Aloe aristata* Haw.）

珍珠芦荟（图11-11）又称为绫锦须芦荟、须芦荟、德国菠萝，无地上茎，每簇有50余片披针形叶，叶尖有长须，叶表面有白色斑点。它属于小型品种，一般高度在10cm以下，主要供观赏用，置于向阳的茶几案头，别有情趣。珍珠芦荟叶片虽小，但叶片所含多聚糖类的粘胶汁十分丰富，是作自然美容护肤的佳品，效果很好。

图 11-10 皂质芦荟

6. 不夜城芦荟（*Aloe nobilis*）

不夜城芦荟（图 11-12）又称为高尚芦荟，观叶观花
植物，花特别优美，具有较高观赏价值。目前，不夜城芦荟主要用于家庭盆栽，作观赏植物陈设在向阳的窗台上。

| 图 11-11　珍珠芦荟 | 图 11-12　不夜城芦荟 |

7. 干代田锦（*Aloe variegata*）

干代田锦（见图 11-13）又名翠花掌，叶轮状三出，呈复瓦状排列，叶中肋部位下凹，两侧叶面翘起，叶呈深绿色，有不规则的白色横纹，花红色。原产于南美洲，主要作为观赏植物进行盆栽。

11.4.3　生态习性

芦荟喜欢生长在排水性能良好，不易板结的疏松
土质中。芦荟不耐寒，5℃左右停止生长，低于 0℃
时，就会冻伤。生长最适宜的温度为 15～35℃，湿
度为 45%～85%。芦荟也需要水分，但最怕积水。
芦荟需要充分的光照。

图 11-13　干代田锦

11.4.4　栽培管理

1. 繁殖技术

芦荟可以用扦插法和分株法进行繁殖。

扦插在春季 3～4 月间进行，剪取生长健壮老株顶端作插穗，插条长 10～15cm，剪去基部两侧叶，放在阴凉处 2～3d，待切口稍干，插于培养土中，保持盆土湿润，20～30d 生根。

每年春天换盆时，将幼株从老株上剥离下来，另行上盆栽植。新上盆幼株要控制浇水，夏季放在室外通风、半阴处，每天下午浇水，冬季保持 5℃以上的温度，放在室内干燥有阳光的地方，才能生长良好。

2. 栽培管理技术

芦荟喜欢生长在排水性能良好，不易板结的疏松土质中。一般的土壤中可掺些沙砾灰渣，如能加入腐叶草灰等更好。排水透气性不良的土质会造成根部呼吸受阻，烂根坏死，但

过多沙质的土壤往往造成水分和养分的流失，使芦荟生长不良。

芦荟在阴雨潮湿的季节或排水不好的情况下很容易叶片萎缩、枝根腐烂以至死亡。可喷施新高脂膜，这样不怕太阳暴晒蒸发，能调节水的吸收量，防旱防雨淋。

芦荟需要充分的阳光才能生长，需要注意的是，初植的芦荟注意遮阴。

芦荟常见病害主要有炭疽病、褐斑病、叶枯病、白绢病及细菌性病害，可加强肥水管理，施用保护剂等来预防病害发生。

11.4.5　园林应用

芦荟可用于盆栽欣赏，也可用于芦荟专类园建设。目前我国南方地区多以露地栽培方式进行规模化生产，供应食品及医药用品行业。

实训27　仙人掌类植物的识别与栽培管理

1. **任务实施的目的**

使学生熟练认识和区分仙人掌类植物的分类、生态习性，并掌握它们的繁殖方法、栽培要点、观赏特性与观赏应用。

2. **材料用具**

1）仙人掌类8~10种。

2）笔，记录本，参考资料。

3. **任务实施的步骤**

1）由指导教师现场讲解每种花卉的名称、科属、生态习性、繁殖方法、栽培要点、观赏特性和观赏应用。学生进行记录。

2）在教师指导下，学生实地观察并记录仙人掌类植物的主要观赏特征。

3）学生分组进行课外活动，复习仙人掌类植物的主要观赏特性、生态习性及观赏应用。

4. **分析与讨论**

1）各小组内同学之间相互考问当地常见的仙人掌类植物的科属、生态习性、繁殖方法、栽培要点、观赏特性和观赏应用。

2）讨论如何快速掌握花卉主要的观赏特性。如何准确区分同属相似种，或虽不同科但却有相似特征的花卉种类。

3）分析讨论仙人掌植物的应用形式有哪些。进一步掌握仙人掌类植物的生态习性及应用特点。

5. **任务实施的作业**

1）将8~10种仙人掌类按种名、科属、观赏用途和观赏应用列表记录。

2）简述仙人掌类植物的分类。

3）简述蟹爪兰的繁殖栽培管理技术要点。

6. **任务实施的评价**

仙人掌类植物识别技能训练评价见表11-1。

表 11-1　仙人掌类植物识别技能训练评价表

学生姓名					
测评日期		测评地点			
测评内容	仙人掌类植物识别				
考评标准	内　　容	分值/分	自　评	互　评	师　评
	正确识别仙人掌的种类及名称	50			
	能说出仙人掌类植物的分类	20			
	能说出蟹爪兰栽培管理的要点	20			
	能正确应用常见仙人掌类植物	10			
合　　计		100			
最终得分（自评30% + 互评30% + 师评40%）					

说明：测评满分为100分，60～74分为及格，75～84分为良好，85分以上为优秀。60分以下的学生，需重新进行知识学习、任务训练，直到任务完成达到合格为止

实训 28　多浆植物的识别与栽培管理

1. 任务实施的目的

使学生熟练认识和区分多浆植物的分类、生态习性，并掌握它们的繁殖方法、栽培要点、观赏特性与观赏应用。

2. 材料用具

1）多浆植物8～10种。

2）笔，记录本，参考资料。

3. 任务实施的步骤

1）由指导教师现场讲解每种花卉的名称、科属、生态习性、繁殖方法、栽培要点、观赏特性和观赏应用。学生进行记录。

2）在教师指导下，学生实地观察并记录多浆植物的主要观赏特征。

3）学生分组进行课外活动，复习多浆植物的主要观赏特性、生态习性及观赏应用。

4. 分析与讨论

1）各小组内同学之间相互考问当地常见的多浆植物的科属、生态习性、繁殖方法、栽培要点、观赏特性和观赏应用。

2）讨论如何快速掌握花卉主要的观赏特性。如何准确区分同属相似种，或虽不同科但却有相似特征的花卉种类。

3）分析讨论多浆植物的应用形式有哪些。进一步掌握多浆植物的生态习性及应用特点。

5. 任务实施的作业

1）将8～10种多浆植物按种名、科属、观赏用途和观赏应用列表记录。

2）简述多浆植物的分类。

3）简述芦荟的繁殖栽培管理技术要点。

6. 任务实施的评价

多浆植物识别技能训练评价见表11-2。

表11-2 多浆植物识别技能训练评价表

学生姓名					
测评日期		测评地点			
测评内容		仙人掌类植物识别			
考评标准	内　容	分值/分	自　评	互　评	师　评
	正确识别多浆植物的种类及名称	50			
	能说出多浆植物的分类	20			
	能说出芦荟栽培管理的要点	20			
	能正确应用常见多浆植物	10			
合　计		100			
最终得分（自评30% + 互评30% + 师评40%）					

说明：测评满分为100分，60~74分为及格，75~84分为良好，85分以上为优秀。60分以下的学生，需重新进行知识学习、任务训练，直到任务完成达到合格为止

习题

1. 判断题

1）多浆植物多数原产于热带、亚热带干旱地区或森林中；植物的茎、叶具有发达的贮水组织，是呈现肥厚而多浆的变态状植物。

2）多浆植物在生长期中足够的水分能保证旺盛生长，若缺水，也不影响植株生存。

3）仙人掌的主要繁殖方法是扦插繁殖。

4）蟹爪兰开花正逢中秋节，株形垂挂，花色鲜艳可爱，适合于窗台、门庭入口处和展览大厅装饰。

5）仙人球生长快速，易开花，栽培普遍，可孳生仔球，容易繁殖。

6）芦荟本是热带植物，生性畏寒，所以在北方地区不易成活。

7）目前应用在食品、药品和美容方面最广泛的芦荟品种是小木芦荟。

8）多浆植物为景天酸代谢途径植物，即CAM植物。

2. 选择题

1）目前应用在食品、药品和美容方面最广泛的芦荟品种是（　　）。

A. 库拉索芦荟　　B. 小木芦荟　　C. 皂质芦荟　　D. 开普芦荟

2）容易生子球的仙人球品种用（　　），不易生子球的品种可用（　　），长势较弱的品种多用（　　）。

A. 播种繁殖　　B. 嫁接繁殖　　C. 扦插繁殖　　D. 分株繁殖

3）下列病害不是芦荟常见主要病害的是（　　）。

A. 炭疽病　　B. 褐斑病　　C. 叶枯病　　D. 白粉病

4）蟹爪兰是（　　）植物。

A. 长日照开花　B. 短日照开花　C. 日中性　D. 不开花

3. 填空题

1）多浆植物从形态上看，可分为__________、__________两大类，仙人掌按产地可分为__________、__________、__________三种。

2）根据花期的早晚，蟹爪兰又分为__________、__________、__________三种。

3）芦荟可用__________和__________方法繁殖。

4. 简答题

1）仙人掌及多浆植物的有何特点?

2）说出几种主要的仙人掌及多浆植物的栽培管理要点及观赏应用。

3）仙人掌及多浆植物主要原产地在哪里?

知识拓展

其他常见仙人掌及多浆植物

1. 令箭荷花（*Nopalxochia ackermannii* BR. et Rose.）

别名：荷令箭、红孔雀、荷花令箭、孔雀仙人掌等。

科属：仙人掌科，令箭荷花属。

图 11-14　令箭荷花

(1) 形态特征　令箭荷花（图 11-14）为附生类仙人掌植物，茎直立，多分枝，群生灌木状，高约 50～100 cm。植株基部主干细圆，分枝扁平呈令箭状，绿色。茎的边缘呈钝齿形。齿凹入部分有刺座，具 0.3～0.5 cm 长的细刺。扁平茎中脉明显突出。花从茎节两侧的刺座中开出，花筒细长，喇叭状的大花，白天开花，一朵花仅开 1～2d，花色有紫红、大红、粉红、洋红、黄、白、蓝紫等色，夏季白天开花，花期为 5～7 月。果实隗椭圆形红色浆果，种子黑色。

(2) 生长习性　令箭荷花原产于北美洲墨西哥。令箭荷花喜温暖湿润的环境，忌阳光直射，耐干旱，耐半阴，怕雨淋，要求肥沃、疏松、排水良好的中性或微酸性的沙质壤土。生长期最适温度为 20～25℃，花芽分化的最适温度为 10～15℃，冬季温度不能低于 5℃，花期为 4 月。

(3) 繁殖及栽培管理　扦插及嫁接繁殖。盆栽土要求含丰富的有机质，忌土壤黏重。夏季宜置于通风良好的半阴处，并控制浇水；春秋生长旺盛阳光宜充足，保持土壤湿润。生长季节每月施肥 1～2 次，现蕾后增施磷、钾肥，促使花大色艳。及时剪去过多的侧芽和基部枝芽，减少养分消耗。

(4) 园林应用　令箭荷花花色品种繁多，以其娇丽轻盈的姿态，艳丽的色彩和幽郁的香气，深受人们喜爱。以盆栽观赏为主，在温室中多采用品种搭配，可提高观赏效果。令箭荷花是用来点缀客厅、书房的窗前、阳台、门廊，为色彩、姿态、香气俱佳的室内优良盆花。

2. 昙花（*Epiphyllum oxypetalum*）

别名：昙华、月下美人、琼花。

科属：仙人掌科，昙花属。

（1）形态特征　灌木状肉质植物，高 1～2m。主枝直立，圆柱形，茎不规则分枝，茎节叶状扁平，长 15～60cm，宽约 6cm，绿色，边缘波状或缺凹，无刺，中肋粗厚，无叶片。花自茎片边缘的小窠发出，大形，两侧对称，长 25～30cm，宽约 10cm，白色，干时黄色；雄蕊细间仅几小时；花被管比裂片长，花被片白色，干时黄色，雄蕊细长，多数；花柱白色，长于雄蕊，柱头线状，16～18 裂。浆果长圆形，红色，具枞棱有汁。种子多。

（2）生态习性　昙花原产于墨西哥至巴西热带雨林。生于富含腐质的沙质土壤，喜温暖湿润和多雾及半阴的环境，不宜暴晒，不耐寒，不耐霜冻。要求排水良好的含腐殖质丰富的沙壤土。冬季温度不低于 5℃。

（3）繁殖及栽培管理　扦插繁殖。盆栽基质可用腐叶土（山泥、塘泥）、粗河沙、有机肥、田土混合配置，忌黏重土壤。生长期保持土壤及空气湿润。忌强光曝晒，否则变态茎枯黄，也忌过于阴蔽。一个月施肥一次，全素肥料及有机肥均可。

（4）园林应用　可露地栽培于庭院，也可盆栽观赏，还可入药。

3. 龙舌兰（*Agave americana*）

别名：龙舌掌、番麻。

科属：龙舌兰科，龙舌兰属。

（1）形态特征　龙舌兰（图 11-15）是龙舌兰科龙舌兰属多年生常绿植物，植株高大。叶色灰绿或蓝灰，长可达 1.7 m，宽 20 cm，基部排列成莲座状。叶缘刺最初为棕色，后呈灰白色，末梢的刺长可达 3 cm。花梗由莲座中心抽出，花黄绿色。有些种类在原产地要长十年或几十年才能开花，巨大的花序高可达 7～8 m，是世界上最长的花序，白色或浅黄色的铃状花多达数百朵，花后植株即枯死，所以龙舌兰被称为"世纪植物"。

图 11-15　龙舌兰

（2）生态习性　龙舌兰产地墨西哥，喜温暖干燥和阳光充足环境，生长温度为 15～25℃。冬季温度不低于 5℃。稍耐寒，较耐阴，耐旱力强。要求疏松排水良好、肥沃的沙壤土。

（3）繁殖与栽培管理　常用分株和播种繁殖。分株繁殖，在早春 4 月换盆时进行，将母株托出，把母株旁的蘖芽剥下另行栽植。播种繁殖，通过异花授粉才能结果，采种后于 4～5 月播种，约 2 周后发芽，幼苗生长缓慢，成苗后生长迅速，10 年生以上老株才能开花结实。

合适的生长温度为 15～25℃，在夜间 10～16℃生长最好较喜光，要常放在外面接受阳光，但对花叶品种在夏日需适当遮阴，以保持色泽鲜嫩。冬季，如果所处位置的光线较暗，则应保持低温、不浇水，并且保持干燥，否则会腐烂。春天应立即恢复光照。空气湿度在40%左右即可。对土壤要求不太严格，但以疏松、肥沃、排水良好的壤土为好。盆栽时通常以腐叶土加粗沙混合，生长季节两星期施一次稀薄肥水。夏季可大量浇水，但排水应好。入秋后应少浇水，盆土以保持稍干燥为宜。

（4）园林应用　龙舌兰叶片坚挺美观、四季常青，园艺品种较多，为南方地区园林布置的重要材料之一。常用于盆栽或花槽观赏，适用于布置小庭院和厅堂，栽植在花坛中心、草坪一角，能增添热带景色。长江流域及以北地区常温室盆栽。

4. 仙人掌（*Opuntia dillenii*）

别名：霸王树、仙巴掌、仙桃、火掌。

科属：仙人掌科，仙人掌属。

（1）形态特征　仙人掌（图11-16）植株丛生成大灌木状，茎下部木质，圆柱形。茎节扁平，椭圆形，肥厚多肉；刺座内密生黄色刺；幼茎鲜绿色，老茎灰绿色。花单生茎节上部，短漏斗形，鲜黄色。浆果暗红色，汁多味甜，可食，故仙人掌又有"仙桃"之称。

图11-16　仙人掌

（2）生态习性　仙人掌产于美洲热带地区。在中国海南岛西部近海处也有野生仙人掌分布。性强健，喜温暖，耐寒；喜阳光充足；不择土壤，以富含腐殖质的沙壤土为宜；耐旱，忌涝。

（3）繁殖及栽培管理　扦插繁殖为主。室内盆栽时，越冬温度8℃左右。盆栽需要有排水层，生长期浇水以"见干见湿"为原则，适当施肥。秋凉后少水肥；冬季盆土稍干，置冷凉处。

（4）园林应用　仙人掌盆栽室内观赏，给人以生机勃勃之感；夜间放出大量氧气，是居室内清新空气的优良植物。地栽与山石配置，可构成热带沙漠景观。我国南方地区可露地栽植用于绿化。

5. 生石花（*Lithops pseudotruncatella*（Bgr.）N. E. Br）

别名：石头花、曲玉、象蹄、元宝。

科属：番杏科，生石花属。

（1）形态特征　生石花（图11-17）茎呈球状，依品种不同，其顶面色彩和花纹各异，但外形很像卵石。秋季开大型黄色或白色花，状似小菊花。全株肉质，茎很短。肉质叶对生联结，形似倒圆锥体。有淡灰棕、蓝灰、灰绿、灰褐等颜色，顶部近卵圆，平或凸起，上有树枝状凹纹，半透明。花由顶部中间的一条小缝隙长出，黄或白色，一株通常只开1朵花（少有开2~3朵），午后开放，傍晚闭合，可延续4~6d。花后易结果实和种子。

图11-17　生石花

（2）生态习性 生石花原产于南非和西非，喜温暖，不耐寒，生长适温15~25℃；喜微阴，以50%~70%的遮阴为好；喜干燥通风。

（3）繁殖及栽培管理 播种和分株繁殖。用疏松、排水好的沙质壤土栽培。浇水最好浸灌，以防水从顶部流入叶缝，造成腐烂。冬季休眠，越冬温度10℃以上；可不浇水，过干时喷水即可。夏季高温也休眠。

（4）园林应用 生石花小巧玲珑，形态奇特，似晶莹的宝石闪烁着光彩，在国际上享有"活的宝石"之美称，适宜作室内小型盆栽花卉。

6. 金琥（*Echinocactus grusonii*）

别名：象牙球。

科属：仙人掌科，金琥属。

（1）形态特征 金琥（图11-18）茎圆球形，单生或成丛，高1.3m，直径80cm或更大。球顶密被金黄色棉毛。有棱21~37，显著。刺座很大，密生硬刺，刺金黄色，后变褐，有辐射刺8~10，3cm长，中刺3~5，较粗，稍弯曲，5cm长。6~10月开花，花生于球顶部棉毛丛中，钟形，4~6cm，黄色，花筒被尖鳞片。

图11-18 金琥

（2）生态习性 金琥原产于墨西哥中部干燥炎热的热带沙漠地区。习性强健；喜石灰质土壤，喜干燥，喜暖，喜阳，要求阳光充足，畏寒、忌湿、好生于含石灰的沙质土。喜光照充足，每天至少需要有6h的太阳直射光照。夏季应适当遮阴，但不能遮阴过度，否则球体变长，会降低观赏价值。生长适宜温度为白天25℃，夜晚10~13℃，适宜的昼夜温差可使金琥生长加快。冬季应放入温室，或室内向阳处，温度保持8~10℃。若冬季温度过低，球体上会出现难看的黄斑。

（3）栽培及管理技术 播种繁殖，也可切顶促生仔球然后嫁接繁殖。栽培基质以腐叶土（山泥）、粗河沙、田园土、有机肥混合配制，可加少量石灰质材料，如陈石灰墙皮。喜光，但夏季应适当遮光，以免灼伤。越冬温度宜8℃以上，并严格控水。

（4）园林应用 金琥寿命很长，栽培容易，成年大金琥花繁球壮，金碧辉煌，观赏价值很高。而且体积小，占据空间少，是城市家庭绿化十分理想的一种观赏植物。多盆栽欣赏，置于大厅、客厅及会议室摆放。也可用来布置专类园。

7. 燕子掌（*Crassula portulacea*）

别名：玉树、景天树、八宝、看青、冬青、肉质万年青。

科属：景天科，青锁龙属。

（1）形态特征 燕子掌（图11-19）为常绿小灌木。株高1~3m，茎肉质，多分枝。叶肉质，卵圆形，长3~5cm，宽2.5~3cm，灰绿色，有红边。花径2mm，白色或淡粉色。

（2）生态习性 燕子掌原产于非洲南部

图11-19 燕子掌

地区。喜温暖干燥和阳光充足环境。不耐寒，怕强光，稍耐阴。土壤肥沃、排水良好的沙壤土为好。冬季温度不低于7℃。

(3) 繁殖及栽培管理　常用扦插繁殖。每年春季需换盆，加入肥土。燕子掌生长较快，为保持株形丰满，肥水不宜过多。生长期每周浇水2~3次，高温多湿的7~8月严格控制浇水。盛夏如通风不好或过分缺水，也会引起叶片变黄脱落，应放半阴处养护。入秋后浇水逐渐减少。室外栽培时，要避开暴雨冲淋，否则根部积水过多，易造成烂根死亡。每年换盆或秋季放室时，应注意整形修剪，使其株形更加古朴典雅。

(4) 园林应用　燕子掌枝叶肥厚，四季碧绿，叶形奇特，株形庄重，栽培容易，管理简便。宜于盆栽，可陈设于阳台上或在室内几桌上点缀，显得十分清秀典雅。树冠挺拔秀丽，茎叶碧绿，顶生白色花朵，十分清雅别致。若配以盆架、石砾加工成小型盆景，掌宜盆栽，也可培养成古树老桩的姿态，装饰茶几、案头更为诱人。但其叶汁水有毒，可致失明，最新研究报道：燕子掌提取物制药能有效的治疗糖尿病。

8. 长寿花 (*Kalanchoe blossfeldiana*)

别名：圣诞伽蓝菜。

科属：景天科，伽蓝菜属。

长寿花是一种多肉植物，由肥大、光亮的叶片形成的低矮株丛终年翠绿。春、夏、秋三季栽植于露地作镶边材料，12月至翌年4月开出鲜艳夺目的花朵。每一花枝上可多达数十朵花，花期长达4个多月，长寿花之名由此而来。

(1) 形态特征　长寿花 (图11-20) 为多年生肉质草本植物。茎直立，株高10~30cm。叶肉质交互对生，椭圆状长圆形，深绿色有光泽，边略带红色。圆锥状聚伞花序，花色有绯红、桃红、橙红、黄、橙黄和白等。花冠长管状，基部稍膨大，花期为年前12月~4月底。

图11-20　长寿花

(2) 生态习性　长寿花原产于非洲马达加斯加岛。喜温暖稍湿润和阳光充足环境。不耐寒，生长适温为15~25℃，夏季高温超过30℃，则生长受阻，冬季室内温度需12~15℃。低于5℃，叶片发红，花期推迟。冬春开花期如室温超过24℃，会抑制开花，如温度在15℃左右，长寿花开花不断。耐干旱，对土壤要求不严，以肥沃的沙壤土为好。长寿花为短日照植物，对光周期反应比较敏感。生长发育好的植株，给予短日照（每天光照8~9h）处理3~4周即可出现花蕾开花。

(3) 繁殖及栽培管理　主要用扦插繁殖。盆栽可用腐叶土、泥炭土、粗沙、田土及有机肥配制营养土。生长季节应保持盆土湿润。忌土壤过湿，以防叶片腐烂。每月施肥2次，以复合肥为主。秋季花芽形成时，增施磷钾肥。

(4) 园林应用　长寿花株形紧凑，叶片晶莹透亮，花朵稠密艳丽，观赏效果极佳，加之开花期在冬、春少花季节，花期长又能控制，为大众化的优良室内盆花。冬季布置厅堂、居室，春意盎然。可布置书桌、几案、阳台等，也可用于花坛、花槽装饰绿化。

9. 山影拳（*Cereus* spp. f. *monst*）

别名：仙人山、山影、山影掌。

科属：仙人掌科，天轮柱属。

（1）形态特征 山影拳（图11-21）刺座上无长毛，刺长，颜色多变化。夏、秋开花，花大型喇叭状或漏斗形，白或粉红色，夜开昼闭。20年以上的植株才开花。果大，红色或黄色，可食。种子黑色。多分枝。茎暗绿色，具褐色刺。约有3~4个石化品种。

（2）生态习性 山影拳原产于西印度群岛、南美洲北部及阿根廷东部。性强健，喜温暖，稍耐寒；喜阳光充足，耐半阴；要求排水良好、肥沃的沙壤土；宜通风良好的环境。

图11-21 山影拳

（3）繁殖与栽培管理 扦插或嫁接繁殖。生长季宜给充足光照，通风良好。盆土宜稍干燥，不必施肥，肥水过大会使茎徒长成原种的柱状，且易腐烂。过冬温度5℃左右。

（4）园林应用 盆栽观赏。远看似苍翠欲滴、重叠起伏的"山峦"，近看仿佛沟壑纵横、玲珑有致的怪石奇峰。配以雅致的盆钵，置于书房案头、客厅桌几，高雅脱俗。在其上嫁接色彩艳丽的球形仙人掌类植物如绯牡丹，则妙趣横生。也可用于布置专类园，营造干旱沙漠景观。

10. 石莲花（*Graptopelaum Paraguayense*）

别名：宝石花、粉莲、胧月、初霜。

科属：景天科，风车草属。

（1）形态特征 石莲花（图11-22）为多年生草本植物。有匍匐茎。叶丛紧密，直立成莲座状，叶楔状倒卵形，顶端短、锐尖，无毛、粉蓝色。花茎柔软，有苞片，具白霜。8~24朵花成聚伞花序，花冠红色，花瓣披针形不开张。花期为7~10月。茎多分枝，丛生，圆柱形，节间短，肉质，上有气生根。幼苗叶为莲座状；老株叶抱茎，基部叶片脱落，枝顶端叶片为疏散的莲座状。叶厚，卵形，先端尖，肉质，全缘，粉赭色，表面被白粉，略带紫色晕，平滑有光泽，似玉石。聚伞花序，腋生，萼片与花瓣白色，瓣上有红点。

（2）生态习性 石莲花原产于墨西哥，现世界各地均栽培。喜温暖干燥和阳光充足环境，不耐寒、耐半阴，怕积水，忌烈日。以肥沃、排水良好的沙壤土为宜。冬季温度不低于10℃。长期放阴蔽处的植株易徒长而叶片稀疏。长江以南可露地栽培。

（3）繁殖及栽培管理 常用扦插，于春、夏进行。茎插、叶插均可。石莲花管理简单，每年早春换盆，清理萎缩的枯叶和过多的子株。盆栽土以排水好的泥炭土或腐叶土加粗沙。生长期以干燥环境为好，不需多浇水。盆土过湿，茎叶易徒长，反而观赏期缩短。特别冬季在低温条件下，水分过多根部易腐烂，变成

图11-22 石莲花

无根植株。盛夏高温时，也不宜多浇水，可少些喷水，切忌阵雨冲淋。生长期每月施肥一次，以保持叶片青翠碧绿。但施肥过多，也会引支茎叶徒长，2～3年生以上的石莲花，植株趋向老化，应培育新苗及时更新。

（4）园林应用　石莲花是常见的多浆植物，叶片莲座状排列，肥厚如翠玉，姿态秀丽，形状池中莲花，观赏价值较高。盆栽是室内绿色装饰的佳品。也可地栽用于花境点缀。

11. 神刀（*Crassula falcata*）

别名：尖刀。

科属：景天科，神刀属。

（1）形态特征　神刀（图11-23）茎直立，原产南非。地株高可达1m。叶镰刀状，互生。伞房花序，深红色。花期夏季。

（2）生态习性　喜温暖干燥和半阴环境。不耐寒，耐干旱和怕水湿。要求疏松、肥沃和排水良好的壤土。冬季温度不低于10℃。

（3）繁殖及栽培管理　常用播种和扦插繁殖。神刀适应性强，特别耐干旱，盆栽在生长期不需多浇水，保持土壤潮气即行。每月施肥一次。夏季高温可从室内移到室外，选择通风和遮阴处栽培。如植株生长过高，应设支架或摘心修剪，压低株形。冬季应放室内养护，室温不超过12℃，并保持盆土干燥。

（4）园林应用　神刀在原产地株高可达1m多，夏季开花，深红色，美丽醒目。用于盆栽观赏，清雅别致，是窗台绿化和室内装饰的极好材料。

12. 露草（*Atenia cordifolia*）

别名：花蔓草、心叶冰花、露花、太阳玫瑰、羊角吊兰、樱花吊兰、牡丹吊兰。

科属：番杏科，露草属。

（1）形态特征　露草（图11-24）为多年生常绿蔓性肉质草本植物。枝长20cm左右，叶对生，肉质肥厚、鲜亮青翠。枝条有棱角，伸长后呈半葡萄状。枝条顶端开花，花深玫瑰红色，中心淡黄，形似菊花，瓣狭小，具有光泽，自春至秋陆续开放。

图11-23　神刀

图11-24　露草

（2）生态习性　露草原产南非，喜阳光，宜干燥、通风环境。忌高温多湿，喜排水良好的沙质土壤。生长适宜温度为15～25℃。

（3）繁殖及栽培管理　扦插、分株均能繁殖。

（4）园林应用　生长迅速，枝叶茂密，花期长，宜作垂吊花卉栽培，供家庭阳台和室内向阳处布置，园林中多用于布置沙漠景观。

13. 翡翠珠（*Senecio rowleyanus* Jacobsen）

别名：一串珠、绿铃、一串铃、绿串株。

科属：菊科，千里光属。

（1）形态特征　翡翠珠（图11-25）为多年生常绿葡匐生肉质草本植物。茎纤细，全株被白色皮粉。叶互生，较疏，圆心形，深绿色，肥厚多汁，极似珠子，故有佛串珠、绿葡萄、绿之铃之美称。头状花序，顶生，长3~4cm，呈弯钩形，花白色至浅褐色。花期为12月至翌年1月。有微尖的刺状突起，绿色，具有一条透明的纵纹。花白色。

图11-25　翡翠珠

（2）生态习性　翡翠珠原产于西南非干旱的亚热带地区。喜温暖、湿润的环境。喜光照，但忌强光。喜湿润，忌长期水湿。土壤以疏松、肥沃的沙质壤土为佳。

（3）繁殖及栽培管理　扦插繁殖。栽培基质可选用腐叶土加少量河沙混合配制。夏季高温季节注意控水，防止基质过湿，否则茎节易腐烂。入秋生长季节，每月施肥一次。冬季温度较低时，应控水，保持土壤稍干燥。

（4）园林应用　翡翠珠用小盆悬吊栽培，极富情趣，是家庭悬吊栽培的理想花卉。可用于小盆栽植，放于案头、几架，也可作悬垂栽植，如下垂的宝石项链、晶莹可爱。还可以有效地清除室内的二氧化硫、氯、乙醚、乙烯、一氧化碳、过氧化氮等有害物。

项目12

兰科花卉栽培管理

 学习目标

解释兰科花卉的概念，以及正确区分不同兰科花卉的习性。

识别10种以上常见兰科花卉，并能熟练对其进行观赏应用。

熟练进行蝴蝶兰、大花蕙兰、中国兰等的繁殖技术和日常养护管理。

初步设计合理的工作步骤，制订并实施兰科花卉养护管理方案。

工作任务

根据兰科花卉的养护任务，对蝴蝶兰、大花蕙兰、中国兰等常见兰科花卉进行养护管理，包括繁殖、栽植、水肥管理及其他管理，并作好管理记录。以小组为单位通力合作，制订养护方案，对现有的栽培技术手段要进行合理的优化和改进。在工作过程中，要注意培养团队合作能力和工作任务的信息采集、分析、计划、实施能力。

任务1 兰科花卉栽培概述

兰花广义上是兰科（Orchidaceae）花卉的总称。兰科是仅次于菊科的一个大科，是单子叶植物中的第一大科。全世界具有的属和种数说法不一，有的说1000属，2万种；有的说约有800属，3万~3.5万种；有的说有700属，2.5万种。该科中有许多种类是观赏价值高的植物，目前栽培的兰花仅是其中的一小部分，有悠久的栽培历史和众多的品种。自然界中尚有许多有观赏价值的野生兰花有待开发、保护和利用。

12.1.1 兰花的品种分类

兰科植物分布极广，但85%集中分布在热带和亚热带地区。园艺上栽培的重要种类，主要分布在南、北纬30°以内，降雨量1500~2500mm的森林中。兰科主要有中国兰和洋兰两大类。

1. 中国兰

中国兰又称为国兰、地生兰，是指兰科兰属（*Cymbidium*）的少数地生兰，如春兰、蕙兰、建兰、墨兰、寒兰等。中国兰是中国的传统名花，主要原产于亚洲的亚热带地区，尤其是中国亚热带雨林区。一般花较少，但芳香。花和叶都有观赏价值。

中国兰是中国传统十大名花之一，兰花文化源远流长，人们爱兰、养兰、咏兰、画兰，并当成艺术品收藏。对其色、香、姿、形上的欣赏有独特的审美标准。如瓣化萼片有重要观赏价值，绿色无杂为贵；中间萼片称为主萼片，两侧萼片向上跷起，称为"飞肩"，极为名贵；排成一字名为"一字肩"，观赏价值较高；向下垂，为"落肩"不能入选；花不带红色为"素心"，是上品等。中国兰主要用于盆栽观赏。

2. 洋兰

洋兰是民众对中国兰以外兰花的称谓，主要是热带兰。实际上，中国也有热带兰分布。热带兰常见栽培品种有卡特兰属、蝴蝶兰属、兜兰属、石斛属、万代兰属等。热带兰一般花大色艳，但大多没有香味，以观花为主。

热带兰主要观赏其独特的花形，艳丽的色彩。可以盆栽观赏，也是优良的切花材料。

从植物形态上兰科植物分为：

1）地生兰：生长在地上，花序通常直立或斜上生长。亚热带和温带地区原产的兰花多为此类。中国兰和热带兰中的兜兰属花卉属于这类。

2）附生兰：生长在树干或石缝中，花序弯曲或下垂。热带地区原产的一些兰花属于这类。

3）腐生兰：无绿叶，终年寄生在腐烂的植物体上生活。如中药材天麻（*Gastrodia elata* Blume）。园艺中没有栽培。

12.1.2　兰花的栽培历史

中国兰花是我国著名的观赏花卉，千百年来以其独有的幽香，典雅的叶姿，四时常青的风韵独步花卉世界，备受国人喜爱。中国兰花有着悠久的历史，现在所见的最早记载兰花的古籍是两千多年前的《易系辞》，其中有"同心之言，其臭如兰"的名句。唐朝末年唐彦谦在《咏兰》诗中赞曰："清风摇翠环，凉露滴苍玉。美人胡不纫，幽香蔼空谷。谢庭温芳草，楚畹多绿莎。于焉忽相见，岁晏将如何。"显然，这首五言诗所描写的就是兰属植物中国兰花。唐末杨夔在《植兰说》载："或种兰荃，鄙不遄茂。乃法圃师，汲秽以溉。而兰荃洁净，非类乎众莽。苗既骤悴，根亦旋腐。"《植兰说》是迄今所知对兰花栽培方法最早的记述。另外，唐朝王摩诘关于"贮兰用黄瓷斗，养以绮石，累年弥盛"之说；郭橐《种树书》"种兰蕙畏湿，最忌洒水"的记述，也都说明盆栽养兰，在唐朝已经盛行。

进入宋代，国兰栽培益盛，艺兰学说渐多。北宋黄庭坚在《书幽芳亭》中写道："兰蕙丛出，莳以砂石则茂，沃以汤茗则芳，是所同也。至其发华，一干一花而香有余者兰，一干五七花而香不足者蕙，"在历史上首创了对兰蕙进行分类的先河。《本草衍义》中就兰花作了更详细的记载："兰叶阔且韧，长及一二尺，四时常青，花黄绿色，中间瓣上有细紫点。春芳者为春兰，色浑；秋芳者为秋兰，色淡"。范成大在《次韵温伯种兰》中谈及"栽培带苔藓，披拂护尘垢"，已经懂得借装饰盆面，养护好兰草。南宋末年，兰花的栽培已有长足的发展，相继出现了两本兰谱，即赵时庚的《金漳兰谱》（1233）和王贵学的《兰谱》（1247）。书中详细评述了福建、广东一带特产兰花的品种、栽培、施肥、灌溉、移植、分株、土质等方面的问题。这两部兰谱是我国也是全世界最早的兰花专著。

元代之后，国兰莳养进入昌盛时期。元代孔静斋《至正直记》中除列述广东、福建兰花外，又提及江西、浙江一带兰花，并指出当时社会上已逐渐重视浙江兰花了。书中所言兰花"喜晴恶日，喜阴恶湿，喜幽恶僻，盖欲干不欲经烈日，欲润不欲多灌水，欲隐不欲处荒萝，欲盛而苗繁则败"，"有竹方培兰，即喜晴恶日，喜幽恶僻之意"。这些言简意赅对兰花习性和栽培要领的记述，直到今天仍有一定参考作用。

明代艺兰著作更多。王世懋的《学圃杂疏》谈及养兰应隔瓮置水以防虫蚁、鼠、蚓、蚁等侵入。李时珍在《本草纲目》中指出："兰花亦生于山中，与三兰迥别，兰花生近处者叶如麦门冬而春花，生福建者叶如营茅而秋花"。不仅把兰花和其他兰草的区别说明白了，而且也把春兰和建兰的区别指明了。明代高濂的《遵生八笺》（1591）收录了许多民间的养兰秘方，如"种兰奥法"、"培养四戒"、"雅尚斋重订逐月护兰诗诀"等。明代重要的兰花专著还有张应文的《罗篱斋兰谱》（1596）、周履靖的《兰谱奥法》（1597）、鹿亭翁的《兰易》、簟溪子的《兰易十二翼》和《兰史》等。

清代是我国兰花栽培最昌盛时期。陈昊子《花镜》、汪灏《广群芳谱》中对艺兰都有详细记载。随着历代谱集和新园艺品种不断出现，涌现出一批具有丰富经验的艺兰大家，他们在总结前人经验的基础上，推陈出新，纷纷写出了具有价值的艺兰专著，主要有清初鲍薇省的《艺兰杂记》，首创兰蕙瓣型学说；冒襄的《兰言》（1695～1709）、朱克柔的《第一香笔记》（1796）、屠用宁的《兰蕙镜》（1811）、吴传沄的《艺兰要诀》（1811）、张光照的《兴兰谱略》（1816）、杨复明的《兰言四种》（1816）、许霁楼的《兰蕙同心录》（1865）、袁世俊的《兰言述略》（1876）、岳梁的《养兰说》（1890）、区金策的《岭海兰言》等，其中尤以许霁楼的《兰蕙同心录》最引人注目，书中首次对兰蕙花品和传统名种附有素描插图，非常实用。袁忆江的《兰言述略》，进一步把江浙一带兰蕙中梅、荷、水仙、素唇瓣之园艺品种分别列出，共达 98 种之多。

进入 20 世纪，比较著名的兰花著作主要有吴恩元的《兰蕙小史》（1923），于照的《都门艺兰记》（1929），夏诒彬的《种兰法》（1930），姚毓璆、诸友仁的《兰花》（1959），严楚江的《厦门兰谱》（1964），沈渊如、沈荫椿的《兰花》（1984），吴应祥的《中国兰花》（1991，1993）等。其中，吴恩元的《兰蕙小史》附有江浙兰蕙失传各种素描图和当时盛行的兰蕙名种照片，并对兰蕙瓣型、栽培管理等作了系统论述，是我国第一部比较详细、完整的艺兰专著；严楚江的《厦门兰谱》首次将兰花的形态予以科学性的研究和描述；沈渊如、沈荫椿的《兰花》编撰科学，图文并茂，对兰花名品介绍精当，很有参考价值；吴应祥的《中国兰花》科学严谨，是中国兰属植物研究的一个里程碑，深受兰花爱好者欢迎，对中国兰花的普及发展作出了巨大贡献。此外，20 世纪 90 年代以来，有关中国兰栽培鉴赏方面的书籍、杂志大量涌现，主要有吴应祥的《国兰拾粹》（1995），陈心启、吉占和的《中国兰花全书》（1998），吴应祥、吴汉珠的《兰花》（1999），刘清涌的《兰花》（1991）、《中外兰花》（1992），潘光华的《兰花》（1999），丁永康的《中国兰艺三百问》（1999），卢思聪的《中国兰与洋兰》（1993），关文昌，朱和兴的《江浙兰蕙》（1999）、《兰蕙宝鉴》，杨涤清的《兰苑漫笔》（2004），陈福如的《兰花病虫害诊治图谱》（2006），张炳福、史宗义的《养兰绝招》等近百种，数量大大超过了自宋代《金漳兰谱》（1233）以来 700 余年出版的兰花书籍。中国花卉协会兰花分会 1987 年成立后，注重宣传舆论阵地建设。自 1992 年起在广东办起了《中国兰花》（双月刊）杂志，每期均能按时出版，从未中断过，在中国兰界产生了重大影响。进入 21 世纪,又有《兰花宝典》、《兰苑》、《兰蕙》、《兰花世界》、《兰界》等杂志定期或不定期出版;2000 年,为扩大中国兰的传播力度,中国花卉协会兰花分会又在广东汕头创办了《中国兰花网》;之后,全国不少省、市纷纷创办了各种兰花网站和网页,为中国兰的发展产生了积极的促进作用。可见,自 20 世纪 80 年代以来,中国兰进入了一个更加昌盛的时期;出版的各类中国兰书籍数量之多;新开发的中国兰品种范围之广,兰花爱好者队伍之庞大,兰花交易之活跃,都超过了历朝历代。

12.1.3　兰花的形态特征

根粗壮,无明显的主次根之分,分枝或不分枝。根毛不发达,具有菌根起根毛的作用,也称兰菌,是一种真菌。

因种不同,茎有直立茎、根状茎和假鳞茎。直立茎同正常植物,一般短缩;根状茎一般索状,较细;假鳞茎是变态茎,是由根状茎上生出的芽膨大而成。地生兰大多有短的直立茎;热带兰大多为根状茎和假鳞茎。

叶形、叶质、叶色都有广泛的变化。一般中国兰为线、带或剑形;热带兰多肥厚、革质,为带状或长椭圆形。

花具有 3 枚瓣化的萼片;3 枚花瓣,其中 1 枚成为唇瓣,颜色和形状多变;具 1 枚蕊柱。

开裂蒴果,每个蒴果中有数万到上百万粒种子。种子内有大量空气,不易吸收水分,盆栽兰胚多不成熟或发育不全,尤其是地生兰,没有胚乳。

12.1.4　生态习性

兰花种类繁多,分布广泛,生态习性差异较大。

1. 对温度的要求

热带兰依原产地不同有很大差异,生长期对温度要求较高,原产热带的种类,冬季白天要保持在 25 ~ 30℃,夜间 18 ~ 21℃;原产亚热带的种类,白天保持在 18 ~ 20℃,夜间 12 ~ 15℃;原产亚热带和温暖地区的地生兰,白天保持在 10 ~ 15℃,夜间 5 ~ 10℃。

中国兰要求比较低的温度,生长期白天保持在 20℃左右,越冬温度夜间 5 ~ 10℃,其中春兰和蕙兰最耐寒,可耐夜间 5℃的低温,建兰和寒兰要求温度高。地生兰不能耐 30℃以上高温,要在兰棚中越夏。

2. 对光照的要求

种类不同、生长季不同,对光的要求不同。冬季要求充足光照,夏季要遮阴,中国兰要求 50% ~ 60% 遮阴度,墨兰最耐阴,建兰、寒兰次之,春兰、蕙兰需光较多。热带兰种类不同,差异较大,有的喜光,有的要求半阴。

3. 对水分的要求

喜湿忌涝,有一定耐旱性。要求一定的空气湿度,生长期要求在 60% ~ 70% 之间,冬季休眠期要求 50%。热带兰对空气湿度的要求更高,因种类而定。

4. 对土壤的要求

地生兰要求疏松、通气排水良好富含腐殖质的中性或微酸性(pH 值 5.5 ~ 7.0)土壤。热带兰对基质的通气性要求更高,常用水苔、蕨根类作栽培基质。

12.1.5 繁殖栽培要点

1. 繁殖要点

以分株繁殖为主，还可以播种繁殖、扦插假鳞茎和组织培养。

1）分株繁殖。一般3~4年生的植株可以用来繁殖，方法同宿根花卉。

2）播种繁殖。主要用于育种，一般采用组织培养的方法播种在培养基上，种子萌发需要半年到1年时间，要8~10年才能开花。

3）扦插假鳞茎。可以直接扦插假鳞茎，也可以每2~3节切成一段扦插。

4）组织培养。一般以芽为外植体。热带兰中许多种可用此法繁殖。

2. 栽培要点

1）栽培方法不同。兰花种间生态习性差异很大，需依种类不同，给予不同的栽培。

2）选好栽培基质。地生兰以原产地林下的腐殖土为好，或人工配制类似的栽培基质；底层要垫碎砖、瓦块以利于排水。热带兰可以选用苔藓、蕨根类作基质。

3）依种类不同，控制好生长期和休眠期的温度、光照、水分。如春兰、蕙兰，冬季应保持在5℃，高于10℃则影响来年开花，而墨兰、建兰、寒兰冬季需要10℃。热带兰差异很大。

任务2 蝴蝶兰栽培技术

蝴蝶兰（*Phalaenopsis amabilis*）

别名：蝶兰。

科属：兰科，蝴蝶兰属。

蝴蝶兰于1750年发现，已发现70多个原生种，大多数产于潮湿的亚洲地区。在中国台湾和泰国、菲律宾、马来西亚、印度尼西亚等地都有分布。其中以台湾地区出产最多。蝴蝶兰属是著名的切花种类，单茎性附生兰，茎短，叶大，花茎一至数枚，拱形，花大，因花形似蝶得名。其花姿优美，颜色华丽，为热带兰中的珍品，有"兰中皇后"之美誉。

12.2.1 形态特征

蝴蝶兰（图12-1）茎很短，常被叶鞘所包。叶片稍肉质，常3~4枚或更多，正面绿色，背面紫色，椭圆形，长圆形或镰刀状长圆形，先端锐尖或钝，基部楔形或有时歪斜，具短而宽的鞘。花序侧生于茎的基部，不分枝或有时分枝；花序柄绿色，粗4~5mm，被数枚鳞片状鞘；花序轴紫绿色，多少回折状，常具数朵由基部向顶端逐朵开放的花；花苞片卵状三角形，花梗连同子房绿色，纤细；花色多样，美丽，花期长；中萼片近椭圆形，先端钝，基部稍收狭，具网状脉；侧萼片歪卵形，先端钝，基部收狭并贴生在蕊柱足上，具网状脉；花瓣菱状圆形，

图12-1 蝴蝶兰

先端圆形，基部收狭呈短爪，具网状脉；唇瓣 3 裂，基部具爪；侧裂片直立，倒卵形，先端圆形或锐尖，基部收狭，具红色斑点或细条纹，在两侧裂片之间和中裂片基部相交处具 1 枚黄色肉突；中裂片似菱形，先端渐狭并且具 2 条长卷须，基部楔形；蕊柱粗壮，具宽的蕊柱足；花粉团 2 个，近球形，每个劈裂为不等大的 2 片。花期为 4 ~ 6 月。

12.2.2　类型及品种

全世界原生种约有 70 多种，但原生种大多花小不艳，作为商品栽培的蝴蝶兰多是人工杂交选育品种。经杂交选育的品种有 530 多左右，以开黄花的较为名贵。有个称为"天皇"的黄花品种，堪称为"超级巨星"，售价甚昂，至于蓝花品种亦较为珍稀。主要品种：

1）小花蝴蝶兰：为蝴蝶兰的变种。花朵稍小。

2）台湾蝴蝶兰：为蝴蝶兰的变种。叶大，扁平，肥厚，绿色，并有斑纹。花径分枝。

3）斑叶蝴蝶兰：别名席勒蝴蝶兰。为通属常见种。叶大，长圆形，长 70cm，宽 14cm，叶面有灰色和绿色斑纹，叶背紫色。花多选 170 多朵，花径 8 ~ 9cm，淡紫色，边缘白色。花期春、夏季。

4）曼氏蝴蝶兰：别名版纳蝴蝶兰。为同属常见种。叶长 30cm，绿色，叶基部黄色，萼片和花瓣橘红色，带褐紫色横纹。唇瓣白色，3 裂，侧裂片直立，先端截形，中裂片近半月形，中央先端处隆起，两侧密生乳突状毛。花期为 3 ~ 4 月。

5）阿福德蝴蝶兰：为同属常见种。叶长 40cm，叶面主脉明显，绿色，叶背面带有紫色，花白色，中央常带绿色或乳黄色。

6）菲律宾蝴蝶兰：为同属常见种。花茎长约 60cm，下垂。花棕褐色，有紫褐色横斑纹，花期为 5 ~ 6 月。

7）滇西蝴蝶兰：为同属常见种。萼片和花瓣黄绿色，唇瓣紫色，基部背面隆起呈乳头状。

12.2.3　生态习性

蝴蝶兰喜高温、高湿、通风半阴环境，忌水涝气闷。越冬温度不低于 15℃。由于蝴蝶兰出生于热带雨林地区，本性喜暖畏寒。生长适温为 18 ~ 30℃，冬季 15℃ 以下就会停止生长，低于 10℃ 容易死亡。要求富含腐殖质、排水好、疏松的基质。

12.2.4　栽培管理

1. 繁殖技术

蝴蝶兰繁殖方法主要有播种繁殖法、花梗催芽繁殖法、断心催芽繁殖法、切茎繁殖法和组织培养法 5 种。

（1）播种繁殖法　此法能繁育出大量优良的种苗，而且不易传染病毒和其他病害，还能利用杂交的手段来培育更优良、更新奇、更多花色花型的新品种。

1）自然播种法。将已开裂蒴果散发出来的种子播于亲本植株的花盆中，这是由于亲本植株的植料中或许存在有蝴蝶兰种子发芽时所必要的共生菌。但此法成功的机会甚微，极少应用。

2）无菌播种法。先将未裂开的成熟蒴果洗净，然后置于 75% ~ 90% 乙醇或氯仿中浸

2~3s，再用5%~10%的漂白粉溶液或3%的双氧水浸5~20min。取出种子在同样的消毒水中浸泡5~20min，然后用过滤的方法除去溶液，取出种子，再用细针将种子均匀地平铺于已制备好的瓶中培养基表面。培养条件为光照强度2000~3000lx，每天10~18h，温度保持在20~26℃。9~10个月后，小苗长出2~3片叶子便可出瓶上盆栽植。此法是一项科学性较强的工作，一般在组织培养实验室里进行，或在规模大、管理严格的组培工厂里进行。

（2）花梗催芽繁殖法　许多品种的蝴蝶兰在花凋谢后，其花梗的节间上常能长出带根的小苗来，剪下另行种植就能长成一株新的蝴蝶兰。可采用人工催芽的方法确保蝴蝶兰的花梗长出花梗苗，用于繁殖。方法是先将花梗中已开完花的部分剪去，然后用刀片或利刃仔细地将花梗上部第1~3节节间的苞片切除，露出节间中的芽点；用棉签将催芽剂或吲哚丁酸等激素均匀地涂抹在裸露的节间节点上；处理后将兰株置于半阴处，温度保持在25~28℃，2~3周后可见芽体长出叶片，3个月后长成具有3~4片叶并带有气生根的蝴蝶兰小苗；切下小苗上盆，便可成为一棵新的兰株。

（3）断心催芽繁殖法　兰株因冻害、虫害、病害以及人为等因素而致使其生长点遭到破坏后，经过一段时间，会从兰株近基部的茎节上长出1~2个新芽。可以利用这一特点来繁殖蝴蝶兰。具体的操作方法是：将茎顶最高的心叶抽掉，注意要将茎尖生长点破坏，使其无法向上生长；伤口晾干或用杀菌剂涂抹消毒灭菌，经过一段时间即能在近基部的茎节上长出2~3个新芽；待新芽长大并有根系从基部长出时，就可切下另行种植，成为一棵新的植株。

（4）切茎繁殖法　切茎繁殖法的原理是破坏茎尖生长点，以诱发潜伏芽生长。蝴蝶兰植株的叶腋处虽有潜伏芽1~3个，但多不能萌芽成株。可待植株不断向上生长、茎节较长后，再将植株带有根的上部用消毒过的利刃或剪刀切断，植入新盆使其继续生长，下部留有根茎的部分给予适当的水分管理，不久就可萌生新芽1~3个（依植株本身的性状及管理方法而定）。如植株的茎较长，亦可考虑分切多段，只要每段有2~3节节间或长2~3cm以上并有根一条以上者，就有可能长成一棵新的植株，但如果植株的根茎均已干枯死亡，则此法无效。

（5）组织培养法　采用组织培养法来繁殖蝴蝶兰，可以获得与母株完全相同的优良的遗传特性。通过这种方法产生的蝴蝶兰苗通常称为分生苗或组织苗。用于进行分生培养的植物组织（外植体）可以是顶芽（茎尖）、茎段（休眠芽），也可以是幼嫩的叶片或根尖，但目前最常见的是采用蝴蝶兰的花梗。因为选用花梗作为外植体，不仅不会损伤植株，而且诱导容易。较老的花梗或已开花的花梗主要取其花梗节芽，而幼嫩的花梗除了花梗节芽外，花梗节间也可作为培养的材料。

2. 栽培管理技术

（1）温度　蝴蝶兰原产于热带地区，喜高温高湿的环境，生长时期最低温度应保持在15℃以上，生长适温为20%~30%，夏季超过35℃或冬季低于10℃时，其生育都会受到抑制。春节前后为盛花期，适当降温可延长观赏时间，但不能低于13℃。

（2）水分　蝴蝶兰在原产地大都着生在树干上，根部暴露在空气中，可以从湿润的空气中吸收水分，空气湿度要保持在70%左右。当人工栽培时，根被埋进栽培基质中，如浇水过多，基质通气性就会变差，肉质根就会腐烂，叶片会变黄、脱落，严重时导致死亡。浇水的原则：见干见湿，浇则浇透。当室内空气干燥时，可用喷雾器或喷壶向叶面喷雾，但需注意，花期不可将水雾喷到花朵上，以免落花落蕾。

（3）光照 蝴蝶兰需光照不多，约为一般兰花光照的1/3～1/2，切忌强光直射。若放室内窗台上培养时，要用窗纱遮去部分阳光，夏季遮光80%，秋季遮光60%，冬季遮光40%。在开花期前后，适当的光照可促使蝴蝶兰开花，使开出的花艳丽持久。

（4）营养 栽培蝴蝶兰一般选用水草、苔藓作栽培基质。施肥的原则应少施肥，施淡肥。正常生长期施用兰花专用肥2000倍液，进行根部施肥，视生长情况，2～3周施一次。开花前可选用以水溶性高磷钾肥为主的复合花肥1000～2000倍液，10d左右喷施一次。花期和温度较低的季节停止施肥。

（5）换盆 从小苗到开花需要2年左右的时间。成株的蝴蝶兰宜在每年春季开花后进行换盆和更换植料，不然易积生污垢和青苔，植料也易腐烂，滋生病虫害。盆栽蝴蝶兰，宜用多孔透气的素烧盆。栽植时盆底所放植料至少要占盆容量的1/2，并将部分根外露于盆面，切勿全面深埋，否则妨碍呼吸及生长。

12.2.5 园林应用

蝴蝶兰花形奇特，色彩艳丽，如彩蝶飞舞，深受人们喜爱，是珍贵的盆栽观赏花卉，可悬吊式种植，也是国际上流行的名贵切花花卉。蝴蝶兰是新娘捧花的主要花材，尽显雍容华贵；亦可作胸花。盆栽蝴蝶兰盛花时节正值中国传统节日春节，平添喜庆、繁荣富足气氛，是馈赠亲友的佳品。

任务3 大花蕙兰栽培技术

大花蕙兰（*Cymbidium*）

别名：虎头兰、喜姆比兰、蝉兰、西姆比兰。

科属：兰科，兰属。

大花蕙兰原产于印度、缅甸、泰国、越南和中国南部等地区，主要指兰属中一些附生性较强的大花种和以这些原种为亲本获得的人工杂交种。大花蕙兰是对兰属中通过人工杂交培育出的、色泽艳丽、花朵硕大的品种的一个统称。大花蕙兰叶长碧绿，花姿粗犷，豪放壮丽，是世界著名的"兰花新星"。它具有中国兰的幽香典雅，又有洋兰的丰富多彩，在国际花卉市场十分畅销，深受花卉爱好者的倾爱。

12.3.1 形态特征

大花蕙兰（图12-2）为多年生附生性草本植物。假鳞茎椭圆形，粗大。叶长50～80cm，叶宽2～4cm，株高60～150cm不等，花葶40～150cm不等，叶色浅绿至深绿，标准花茎每盆3～5支，每支着花6～20朵花。其中绿色品种多带香味。

图12-2 大花蕙兰

12.3.2 类型及品种

中国的大花蕙兰商品栽培品种主要来自日本和韩国，国内最近几年也开始有很多公司在进行品种选育。栽培品种有以下种类：

切花品种：花大，花枝长 80~150cm。

盆栽品种：花大型或小型，花枝直立或自然下垂（后者称为垂花蕙兰）。

按颜色又可分为：

红色系列：如红霞、亚历山大、福神、酒红、新世纪等。

粉色系列：如贵妃、梦幻、修女。

绿色系列：如碧玉、幻影、往日回忆、世界和平、钢琴家、翡翠、玉禅。

黄色系列：如黄金岁月、龙袍、明月、幽静。

白色系列：如冰川、黎明。

橙色系列：如釉彩、梦境、百万吻。

咖啡色系列：多见于垂花蕙兰系列，如忘忧果。

复色系列：火烧。

12.3.3 生态习性

大花蕙兰喜冬季温暖和夏季凉爽气候，喜高湿强光，生长适温为 10~25℃。喜光照充足，夏秋防止阳光直射。要求通风、透气。为热带兰中较喜肥的一类。喜疏松、透气、排水好、肥分适宜的微酸性基质。花芽分化在 8 月高温期，在 20℃以下花芽发育成花蕾和开花。

12.3.4 栽培管理

1. 繁殖技术

（1）分株繁殖　在植株开花后，新芽尚未长大之前，正处短暂的休眠期。分株前使质基适当干燥，让大花蕙兰根部略发白、略柔软，这样操作时不易折断根部。将母株分割成 2~3 筒一丛盆栽，操作时抓住假鳞茎，不要碰伤新芽，剪除黄叶和腐烂老根。

（2）播种繁殖　主要用于原生种大量繁殖和杂交育种。种子细小，在无菌条件下，极易发芽，发芽率在 90% 以上。

（3）组培繁殖　选取健壮母株基部发出的嫩芽为外植体。将芽段切成直径 0.5mm 的茎尖，接种在制备好的培养基上。用 MS 培养基添 6-BA0.5mg/L，52d 形成原球茎。将原球茎从培养基中取出，切割成小块，接种在添加 6-苄氨基嘌呤 2mg/L 和萘乙酸 0.2mg/L 的 MS 培养基中，使原球茎增殖。将原球茎继续在增殖培养基中培养，20d 左右在原球茎顶端形成芽，在芽基部分化根。90d 左右，分化出的植株长出具 3~4 片叶的完整小苗。

2. 栽培管理技术

（1）温度　大花蕙兰生长适温为 1~30℃，且喜白天温度高，夜间温低，温差大（8℃以上）的环境。

（2）光照　大花蕙兰的最适光强为 2~30000lx（注：中等偏强），相对大部分兰花而言，大花蕙兰更喜阳光。

（3）浇水与湿度　大花蕙兰属地生兰类，喜根部湿润而不积水的环境，生长期要求高湿，控制湿度 75% ~85%，休眠期 50% 左右，花期 55% ~65%。

（4）施肥　中小苗期需要高钾肥，氮、磷、钾比例为 1∶1∶（2 ~3），中大苗需加重氮的比例，而且以有机肥为主，叶面施肥为辅。

（5）病虫害　大花蕙兰的病害最严重的是炭疽病，其他有疫病、灰霉病、茎腐病、根腐病等，可用可杀得 2000、代森锰锌等防治。

12.3.5　园林应用

大花蕙兰是兰花中较高大的品种。植株挺直，开花繁茂，花期长，栽培相对容易，是近年来新兴的高档室内盆花。

任务 4　中国兰栽培技术

中国兰简称国兰，通常是指兰属（*Cymbidium*）植物中的一部分地生种。假鳞茎较小，叶线形，根肉质；花茎直立，有花 1 ~10 余朵，花小而芳香，通常淡绿色有紫红色斑点。种类不同叶和花形态及花期变化较大。产秦岭以南及西南地区。栽培历史悠久，最少在千年以上，为中国十大传统名花之一。自古以来人们把兰花视为高洁、典雅、爱国和坚贞不屈的象征，形成有浓郁中华民族特色的兰文化。

12.4.1　形态特征

春兰（图 12-3）为多年生草本植物，叶革质。花茎顶生或腋生；花冠的各部分在我国的古书上有特定的名称：萼片中间 1 枚为主瓣，下 2 枚为副瓣，副瓣伸展情况称肩；上 2 枚花瓣直立，肉质较厚，先端向内卷曲，俗称棒，下面（中央）一枚为唇瓣，较大，俗称舌；蕊柱俗称鼻；顶端着生 1 ~3 粒花粉块，稍下凹入部分为柱头。蒴果长圆形，俗称"兰荪"，成熟后为褐色。种子细小呈粉末状，含有数万粒。

图 12-3　春兰

12.4.2　类型及品种

根据兰花开花季节的不同，中国兰的种类一般可分为：

1）春季开花类，又称为春兰。主要品种有：宋梅、西神梅、龙字、翠一品、汪字、翠盖荷、迎春蝶、笑蝶、文团素、月佩素绿等。

春兰：春兰又名草兰、山兰。春兰分布较广，资源丰富。花期为一年的 2 ~3 月，时间可持续 1 个月左右。花朵香味浓郁纯正。名贵品种有各种颜色的荷、梅、水仙、蝶等瓣型。从瓣型上来讲，以江浙名品最具典型。

2）夏季开花类，又称为夏兰。主要品种有：蕙兰、台兰等。

蕙兰（图 12-4）：根粗而长，叶狭带形，质较粗糙、坚硬，苍绿色，叶缘锯齿明显，中脉显著。花朵浓香远溢而持久，花色有黄、白、绿、淡红及复色，多为彩花，也有素花及蝶花。

3）秋季开花类，又称为建兰。主要品种有：建兰、漳兰等。

建兰（图12-5）：也叫四季兰，包括夏季开花的夏兰、秋兰等。建兰健壮挺拔，叶绿花繁，香浓花美，不畏暑，不畏寒，生命力强，易栽培。不同品种花期各异，5～12月均可见花。

图12-4　蕙兰　　　　　　　　　　　　　　图12-5　建兰

4）冬季开花类。主要品种有墨兰、寒兰等。

寒兰（图12-6）：寒兰分布在我国福建、浙江、江西、湖南、广东以及西南的云、贵、川等地。寒兰的叶片较建兰细长，尤以叶基更细，叶姿幽雅潇洒，碧绿清秀，有大、中、细叶和镶边等品种。花色丰富，有黄、绿、紫红、深紫等色，一般有杂色脉纹与斑点，也有洁净无瑕的素花。萼片与捧瓣都较狭细，别具风格，清秀可爱，香气袭人。

墨兰（图12-7）：也叫报岁兰、拜岁兰、丰岁兰等，原产于我国广东、广西、福建、云南、台湾、海南等省区。我国南方各地特别是广东、云南的养兰人最喜栽培与观赏。

图12-6　寒兰　　　　　　　　　　　　　　图12-7　墨兰

春剑：常称为正宗川兰，虽云、贵、川均有名品，但以川兰名品最名贵。花色有红、黄、白、绿、紫、黑及复色，艳丽耀目，容貌窈窕，风韵高雅，香浓味纯，常为养兰人推崇首选。

12.4.3　生态习性

中国兰喜温暖湿润气候，春兰及蕙兰耐寒力较强，长江以南分布较多。寒兰分布稍南些。建兰及墨兰耐寒力稍弱，自然分布仅限于福建、广东、广西、云南等南部及台湾。兰花喜腐殖质丰富的微酸性土壤，生长期要保持半阴，冬季有充足的光照。兰花根系屯菌根菌共生，否则生长不良。

12.4.4 栽培管理

1. 繁殖技术

常用分株繁殖，也可播种繁殖或组织培养。分株以新芽未出土之前或开花以后为好。

2. 栽培管理技术

栽培兰花的关键是土壤，要求富含腐殖质、透气性好的酸性土。盆用透气性良好的素烧深瓦盆。浇水应掌握七分干三分湿，适当偏干的原则。兰花需肥不多，新栽的兰花，未长新根前不能施肥，培养 1~2 年，新根生长茂盛时才可施肥。兰花最忌烟尘，应置于空气清新的环境中。

12.4.5 园林应用

兰花多盆栽室内观赏，清雅别致，也可植于小庭院，配以假山、迎春、薜荔等，色香并美，颇有古雅之趣。兰花还可提取香精，也可食用、药用。

实训 29 蝴蝶兰的组织培养

1. 任务实施的目的

蝴蝶兰种子极难萌发，对其进行常规性的繁殖，增殖速度很慢，因此，多采用组织培养的方法对其进行快速繁殖，以达到工厂化育苗的目的。熟练掌握蝴蝶兰的扩繁操作技术，了解培养环节中蝴蝶兰的诱导、培养和驯化移栽过程，满足实习单位实习就业需求。

2. 材料用具

超净工作台及配套接种用具（无菌接种工具、酒精灯、酒精棉球、70% 酒精瓶，无菌培养皿、打火机等）培养基、蝴蝶兰叶片、试管苗。

3. 任务实施的步骤

（1）蝴蝶兰的诱导

1）培养条件。诱导培养基：MS + BA3.0 + NAA0.2。继代培养基：MS + BA2.0 + NAA0.5。在上述培养基中均加入蔗糖 20g/L，琼脂 12g/L，椰汁 200ml/L。育苗培养基：1/2MS + IBA1.5 + NAA0.05，并加入蔗糖 20g/L，琼脂 12g/L，活性炭 5g/L，椰汁 200ml/L。培养温度 25~28℃，每日光照 10~12h，光照强度 1600~2000lx。

2）外植体接种。从蝴蝶兰植株上取下幼叶，放在自来水下冲洗干净，然后放入烧杯内待用。在超净工作台上，将烧杯内的叶片用 75% 酒精消毒 30s，然后用无菌水清洗 2~3 遍，再用 0.1% 升汞溶液浸泡 11min，最后用无菌水冲洗 4~5 遍。用无菌手术刀将叶片切成 5mm×5mm 见方的小块，平放或按极性接种在诱导培养基上，近轴面向上，每瓶不宜接种太多。

3）原球茎的诱导与增殖。幼叶切块在诱导培养基上培养 1~2 月后，从每个叶片组织块上产生 1~7 个不等的原球茎，此时，在无菌条件下，将原球茎取出切割成几小块，转入继代培养基中，进行增殖培养。培养一段时间（60d 左右）后，再进行分割转移，通过这种方式，原球茎可成倍增长。

（2）扩繁操作 消毒拿进来的原瓶苗和培养基：用70%脱脂棉擦拭瓶体，烤瓶口6圈为宜，在火焰上开瓶，瓶塞放在右边，瓶口再烤6圈，放在工作台内侧。

用镊子夹出苗，剪子修剪，分级后放入培养基内，大小相近的放在一起。

插苗：按照苗的大小或要求，有几种方法，16株苗、21株苗、40～60株。如：16株/瓶为插入3cm以上的大苗，培养基的封口：在火焰上烤6圈，在火焰上封口。清楚写上代号。

每次把解剖器拿出都要在火焰上将酒精烤干，冷却后再操作。操作完毕，也要把工具在火焰上烤后在放回试管内。

小植株的培养：将不需继代的原球茎转移到育苗培养基上分化出芽，并逐渐发育成丛生小植株。在无菌条件下，切开丛生小植株，将小植株转入育苗培养基上培养。不久，小植株生根，当小植株长到一定大小时，移入温室。切离丛生小植株时，基部未分化的原球茎及刚分化的小芽应接入诱导培养基中，作为种苗。一段时间后，将长大的种苗移出，种植，小苗及原球茎可继续增殖与分化。

（3）移栽及管理 当小植株长至4cm左右，叶3～4片，根2～3条时，即可移栽。将小植株带瓶移入温室2周左右，然后打开瓶塞炼苗3～5d，取出苗后，用水冲洗掉植株根部的培养基，将根部放于70%甲基托布津溶液中消毒4h，药液浓度为1500倍。将苗吸干水分后阴晾1h，然后定植于水苔育苗盘中。刚定植的植株应遮光50%左右，温度控制在18～28℃，湿度以80%～90%为宜，以后逐渐保持在70%左右。缓苗后逐步提高光照强度至6000～8000lx。

4. 项目要求

写出研究报告。

5. 任务实施的评价

蝴蝶兰的组织培养技能训练评价见表12-1。

表12-1 蝴蝶兰的组织培养技能训练评价表

学生姓名					
测评日期			测评地点		
测评内容	蝴蝶兰的组织培养				
考评标准	内 容	分值/分	自 评	互 评	师 评
	正确配制培养基	50			
	操作标准	20			
	成活率	20			
	分析报告	10			
	合 计	100			
最终得分（自评30%＋互评30%＋师评40%）					

说明：测评满分为100分，60～74分为及格，75～84分为良好，85分以上为优秀。60分以下的学生，需重新进行知识学习、任务训练，直到任务完成达到合格为止

实训 30　常见兰科植物的识别

1. 任务实施的目的

使学生熟练认识和区分兰科植物的分类、生态习性，并掌握它们的繁殖方法、栽培要点、观赏特性与观赏应用。

2. 材料用具

1）兰科植物 8~10 种。

2）笔，记录本，参考资料。

3. 任务实施的步骤

1）由指导教师现场讲解每种花卉的名称、科属、生态习性、繁殖方法、栽培要点、观赏特性和观赏应用。学生进行记录。

2）在教师指导下，学生实地观察并记录兰科植物的主要观赏特征。

3）学生分组进行课外活动，复习兰科植物的主要观赏特性、生态习性及园林应用。

4. 分析与讨论

1）各小组内同学之间相互考问当地常见的兰科植物的科属、生态习性、繁殖方法、栽培要点、观赏特性和园林应用。

2）讨论如何快速掌握花卉主要的观赏特性。如何准确区分同属相似种，或虽不同科但却有相似特征的花卉种类。

3）分析讨论兰科植物的应用形式有哪些。进一步掌握兰科植物的生态习性及应用特点。

5. 任务实施的作业

1）将 8~10 种兰科植物按种名、科属、观赏用途和园林应用列表记录。

2）简述兰科植物的分类。

3）简述蝴蝶兰的繁殖栽培管理技术要点。

6. 任务实施的评价

兰科植物识别技能训练评价见表 12-2。

表 12-2　兰科植物识别技能训练评价表

学生姓名					
测评日期			测评地点		
测评内容			兰科植物识别		
考评标准	内　　容	分值/分	自　评	互　评	师　评
	正确识别兰科植物的种类及名称	50			
	能说出兰科植物的分类	20			
	能说出蝴蝶兰栽培管理的要点	20			
	能正确应用常见兰科植物	10			
合　　计		100			
最终得分（自评 30%＋互评 30%＋师评 40%）					

说明：测评满分为 100 分，60~74 分为及格，75~84 分为良好，85 分以上为优秀。60 分以下的学生，需重新进行知识学习、任务训练，直到任务完成达到合格为止

习题

1. 判断题

1）兰科是仅次于菊科的一个大科，是双子叶植物中的第一大科。

2）中国兰花是中国传统十大名花之一，但是中国也有洋兰分布。

3）热带兰依原产地不同有很大差异，生长期对温度要求较高，而中国兰要求比较低的温度。

4）中国兰要求比较低的温度，生长期白天保持在20℃左右，越冬温度夜间5~10℃，其中春兰和蕙兰最耐寒，可耐夜间5℃的低温，建兰和寒兰要求温度高。

5）蝴蝶兰是新娘捧花的主要花材，也是国际上流行的名贵切花花卉。

6）大花蕙兰常用分株、播种和组培繁殖。

7）兰花最忌烟尘，应置于空气清新的环境中。

8）栽培兰花的关键是土壤，要求富含腐殖质、透气性好的中性土。

2. 选择题

1）兰花是我国传统名花属于（　　）。

A. 洋兰　　　　B. 地生兰　　　　C. 附生兰　　　　D. 腐生兰

2）中国兰要求50%~60%遮阴度，其中（　　）最耐阴。

A. 墨兰　　　　B. 建兰　　　　C. 春兰　　　　D. 蕙兰

3）大花蕙兰不能用（　　）方法繁殖。

A. 分株　　　　B. 播种　　　　C. 组培　　　　D. 嫁接

4）有"兰中皇后"之美誉的是（　　）。

A. 蝴蝶兰　　　　B. 春兰　　　　C. 石斛兰　　　　D. 大花蕙兰

3. 填空题

1）从植物形态上兰科植物分为_____、_____、_____ 3大类。

2）蝴蝶兰繁殖方法主要_____、_____、_____、_____、_____ 5种。

3. 根据兰花开花季节的不同，中国兰花的种类一般可分为_____、_____、_____、_____ 4大类。

4. 简答题

1）热带兰和地生兰，洋兰和中国兰各有哪些不同？

2）兰花有哪些常见属？形态上和习性上有哪些特点？

3）兰花在园林中有哪些应用？

 知识拓展

其他常见兰科植物

1. 石斛兰（*Dendrobium* spp.）

别名：石兰、吊兰花、金钗石斛。

科属：兰科，石斛属。

产地：主要分布于亚洲热带和亚热带地区，澳大利亚和太平洋岛屿也有分布，全世界约有1000多种。我国约有76种，其中大部分分布于西南、华南、台湾等地。

（1）形态特征 石斛兰（图12-8）为多年生落叶草本植物。茎丛生，直立，上部略呈回折状，稍偏，黄绿色，具槽纹。叶近革质，短圆形。总状花序，花大、白色，顶端淡紫色。落叶期开花。

（2）生态习性 附生植物，生境独特，对小气候环境要求十分严格。多生于温凉高湿的阴坡、半阴坡微酸性岩层峭壁上，群聚分布，上有林木侧方遮阴，下有溪沟水源，冬春季节稍耐干旱，但严重缺水时常叶片落尽，裸茎度过不良环境，到温暖季节重新萌发枝叶。常与地衣、苔藓植物以及抱石莲、伏石蕨、卷柏、石豆兰等混生。石斛以其密集

图12-8 石斛兰

的须根系附着于石壁砂砾上吸收岩层水分和养料，裸露空中的须根则从空气中的雾气、露水吸收水分，依靠自身叶绿素进行光合作用。因此，石斛受小气候环境中水分，尤其是空气湿度的严格限制，分布地域极为狭窄。

（3）繁殖及栽培管理 常用分株、扦插和组培繁殖。盆栽石斛需用泥炭苔藓、蕨根、树皮块和木炭等轻型、排水好、透气的基质。同时，盆底多垫瓦片或碎砖屑，以利于根系发育。栽培场所必须光照充足，对石斛生长、开花更加有利。春、夏季生长期，应充分浇水，使假球茎生长加快。9月以后逐渐减少浇水，使假球茎逐渐成熟，能促进开花。生长期每旬施肥1次，秋季施肥减少，到假球茎成熟期和冬季休眠期，则完全停止施肥。栽培2～3年以上的石斛，植株拥挤，根系满盆，盆栽材料已腐烂，应及时更换。无论常绿类或是落叶类石斛，均在花后换盆。换盆时要少伤根部，否则遇低温叶片会黄化脱落。

（4）园林应用 由于石斛兰具有秉性刚强、祥和可亲的气质，有许多国家把它作为每年6月20日的"父亲节之花"。在国外，石斛兰的花语为"欢迎你，亲爱的"。除作盆栽外，更多的是用作艺术插花，因为它的花枝修长，色彩秀丽，亲和力强，用许多花草陪衬都可显得协调和谐。如果细心赏来，就会令人产生一种"巧笑情分，美目盼分"的感受。

2. 卡特兰（*Cattleya hybrida*）

别名：卡特利亚兰、多花布袋兰。

科属：兰科，卡特兰属。

产地：中、南美洲热带。

（1）形态特征 卡特兰（图12-9）常绿，假鳞呈棍棒状或圆柱状，具1～3片革质厚叶，是贮存水分和养分的组织。花单朵或数朵，着生于假鳞茎顶端，花大而美丽，色泽鲜艳而丰富。花萼与花瓣相似，唇瓣3裂，基部包围雄蕊下方，中裂片伸展而显著。假鳞茎呈纺锤形，株高25cm以上；一茎有叶2～3枚，叶片厚实呈长卵形。一

图12-9 卡特兰

般秋季开花一次，有的能开花2次，一年四季都有不同品种开花。花梗长20cm，有花5~10朵，花大，花径约10cm，有特殊的香气，每朵花能连续开放很长时间；除黑色、蓝色外，几乎各色俱全，姿色美艳，有"兰花之王"的称号。

（2）生态习性 卡特兰为多年生草本附生植物，多附生于大树的枝干上。喜温暖湿润环境，越冬温度，夜间适温15℃左右，白天适温20~25℃，保持大的昼夜温差至关重要，不可昼夜恒温，更不能夜温高于昼温。要求半阴环境，春夏秋三季应遮去50%~60%的光线。

（3）繁殖及栽培管理 繁殖用分株、组织培养或无菌播种。通常用蕨根、苔藓、树皮块等盆栽。生长时期需要较高的空气湿度，适当施肥和通风。冬季温度为15~18℃。栽种时盆底先填充一些较大颗粒的碎砖块、木炭块，再用蕨根2份、泥炭藓1份的混合材料，或用加工成1cm直径的龙眼树皮、栎树皮，将卡特兰的根栽植在多孔的泥盆中。这些盆栽材料要在使用前用水浸透。

（4）园林应用 卡特兰花形、花色千姿百态，绚丽夺目，常出现在喜庆、宴会上、用于插花观赏。如用卡特兰、蝴蝶兰为主材，配以文心兰玉竹文竹瓶插，鲜艳雅致，有较强节奏感。若以卡特兰为主花，配上红掌丝石竹多孔龟背竹熊草，则显轻盈活泼。

卡特兰是最受人们喜爱的附生性兰花。花大色艳，花容奇特而美丽，花色变化丰富，极其富丽堂皇，有"兰花皇后"的誉称；而且花期长，一朵花可开放1个月左右；切花水养可欣赏10~14d。

3. 兜兰（*Paphiopedilum* spp.）

别名：拖鞋兰。

科属：兰科，兜兰属。

产地：热带亚洲。

（1）形态特征 兜兰（图12-10）茎极短，叶片革质，近基生，带形或长圆状披针形，绿色或带有红褐色斑纹。花葶从叶丛中抽出，花形奇特，唇瓣呈口袋形。背萼极发达，有各种艳丽的花纹。两片侧萼合生在一起。蕊柱的形状与一般的兰花不同，两枚花药分别着生在蕊柱的两侧。花瓣较厚，花寿命长。

图12-10 兜兰

（2）生态习性 喜温暖、湿润和半阴的环境，怕强光暴晒。绿叶品种生长适温为12~18℃，斑叶品种生长适温为15~25℃，能忍受的最高温度约30℃，越冬温度应在10~15℃左右为宜。一般而言，温暖型的斑叶品种等大多在夏秋季开花，冷凉型的绿叶品种在冬春季开花。

（3）繁殖与栽培管理 常用播种和分株繁殖。属阴性植物，栽培时，需有配套的遮阴设施。生长过程中，对光线的要求不完全一样。因此，管理上比较复杂。早春以半阴最好，盛夏早晚见光，中午前后遮阴，冬季须充足阳光，而雨雪天还需增加人工光照。总之，切忌强光直射。盆栽可用腐叶土2份、泥炭或腐熟的粗锯末1份配制培养土。上盆时，盆底要先垫一层木炭或碎砖瓦颗粒，垫层的厚度掌握在盆深的1/3左右。这样可保持良好的透气性，又有较好的吸水、排水能力，可满足植株根系生长的要求。

（4）园林应用　兜兰为多年生常绿草本植物，是兰科中最原始的类群之一，是世界上栽培最早和最普及的洋兰之一。其株形娟秀，花形奇特，花色丰富，花大色艳，很适合于盆栽观赏，是极好的高档室内盆栽观花植物。其花期长，每朵开放时间，短的 3～4 周，长的 5～8 周，如是一杆多花的品种开花时间更长。兜兰因品种不同，开放的季节也不同，多数种类冬春时候开花，也有夏秋开花的品种，因而如果栽培得当，一年四季均有花看。

4. 万代兰（*Vanda* spp.）

别名：篮花万代兰、大花万代兰。

科属：兰科，万代兰属。

产地：马来西亚和美国的佛罗里达州与夏威夷群岛。

（1）形态特征　万代兰（图 12-11）为多年生草本植物，附生于树上或石上。叶左右互生，厚革质，先端有缺刻，中脉下限。总状花序腋生，着花 10～20 朵；肉质；白色、粉红色、紫色、蓝色等，有网状斑纹。花期为秋冬季。

（2）生态习性　喜光，喜高温、潮湿，不耐寒。

图 12-11　万代兰

（3）繁殖及栽培管理　分株繁殖。分栽小植株或分切带气生根的茎上段重新栽植。生长期应有充足的光照。只要温度不高可以不遮阴，经常浇水并在周围喷水，增加空气湿度。每周施薄肥 1 次。

（4）园林应用　盆栽摆放或悬吊观赏，也可作切花材料。

5. 文心兰（图 12-12）（*Oncidium flexuosum*）

别名：舞女兰、金蝶兰、瘤瓣兰。

科属：兰科，文心兰属。

产地：南美洲。

（1）形态特征　形态变化较大，假鳞茎为扁卵圆形，较肥大，但有些种类没有假鳞茎。叶片 1～3 枚，可分为薄叶种、厚叶种和剑叶种。一般一个假鳞茎上只有 1 个花茎，也有可能一些生长粗壮的 2 个花茎。有些种类一个花茎只有 1～2 朵花，有些种类又可达数百朵，如作为切花用的小花种一枝花几十朵，数枝上百朵到数百朵，其花朵色彩鲜艳，形似飞翔的金蝶，又似翩翩起舞的舞女，故又名金蝶兰或舞女兰。文心

图 12-12　文心兰

兰的花色以黄色和棕色为主，还有绿色、白色、红色和洋红色等，其花萼萼片大小相等，花瓣与背萼也几乎相等或稍大；花的唇瓣通常三裂，或大或小，呈提琴状，在中裂片基部有一脊状凸起物，脊上又凸起的小斑点，颇为奇特，故名瘤瓣兰。

（2）生态习性　喜温暖、湿润气候，特别以冬暖夏凉的气候最为理想。pH 值 5.5～6.5 的酸性土为宜。

（3）繁殖及栽培管理　组织培养与分株繁殖。喜湿润和半阴环境，除浇水增加基质湿

度以外，叶面和地面喷水更重要，增加空气湿度对叶片和花茎的生长更有利。硬叶型品种耐干旱能力强，冬季长时间不浇水未发生干死现象，其忍耐力很强。规模化生产需用遮阳网，以遮光率40%～50%为宜。冬季需充足阳光，一般不用遮阳网，有益于开花。用蕨根、苔藓、火山灰、树皮块等盆栽或种植床栽培。

（4）园林应用　文心兰是一种极美丽而又极具观赏价值的兰花，是世界上重要的兰花切花品种之一，适合于家庭居室和办公室瓶插，也是加工花束、小花篮的高档用花材料。

项目⑬

切花生产技术

学习目标

◆ 解释切花的概念，以及切花的生产、采收等一系列环节的注意事项。

◆ 识别并了解常见的切花，并能熟悉其用途，很好地在实际生活中应用。

◆ 熟练进行菊花、香石竹、月季、百合、非洲菊、唐菖蒲等常见切花繁殖和日常养护管理。

◆ 初步设计合理的工作步骤，学会制订切花生产工作历。

工作任务

根据切花生产的特点，对菊花、香石竹、月季、百合等常见切花栽培管理，包括栽植、水分管理、繁殖、采收及其他管理，并作好养护管理日志。要求要详细计划每个切花生产工作过程和步骤，以小组为单位通力合作，制订栽培方案，对现有的温室及露地栽培技术手段要进行合理的配置。在工作过程中，要注意团队协调能力和工作任务的信息采集、分析、计划及市场营销能力。

任务1 切花生产概述

选择花朵美丽、色彩鲜艳、花梗较硬而长的草本或木本花卉，或有观赏价值的枝叶、果实，连同较长的花梗或叶柄、果枝一并剪取下来，作为瓶插、盆插等室内布置，或制作花篮、花束、花圈等用的花卉，统称为切花。切花又称为鲜切花，包括切花、切叶、切枝。经保护地栽培或露地栽培，运用现代化栽培技术，达到规模生产，并能周年生产供应鲜花的栽培方式，称为切花生产。切花栽培方式有：土壤栽培和无土栽培方式。

土壤栽培有露地栽培和保护地栽培两种。露地栽培季节性强、管理粗放，切花质量难保证；保护地栽培可调节环境，产量高、品质好，能周年生产，是鲜切花生产的主要方式。

无土栽培有岩棉栽培和无土混合基质栽培。常用的混合基质原料有：泥炭、蛭石、珍珠岩、沙子、锯末、水苔、陶粒等。

切花生产具有以下四个特点：一是单位面积产量高、效益高；二是生产周期短，易于周年生产供应；三是贮存包装运输简便，易于国际的贸易交流；四是可采用大规模工厂化生产。

13.1.1 常用的切花种类

可作切花的种类很多，其花、叶、果色彩鲜艳，有观赏价值，或具有香气，花梗、枝叶较硬，剪下后能够水养的花卉种类，都可以用作切花。适宜于作切花用的种类如下：

（1）观花类

1）木本类。牡丹、梅花、蜡梅、玉兰、二乔玉兰、杏、李、桃、碧桃、山桃、榆叶梅、海棠、木香、月季、丁香及栀子花等。

2）草花类。鸡冠、千日红、五彩石竹、飞燕草、紫罗兰、香豌豆、福禄考、金鱼草、翠菊、矢车菊、波斯菊、麦秆菊、万寿菊及百日草等。

3）水生及宿根类。荷花、睡莲、芍药、非洲菊、香石竹、宿根福禄考、桔梗、菊花、花叶芋、萱草类，玉簪、火炬花及鹤望兰等。

4）球根类。铃兰、铁炮百合、花毛茛、大丽花、唐菖蒲、晚香玉、马蹄莲、风信子、郁金香、小苍兰、石蒜类、水仙类及球根鸢尾等。

（2）观叶类 蕨类、银边翠、彩叶草、花叶万年青、广东万年青、石刁柏、文竹、天门冬、苏铁等。

（3）观果类

1）木本。枇杷、山楂、海棠、柑桔类、南天竹、紫珠、火棘及珊瑚树等。

2）草本。五色椒、酸浆及金瓜等。

香石竹、扶郎花、唐菖蒲、晚香玉、百合、鸢尾、文竹、马蹄莲、郁金香、风信子、小苍兰、菊花、梅花、蜡梅、南天竹等为著名的切花材料。

13.1.2 切花的采收

切花是以切取植物具有观赏价值的新鲜茎、叶、花、果，用于花卉装饰，具有较高的商品价值。而切花的适时采收又是提高切花质量的重要保证之一。采收过早，会由于发育不充分导致不能开花；采收太晚，会缩短切花寿命。一日之内，以日出前采收为好。不同种类的切花采收期，与其花枝发育阶段紧密相关。

（1）花蕾显色期采收 不仅花朵能正常开放，而且便于包装和运输。如唐菖蒲在花序下端的花蕾显色时，即可采收；芍药在花蕾显色时采收，吸水后即可盛开，且耐贮藏。

（2）花朵初开时采收 多数种类的切花采收期均属于此类。以月季为代表，花蕾紧包时剪切，花朵不易开放；盛花时剪切，则切花开放时间短。在 1~2 枚花瓣外展初开时采收最佳。又如菊花，当大菊部分舌状花外展时最适合采收。属于此类型的还有香石竹、荷兰菊、金光菊等。

（3）盛开时采收 此类型的花以花期持久的种类为多，如花烛、红鹤芋、山茶、向日葵等。切花采收期还与季节有关，夏季温度高，要适当早采，冬季则应迟些采收。需要长期贮存和运输的花卉，可提早采收，但要与采后处理相结合。采收前要准备好工具和有关药剂。采收时，切口要整齐。有的种类如菊花，最好在水中进行二次剪切，或将切口置于 80~90℃ 热水中浸泡 10~15min，以排出花茎中的空气，有利于切花水养时的水分吸收和输导。

13.1.3　切花采后处理

运输过程也是影响瓶插寿命的关键。切花的茎被切断后，收获上市，茎虽然被切断，但切花是有生命的。它的茎、叶、花等各器官仍进行着呼吸和蒸腾等各种生理活动。因此依收获的处理方法、药剂处理的不同，切花的寿命有很大的变化。但是，寿命的长短从表面上判断是很难的。所以要重视切花的品质评价，特别是长距离运输，如何维持鲜切花的寿命是非常重要的课题。切花品质劣化的原因主要有以下三个方面。

（1）吸水不良　吸水不良是切口的导管进入气泡或者导管有异物不畅通所致，后者从切口流出的乳汁或者吸水时进入细菌等都会导致导管不畅通。另外高温引起液面失水多于吸水量时，会出现与吸水不良时相同的症状。

（2）有机物的消耗　切花体内的有机物用于呼吸作用并随温度的增高呼吸量加大，消耗的有机物也就越多，由此，落花、落蕾、叶片的黄化等品质劣化的症状就会很快地显现出来。

（3）乙烯的产生　乙烯能促进花瓣的萎蔫、退色（香石竹等），花和花蕾快速凋落（香豌豆等），是影响切花品质劣化的重要原因之一。

因此，切花采收后，正确处理切口使切花吸水顺畅，栽培中采用良种和良法促进有机物的积累，采后减少有机物的消耗，抑制乙烯的生成，提高切花品质。

13.1.4　切花保鲜

采用物理方法对切花进行保鲜，具有节约成本、方便易行、技术简便等特点，现将其技术要点简述如下。

（1）冷藏保鲜　低温可使切花呼吸减慢，能量消耗少，乙烯的产生也受到抑制，从而延缓其衰老过程。据试验观察，在湿度85%～90%、温度0℃条件下，切花菊可保鲜30d，2℃保鲜14d，20～25℃仅能保鲜7d。当然，不同花卉的贮藏适宜温度不同。一般来说，起源于温带的花卉，适宜的冷藏温度为0～1℃；起源于热带和亚热带的花卉，适宜温度为7～15℃和4～7℃，适宜湿度为90%～95%。

（2）湿藏和干藏　湿藏是将切花放在水或保存液中贮藏，适于短期贮藏，香石竹、百合、非洲菊、金鱼草等在湿藏条件下能保存几个星期，但在大规模生产中不常用。干藏用于切花的长期贮藏。一般来说，香石竹、菊花等用干藏比湿藏保存时间长，且质量好。此外，干藏切花常用聚乙烯薄膜包装，以减少水分蒸发，降低呼吸速率，延长寿命。

（3）气调贮藏保鲜　这种方法是通过控制切花贮藏地的氧气及二氧化碳含量，达到降低呼吸速率，减少养分消耗，抑制乙烯产生的目的，以延长切花的寿命。由于切花品种不同，二氧化碳含量一般控制在0.35%～10%，氧气的含量为0.5%～1%，可达到良好的保鲜效果。此外，输入氮气也可起到保鲜作用，水仙花在含氮10%、温度4.5℃的条件下，贮藏3周后花色依然艳丽，枝叶挺拔。

（4）降压贮藏保鲜　采用特制气封贮存室，将气压降低到标准大气压以下时，可延缓切花的衰老。与常压下切花相比，其寿命延长很多。试验证明，唐菖蒲在常压0℃条件下，可存放7～8d，而在60mmHg，−2～1.7℃条件下可存放30d；月季在夏季常温常压条件下只能存放4d，在40mmHg、0℃条件下则可保鲜42d；石竹在常压0℃时贮存3周，在低压下可贮存 8 周，其鲜度不减。

（5）辐射保鲜 用一定射线照射切花，可改变其生理活性，抑制蒸腾作用，延迟细胞衰老，从而延长切花寿命。用 2～10Gy 以钴 60 为放射源照射月季、菊花、大丽花等切花，发现其对切花保鲜均有效果。经 10Gy 辐射的月季切花，瓶插 15d 后保鲜率达 75%，大丽花为 60%。

13.1.5 切花保鲜剂

切花保鲜剂的组成包括以下几类：碳水化合物（糖类）、杀菌剂、乙烯抑制剂、生长调节剂和某些矿质化合物。

（1）碳水化合物 碳水化合物起到营养源的作用。因为花枝是活体，会不断地呼吸而消耗自身所含的糖类（呼吸基质），保鲜液中加入糖类，可大大补充花枝自身营养成分的消耗，有利于延长花枝寿命。常用于保鲜剂的糖有蔗糖、葡萄糖、果糖，其中以蔗糖应用较多。

（2）杀菌剂 杀菌剂的作用主要是消灭霉菌。另外有些物质，如烯丙胺、次氯酸钠等能抑制细菌增长。常见杀菌剂有 8-羟基喹啉（8-HQ）、硝酸银（$AgNO_3$）以及一些氯化物，如氯化亚汞（$HgCl_2$）等。在实际生产中常用 8-HQ 的硫酸盐或柠檬酸盐（8-HQS 或 8-HQC）。因 8-HQ 的水溶性不好，而其硫酸盐和柠檬酸盐水溶性极好。

（3）乙烯抑制剂 乙烯抑制剂是切花保鲜液的核心内容。因为切花的凋谢是由体内乙烯含量的增加而开始，并随乙烯的不断增加而最终衰败。常用于保鲜处理的乙烯抑制剂有：氨基氧乙酸（AOA）、硫代硫酸银（STS）、1-甲基环丙烯（1-MCP）等。有些金属盐类也有抑制乙烯生成的作用。

（4）生长调节剂 植物生长调节剂的作用主要是，动员营养物质向代谢旺盛的部位（通常是花器官）运输，这样有利于使花朵开放坚持较长的时间。

在实际应用中，一种切花保鲜液并不需要包含所有上述各类物质。有时只需加入其中的 2～3 种物质即可。

不同用途的切花保鲜剂，其组成不尽相同。例如：切花生产者用于采后及贮运过程的保鲜剂，常常不含糖类，或只添加少量糖。而花店和消费者使用的保鲜剂，则含糖较多。催花剂常常只用于消费者或零售商使用的保鲜液中。

为有效地控制细菌，应向保鲜液中加入弱酸，以降低 pH 值到 4.0～4.5。实践证明，低 pH 值还有利于延长切花寿命。

切花保鲜剂的原液配制应使用蒸馏水。选择何种物质以及浓度，主要根据切花作物的不同而定。在这方面，已有大量的现成配方可供选择。在欧、美、日乃至我国的香港、台湾地区，都有各种配制好的商品切花保鲜剂。例如，在美国有 Cornell、Ottawa、Washington 等，在欧洲等地有 Flora、Vita-Bric 等。使用者在购买保鲜剂的同时，会得到极其详尽的使用说明和指导。在自行配制保鲜剂时，使用者须注意所选择的各种组分的性质。比如，维生素 C 需避光，某些有机物或生化成分不耐高温等。配制好的保鲜剂，应贮存在玻璃或塑料容器中，绝不可存放于金属容器中，以免保鲜剂中的组分与容器壁发生化学反应，既引起保鲜剂变质，又腐蚀容器。

任务2　菊花的切花生产

菊花（*Dendranthema morifolium* Tzvel.）

菊花原产我国，为菊科菊属宿根花卉，菊花是世界上四大切花之一，在销售额中居四大切花首位，占鲜切花总产量的30%。菊花是中国十大名花之一，中国人极爱菊花，从宋朝起民间就有一年一度的菊花盛会。古神话传说中菊花又被赋予了吉祥、长寿的含义。水养时花色鲜艳而持久，可供花束、花圈、花篮制作用。

菊花的形态特征、类型及品种、生态习性等详见项目5"宿根花卉栽培技术"中任务2"菊花栽培技术"的介绍。

13.2.1　繁殖技术

切花菊生产上育苗多采用扦插繁殖。为保证苗的优良性状，应建立专门的母本圃和采穗圃。按1:30的比例留足母株，取穗母株必须选择健壮的植株。扦插用的插穗从采穗圃中选用展开叶4~5枚的分枝，母株取穗3~4次后，插穗的品质下降，应予以淘汰。

为保持菊花周年供苗及提高种苗质量，适龄插穗采下暂时不用时，可置于塑料袋内，贮藏在2~5℃、相对湿度80%~90%的冷库内，可存放3~4周。已生根的苗可贮藏于1~2℃条件下冷藏30~50d。

13.2.2　栽培管理技术

根据所选用的菊花类型和品种，确定栽前准备、定植、肥水管理、整枝、抹芽、摘蕾、立柱、张网、花期调控、病虫防治、采收保鲜等技术环节。

（1）品种选择　切花菊一般选择平瓣内曲、花形丰满的莲座型和半莲座型的大中轮品种。要求茎长颈短，瓣质厚硬，茎秆粗壮挺拔，节间均匀，叶片肉厚平展，鲜绿有光泽，并适合长途运输和贮存，吸水后能挺拔复壮。我国作为切花菊栽培的大多数品种都是从日本和欧美引进的，如"秀芳系列"、"精元系列"等。

（2）栽前准备　在栽植前应在圃地施入腐熟有机肥，一般浓度为5kg/m²，以氮肥和钾肥为主，以改善土壤物理性状，使其通气透水性好，并在作畦前用甲醛消毒。作高畦，高25cm，宽1~1.2m，长度以操作方便为度，南北向，如是坡地应设有排水沟。

（3）定植　根据不同系统和栽培的类型（多本或独本）、摘心的次数及供花时间，选择适宜的定植期。一般秋菊摘心栽培的定植期控制在目标花期前15周左右。另外，定植期选择还需要考虑花芽分化期的温度条件是否适宜。

栽植株行距独本按60株/m²，多本菊按20株/m²来安排，独本株距最小为5cm，行距为10cm。要求苗的大小一致，粗细一致，栽植床面平整，及时浇透底水。

将专门制作的菊花网铺设在已整好的种植床上，根据已设计好的密度在网格孔中定植。切菊茎秆高，生长期长，易产生倾倒现象，在生长期架网防倒伏，在菊苗生长到30cm高时开始架网，网眼为25cm×25cm即可，每眼中平均3枝。保持植株直立生长。

夏季炎热时定植，要适当遮阴，成活后再揭除。

（4）肥水管理　切菊肥水管理除充足基肥外，在营养生长阶段以追施复合肥为主，生育后期增施磷钾肥，但施肥也不能过多过浓，防止出现徒长或烧根，造成柳叶头或畸形蕾。在生育后期可采用0.1%～0.2%的尿素与0.2%的磷酸二氢钾交叉根外追肥。切菊对水分要求保持土壤湿润，切忌过干过湿，防止积水或浇水不匀现象。菊花忌水涝，喜湿润。必须经常保持土壤一定的持水量，土壤干燥易造成菊花根系损伤。

（5）整枝、抹芽、摘蕾　当植株长到5～6片叶时，多头栽培的切菊进行一次摘心促发多个侧枝，然后选留3～5个侧枝，其余摘除。不同时期摘心，对切菊产品质量影响很大；过早，分枝多开花迟；过晚，分枝少，花枝短而不齐。现蕾后，对独本栽培的，要将侧蕾剥除，仅保留植株顶端主蕾；而多头菊及小菊一般不摘蕾或少量摘蕾。菊花摘蕾时，用工量集中，需短时间内完成，不可拖延，否则影响切花质量。

（6）立柱、张网　切花菊茎高，生长期长，易产生倒状现象，在生长期确保茎干挺直，生长均匀，必须立柱架网。每当菊花苗生长到30cm高时架第1网，网眼为10cm×10cm，每网眼中1枝；以后随植株每生长30cm时，架第2层网；出现花蕾时架第3层网。

（7）花期调控　菊花现蕾后，要及时剥除主花蕾以下的所有侧花蕾，不能伤及主蕾，在幼苗期可喷施5mg/L和25mg/L赤霉素各一次，间隔3周。当花蕾大小在0.5cm左右时，立即在菊株顶部喷洒500～2500mg/L的B_9，或用毛笔涂抹花蕾，可以有效降低切花菊花茎长度，提高商品品质。

为了调控花期，可采用遮光和补光措施，注意菊花感光部位在上部叶片，遮光需60～70d有效，不同品种要求遮光和加光时间不同；光处理时必须在营养生长后期进行，否则无效。同时光照与温度要协调，否则也无效。

（8）病虫防治　切菊栽培过程中要重点防治褐斑病、白粉病、立枯病及菊蚜，菊天牛及菊花潜叶蝇、白粉虱的危害，以预防为主。及时清除枯死病残枝叶，土壤和肥料必须消毒处理，加强通风降温和降低空气湿度，可以有效控制病虫害。

（9）采收保鲜　切菊采收的时期，应根据气温、贮藏时间、市场和转运地点综合考虑。高温和远距离运输要在舌状花紧抱，其少量外层瓣开始伸出，花开近五成时采；如温度低，就近运输可在舌状花大部分展开，花开近八成时采。采收剪口距地面10cm，切枝长60～85cm以上，采收后浸入清水中，按色彩、大小、长短分级放置，10支或20支一束，外包尼龙网套或塑膜保鲜。在温度2～3℃，湿度90%的条件下可较长时间保鲜。

 任务3　香石竹的切花生产

香石竹（*Dianthus caryophyllus*）

别名：康乃馨，又名狮头石竹、麝香石竹、大花石竹、荷兰石竹。

科属：石竹科、石竹属。

香石竹（图13-1）是最受欢迎的切花之一，可供作插花、胸花等。1907年，美国费城的贾维斯（Jarvis）曾以粉红色香石竹作为母亲节的象征。而在欧洲，香石竹曾被用来治疗发烧，在伊丽莎白时代也曾被用为葡萄酒与麦酒的香料添加剂，以代替价钱较贵的丁香。香石竹，大部分代表了爱、魅力和尊敬之情，红色代表了爱和关怀。粉红色香石竹传说是圣母玛利亚看到耶稣受到苦难流下伤心的泪水，眼泪掉下的地方就长出来香石竹，因此粉红香石竹成为了不朽的母爱的象征。与玫瑰所不同的，香石竹代表的爱表现为比较清淡和温馨，适于形容亲情之爱，所以儿女多献香石竹给自己的双亲。

香石竹是优异的切花品种，花色娇艳，有芳香，花期长，适用于各种插花需求，常与唐菖蒲、文竹、天门冬、蕨类组成优美的花束。

图 13-1　香石竹

13.3.1　形态特征

香石竹为多年生宿根草本植物。因花瓣具缘及香郁气味，而广为栽培。一般分为花坛香石竹与花店香石竹两类；茎丛生，质坚硬，灰绿色，节膨大，高度约50cm。叶厚线形，对生。茎叶与中国石竹相似而较粗壮，被有白粉。花大，具芳香，单生、2～3朵簇生或成聚伞花序；萼下有菱状卵形小苞片四枚，先端短尖，长约萼筒1/4；萼筒绿色，五裂；花瓣不规则，边缘有齿，单瓣或重瓣，有红色、粉色、黄色、白色等色。

13.3.2　类型及品种

1. 品种分类

香石竹品种极多，植株特点、花形、花色千变万化，分类方法也各不相同。

2. 最常见的分类方法

1）花境类（Border Carnation）：耐寒性较强，植株较矮，花梗短，春夏开花。

2）玛尔美生类（Malmaison Carnation）：耐寒性较强，露地栽培容易，花茎数多，瓣端波状。

3）四季香石竹（Perpetual Carnation）：植株高大，花茎强韧，花大，重瓣，一般为温室栽培。切花多用此类品种。

3. 花色分类

1）大红类品种：花色有大红、粉红和混色。

2）紫色类品种：花紫色。

3）肉色类品种：花玛瑙色、淡黄、黄等。

4. 花朵大小和数目分类

可按花茎上花朵大小和数目分为大花香石竹和散枝香石竹两类。

13.3.3　生态习性

香石竹喜阴凉干燥、阳光充足与通风良好的生态环境。耐寒性好，耐热性较差，最适生长温度14～21℃，温度超过27℃或低于14℃时，植株生长缓慢。宜栽植于富含腐殖质，排水良好的石灰质土壤。喜肥。

原产地中海沿岸，喜凉爽和阳光充足环境，不耐炎热、干燥和低温。宜栽植在富含腐殖质、排水良好的石灰质土壤里，花期为4～9月，保护地栽培四季开花。香石竹是优异的切花品种，花色娇艳，有芳香，花期长，适用于各种插花需求，常与唐菖蒲、文竹、天门冬、蕨类组成优美的花束。

喜好强光是香石竹的重要特性。无论室内越科、盆栽越夏还是温室促成栽培，都需要充足的光照，应该放在直射光照射的向阳位置上。

13.3.4　栽培管理

1. 繁殖技术

香石竹可用扦插、播种、组织培养等方法繁殖。生产上用苗多以扦插为主。

扦插法繁香石竹要建立优良的母本采穗圃。采穗圃应设防虫网，防止害虫侵入感染病毒而导致的种性退化。扦插最好采用母本茎中的二三节生出的侧芽作插穗。当侧枝长到 6 对叶时，即可采下 3～4 对叶；经整理后，保留的"三叶一心"即三对叶一个中心，基部浸生根剂处理。在温度 20℃左右，15～20d 左右能生根起苗。

香石竹种苗冷藏可促进生长，提高花茎和切花质量，冷藏的温度为 0～1.5℃。

2. 栽培管理技术

香石竹定植后到开花所需时间，会因光强、温度与光周期长短而变化，最短 100～110d，最长约 150d。根据市场供花需求，可以适当调节定植的时间。香石竹的作型有春作型、冬作型和秋作型。春作型 4～5 月定植，10 月份以后的秋冬花型，是目前栽培面积最广的作型；冬作型主要是 12 月份定植，第二年 6～7 月出花；秋作型 9 月定植，第二年 3～4 月出花。除此之外，还有多年作型，即一次定植，连续 2～3 年收获。

（1）种植准备　要求排水良好、腐殖质丰富、保肥性能良好而微呈碱性的粘质土壤。连作时，应对土壤进行消毒，定植前最好测一下 EC 值和 pH 值。深翻土壤，施足基肥，基肥以腐熟的有机肥为好。香石竹定植密度为 15cm×18cm，定植深度以浅栽为宜。喜好强光是香石竹的重要特性，需要充足的光照。

（2）水肥管理　香石竹喜肥，生长期内还要不断追施液肥，一般每隔 10d 左右施一次腐熟的稀薄肥水，采花后施一次追肥。香石竹生长强健，较耐干旱。多雨过湿地区，土壤易板结，根系因通风不良而发育不正常，所以雨季要注意松土排水。除生长开花旺季要及时浇水外，平时可少浇水，以维持土壤湿润为宜。空气湿润度以保持在 75% 左右为宜，花前适当喷水调湿，可防止花苞提前开裂。

（3）整枝、抹芽和摘蕾　从幼苗期开始进行多次摘心。当幼苗长出 8～9 对叶片时，进行第一次摘心，保留 4～6 对叶片；待侧枝长出 4 对以上叶时，第二次摘心，每侧枝保留 3～4 对叶片，最后使整个植株有 12～15 个侧枝为好。

香石竹摘心后，除保留作为花枝的目标分枝外，其余的应全部抹去。植株拔节后在茎干的中下方发生侧枝，也应及时抹去。除多头型香石竹外，孕蕾时每侧枝只留顶端一个花蕾，主蕾以外的花蕾应及时剥除，顶部以下叶腋萌发的小花蕾和侧枝要及时全部摘除。第一次开花后及时剪去花梗，每枝只留基部两个芽。经过这样反复摘心，能使株形优美，花繁色艳。

（4）张网　香石竹在生长过程中需张网 3～4 层。当苗高距畦面 15cm 时，张第一层网。以后随着茎的生长而张第二、第三层网。网层之间每隔 25cm 左右。张网的要求：拉正、拉直、拉平，以免生育的后半期整个植株的重量都落在下部的茎上，引发病虫害发生。

（5）采收　香石竹花苞裂开，花瓣伸长 1～2cm 时，为采收适期。蕾期采收的香石竹需放在催花液中处理。每20枝或30枝成一束，去除基部10～15cm残叶后水养出售。

（6）病虫害防治 香石竹常见的病害有萼腐病、锈病、灰霉病、芽腐病、根腐病，可用代森锌防治萼腐病，粉锈宁防锈病。防治其他病害中用代森锌、多菌灵或克菌丹在栽插前进行土壤处理。遇红蜘蛛、蚜虫为害时，一般用40%乐果乳剂1000倍液杀除。

任务4 现代月季的切花生产

切花月季（*Rosa hybrida* Hort.）

科属：蔷薇科、蔷薇属。

月季为灌木花卉。早在公元前，世界文明古国如中国、埃及、巴比伦、希腊、罗马等，即有关蔷薇的记载。欧洲在公元前直至18世纪后期的漫长过程中，主要栽培的蔷薇有3种，即法国蔷薇（R. gallica）、百叶蔷薇（R. centifolia）与突厥蔷薇（R. damascena）。直至1768年后，中国2种月季的4个品种"月月红"（R. chinensis "Slaters Crimson China"）、"月月粉"（R. chinensis "Parsons Pink China"）、"彩晕"香水月季（R. x odorata "Humes Blush Jeascented China"）、"淡黄"香水月季（R. xodorata "Parks Yellow Tea-scented China"）先后传入欧洲。切花月季是由蔷薇属的原生种经无数次的杂交选育而成，一般称为"现代月季"。月季在切花行业中占有极其重要地位。

13.4.1 形态特征

切花月季（图13-2）是经过多次杂交而选育出适宜作切花用的现代月季类群，是世界四大切花之一。月季是常绿或半常绿灌木，茎具钩状皮刺。叶为羽状复叶，小叶3～5片，托叶附生于叶柄。花朵单生或簇生茎顶；花瓣多数，重瓣型；花色、花型多姿多彩。在我国5种主要色彩的种植比例大约为红：朱红：粉：黄：白＝40：15：15：20：10。

图13-2 切花月季

13.4.2 类型及品种

目前我国生产的切花月季主要品种有：

1）红色系品种：萨曼莎（Samantha）、红衣主教（Kardinal）、红成功（Red Success）。

2）粉色系品种：外交家（Diplomat）、索尼亚（Sonia）、贝拉（Blami）、火鹤（Flamingo）。

3）黄色系品种：阿斯梅尔金（Aalsmeer Gold）、金徽章（Gold Emblem）、金奖章（Gold medal）、黄金时代（Gold Times）。

4）白色系品种：白成功（White Success）、雅典娜（Athena）、婚礼白（Bridal White）。

13.4.3 生态习性

切花月季喜日光充足，空气流通，相对湿度 70% ~75% 的环境，喜疏松肥沃，湿润而排水良好的土壤，pH 值以 6 ~7 为宜，生长适温白天 20 ~27℃，夜间 15 ~22℃，在 5℃ 左右也能缓慢生长，超过 30℃ 或低于 5℃ 生长不良，处于半休眠状态。切花月季喜肥忌积水，耐干旱能力强，空气污染会妨碍切花生长发育。

13.4.4 栽培管理

1. 繁殖技术

主要有扦插、嫁接和组织培养 3 种方法，以前两种为主。嫁接苗生长势好，切花质量和产量高；扦插苗前期生长慢，产量低，而后期生长稳，产量高，多用于无土栽培。

（1）扦插繁殖 适合一些易生根品种，如小花型，砧木苗。一些大花型品种不易生根，尤其黄色系或白色系难生根，不常采用。春秋两季适宜扦插繁殖，插穗选择开过花或未开花修剪下来的粗壮枝条，插床基质采用蛭石和珍珠岩，上扣拱棚，保温保湿，20℃ 左右。半月后可生根，一个月后可移苗。

（2）嫁接繁殖 我国常用粉团蔷薇和野蔷薇，砧木用扦插法扩繁，也可用实生苗嫁接。嫁接通常用芽接、枝接与根接等，常用的芽接，具体方法是 T 字形和贴芽接。芽接适宜在 15 ~25℃ 的生长季节内进行。枝接适宜在每年的生长开始之前或即将休眠前不久进行。

2. 栽培管理技术

（1）定植及壮苗养护 月季定植后可连续开花 3 ~6 年，因此改善土壤肥力与理化性能是必要的。应深翻 40 ~50cm，施入熟有机肥及起疏松土壤性能的玉米芯、稻壳、花生壳等有机物，同时加施部分化肥，搅拌均匀，使土壤 pH 值在 5 ~8 范围内。再对土壤彻底消毒，作畦宽 60 ~70cm，高 20 ~25cm，按两行种植，行距 35 ~40cm，株距 20 ~25cm。根据品种特点和采收上市时期，自行调节株行距，一般为 5 ~6 株/m²。月季定植的最佳时间是 5 ~6 月，当年底可产花。

（2）整枝修剪 包括摘心、去蕾、抹芽、折枝、短截等方法。幼苗整枝的主要任务是使切花月季形成健壮的采花植株骨架，培育出切花母枝。定植后，当幼苗长出 5 ~6 片叶时摘心，促发侧枝，选 3 个壮枝留作主枝，经多次摘心和重剪，当枝径达到 0.6 ~0.8cm 以上时才可用于产花。

夏季修剪是月季生长期修剪，一般在夏季休花型栽培方式中进行重剪，以降低采花枝高度和促进母枝抽发更新更壮骨干枝。为了不对植株造成过大伤害，应重剪和捻枝、折枝相结合，根据植株生长势强弱和树体年龄来定。夏剪后要补充营养，对新发枝进行去蕾和摘心多次，减少养分消耗。除了修剪外，还要采取立支架来防倒伏。

冬季修剪是冬季休花型栽培中在植株进入休眠期采取的重大植株调整措施。一般在植株进入休眠后开始，同时疏去枯老病弱枝，回缩母枝，保证留有 3 ~4 个骨干枝，剪枝高度为 30 ~40cm。

切花枝修剪要考虑花枝长度和后期产量，一般剪口在留有 3 枚 5 小叶的节位以上剪切，这样有利于抽生健壮新花枝。除此之外，日常修剪主要是剥除侧芽和侧蕾，及时去除砧木脚芽，销毁病残枝叶，调节主枝分布方向和高度，调整开花时间等。一般从剪切花枝后到下一次采花约经 30 ~ 35d，冬季要长一些。

（3）水肥管理　应定期中耕松土，结合肥水管理进行，每次采花后都要追肥一次，施肥配比为氮：磷：钾 = 1：1：2，并结合叶面肥交替进行，叶面肥中加施铁盐、镁肥、钙肥等。

（4）光照　冬季日照少应补充人工光源，夏季高温应加盖遮阳网。对于保护地条件栽培，应加强通风，防治病虫危害，白粉病、霜霉病和黑斑病易发生，红蜘蛛、蚜虫也能造成重大损失，必须定期防治。

（5）采收保鲜　花瓣外围 1 ~ 2 瓣开始向外松展时为适度标准。冬季应再晚一些采收，在就近应用的也要晚一些时间采收。采收时间以早晨和傍晚为好，采收后应立即吸水，去除切口以上 15cm 内的叶片和皮刺，只留 3 ~ 4 枚叶，再分级绑扎，12 支或 20 支一束。在吸水或保鲜液后，保存在 4 ~ 5℃ 条件下待运。

 任务 5　百合的切花生产

百合（*Lilium* spp.）

百合品种繁多，商品价值高，由于它的花大美观，花期长，若加以温度控制，周年均可开花；加上栽培容易，生长周期短，经济效益高，深受花卉生产者欢迎。切花栽培的百合，大致可分为亚洲百合杂种、东方百合杂种及麝香百合杂种，各品系生长周期不尽相同。

百合的形态特征、类型及品种生态习性等详见项目 6 "球根花卉栽培技术" 中任务 4 "百合栽培技术" 的介绍。

13.5.1　繁殖技术

百合的繁殖方法有播种、分球、鳞片扦插和株芽繁殖 4 种方法，主要用分球和鳞片扦插繁殖。

13.5.2　栽培管理技术

百合切花生产有促成栽培、抑制栽培、普通栽培等。

（1）土壤准备　百合忌连作，怕积水，应选择深厚、肥沃、疏松且排水良好的壤土或沙壤土种植。土地要深翻 30cm，基肥要腐熟，亩施厩肥 2500 ~ 3000kg，沤制饼肥 100 ~ 150kg，过磷酸钙 20 ~ 30kg，翻耙入土，平整作畦，四周开好较深的排水沟，以利排水。亚洲百合和铁炮百合一部分品种可在中性或微碱性土壤上种植，东方百合则要求在微酸性或中性土壤上种植。如土壤 pH 值不适宜，要进行改良。百合对土壤盐分敏感，故头茬花收获后，有条件的要采用大水漫灌进行洗盐或换土，否则二茬花可能会出现缺铁黄化生理病害。老产区要实行 3 ~ 4 年的轮作。

（2）种球选择　亚洲百合种球最好采用周径 12 ~ 14cm 的种球，10 ~ 12cm 种球也可利用。铁炮百合种球规格除 Snow Queen 最好采用周径 12 ~ 14cm 球外，其他品种可以采用周径 10 ~ 12cm 种球。东方百合种球规格应在周径 16cm 以上，有些品种也可选用 14 ~ 16cm 的种球。种球应完好无损，没有病虫害。

（3）栽植　种植时间主要依切花上市时间及百合品种的生育期而定，在昆明周年可种植，以正常产花计，11 月下旬到元月上旬切花上市，可在 8 月下旬到 9 月上旬定植；如要在 11 月至翌年 4 月连续产花，可将种球冷藏，在 1 月前陆续取出定植。栽植密度因品种、种球大小、季节而异。亚洲杂种 50～60 个/m²，东方杂种和麝香杂种 45～55 个/m²；同一品种，大球稀些，小球密些；阳光弱的冬季比春秋季稀些。定植深度冬季可在 6cm 左右，夏季 8cm 左右。

（4）土肥水管理　百合生长期间喜湿润，但怕涝，定植后即灌一次透水，以后保持湿润即可，不可太潮湿，在花芽分化期、现蕾期和花后低温处理阶段不可缺水。百合喜肥，定植 3～4 周后追肥，以氮钾为主，要少而勤。但忌碱性和含氟肥料，以免引起烧叶。通常情况下可使用尿素、硫酸铵、硝酸铵等酸性化肥，切勿施用复合肥和磷酸二氨等化肥。

（5）光温管理　百合对温度较为敏感，管理上有三个时期较为关键。第一个时期为种植后 20～30d 内，要求温度不可超过 30℃，其中亚洲百合要求不高于 25℃。第二个时期为现蕾后至切花采收前，温度若持续低于 5℃ 或高于 30℃ 均会引起裂萼。第三个时期为花后低温处理阶段，白天最高温度应控制在 15～18℃ 以下，最低气温应控制在 0℃ 以上。夏季生产要适度遮光，以降低温度。

（6）采收　百合切花采收时期一般在基部第一、第二朵花蕾充分膨胀并显出品种花色时采收，夏季应稍早而冬季稍迟 1～2d。采收时用锋利刀子于高地面约 15cm 处切断花枝，采取后将花枝清理，剪花在早上 10 时前进行，花枝应尽快离开温室，及时插入清水中。

任务6　非洲菊的切花生产

非洲菊（*Gerbera jamesonii* Bolus.）

别名：太阳花、猩猩菊、日头花。

科属：菊科、大丁草属。

13.6.1　形态特征

非洲菊（图 13-3）属菊科多年生草本植物，全株具细毛，多数叶为基生，羽状浅裂，头状花序单生。株高 30～45cm，叶基生，叶柄长，叶片长圆状匙形，羽状浅裂或深裂。头状花序单生，高出叶面 20～40cm，花径 10～12cm，总苞盘状，钟形，舌状花瓣 1～2 或多轮呈重瓣状，花色有大红、橙红、淡红、黄色等。通常四季有花，以春秋两季最盛。

图 13-3　非洲菊

13.6.2　类型及品种

非洲菊的品种可分为窄花瓣型、宽花瓣型和重瓣型三个类别。常见的有玛林（黄花重瓣）、黛尔菲（白花宽瓣）、海力斯（朱红花宽瓣）、卡门（深玫红花宽瓣、）吉蒂（玫红花瓣、黑心）。目前尤以黑心品种深受人们喜爱。

13.6.3　生态习性

非洲菊喜冬暖夏凉、空气流通、阳光充足的环境，不耐寒，忌炎热。喜肥沃疏松、排水良好、富含腐殖质的沙质壤土，忌粘重土壤，宜微酸性土壤，生长最适 pH 值为 6.0～7.0。生长适温 20～25℃，冬季适温 12～15℃，低于 10℃时则停止生长，0℃以下或 35℃以上高温生长不良，四季有花，以春、秋季为盛花期。对光周期的反应不敏感，自然日照的长短对花数和花朵质量无影响。

13.6.4　栽培管理

1. 繁殖技术

非洲菊多采用组织培养快繁，也可采用分株法繁殖，每个母株可分 5～6 小株；播种繁殖用于矮生盆栽型品种或育种；可用单芽或发生于颈基部的短侧芽分切扦插。

2. 栽培管理技术

（1）定植　春季定植秋季开花是经常采用的一种方式。定植前先进行深翻，并施入大量腐熟有机肥，充分耕翻后作畦，一般畦宽 80cm，畦高 30～40cm，每畦二行种植，株距 30cm 左右。非洲菊须根发达，宜浅栽。浅栽要求根茎露出地面土面 1～1.5cm。

非洲菊为喜光花卉，冬季需全光照，但夏季应注意适当遮阴，并加强通风，以降低温度，防止高温引起休眠。

（2）水肥管理　定植后苗期应保持适当湿润并蹲苗，促进根系发育，迅速成苗。生长旺盛应保持供水充足，夏季每 3～4d 浇一次，冬季约半个月一次。花期灌水要注意不要使叶丛中心沾水，防止花芽腐烂。露地栽培要注意防涝。

非洲菊为喜肥宿根花卉，对肥料需求大，施肥氮、磷、钾的比例为 15∶18∶25。追肥时应特别注意补充钾肥。一般每亩施硝酸钾 2.5kg，硝酸铵或磷酸铵 1.2kg，春秋季每 5～6d 一次，冬夏季每 10d 一次。若高温或偏低温引起植株半休眠状态，则停止施肥。

（3）剥叶与疏蕾　剥叶的目的是：一可减少老叶对养分的消耗；二增加通风透光，减少病虫害发生；三还可以抑制过旺的营养生长，促使多发新芽。一般定植后 6 个月开始剥叶，一年生植株保持 15～20 枚为宜，2～3 年植株 20～25 枚；同时过多的花蕾也应适当疏除，以提高非洲菊的品质。

非洲菊基生叶丛下部叶片易枯黄衰老，应及时清除，既有利于新叶与新花芽的萌生，又有利于通风，增强植株长势。

（4）病虫害防治　非洲菊的主要病害有叶斑病、白粉病、病毒病。非洲菊虫害发生最严重的是叶螨，防治方法是：做好土壤消毒，及时摘除老叶，在发生期每隔 7～10d 喷施农药。但喷药对花色有不利影响，花期不宜采用。

（5）采收　待非洲菊舌状花瓣完全展开后采收。采后，花朵上可套上保护花环，10 枝一束，立即放入水中吸水，以免花茎弯曲。花茎一旦弯曲不易恢复，这是在采收时应特别注意的。切花质量的优劣极大影响切花的瓶插寿命，切忌在植株萎蔫或夜间花朵半闭合状态时剪取花枝。

（6）分级　所采收的花材应该在具品种典型特征、无破损污染、视觉效果良好的前提下进行分级：一级切花的长度为 60cm 左右；二级切花的长度为 55cm 左右；三级切花的长度为50cm左右。相同等级的切花长度之差，不宜超过标准的±2cm。

 任务7 唐菖蒲的切花生产

唐菖蒲（*Gladiolus hybridus* Hort.）

别名：菖兰、剑兰、扁竹莲、十样锦、十三太保。

科属：鸢尾科、唐菖蒲属。

唐菖蒲是世界著名的四大切花之一，花色繁多，花形多姿，是花篮、花束、插花的良好材料。

13.7.1 形态特征

唐菖蒲（图13-4）球茎扁圆形，有褐色皮膜；株高90~150cm，茎粗壮直立，无分枝或少有分枝，叶硬质剑形，7~8片叶嵌叠状排列。花葶自叶丛中抽出，穗状花序顶生，着花12~24朵排成二列，侧向一边，花冠筒呈膨大的漏斗形，花色丰富。花期夏秋、蒴果3室、背裂，内含种子15~70粒。种子深褐色扁平有翅。

13.7.2 类型及品种

唐菖蒲为多种源、多世代杂交种，至今尚无公认的统一种名。唐菖蒲的分类方法很多，以花期可分为春花类、夏花类；以花朵排列形式可分为规整类、不规整类；按花大小可分为巨花类、中花类、小花类；按花形可分为号角形、荷花形、飞燕形等。

图13-4 唐菖蒲

13.7.3 生态习性

唐菖蒲为喜光性、长日照植物，忌寒冻，夏季喜凉爽气候，不耐过度炎热，球茎在4~5℃条件下即萌动；20~25℃生长最好。性喜肥沃深厚的沙质土壤，要求排水良好，不宜在粘重土壤易有水涝处栽种。在东北、华北地区夏季生长均较广州、上海等南方地区为好。北方地区需挖出球茎放于室内越冬。

13.7.4 栽培管理

1. 繁殖技术

唐菖蒲的繁殖以分球繁殖为主。将子球（直径小于1cm），小球（直径2.5cm以下）作材料。3月初冬播，繁殖期间及时除草，每2周施一次肥。经2~3年栽培后，球茎膨大成为开花的商品球（直径4cm以上）。

2. 栽培管理技术

（1）种植 将子球（直径小于1cm），小球（直径2.5cm以下）作材料，并用70%甲基托布津粉剂800倍液或多菌灵1000倍液与克菌丹1500倍液混合浸泡30min，然后在

20～25℃条件下催芽，1周左右即可栽植。种植方式有垄栽和畦栽两种，栽深5～10cm。唐菖蒲在抽生第2片叶时，正是花芽分化的时候，对环境因素特别敏感，如遇低温和弱光，则"盲花"数量增多。

（2）施肥管理 唐菖蒲球茎在生长前12周，本身可提供足够的养分使植株生长得很好，而且新种植球茎的根对盐分很敏感。除非土壤特别贫瘠，一般不需额外施基肥。但在生长期间，为保证唐菖蒲的生长发育，应注意按时追肥。追肥分三次：第一次在2片叶时施，以促进茎叶生长；第二次在3～4片叶时施，促进茎生长、孕蕾；第三次开花后施，以促进新球发育。唐菖蒲不耐盐，施肥要适量。

（3）促成栽培 需先打破种球休眠。种球收获后，在自然条件下，从晚秋到初冬，经过低温影响，才能打破休眠。促成栽培必须人工打破休眠，即种球收获后，先用35℃高温处理15～20d，再用2～3℃的低温处理20d，然后定植，即可正常萌发生长。如要求1～2月份供花，则于10～11月份定植；若12月份定植，则3～5月份开花。即从定植到开花，需历时100～120d。促成栽培的株行距为15cm×15cm或25cm×7cm，种植密度为40～60个/m²。定植后白天气温应保持20～25℃，夜间15℃左右。

也可用延后栽培。种球收获后贮于3～5℃干燥冷库中，翌年7～8月份再种植于温室中，管理工作与促成栽培相同。

（4）主要病害 青霉腐烂病是常见病害，因此在收获和运输时，应尽量不使种球受伤；种植前用2%的高锰酸钾溶液浸泡；生长过程中应随时拔除病株。

"盲花"为生理病害，多在冬季保护地栽培中发生。防治的方法是保证适宜的温度和光照，选择耐低温和短日照的品种。

主要害虫是双线嗜粘液蛞蝓，可用石灰水、氨水喷杀；于园圃周围撒石灰粉，阻止其进入；人工扑杀。

（5）采收 收获部位为唐菖蒲的带梗花序。当花序上的基部小花花蕾充分透色时即可采收。如果栽培管理欠妥，也可待基部小花呈微绽状态再行采收，以保证正常使用。操作最好在上午气温较低时进行。产品先暂放在无日光直射之处，尽快预冷处理。切花置于相对湿度为90%～95%、温度为2～5℃的环境中进行贮藏。当大规模生产时，也可采用气调贮藏。

（6）分级 所采收的花材应该在具品种典型特征、无破损污染、视觉效果良好的前提下进行分级：一级切花的长度为130cm左右；二级切花的长度为100cm左右；三级切花的长度为70cm左右。相同等级的切花长度之差，不宜超过标准的±2cm。

实训31 常见切花的识别

1. 任务实施的目的

要求认识40种左右主要切花花卉，掌握其主要形态特征、观赏特性、生态习性、繁殖方法，产地、切花应用的方式方法。

2. 材料用具

记录本、卷尺、铅笔、相关专业书籍等。

3. 任务实施的步骤

1）学生课前预习实训内容，教师讲解实训的重点和难点，指导学生实训过程，使学生在规定的时间内完成实训内容，要求学生分组进行。

2）由教师现场讲解指导所要识别的花卉种类或品种，并按栽培方式、观赏特性等进行分类。

3）带领学生去不同类型的花卉市场（切花批发市场、盆花批发市场和零售市场）、花卉生产单位、公园、植物园识别花卉。

4）学生3～5人一组，通过观察分析并对照相关专业书籍，将观察的花卉进行整理列入表格（40种以上）。

4. 分析与讨论

1）各小组内同学之间相互考问当地常见的切花花卉的科属、生态习性、繁殖方法、栽培要点、观赏特性和园林应用。

2）学生分组复习所识别切花花卉，分析同科切花花卉主要特征的异同点。

5. 任务实施的作业

常见切花识别观察记载表见表13-1。

表13-1 常见切花识别观察记载表

序　号	植物名称	科属名	商品名	习性与繁殖方法	观赏特性	应　用

6. 任务实施的评价

常见切花识别技能训练评价见表13-2。

表13-2 常见切花识别技能训练评价表

学生姓名					
测评日期			测评地点		
测评内容			常见切花识别		
考评标准	内　容	分值/分	自　评	互　评	师　评
	正确识别切花名称	40			
	能说出切花植物的分类	20			
	能说出生产管理的要点	30			
	切花采收标准	10			
合　计		100			
最终得分（自评30% + 互评30% + 师评40%）					

说明：测评满分为100分，60～74分为及格，75～84分为良好，85分以上为优秀。60分以下的学生，需重新进行知识学习、任务训练，直到任务完成达到合格为止。

实训32　切花生产管理（百合）

1. 任务实施的目的

通过球根花卉的栽培，掌握球根花卉栽培的方法，并且对如何养护球根花卉有一个较全面的认识。

2. 材料用具

百合、花盆、铁锹、移植铲、水壶、耙子、有机肥、百菌清、草木灰、刀。

3. 任务实施的步骤

1）选择百合种球。

2）土壤的消毒处理；土壤平整，深翻、做畦。

3）种球消毒处理。

4）栽植百合种球，种球深度通常为 18～20cm，栽植后浇透水、覆土。

5）拉网，抹芽，肥水管理。

6）切花的收获。

7）花后管理。

4. 分析与讨论

1）切取石竹、玉簪、美人蕉的刀要锋利，伤口处为什么一定要涂泥或草木灰？

2）切花收获后为什么还要加强肥水管理？

5. 任务实施的作业

完成实训练报告，写出切花百合生产管理的全过程。

6. 任务实施的评价

百合切花生产管理技能训练评价见表 13-3。

表 13-3　百合切花生产管理技能训练评价表

学生姓名					
测评日期		测评地点			
测评内容	百合切花生产管理				
考评标准	内　　　容	分值/分	自　评	互　评	师　评
	生产操作过程	30			
	日常管理	20			
	切花采收	30			
	花后管理	20			
合　　计		100			
最终得分（自评30% + 互评30% + 师评40%）					

说明：测评满分为 100 分，60～74 分为及格，75～84 分为良好，85 分以上为优秀。60 分以下的学生，需重新进行知识学习、任务训练，直到任务完成达到合格为止

实训 33　鲜切花采收、处理和保鲜处理

1. 任务实施的目的

1）了解鲜切花的采收、处理方法。

2）掌握常见鲜切花的保鲜及保鲜液配制。

2. 材料用具

鲜切花、保鲜用的容器及配制药剂。

3. 任务实施的步骤

1）贮藏。选常见刚采下的鲜切花4种，分别在常温和一定低温下对比贮藏，填写切花的贮藏温度对比表见表13-4。

表13-4　切花的贮藏温度对比表

常见花卉	常温下贮藏天数/d	0～20℃下贮藏天数/d
菊花		
唐菖蒲		
月季		
香石竹		

2）保鲜液配制及处理。选常见刚采下的鲜切花4种，保鲜液配方及处理见表13-5。

表13-5　保鲜液配方及处理

常见花卉	配方及处理
菊花	3% 蔗糖 +25mg/L AgNO$_3$ +75mg/L 柠檬酸，用于花苞或开花期处理
唐菖蒲	4% 蔗糖 +500mg/L 8-羟基喹啉柠檬酸盐 +100mg/L AgNO$_3$，浸茎基处理
月季	5% 蔗糖 +200mg/L 8-羟基喹啉柠檬酸盐 +25mg/L 硫代硫酸银 +350mg/L CaCl$_2$，浸茎基处理
香石竹	3% 蔗糖 +400mg/L 柠檬酸 +40mg/L AgNO$_3$，浸茎基处理

3）观察记录。保鲜液配制好后，将鲜切花分别进行处理，进行观察记录，并填写切花贮藏时间对比表见表13-6。

表13-6　切花贮藏时间对比表

常见花卉	经保鲜液处理，并在常温下贮藏天数/d	经保鲜液处理，并在低温下贮藏天数/d
菊花		
唐菖蒲		
月季		
香石竹		

4. 分析与讨论

1）分析保鲜液处理后与正常贮藏的差别。

2）切花的采收应注意哪些事项？

5. 任务实施的作业

将观察结果写出分析报告。

6. 任务实施的评价

鲜切花采收、处理和保鲜处理技能训练评价见表13-7。

表 13-7 鲜切花采收、处理和保鲜处理技能训练评价表

学生姓名					
测评日期		测评地点			
测评内容	鲜切花采收、处理和保鲜处理				
考评标准	内　容	分值/分	自　评	互　评	师　评
	鲜切花采收	20			
	保鲜液配制	30			
	鲜切花贮藏	20			
	实训报告	30			
	合　　计	100			
最终得分（自评 30% + 互评 30% + 师评 40%）					

说明：测评满分为 100 分，60~74 分为及格，75~84 分为良好，85 分以上为优秀。60 分以下的学生，需重新进行知识学习、任务训练，直到任务完成达到合格为止

习题

1. 填空题

1）切花的花卉种类有_____、_____、_____、_____。

2）切花菊栽培中，通过_____可使其提前开花。

3）香石竹栽培中造成裂萼的原因有_____、_____、_____。

4）唐菖蒲切花栽培中施肥的两个重要时期分别是_____、_____。

5）下列切花采收的合适时期是：月季_____，唐菖蒲_____，百合_____，非洲菊_____。

6）菊花扦插繁殖时采取的部位为_____，_____扦插。

7）月季繁殖的主要三种方法是_____，_____，_____。

8）为了降低切菊的高度，可用毛笔涂抹_____~_____mg/L 的 B_9。

9）月季的整枝修剪贯穿整个生产过程，包括_____，_____，_____，_____。

2. 单项选择题

1）在切花生产中，（　　）属于观果类。

A. 文竹　　　　　B. 马蹄莲　　　　　C. 佛手　　　　　D. 菊花

2）在切花生产中，（　　）属于观叶类。

A. 美丽针葵　　　B. 小葫芦　　　　　C. 火棘　　　　　D. 菊花

3）菊花切花生产中，扦插繁殖中沾取 NAA 的浓度为（　　）。

A. 50mg/L　　　B. 50~100mg/L　　C. 100~200mg/L　　D. 200~300mg/L

4）月季切花栽培中每平方米栽植（　　）。

A. 5~6 株/m²　　B. 8~10 株/m²　　C. 10~12 株/m²　　D. 12 株/m²

5）月季采花后追肥量配比氮∶磷∶钾为（　　）。

A. 2:2:2　　　　　B. 1:2:2　　　　　C. 1:1:2　　　　　D. 1:2:1

6）下列切花栽培中需要设网的是（　　　）。

A. 菊花　　　　　　B. 月季　　　　　C. 红掌　　　　　D. 非洲菊

7）下列切花栽培中需要疏叶的是（　　　）。

A. 菊花　　　　　　B. 月季　　　　　C. 非洲菊　　　　D. 丝石竹

8）香石竹作为重要的切花栽培，其生长环境宜符合除（　　　）以外条件。

A. 香石竹性喜有良好光照和通风的环境

B. 类似上海的夏季高温多雨的气候

C. 排水良好的土壤或惰性介质中生长最好

D. 用几层金属丝、绳索组成网支撑花枝

9）香石竹在生产上的主要繁殖方法是（　　　）。

A. 嫩枝扦插　　　　B. 组织培养　　　　C. 播种繁殖　　　　D. 茎尖扦插

3. 简答题

1）切花月季整枝修剪包括哪些措施？

2）用于切花栽培的百合品种主要有哪些？

3）切花百合栽培管理技术要点有哪些？

4）唐菖蒲栽培管理有哪些要点？

5）香石竹定植后如何管理养护？

6）如何防止香石竹花萼破裂？

7）非洲菊繁殖有哪些特点？

8）非洲菊定植后如何管理？

项目14

花卉无土栽培技术

学习目标

了解花卉无土栽培基质、营养液的种类及特点。

正确配制花卉无土栽培的培养基及营养液。

掌握花烛、白鹤芋、袖珍椰子、富贵竹等常见花卉的无土栽培和养护技能。

制订并组织实施水培花卉栽培和养护管理方案。

工作任务

以小组为单位，依据下达的任务书，借助教科书、参考书、网络资料查找完成工作目标的相关资料和必要信息，认真制订水培花卉管理方案，并实施花烛、白鹤芋、袖珍椰子、富贵竹等花卉水培及养护管理，同时作好养护管理日志，对现行水培管理技术进行优化改进。实施中，要求团结协作，注意培养信息采集、分析、计划、执行职业能力，培养创新意识和爱岗敬业、诚实守信的良好职业道德和责任意识。

任务1 花卉无土栽培概述

14.1.1 花卉无土栽培技术概况

无土栽培是一种用营养液代替天然土壤作基质的栽培新技术，完全摆脱对土壤的依赖，根据植物生长发育所需要的各种养分配制成营养液，供植物直接吸收利用。20世纪70年代以后，由于营养液膜技术和岩棉栽培技术的发展，世界上商业性的蔬菜和花卉无土栽培生产逐渐走俏；进入80年代以后，科学技术的迅速发展推动了无土栽培生产的扩大，无土栽培生产进入了迅速发展阶段。目前，世界上应用无土栽培技术的国家和地区已达100多个，由于其栽培技术的逐渐成熟和发展，应用范围和栽培面积也不断扩大，经营与技术管理水平空前提高，实现了集约化、工厂化生产，达到了优质、高产、高效、低耗的目的。

我国无土栽培研究和应用于生产的时间较晚，1976年起步，20世纪80年代得到较快发展。1985年农业部正式将无土栽培技术立项进行协作攻关，至今全国已有30多个单位进行了研究。目前，我国无土栽培常用的形式主要有固体基质培和水培，其中水培又分为营养液膜技术（NFT）和深液流技术（DFT）。北方地区以基质栽培为主；长江下游主要发展 NFT 栽培技术；华南地区应用较广的则是深液流技术（DFT）。以上各形式均可用于花卉的栽培生产。如今，无土栽培技术在我国的花卉业已得到比较广泛的应用。

14.1.2 花卉无土栽培技术的应用前景及发展方向

无土栽培技术在花卉生产上的应用主要有几大特点：一是提高产量，促进品质优化，由于有充分的水分和足够的养分供应，培育出的产品花大、色艳、质量好、产量高；二是对栽培地点的要求很低，极大地扩展了花卉栽培范围，在盐碱地、沙漠、荒山、海岛等都可以进行，规模可大可小；三是节省水肥，提高效率；四是清洁卫生，无杂草、病虫害，不受土质限制；五是栽培过程中可控制性强，有利于栽培技术的现代化。

目前，世界上的无土栽培技术发展有两种趋势：一种是高投资、高技术、高效益类型，如荷兰、美国等发达国家，无土栽培生产实现了高度机械化。其温室环境、营养液调配、生产程序控制完全由计算机调控，实现一条龙的工厂化生产，实现了产品周年供应，产值高经济效益显著。另一种趋势是以中国为代表，根据自己的国情，因地制宜地发展简易设施的无土栽培。随着我国改革开放的深入发展、农村经济条件的逐步改善和人民生活水平的不断提高，预计今后无土栽培将会出现蓬勃发展的新局面。无土栽培的兴起，将使农业、园艺、林业、花卉生产及开发等进入一个新的发展阶段。花卉无土栽培技术具有十分广阔的发展前景。

14.1.3 花卉无土栽培类型

1. 水培

水培的方法有许多种，但根据其来源大致有 3 类。

（1）深液流技术 这类栽培方法的特征是：植株根系全部或部分地浸入营养液中；营养液是流动的；营养液与空气混合溶氧。清水法、马萨提尼（Massantin）和格里克方法均属于此类。

（2）营养膜（NFT）技术 营养膜技术是在塑料袋技术基础上发展起来的。塑料袋里盛入适量营养液即可培养植株。在此基础上做进一步改进：把塑料袋改为塑料膜，铺在一定形状的格架上；营养液仅为 0.3 ~ 1.0mm 厚的薄层；植株根系一部分浸在营养液中，一部分暴露在湿气中；营养液流动；塑料膜外白里黑包裹着植株，形成内部黑暗的空间。

（3）雾培 营养液雾化后喷射到根系周围，雾气在根系表面凝结成水膜被根系吸收。根连续地或不连续地处于营养液滴饱和的环境中，很好地解决了水、养分和氧气的供应问题，植株生长快。雾培也是扦插育苗的最好方法。

2. 基质培

（1）沙培 塑料、离子交换剂等作基质的均属于此类。该方法是以直径小于 3mm 的松散颗粒基质作为根系生活的介质。早在 20 世纪 30 年代就有人进行研究，现已发展为多种方法。

1）新泽西法。液桶装在大约 1m 高处，桶内装营养液，液体从管中流下，注入栽培的沙里。后来改用防水的槽，用抽水机数次将营养液抽入格内，全部机械化操作。其缺点是费用高，须在室内进行。

2）表面浇灌法。植株种在沙子里，营养液用管子或喷液器达到沙层表面，液体任其排走。这种方法浪费营养液，下雨时槽内可能积水。

3）自动稀释表面浇灌法。在沙层下面铺一层直径 2mm 的砾石，抽水机从 50L 贮液罐中抽取营养液排放到沙层表面。

4）滴灌法。在高处的水池中装营养液，通过输液管将营养液播送到种植床的沙里，在沙层下面覆塑料膜并将多余的营养液收集到穴中，随时抽回贮水罐内。此法要定期检查营养液的氢离子浓度。

5）干施法。这是一种改良的沙培法。将干燥的养分混合物定期撒在沙床上，立即淋水。总的说来，沙来源丰富，价格低。但沙培法（特别是细沙）营养液循环慢，不能带进充分的氧。要使根系环境有充分的氧，沙培法不易掌握，太干植株萎蔫，太湿空气不足。大规模生产很少用沙培。

（2）砾培　砾培也适合陶粒培、珍珠岩培等，以直径大于 3mm 的结构颗粒作基质，植物生长在多孔或无孔的基质中。砾培设备包括：盛营养液的罐、培养床、水泵、水管或流水槽，供给营养液的方法有两种：

1）下方灌溉（即美国系统）。其特点是营养液从罐里抽入培养床，使新的溶液与旧的溶液相混合。在不透水的槽内装入砾石或其他比沙粗的基质，如陶粒、珍珠岩等，厚 15~20cm，从下面定期灌入营养液，然后任其流出。悬在砾石或根系表面的原来的营养液与新灌入的营养液混合后从同一条管道排回罐中。整个系统自动化，借助营养液的流入流出，使根系得到充分接触空气的机会。

2）上方灌溉（即荷兰系统）。其特点是完全更换基质中的旧的营养液。营养液通过泵打入培养床的上表面，而多余的营养液从另一条管中排回，排回时流动强烈。营养液从高处自由落下，因而通气好。

（3）蛭石培　蛭石培也适合珍珠岩培，栽培床（槽）可以用砖垒，也可用泡沫塑料板（聚苯板）制作，内衬塑料膜，可以种植株 2~4 行，灌溉系统用聚乙烯软管送入栽培床。其他方法同沙培、砾培。这种基质的特点是吸水量大，保水保肥，但过大的吸水量易造成通气不良而烂根，应特别注意。蛭石还可以与珍珠岩、泥炭等混合。

（4）珍珠岩培　在栽培床里垫入珍珠岩作基质，可栽培一些根系纤细的植物，也适合种植根系粗壮的花卉。珍珠岩的吸水量超过自身重量的 4 倍，是生产鲜切花和扦插育苗的好基质。珍珠岩与泥炭混合是很好的栽培基质。

（5）岩棉培　岩棉培也适合尿醛等塑料基质培，将岩棉切成不同大小的块状，适用于营养膜技术和搬运频繁的盆花栽培。岩棉培的特点是根系不能从中拔出，只能以小块套入大块的方式更换基质，用以栽培多年生的矮化花卉或盆景。

（6）陶粒培　陶粒与珍珠岩、蛭石混合，栽培各种根系的植物都能获得满意的结果。在切花和盆花生产中都可以用，但对于根系纤细的植物最好先试验成功后再行推广，对于有气生根的花卉则毫无问题，可以使用。

（7）木屑锯末培　目前国外流行用轻质材料种植花卉，木屑与谷壳混合，质地轻，正是盆栽花卉的好材料。但在北方天气干燥的地区，木屑的透气性过好，根系容易风干，雨季也容易积水。因此，在海洋性气候或类似潮湿气候的地区，木屑锯末培是很好的栽培方法，而在气候干燥的地区，则不太合适。

任务 2　花卉无土栽培基质

14.2.1　基质的作用和要求

1. 基质的作用

1）锚定植株。

2）有一定保水、保肥能力，透气性好。

3）有一定的化学缓冲能力，如稳定氢离子浓度，处理根系分泌物，保持良好的水、气、养分的比例等。

通常所讲的无土栽培基质，都要求具有上述 1）、2）作用，3）作用可以用营养液来解决。

2. 无土栽培基质应满足的要求

（1）安全卫生　无土基质可以是有机的也可以是无机的，但总的要求必须对周围环境没有污染。有些化学物质不断地散发出难闻的气味，或是释放一些对人体、对植物有害的物质，这些物质绝对不能作为无土基质。土壤的一个缺点就是尘土污染，选用的基质必须克服土壤的这一缺陷。

（2）轻便美观　无土栽培是一种高雅的技术和艺术。无土花卉必须适应楼堂馆所装饰的需要。因此，必须选择重量轻、结构好，搬运方便，外形与花卉造型、摆设环境相协调的材料，以克服土壤枯重、搬运困难的不足。

（3）有足够强度和适当结构　这是从基质还要支撑适当大小的植物躯体和保持良好的根系环境来考虑的。只有基质有足够的强度才不至于使植物东倒西歪；只有基质有适当的结构才能使其具有适当的水、气、养分的比例，使根系处于最佳环境状态，最终使枝叶繁茂，花姿优美。

14.2.2　基质的种类和性质

基质主要分为液体基质和固体基质两大类。固体基质又包括无机基质（如沙、陶粒、珍珠岩、蛭石、岩棉等）、有机基质（如泥炭、锯末、树皮、稻壳等）、各种无机基质和有机基质相互混合使用的混合基质。液体基质包括水、雾。

基质的性质主要是指与栽培植物有关的物理性质和化学性质。物理性质包括堆密度、孔隙度、大小孔隙比、颗粒大小等；化学性质包括化学稳定性、酸碱性、阳离子代换量、缓冲容量、电导率等。

1. 水

水是无色无味的透明液体，是许多物质很好的溶剂，作为无土栽培基质具有以下特点：

1）水肥充足但氧气有限。植物生长所需要的各种营养物质都可以溶解在水里，植株很容易吸收。但水里的含氧量不能满足植株根系呼吸作用的需要，因此，需要人工打气或者使水流动与空气接触，增加其溶氧量。

2）水的氢离子浓度（酸碱度）容易调整，但根系的分泌物容易积累。水可以用盐酸或醋酸使氢离子（酸）浓度增大，用氢氧化钠或氢氧化钾使氢氧根离子（碱）浓度增大。常用来调节水的氢离子浓度的酸或碱的浓度是 0.1mol/L。

3）营养物与根系接触密切容易被根系吸收，但不能锚定植株根系。吸收营养物质的条件主要有两方面，一是根系主动向营养物的位置延伸，接触营养物，二是营养物质在水等介质的作用下向根系周围运动触及根系。根系悬浮在营养液里，营养物质在频繁的物理运动中容易触及根系，因此，尽管溶液中的养分浓度很低，如大量元素浓度达到微摩量级水平，也很容易被根系吸收，甚至在这种营养液中植株生长最快。

2. 雾

水基质的一大缺陷就是通气条件差。解决这个问题的最好方法就是特有营养物质的水溶液喷成雾状，根系悬浮在有这种营养物的空间里。根系周围能触及充分的水气和养分，同时能充分满足根系周围的通气条件。可以说这种营养雾的方法是满足根系水分、养分、气体比例的最好方法，目前我国还没有正式使用。

3. 沙

沙是无土栽培中常用的基质。作为无土栽培基质具有以下特点：

1）含水量恒定。只要周围排水良好，它能让多余的水分迅速渗漏出去，保持其相应的含水量；只要沙底层有足够的水分，它能通过虹吸作用使水分到达比较高的部位，维持适当的含水量。沙的含水量决定于其颗粒大小，沙的颗粒直径为 0.06～2.0mm。颗粒越细，含水量越高，但总的说来，沙易于排水。

2）不保水保肥，通气性好。沙是矿物质，质地紧密，几乎没有孔隙，水分保持在沙粒表面，因而水的流动性大，溶解在水里的营养物质也容易随水分的流失而丢失。沙里的水分养分流失之后，颗粒间的孔隙充满空气。

3）提供一定量钾肥，氢离子浓度受沙质影响。常用的沙含有一些有钾的无机物，它们可以缓慢地溶解，提供少量的钾肥。甚至有些植物的根系还能分泌一些有机物，溶解或整合沙里的钾，以便被根系吸收。

4）沉重。沙不适合高层建筑上无土栽培之用。但用作基层种植，因其来源丰富，成本低，经济实惠，仍是理想的无土栽培基质。

5）安全卫生。沙很少传播病虫害，特别是河沙，第一次使用时不必消毒。

4. 砾

砾和沙一样，但颗粒直径比沙粗，大于 2mm。基质表面多多少少被磨圆了。它保水保肥的能力不如沙，但通气性比沙强。

5. 陶粒

陶粒是在约 800℃ 下烧制而成、团粒大小比较均匀的页岩物质，粉红色或赤色。陶粒内部结构松、孔隙多，类似蜂窝状，堆密度为 500kg/m³，质地轻，在水中能浮于水面。陶粒作为无土栽培基质具有以下特点：

1）保水排水透气性能良好。陶粒内部孔隙在没有水分时充满空气，当有充足的水分时，吸入一部分水，仍然保持部分气体空间。当根系周围的水分不足时，孔隙内的水分通过陶粒表面扩散到网粒间的孔隙内，供根系吸收和维持根系周围的空气湿度。

2）保肥能力适中。许多营养物质除了能附着在陶粒表面，还能进入陶粒内部的孔隙间暂时贮存，当陶粒表面的养分浓度降低时，孔隙内的养分内外运动以满足根系吸收养分的需求。正如陶粒的保水性能一样，陶粒的保肥能力和其他基质相比处于适中的范围。

3）化学性质稳定。陶粒的氢离子浓度为 1 ~ 12590nmol/L（pH 4.9 ~ 9），有一定的阳离子代换量（为 60 ~ 210mmol/kg）。陶粒来源不同，其化学成分及物理性质也有差别，但作为无土栽培基质都很合适。

4）安全卫生。陶粒很少滋生虫卵和病原物，本身无异味，也不释放有害物质，适合家庭、饭店等楼堂馆所装饰花卉的无土栽培。

5）不宜用作根系纤细植物的无土栽培基质。陶粒团粒直径比沙、珍珠岩等都大，对于粗壮根系的植物来说，根系周围的水汽环境非常适合，而对于根系纤细的植物如杜鹃花来说，陶粒间的孔隙大，根系容易风干。

6. 蛭石

蛭石为水合镁铝硅酸盐，是由云母类无机物加热至 800 ~ 1000℃ 时形成的。云母类无机物中含有水分子，加热时水分子膨胀变成水蒸气，把坚硬的无机物层爆裂开，形成小的、多孔的、海绵状的片形核。经高温处理膨胀后的蛭石体积是原来的 18 ~ 25 倍，堆密度很小，为 80kg/m³，孔隙度大。作无土栽培基质具有以下特点：

1）吸水性强，保水保职能力强。蛭石每立方米可吸水 100 ~ 650L，超过其自身重量的 18 ~ 25 倍。

2）孔隙度大（95%），通气。蛭石吸水使气体空间减少，达到饱和含水量的蛭石透气性很差。蛭石有极大的气体空间，极强的吸水能力，可人为地调节水分含量，达到适合某种花卉植物的最佳水气比例。

3）氢离子浓度 1 ~ 100nmol/L（pH 7 ~ 9），能提供一定量的钾，少量钙、镁等营养物质。基质的通透性强，大多数花卉植物的根系都可以通过营养液的氢离子浓度调整获得很好的生存环境。

4）安全卫生。蛭石是在高温下形成的，已经消毒，使用新的蛭石时，不消毒也不传染病原菌和虫卵。使用过的蛭石可以采用高温消毒，或用 1.5g/L 的高锰酸钾或福尔马林消毒后还可以继续使用。

5）不宜长期使用，长期使用的蛭石，其结构会破碎。孔隙度减少，排水透气能力降低。因此，在运输使用过程中不能受重压。

7. 珍珠岩

珍珠岩有如下特点：

1）透气性好、含水量适中。珍珠岩的孔隙度约为 93%，其中空气容积约为 53%，持水容积为 40%。当灌水后，大部分水分保持在表面，由于水分张力小，容易流动。因此，珍珠岩易于排水，易于通气。

2）化学性质稳定。珍珠岩中的养分大多数不能被植物吸收利用。其氢离子浓度比蛭石高，这也正是它更适合种植南方喜酸性花卉的原因之一。

3）可以单独用作无土栽培基质，也可以和泥炭、蛭石等混合使用。

8. 岩棉

岩棉作为无土栽培基质的特点：

1）价格低廉，使用方便，安全卫生。这是西方国家广泛采用岩棉栽培蔬菜、花卉的主要原因。岩棉栽培所用设施的成本也低。

2）用途广泛。岩棉基质可以用于各种蔬菜、花卉的无土栽培。在营养膜技术、深液流技术、灌溉、多层立体栽培等技术中都可以用岩棉作为基质；无论是粗根系还是纤细根系，都可以在岩棉中生长良好。特别是对不需要经常更换基质的花卉，非常适合。

3）水气比例对许多植物都合适。岩棉孔隙大，可达96%，吸水力很强，在足够厚的岩棉层中，岩棉的含水量从上到下逐渐增大。而气体则从上到下逐渐减少，因此，岩棉块中的水气比例从上到下形成梯度变化。种植在岩棉块中的植物，其根系生长趋向于最合适的根系环境（即水气的比例合适）。

9. 泥炭

泥炭是泥炭藓、炭藓、苔和其他水生植物的分解残留体，是无土栽培常用的基质。我国东北和西南地区的储量很大，已经有开采。泥炭用于无土栽培的特点：

1）吸水量大，吸收养分的能力也大。泥炭干燥时不易吸水，但保持湿润的泥炭吸水能力超过其自身重量 5～14 倍。溶解在水里的养分很容易随着水分进入泥炭里，缓慢地供给植物所需。

2）强硬性。氢离子浓度为 10～100μmol/L（pH 值 4～5）。在北方水质碱性的地区，泥炭具有中和水质碱性的作用，在一定时间内浇自来水不会导致盐分毒害。在南方水质中性偏酸的地区，1m³ 泥炭加入白云石粉 4～7kg，能使氢离子浓度下降（pH 值上升）至满意的种植范围。

3）透气，能提供少量氮肥。泥炭的透气性一般都很好，只要其有机质不腐烂，透气条件都能充分满足根系生长需要。

10. 锯末

锯末作为无土栽培基质的特点：

1）轻便。锯末基质很轻，与珍珠岩、压石的堆密度相似。作为长途运输或高层建筑上栽培花卉是很好的基质。

2）吸水透气。锯末具有良好的吸水性与通透性，对大多数粗壮根系的植物都很容易满足其水气的比例。对于纤细根系的植物，在空气湿度较大的南方或沿海地区，锯末水气的比例也很合适。

3）有些树种的化学成分有害。多数松柏科植物的锯末含有树脂和松节油等有害物质，而且碳氮比（C/N）很高，对植物生长不利，但杉木（如云杉、冷杉）的锯末非常好。

11. 树皮、稻壳

树皮、稻壳都能提供良好的通气条件和吸水性。但有些树皮和锯末一样，含有有害物质，同样必须发酵后再使用。

稻壳重量轻，排水通气性好，不影响氢离子浓度，通常作为混合基质配料，含量低于25%。

14.2.3　基质的选用

基质选用应考虑三个方面：根系的适应性，即能满足根系生长需要；实用性，即质轻、性良、安全；经济性，即能就地取材。

1. 根系的适应性

无土基质的优点之一是可以创造植物根系生长所需要的最佳环境条件，即最佳的水汽比例。气生根、肉质根需要很好的通气性，同时需要保持根系周围的湿度达 80% 以上，甚至

100%的水汽。粗壮根系要求湿度达80%以上，通气较好。纤细根系如杜鹃花根系要求根系环境湿度达80%以上，甚至100%，同时要求通气良好。在空气湿度大的地区，一些透气性良好的基质如松针、锯末非常合适，而在大气干燥的北方地区，这种基质的透气性过大，根系容易风干。北方水质碱性，要求基质具有一定的氢离子浓度调节能力，选用泥炭混合基质的效果就比较好。

2. 实用性

基质堆密度小，是考虑到无土栽培花卉搬运方便。首选的基质包括陶粒、蛭石、珍珠岩、岩棉、锯末、尿醛和泥炭及其混合的基质。

如果在生产基地使用，像沙、砾、炉渣等来源丰富、价格低廉的基质能大大降低成本，更合算。特别是在育苗阶段使用这些基质更合适。

3. 经济性

选用无土基质一个重要的问题就是尽量少花钱，最好就地取材。这不仅是为了降低成本，也是为了突出自己的特色。例如，有些地方松针来源很方便，栽培杜鹃花时选用松针效果良好，但将这种方法引用到北方一些天气干燥的地区就不适用了，不仅是因为成本高，而且透气性太好，根系容易风干。

14.2.4　基质的消毒

无土栽培基质长时间使用会聚积病菌和虫卵，尤其连作条件下，因为长期种植一种植物，更容易发生病虫害。因此，每茬作物收获以后，下一次使用之前，对基质进行消毒是很有必要的。常见基质消毒方法有以下几种：

1. 蒸汽消毒

凡是有条件的地方，可将要消毒的基质装入柜或箱中。生产面积较大时，基质可以堆成20cm高，长宽根据地形而定，全部用防水防高温布盖上，通入蒸汽后，在70~90℃条件下，消毒1h即可，效果较好，且比较安全。

2. 化学药剂消毒

（1）40%甲醛　又称为福尔马林，是一种良好的杀菌剂，但对害虫效果较差。一般将40%的原液稀释50倍，用喷壶将基质均匀喷湿，覆盖塑料薄膜，经24~26h后揭膜，风干2周后使用。

（2）氯化苦　氯化苦为液体，能有效地杀死线虫、昆虫、一些杂草种子和病原真菌。先将基质整齐堆放30cm厚，长、宽根据具体情况定。在基质上每隔30cm打一个深为10~15cm的孔，每孔内用注射器注入5mL氯化苦，随即将孔堵住，再在其上铺30cm厚的基质，用同样的方法打孔注射氯化苦，共铺2~3层基质，然后盖上塑料薄膜，熏蒸7~10d后，揭开塑料薄膜，风干7~8d后即可使用。

氯化苦对植物及人体有毒害作用，使用时务必注意安全。

（3）溴甲烷　该药剂能有效地杀死大多数线虫、昆虫、杂草种子和一些真菌。使用时将基质堆起，然后用塑料管将药液引注到基质上并混匀，每立方米用药100~200g。混匀后用薄膜覆盖密闭5~7d，然后揭开薄膜，晾晒7~10d后方可使用。

溴甲烷有剧毒，使用时要注意安全。

（4）威百菌　该药是一种水溶性熏蒸剂，对线虫、杂草和一些真菌有杀伤作用。使用时1L威百菌加入10~15L水稀释，然后喷洒在10m² 基质表面，施药后用塑料薄膜密封基质，15d以后可以使用。

（5）漂白剂（次氯酸钠或次氯酸钙） 该消毒剂尤其适合砾石、沙子基质的消毒。一般在水池中配制含有效氯0.3%~1.0%的药液，浸泡基质半小时以上，最后用清水冲洗，消除残留氯。

此法简便迅速，短时间即可完成。

3. 太阳能消毒法

药剂消毒法虽然方便，但安全性差，并且会污染周围环境，而太阳能消毒法是一种廉价、安全、简便适用的消毒方法。

具体方法是：在夏季高温季节，在温室或大棚中把基质堆成20~25cm高，长、宽视具体情况而定，喷湿基质，使基质含水量超过30%，然后用塑料薄膜覆盖基质堆，如果是槽培，可直接浇水后在上面盖薄膜即可，密闭温室或大棚，曝晒10~15d，消毒效果良好。

 任务3　花卉无土栽培营养液

14.3.1　营养液的组成和要求

1. 营养液中营养元素的成分

植物的新陈代谢过程需要多种营养元素，必要的元素有16种，即碳、氢、氧、氮、磷、钾、钙、镁、硫、铁、锌、锰、硼、铜、钼、氯，也称为根系矿质营养。

根据营养元素含量占植物体干重的百分数，这些元素又分为大量元素和微量元素。含量在千分之几以上的营养元素称为大量元素，包括氮、磷、钾、钙、镁、硫等；含量在万分之几以下的营养元素称为微量元素，包括铁、锌、锰、硼、铜、钼等。

营养液中必须包含植物生长发育所必需的矿质营养元素。即绝大多数的营养液都含有氮、磷、钾、钙、镁、硫、铁、锌、锰、硼、铜、钼12种元素。氯离子因大多数水源和化合物中均含有，所以一般营养液配方中不再添加氯元素。

2. 营养液组成的原则

组成营养液的各种矿质元素，是以含有这些矿质元素的化合物的形式存在的，由这些化合物按一定的比例配制成的营养液，必须符合以下原则：

1）营养液必须含有植物生长发育所必需的全部矿质营养元素。

2）含各种营养元素的化合物必须是根部可以吸收的状态，也就是可以溶于水的呈离子状态的化合物。

3）营养液中各种营养元素的数量比例，应该是符合植物生长发育要求的、均衡的。

4）营养液中各营养元素的无机盐类构成的总盐度及其酸碱度，是适合植物生长发育要求的。

5）组成营养液的各种化合物，在栽培植物的过程中，应在较长时间内，能保持被植物正常吸收的有效状态。

6）组成营养液的各种化合物的总体，在被根系吸收过程中，造成的生理酸碱反应应该是比较平衡的，即具有很强的缓冲性。

3. 营养液的各种指标

对一种营养液，主要从营养液成分（配方）、营养液浓度（总盐分浓度）、营养液酸碱度（pH 值）等方面进行描述。

（1）营养液成分　指营养液内各种化合物的组成，即营养液配方。在配方中，每种化合物种类及数量不能轻易变动，否则容易出现营养失衡及酸碱度的变化，从而影响植物生长。要想变动和调整营养液成分，必须进行大量的栽培试验，证明没有问题后，方可大规模使用。

（2）营养液浓度　指营养液内各种化合物的浓度总和，即总盐分浓度。在栽培过程中，必须保持营养液在一定的浓度范围内：浓度过低植物吸收的营养少，影响生长发育；浓度过高根系细胞失水严重，发生"烧苗"现象，严重时造成植株死亡。常见花卉适宜营养液的浓度见表 14-1。

表 14-1　常见花卉适宜营养液的浓度　　　　（单位：g/L）

浓　　度	1	1.5~2.0	2	2~3	3
适	杜鹃	仙客来	彩叶芋	文竹	天门冬
宜	秋海棠类	小苍兰	马蹄莲	红叶甜菜	菊花
花	仙人掌类	非洲菊	龟背竹	香石竹	茉莉
卉	蕨类	风信子	大丽花	天竺葵	荷花
	绿萝	鸢尾	香豌豆	一品红	八仙花
		百合	昙花	君子兰	梅花
		水仙	唐菖蒲		牡丹
		蔷薇			
		郁金香			

（3）营养液酸碱度　营养液的 pH 值关系到各种肥料的溶解度和植物细胞原生质膜对矿物盐类的渗透性。如果溶液的碱性过强，某些元素的离子如 Fe^{2+}、Mn^{2+}、PO_4^{3-}、Ca^{2+}、Mg^{2+} 会形成沉淀，不能被植物吸收利用；如果溶液酸性过强，肥料溶解度增加，某些离子如 Fe^{2+} 就会损伤植物的根系。所以，维持营养溶液的 pH 值在无土栽培中是十分重要的。各种植物对营养液 pH 值的适应范围各不相同，但是一般来说植物都比较适宜在偏酸性（pH 值 4.5~6.5）的环境中生长。各种花卉适宜的营养液 pH 值见表 14-2。

表 14-2　各种花卉适宜的营养液 pH 值

花卉名称	pH 值	花卉名称	pH 值
玫瑰	6.5	仙客来	6.5
菊花	6.8	香石竹	6.8
倒挂金钟	6.0	水仙	6.0
唐菖蒲	6.5	香豌豆	6.8
风信子	7.0	大丽花	6.5
百合	5.5	秋海棠	6.0
郁金香	6.5	蒲包花	6.5
鸢尾	6.0	紫菀	6.5
金盏花	6.0	罂粟	6.5
紫罗兰	6.0	樱草花	6.5
天竺葵	6.5	楼斗菜	6.5

测定营养液酸碱度的方法有多种，其中利用精密试纸测定，方法最简单，但不够精确。比较准确的测定方法是：利用酸度计（pH 测定仪）进行测定。

14.3.2 营养液的制备与调整

1. 水

营养液是指各种含营养元素的化合物，溶解在水中制备而成的溶液。配制营养液的水首先要符合饮用水的标准，还要符合下列标准。

1）硬度。水质有软水和硬水之分，所谓硬水就是指水中含有 Ca、Mg 盐的浓度比较高，达到一定的标准。其标准统一以每升水中 CaO 的重量表示，$1° = 10mgCaO/L$。硬度的划分为：$0°\sim4°$ 很软水，$4°\sim8°$ 软水，$8°\sim16°$ 中硬水，$16°\sim30°$ 硬水，$30°$ 以上为极硬水。用硬水配制营养液必须将其中 Ca 和 Mg 的含量计算出来，以便减少配方中规定的 Ca、Mg 用量。用作营养液的水，硬度一般以不超过 $10°$ 为宜。

2）酸碱度。pH 值 $6.5\sim8.5$。

3）溶解氧。使用前溶解氧应接近饱和。

4）NaCl 含量。小于 2mmol/L。

5）Cl 含量。自来水消毒时，常用液氯，故水中 Cl_2 含量常超过 0.3mg/L，这对植物有害。因此，自来水要晾晒半天后，方可使用。

6）栽培食用植物（如蔬菜等）。应不含重金属及有害健康的元素，如汞、镉、砷等。

2. 配制营养液的原料

一般将化学工业制造出来的化合物，按品质（主要是纯度）分为四类：①化学试剂，又细分为三级，即：保证试剂（一级试剂）、分析试剂（二级试剂）、化学纯试剂（三级试剂）；②医药用；③工业用；④农业用。

化合物的选择应遵循下列原则：

1）化合物中化学试剂类纯度最高，价格昂贵，依次为医药用、工业用、农业用。在生产中，大量元素的供给多采用农业用品（化肥），以利降低成本。如果没有合格的农业用品，可用工业用品代替。微量元素用量少，可采用化学纯试剂或医药用品。

2）营养液配方中标出的用量是以纯品表示的，在配制营养液时，要按各种化合物原料标明的百分纯度来折算出原料用量。例如：在配方中硝酸钙 $Ca(NO_3)_2 \cdot 4H_2O$ 用量为 945mg/L，所用 $Ca(NO_3)_2$ 原料的纯度为 90%，那么实际在配制过程中，90% 纯度的 $Ca(NO_3)_2$ 用量为 945/90% = 1050mg/L。

3）商品标识不明、技术参数不清的原料严禁使用。如果采购到的大批原料缺少技术参数，应取样送化验部门化验清楚后再使用。

4）原料中本物以外的营养元素，都可以作为杂质处理，但是如果含量较多，要干扰营养平衡时，则要计算出来，相应减少该化合物的用量。

5）有时原料本物虽然符合纯度要求，但含有少量的有害元素也不能使用。

3. 营养液的配制

在配制营养液时，总的原则是避免难溶性物质沉淀的产生。钙离子同磷酸根离子和硫酸根离子，在高浓度的情况下，易产生磷酸钙和硫酸钙沉淀，所以要避免在高浓度条件下，钙离子同硫酸根离子和磷酸根离子相遇，配制营养液的方法介绍如下：

配成母液后再配成工作液，把化合物按上述原则先配成母液。

母液 A：包括 Ca（NO_3）$_2$、KNO_3，配成 200 倍浓缩液。

母液 B：包括 $NH_4H_2PO_4$、$MgSO_4$，配成 200 倍浓缩液。

母液 C：各种微量元素，配成 1000 倍浓缩液。

由于各种花卉对微量元素需要的数量极少，而且都有一定相近的适宜浓度范围，其通用配方见表 14-3。

表 14-3　营养液微量元素通用配方　　　　　　　（单位：mg/L）

化合物名称	用量
螯合物	0.3
硫酸亚铁	0.3
硼酸	0.05
氯化锰	0.05
硫酸铜	0.002
硫酸锌	0.005
钼酸铵	0.001
合计	126g

工作营养液的配制，在大贮液池内先放入相当于要配制的营养液体积的 40% 水量，将母液 A 应加入量倒入其中，充分搅拌均匀。然后再将应加入量的母液 B 慢慢倒入水池口的水泥中。让水冲稀母液 B 后将其带入贮液池中，充分搅拌均匀，用同样方法加入母液 C 加足水量，充分搅拌均匀。

 任务4　花卉水培技术

水培花卉是采用物理、化学、生物工程等技术，对土培花卉的细胞组织结构进行驯化，使其能够长期在水中生活的花卉。水培花卉有两个关键技术，一是驯化，二是营养液。

14.4.1　水培花卉容器的选择

1. 不同材料容器选择的要点

适宜水培的容器要求具有透明度，并以无色、无印花和气泡等为佳，这样便于观赏根系的生长发育过程、色彩等。通常可选用以下材质的容器。

1）玻璃器皿、有机玻璃材质的容器。玻璃、有机玻璃等品种繁多，造型优美，透明度高，是理想的植物水培容器。常见的有玻璃花瓶、酒杯和实验室中常用的三角瓶、烧杯、量杯等，这些器皿造型精美、透明度高，是理想的水培容器。

2）塑料制品。品种繁多，造型各异，有一定的透明度；还可以根据植物水培时的要求，对其改造、剪裁后应用。常见的有饮料瓶、矿泉水瓶、食品和保健品的外包装容器等。

3）其他瓶罐。一些透明度不高，但形态独特、线条流畅、甚至还具有古典特色的容器，如砂、陶、瓷质瓶罐及木竹筒等，用于盛放色彩鲜艳的花卉，花与容器互为衬托，美不胜收。

2. 水培容器的造型和规格

（1）容器造型和花卉形态的协调性　植物细长高挑或枝蔓下垂、飘逸，宜选用细而长的容器，是整个构图协调，有利于表现植物的婀娜多姿，使养花者从中获得美感。

（2）容器大小和花卉体态的匹配性　叶片粗大、体态敦厚的花木，应选用体量较大而又厚实稳重的容器，即均衡又安全。水培娇小秀丽的植物，宜选用小巧轻盈的容器。

14.4.2　水培植株的获取与转换方法

1. 获取水培植株的途径

（1）直接获取　直接获取是指将土培植物通过转换直接作为水培材料的一种方法。根据植株的不同形态，可以采取相应的方式获取水培材料。

1）单株型植物。将与容器大小匹配的土培植物整株挖出，作为水培的材料。

2）丛生型植物。将植物整株从土或盆中挖出，抖除泥土，露出子株与母株连接部位，用锋利的刀片从连接处切断；选取带有根系、健壮、无病虫危害的子株作为水培的材料。因子株有切口，应先用草木灰或木炭粉或细糠灰等涂抹在切口上，待切口干燥后再进行转换。这类植物有白鹤芋、万年青、虎尾兰、合果芋、旱伞草、棕竹等。

3）有根蘖苗的植物。将土培母株根际部萌生的根蘖苗挖出，从中用利刃切取大小合适，生长健壮，无病虫害并带根系的根蘖苗，处理好切口，作为水培材料。如君子兰、芦荟、凤梨、龙舌兰、虎尾兰等。

4）有走茎的植物。走茎为细长的地上茎，在走茎上常能长出一株或多株小苗。将小苗剪下，保护好根系，作为水培材料。如金心吊兰等。

（2）间接获取　间接获取是指将通过种子繁殖和组织培养获得的幼苗作为水培的材料。

2. 水培方法

（1）洗根法　室内花卉水培技术，主要是指土壤栽培改为水培的技术，因此必须做好脱土洗根工作。洗根方法：把选好的花卉植株，从土壤中挖出或从花盆中轻轻倒出，先用右手轻提枝茎，左手轻托根系，换出右手轻轻抖动，慢慢拍打，使根部土壤脱落露出全部根系。然后在清水中浸泡 15~20min，再用手轻轻揉洗根部，经过 2~3 次的换水清洗，直至根部完全无土，洗根的水清亮透明不含泥沙时方为洗净。但要十分注意，有些花卉根系坚硬，盘扭错节，而许多泥土在缝隙之中，必要时可用竹签、木棍、螺钉旋具挖出。必须做到一点泥土不剩，这是水培成功的重要环节之一。

洗净泥土后，可根据花卉根系生长情况，适当剪除老根，病根和老叶黄叶，植于备好的器皿内，注入没过根系 1/2~2/3 的自来水，置偏阴处，保持空气湿润，将清水养护的植物放置在偏阴处，不得受阳光直射；当空气干燥时，可向叶面及四周喷雾，保持空气湿润。

换水洗根是保证水培花卉生长良好的重要一环。一是植物生长的条件主要是水分、养分和空气。二是水培花卉生长在水里的根系，一方面吸收水中的养分，另一方面又向水中排放一些有机物质，也有废物或毒素，并在水中沉积。而这些有机物在土壤栽培时主要是溶解土壤中不易被根系吸收的养分，而废物和毒素则分布在土壤的空间或从盆底的漏孔中流出，不会被根系吸收而影响花卉的正常生长。三是水培花卉经常向水里施入的营养肥，除一部分矿质元素被根系吸收外，其余的则残留在水里，当残留的物质达到一定数量时，也会对花卉产生一定的危害；四是水培花卉长期生长在水中的根系，会产生一种黏液，黏液多时不但影响花卉根系对营养的吸收，而且还会对水造成污染。

换水洗根时间：一是根据不同的花卉种类及其对水培条件适应的情况，进行定期换水。

有些花卉，特别是水生花卉或湿生花卉，十分适应水培的环境，水栽后可较快地在原根系上继续生出新根，且生长良好。对于这些花卉，换水时间间隔可以长一些。而有些花卉水栽后很不适应水培环境，其恢复生长缓慢，甚至水栽后会出现根系腐烂。对于这些花卉，在刚进入水培环境初期，应经常换水，甚至 1~2d 换一次水。直至萌发出新根并恢复正常生长之后才能逐渐减少换水次数。二是根据气温的高低及植物的生长情况。其温度越高，水中的含氧量越少；温度越低，水中的含氧量越多。另一方面，温度越高，植物的呼吸作用越强，消耗的氧气越多；温度越低，植物的呼吸作用越弱，消耗的氧气越少。因此说，气温高时含氧量减少，气温低时水中含氧量多。所以，在高温季节应勤换水，低温季节换水时间间隔长一些。三是花卉生长正常且植株强壮的，换水时间长一些，由于种种原因造成花卉植株生长不良的，则换水勤一些。

换水洗根的原则：炎热夏季，4~5d 换一次水；春、秋季节可一周左右换一次水；冬季的换水时间应长一些，一般 15~20d 换一次水即可。在换水的同时，要十分细心地洗去根部的黏液，切记不可弄断或弄伤根系。

（2）水插法　利用植物的再生能力，在选好的花卉母株上截取茎、枝的一部分，插到水里，在适宜的环境下生根、发芽，成长新的植株。有人将此法戏称为"克隆法"。

水插时应注意以下几点：

1）植物选择。在水中能快速发根的植物为水培的原材料，截取茎和枝条，如龟背竹、常春藤、银叶菊、喜林芋类、鸭跖草类等。

2）枝条选择。宜选择粗壮、无病虫危害的枝条。枝条粗壮，含养料多，有利愈合组织的形成和生根。截取的枝条应来自主干、主枝的顶端及中段，或贴近主干、主枝的枝条，因为该部位萌发根的能力强。

3）截取枝条长短。一般以植物种类和装饰的要求而定。植物株形较纤细修长的，又为装饰起见，可以截取长些；反之，可截取短些。为了有利组合配置，枝条可以截成长短不一，使层次丰富、株形饱满。

4）截断部位。宜在节下 0.2~0.5cm 处，截面要平整，不可有纵向裂痕。切取带有气生根枝条时应保护好气生根，并将其插入水中。绿萝、富贵竹、三色细叶千年木都适用这种方法水培。

5）将枝条放入浓度为 0.05%~0.1% 的高锰酸钾溶液消毒 10min，先用自来水诱导出新根。

6）枝条插入水中的深度。将截取的枝条插入水中时，水以浸没枝条 1/3~1/2 为宜，浸入水中部位的叶片要摘除，有气生根的要保留，并使其露在水面以上。

7）将水插后的枝条放在偏阴处，不得受阳光直射。每天换水一次或 2~3d 换水一次。

14.4.3　水培花卉的日常管理

1. 温度管理

植物的生长发育是指在一定的温度范围内进行的，水培花卉的生长发育也与温度高低密切相关。

（1）植物生长的三基点温度

1）最低点温度：原产热带的植物，最低温度较高，一般在 18℃ 左右开始生长；原产温带的植物，最低点温度较低，一般在 10℃ 左右开始生长；原产亚热带的植物，最低点温度介于以上两者之间，一般在 15～16℃开始生长。

2）最适点温度：一般为 25℃左右。

3）最高点温度：一般 50℃左右是原产热带的大多数植物的最高点温度，但也有些种类能忍受 50～60℃的高温。

（2）植物越冬温度　室内水培植物多选用热带和亚热带的观叶、观花种类，因此最低点和最高点温度，特别是最低点温度与水培植物的养护关系密切。0℃左右可安全越冬品种，如芦荟、吊兰、君子兰。

有一定抗寒性，稍加保护即可越冬。这类植物大多原产在亚热带地区，如君子兰、天竺葵、石莲花、芦荟、吊兰、旱伞草、紫鹅绒、银叶菊、蔓长春花、鸭跖草类等。

抗寒性差的植物，多原产于热带地区，一年四季都要有较高的温度，冬季室温不得低于 10℃；部分不能忍受 5℃以下的低温；否则难以越冬。如富贵竹、红宝石喜林芋、绿宝石喜林芋、琴叶喜林芋、合果芋、虎尾兰等。根据水培植物越冬所需的温度，应尽早采取防寒措施。

2. 光照管理

根据植物对光照强度的适应程度和室内光照特点，将植物摆放在适当的区域内，水培植物才能健壮生长。室内光照与室外大不相同，室内多数区域只有散射光。根据室内直射光、散射光分布的情况，一般可分为以下几个区域：

1）阳光充足区。离向阳窗口 5cm 以内及西向窗口等处，有直射光照射，光线充足明亮，适宜摆放阳性植物，但对夏季的直射光要适当遮蔽。

2）光线明亮区。离向阳窗口 80～150cm 及东向窗口附近，有部分直射光或无直射光，适宜摆放耐阴植物。

3）半阴或阴暗区。离向阳窗口较远及近北向窗口，无直射光，光线较阴暗，适宜摆放阴性植物。水培植物摆放范围不当，光照强弱不符植物习性要求，则枝叶会徒长，节间长而细弱，叶片畸形，多而小，失绿又失去光泽；彩色叶片，则斑纹变淡，褪色，甚至大量脱叶，严重影响生长发育和观赏性。

3. 水分管理

植物水培一段时间后，必然会使水质变差、发臭而不适合水培植物生长，此时应继续换清水。换水是改善水质的重要手段。换水时间的间隔长短与气温、植物种类、生长发育期及水中微生物活跃程度等有密切关系。

春、秋两季特别是晚春、早秋的温度是植物生长的最适温度，虽然植物因生长发育旺盛而需氧气量较多，但水中氧含量并不太缺少，因此春、秋季节可 1 周左右换清水一次。冬季温度低，水中氧含量充足，另一方面植物因处在休眠期，生长停止或缓慢而消耗氧少，因此换水时间间隔可长些，一般 10～15d 换水 1 次。夏季处在高温期，水中氧含量因气温高而较少，又因植物呼吸旺盛而消耗氧气量多，同时水中微生物生长和繁殖也旺盛，加剧了耗氧量和对根系伤害的机会，容易造成水质变坏、发臭，所以夏季一般 2～3d 换水一次，特殊情况还要缩短换水时间，并随时注意水质的变化。换水方法：

1）用清水冲洗根部，除去黏液，修剪老化的根和烂根。

2）将容器冲洗干净，对容器上附生的青苔也需除净，保持容器的透明度、清洁度。

3）注入容器中的清水量不宜太满，以根系长度的 2/3 为宜，使部分根系露在水面以上，有利吸收空气中的氧气。

4）平时应注意水分的消耗，当水分消耗为原水量的 20% ~ 30% 后，必须加清水补充到原水位的高度。

5）换清水的时间应和更换营养液时间同步考虑并协调，以免造成浪费而对植物生长产生不利影响。

4. 营养液的施用

植物的生长发育需要 16 种必需的元素才能正常生长，其中必需的大量元素有氮、磷、钾、钙、镁、硫等，微量元素有铁、铜、锌、锰、硼、钼、氯等。将植物需要的大量元素和微量元素配置成营养液输入水培清水中，这样才能满足水培花卉的所需营养。

（1）**按营养液配方自行配制** 随着无土栽培及室内植物水培的迅猛发展，世界各国的科学家们已研制出多种较成熟的营养液配方，可供人们选择配制和使用。

1）常见营养液配方：有格里克基本营养液配方，凡尔赛营养液配方，霍格兰和阿浓营养液配方，汉普营养液配方，中国北京农林科学院无土花卉综合营养液配方等。

2）配制方法：确定营养液配方、准备容器、设备等溶解各种无机盐，按配方中的顺序倒入容器中，用清水定溶、测定、调节酸碱度。

3）营养液配制：以汉普营养液为例，介绍其配方和制作步骤。

步骤一：用少量 50℃ 左右温水，将配方内每种无机盐分别溶于玻璃杯或试管中，备用。

步骤二：将 750mL 清水倒入准备贮放营养液的大容器中。

步骤三：按配方所列顺序，将溶解的各种无机盐注入准备贮放营养液的大容器中，边倒边搅。

步骤四：将 1000mL 清水倒入大容器中并搅拌，即成可应用的营养液。

4）原液、浓缩液、稀释液的关系：原液是指按营养液配方配制而成的营养液，是植物水培最基本的肥料。

由于原液体积较大，为便于贮存和携带，通常将原液按一定倍数浓缩，即成浓缩液。浓缩倍数根据需要定，一般为 100 倍、200 倍、1000 倍等，浓缩营养液可保质 1 ~ 2 年。市场上购买的营养液成品通常是浓缩液。

稀释液是根据浓缩的倍数，将浓缩液加水稀释成原液，若将 100 倍的浓缩液稀释 100倍，恢复到原液的浓度；或根据植物种类、生长势、年生长周期、发育期的不同，将浓缩液稀释一定的倍数，如将 100 倍的浓缩液稀释成 50 倍，以满足植物生长所需。稀释液一般可保质 2 ~ 6 个月。

（2）**选购营养液浓缩成品** 目前市场上已有多种营养液供应，养花者可根据水培植物的种类有针对性的选购。

1）营养液类型。按营养液的施用性一般可分为单类营养液和综合营养液两类。单类营养液，有观叶植物营养液、观果植物营养液、观花植物营养液，在观花植物营养液中又有专用营养液，如君子兰营养液、仙客来营养液等。综合营养液，适用于各种类型的植物。

2）选购要点。在市场上选购营养液时，一要注意生产日期、有效日期、生产厂家名称、地址及联系电话，以及营养液施用说明书等。二要看清营养液成品有无沉淀，要选购无沉淀的营养液；如有沉淀表明该营养液中部分元素已被固定而不能被植物吸收利用，所以不宜选购。营养液成品选购后，应放置在低温及光线较暗处保存。

5. 病虫害防治

植物水培不用土壤，已从根本上解除病虫害、蚊蝇的孳生地。但植物水培并非在真空环境下进行，当室内门窗开启时，就会有各种小虫如蚜虫、粉虱等飞入，室内空气中则有病菌存在、活动、繁殖；同时室内的温度、湿度、光照等不断变化中，也会对植物造成伤害，因此，植物在水培过程中仍需注意病虫害的发生及其防治。

6. 整形修剪

植物经过一段时间水培后，有些枝条过长而显杂乱，影响通风采光和株形完美，应进行整形修剪。

1）短截和摘心。对过长枝条，在适当高度用利刃短截，截面要光滑；也可摘心，将枝条顶端摘除。短截和摘心均能控制高度，又能促发分枝，使株形丰满。

2）根系修剪。根系生长过长或老根数量过多时，将过长根系短截，疏剪老根。修剪后不仅根系整齐，有利观赏，也能促发新根，有利吸收水分和养分。促使植物生长。根系修剪一般在春季进行。

 任务5 花卉水培技术实例

14.5.1 花烛（*Anthurium* Schott）水培技术要点

1. 材料处理

1）选择健壮、无病虫害的花烛作为水培的母本材料。拍松盆土，脱盆，再将整个植株冲洗干净。

2）将冲洗干净的母本材料从离根的基部 3~5cm 处剪除原土生根系，依据植株的大小用定植篮固定好。将植株与定植篮一同浸入 3%~5% 的多菌灵溶液中消毒 3~5min；再放入 ABT 3 号（20ppm）溶液中浸泡 5min 左右，放阴凉处晾干。

3）将晾干后的母本材料连同定植篮一起放入珍珠岩的催根苗床催生水生根，通过对苗床水分及营养的控制，大约 20d 左右就可长出新根（原始的水生根）。

4）待新根长到 2~3cm 长时就可移到诱导池中进行诱导水生根了。此阶段水中的溶氧量及 EC 值的调整很重要，关系到诱导的成败，其营养液的配比也要作适当调整。等水生根长到一定的数量与长度，说明植株适应水中生长了，这时就可上瓶静止水培。

2. 营养液配制

水培营养液成分（含量单位为：mg/L）。大量元素：硝酸钙 475、硝酸钾 843、磷酸二氢铵 75、硫酸镁 245、磷酸二氢钾 160。微量元素：硼酸 2.86、硫酸锌 0.22、硫酸铜 0.08、钼酸铵 0.02、螯合铁 20。

3. 养护与管理

（1）用水与换水　选择没有被污染的、pH 值为 6.0~6.5 的水。若用自来水，使用之前应该先搁置 1d 以上，让水中的氯气挥发掉。

夏天每周就要换水一次；春、秋季节处于旺盛生长时期，虽然需要消耗较多的氧气，但水中溶氧量相对夏季充足，在此季节可 10~12d 换一次水；冬季可 20d 换一次水。

换水时，要轻轻冲洗植株的根须，清除根部的黏液，同时要剪掉老化根和烂根，并摘除植株上黄、枯叶片。换水时应将器皿上的青苔和水垢清洗干净。然后，把新鲜的水加入器皿，让水面保持在植株茎基以下 2～5cm 处。

（2）温湿度控制　花烛所需湿度应保持在 70%～80% 为好（气温 20～28℃），相对湿度过低，致使其干旱缺水，叶片及佛焰苞片的边缘出现干枯，佛焰苞片不平整。花烛浇水的水温，应保持在 15℃ 左右（包括所浇营养液），这一点在严寒、酷暑尤为重要。可以用废弃的可乐瓶、矿泉水瓶接满自来水经晾置 3～4d 后灌入喷壶中，喷花烛叶面。夏季在 10：00～12：00 喷一次，15：00 以后喷一次，但喷的水 pH 值要小。

（3）叶面施肥　选用尿素、磷酸二氢钾等容易溶解的肥料用作叶面施肥。合适的浓度是：尿素 0.1%、磷酸二氢钾 0.15%。

（4）修剪根系　根系长得过长、过密时，需要适当地将老根剪除，长根修短，以促其萌发新根，增强根系活力。此外，若植株根须腐烂时，应及时把烂根剪除干净，每 1～2d 换一次水，直至植株萌发新根之后才转入正常养护。

14.5.2　白鹤芋（*Spathiphllum kochii*）水培技术要点

白鹤芋别名白掌、苞叶芋、异柄白鹤芋、银苞芋，天南星科苞叶芋属。白鹤芋翠绿叶片，洁白佛焰苞，清新幽雅，是世界重要的观花和观叶植物。性喜温暖湿润半阴的环境，切忌阳光直射，怕寒冷。生长适温为 20～28℃，越冬温度为 10℃。

1. 材料处理

1）将白鹤芋植株从花盆中取出，抖落泥土并用清水冲洗干净，尽量勿使根系受损。

2）用锋利的剪刀剪除所有坏根和部分老根（保留 1/3～2/3 的根系，白鹤芋属亲水性较好的植物，水培时可轻度剪根）。

3）将剪根后的植株浸入 1% 高锰酸钾溶液中消毒 10～15min，再用清水冲洗后备用。

4）把消毒后的花卉用珍珠岩或蛭石定植于定植篮内，根系要求舒展，再放入珍珠岩的催根苗床，加强温、光、气、热的管理；一般 10～20d 后，等新的根系长到 2～3cm 时连同定植篮一起放入诱导池内进行水生诱导，加强营养液与溶解氧的管理。

5）10～15d 后，待新生根系完全适应水环境后，说明诱导成功，即可装瓶静止水培。

2. 养护与管理

1）水分管理　定期换水可以及时清除植物根系分泌的黏液，残留的营养素，以及营养液滋生的藻类等。换水的间隔天数视季节的不同而异，一般春秋天约 5～7d 换一次水，冬季一般 7～10d 换一次水；夏季高温季节时，必须加强换水，一般 2～3d 就换一次水。换水时加水注意不要太满，要让植株根系的 1/3～1/2 根系露出水面，以便露出部分可吸收足够的氧气。

2）增氧措施　水中缺氧是引起烂根的因素之一，养护时要及时增加水中的溶氧量，其中最简便的方法是振动，一只手固定花卉植株，另一只手握住器皿轻轻摇动 10 余次。摇动后的营养液溶解氧含量能够提高 30% 左右。或在营养液中添加 1% 的过氧化氢（3% 双氧水），有条件的也可以采用微型潜水泵或增氧泵对营养液进行加氧。

3）烂根处理　及时把腐烂的根系全部清除，茎部已受侵染也要用利刃切除被侵染部分。修剪过的植物浸入 0.5% 高锰酸钾溶液浸泡 10～20min 灭菌。灭菌后用流动水清洗植株，之后把植株放入原器皿用清水栽养（器皿应洗净）。1～2d 换一次水，只换清水不加营养液。待有新根长出后再改用营养液栽培。

4）温湿度控制　白鹤芋性喜温暖、阴蔽、湿润，忌炎热，怕阳光直射，摆放时要放在通风透气且非强光照射的角落。夏季注意温度不宜超过28℃，相对湿度不低于80%，过于干燥时可适量适时向叶面喷水；冬季温度低于14℃会出现冻害，因此要应注意保暖，不要随意将其搬出室内，同时应把湿度控制在70%～80%。

14.5.3　袖珍椰子（*Chamaedorea elegans*）水培技术要点

袖珍椰子别名矮生椰子、袖珍棕、矮棕，棕榈科袖珍椰子属。植株小巧玲珑，株形优美，姿态秀雅，叶色浓绿光亮，耐阴性强，是优良的室内中小型盆栽观叶植物。叶片平展，成龄株如伞形，端庄凝重，古朴隽秀，叶片潇洒，玉润晶莹，给人以真诚纯朴，生机盎然之感。小株宜用小盆栽植，置案头桌面，为台上珍品，也可悬吊室内，装饰空间，为美化室内的重要观叶植物。生长适温为20～30℃，13℃进入休眠状态，越冬温度为10℃。

1. 材料处理

选取高为30～50cm的生长健壮植株，抖落泥土并用清水冲洗干净，去除根部枯叶，不可损伤老根。株丛不宜太大，以1～3茎为宜。加入清水至根茎处。

2. 养护与管理

1）施肥。生长期每2～3周浇施一次水培用营养液，采用观叶植物营养液。

2）浇水。夏季每天浇水2～3次，冬季要控制浇水量。6～8周清洗固定基质，尤其是夏季，以免有害物质伤害植株。经常检测营养液的pH值，过碱会使叶片发黄。

3）生长温度。20～30℃之间，13℃进入休眠，冬季不可低于10℃。

4）日照。喜好阴蔽环境，60%遮光网。袖珍椰子喜好阴蔽环境，不宜置于南向窗附近，应放在北向、东向、西向窗台，或与之相当的地方。在较暗处生长叶色浓绿，光照直射时叶色渐变黄绿。过多的强光可产生焦叶及黑斑。

14.5.4　富贵竹（*Dracaena sanderiana*）水培技术要点

富贵竹别名万寿竹、距花万寿竹、开运竹、富贵塔，百合科龙血树属。常绿亚灌木状植物，喜阴湿，茎叶肥厚，其品种有绿叶、绿叶白边（称银边）、绿叶黄边（称金边）、绿叶银心（称银心）。喜阴湿高温，耐阴、耐涝，喜半荫的环境。适宜生长温度为20～28℃，可耐2～3℃低温。主要作盆栽观赏植物，观赏价值高，并象征着"大吉大利"，因而颇受国际市场欢迎。

1. 材料处理

入瓶前要将插条基部叶片除去，并用利刃将基部切成斜口，刀口要平滑，以增大对水分和养分的吸收面积。每3～4d换一次清水，可放入几块小木炭防腐，10d内不要移动位置和改变方向，约15d左右即可长出银白色须根。

2. 养护与管理

生根后不宜换水，水分蒸发后只能及时加水。常换水易造成叶黄枝萎。加的水最好是井水，用自来水要先用器皿贮存1d，水要保持清洁、新鲜，不能用脏水、硬水或混有油质的水，否则容易烂根。

水养富贵竹为防止徒长，不要施化肥，最好每隔3周左右向瓶内注入几滴白兰地酒，加少量营养液；也可用500g水溶解碾成粉末的阿司匹林半片或 V_c 一片，加水时滴入几滴，即能使叶片保持翠绿（长出根后就不用）。

实训34　花卉水培的洗根技术

1. 任务实施的目的

使学生能规范操作花卉水培脱土洗根和换水洗根，掌握脱土洗根技术要点和换水洗根原则，为以后花卉水培提供一定的理论和实践基础。

2. 材料用具

1）土壤栽培盆花2~3种。

2）竹签或木棍，螺钉旋具，剪刀，容器，清水，参考资料。

3. 任务实施的步骤

1）由指导教师现场讲解花卉水培洗根技术的种类、方法及必要性。学生进行记录。

2）指导教师演示脱土洗根和换水洗根全过程并指出注意事项。

3）学生分组实操花卉脱土洗根及换水洗根，指导教师亲自指导。

4. 分析与讨论

1）各小组内同学之间相互考问花卉水培洗根技术要点。

2）讨论为什么要进行脱土洗根和换水洗根？如何掌握换水洗根技术和换水洗根时间？

3）讨论换水洗根的原则。

5. 任务实施的作业

1）简述富贵竹洗根技术要点。

2）总结花卉水培洗根技术必要性。

3）总结出花卉水培换水洗根原则。

4）说出清洗后的花卉植于备好的器皿内，注入自来水的量。

6. 任务实施的评价

花卉水培洗根技术技能训练评价见表14-4。

表14-4　花卉水培洗根技术技能训练评价表

学生姓名					
测评日期		测评地点			
测评内容	花卉水培洗根技术				
	内　容	分值/分	自　评	互　评	师　评
考评标准	规范操作花卉水培洗根技术	50			
	能说出花卉水培洗根的含义及分类	20			
	能说出富贵竹洗根技术要点	20			
	能正确应用脱土洗根和换水洗根	10			
	合　　计	100			
最终得分（自评30%＋互评30%＋师评40%）					

说明：测评满分为100分，60~74分为及格，75~84分为良好，85分以上为优秀。60分以下的学生，需重新进行知识学习、任务训练，直到任务完成达到合格为止

实训 35　花卉水培的水插技术

1. 任务实施的目的

使学生能规范操作花卉水培水插，掌握水插原理及技术关键，为以后花卉水培提供一定的理论和实践基础。

2. 材料用具

1) 适宜水插培养花卉 2 ~ 3 种。

2) 高锰酸钾，剪刀，容器，清水，参考资料。

3. 任务实施的步骤

1) 由指导教师现场讲解花卉水培水插种植技术的原理、操作方法及注意事项。学生进行记录。

2) 指导教师演示水插种植技术全过程并指出注意事项。

3) 学生分组实操花卉水插种植，指导教师亲自指导。

4. 分析与讨论

1) 各小组内同学之间相互考问花卉水培水插种植技术要点。

2) 讨论水插种植操作时注意事项。

5. 任务实施的作业

1) 简述常春藤水插种植技术要点。

2) 总结花卉水培水插种植技术的关键。

3) 总结出花卉水培水插种植枝条的选择。

4) 说出枝条插入水中的深度。

6. 任务实施的评价

花卉水培水插技术技能训练评价见表 14-5。

表 14-5　花卉水培水插技术技能训练评价表

学生姓名					
测评日期		测评地点			
测评内容	花卉水培水插技术				
	内　　容	分值/分	自　评	互　评	师　评
考评标准	规范操作花卉水培水插种植技术	50			
	能说出花卉水培水插种植的含义及原理	20			
	能说出花卉水插种植技术要点	20			
	能正确应用水插种植技术	10			
合　　计		100			
最终得分（自评 30% + 互评 30% + 师评 40%）					

说明：测评满分为 100 分，60 ~ 74 分为及格，75 ~ 84 分为良好，85 分以上为优秀。60 分以下的学生，需重新进行知识学习、任务训练，直到任务完成达到合格为止

习题

1. 填空题

1）花卉的无土栽培形式有____和____两大类。

2）水培的方法有许多种，但根据其来源大致有3类：_____，_____，_____。

3）根据营养元素含量占植物体干重的百分数，这些元素又分为大量元素和微量元素。其中大量元素，包括_____、_____、_____、_____、_____、_____等；含量在万分之几以下的营养元素称为微量元素，包括_____、_____、_____、_____、_____、_____等。

2. 简答题

1）常用的基质组织材料有哪些？特点如何？

2）培养基、营养液的种类及组成因子有哪些？

3）营养液及培养基的配制方法有哪些？

4）水培花卉的营养液中含有什么物质？

5）水培花卉容器的营养液是否越多越好？为什么？

6）是否能够直接从土壤栽培的花卉直接转为水培？

7）水培花卉烂根怎么办？

8）水培花卉时如何补充或更换营养液？

项目15

花卉在园林绿地中的应用

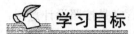 学习目标

掌握花卉在园林绿地中应用的特点、原则和设计原理。

解释花坛、花境的概念，以及正确区分花坛、花境的区别。

进行花坛、花境的设计和施工。

用花卉对室内环境进行装饰和布置。

工作任务

根据花卉在园林绿地中应用的任务，对花坛、花境以及室内花卉装饰进行应用，包括设计、施工及其他管理。要求要详细计划每个工作过程和步骤，以小组为单位通力合作，制订设计和施工方案。在工作过程中，要注意培养团队合作能力和工作任务的信息采集、分析、计划、实施能力。

 任务1 花卉应用概述

花卉不仅具有改善环境、净化空气等良好的卫生防护功能，更重要的是花卉可以以其千姿百态、姹紫嫣红的自然美和人类独具匠心设计的艺术美，装点园林绿地和室内空间，为人们营造优美的休闲娱乐场所和怡人的工作生活环境。所以人们应该充分运用花卉，发挥花卉美化环境的作用；并充分应用花卉进行人与人之间的感情交流，进入较高层次的思想境界。因此可以将花卉的应用总结为：科学地选择具有一定观赏价值的植物，通过艺术手法处理，进行美化环境的装饰。

花卉的应用形式多样，可选择的种类较多，一般具有以下特点：选择的观赏植物种类管理方便，设置灵活，更换容易，病虫害发生少；设置的形式多样化，具有灵活性；观赏植物种类繁多，色彩艳丽，装饰效果好；应用中需要考虑季节性和时令性。

花卉在园林绿地中的应用时，为了能最大限度地发挥其观赏和实用的功效，应该注意以下几个原则：

1）经济性原则。不要盲目追求美观，引进新品种，价格昂贵，但观赏价值不高，造成不必要的浪费。

2）符合植物生长习性的原则。在应用中应该考虑植物对环境条件的适应性，不要引进不适合当地气候条件的种类，或观赏时间较短，较易发生病虫害的种类。

3）环保、卫生、低维护性的原则。落叶落花落果较多，较难清扫，容易增加管理难度的种类，也是在花卉应用中应考虑的问题。

 任务2 花坛设计、施工与养护

15.2.1 花坛的概念与特点

花坛是一种古老的花卉应用形式，源于古罗马时代。花坛的最初含义是按照设计意图，在具有几何形轮廓的种植床内，种植各种不同色彩的花卉，运用花卉的群体效果来体现图案纹样，或观赏盛花时绚丽景观的一种花卉应用形式。它可以突出鲜艳的色彩或精美华丽的纹样来体现其装饰效果。在园林布局中常作为主景，在庭院布置中也是重点建设部分，对街道绿地和城市建筑物也起着重要的配景和装饰美化作用。

15.2.2 花坛类型

1. 盛花花坛

盛花花坛又称为花丛花坛、集栽花坛，如图15-1～图15-5所示。盛花花坛是在自然式或规则式种植床内，按照一定的图案设计，集中栽植同期开放的同种花卉或不同花卉，以表现花朵盛开时群体的色彩美。

2. 模纹花坛

模纹花坛又称为毛毡花坛、镶嵌花坛、图案式花坛等，是在规则是种植床内，集中栽植植株低矮、枝叶细密、色彩鲜艳、有对比的观叶性或多花性草本植物，以表现群体组成的精美图案或装饰纹样。

图 15-1 盛花花坛

根据模纹花坛表面是否整齐，常将其分为毛毡花坛和浮雕花坛两种。

图 15-2 盛花花坛（间色）

图 15-3 盛花花坛（单色）

图 15-4　盛花花坛（近似色）

图 15-5　盛花花坛（补色）

（1）毛毡花坛（图 15-6）　将所以植株修剪成同一高度，表面平整，看上去好像华丽的地毯。

（2）浮雕花坛（图 15-7）　植株高度根据纹样不同有高有低，图案纹样有凹有凸。也可以通过修剪，使配植在模纹花坛中的同种植物高度不同而呈现凸凹，有如浮雕一样。

图 15-6　毛毡花坛

图 15-7　浮雕花坛

3. 立体花坛

立体花坛（图 15-8）是向空间伸展，具有竖向景观，是超出花坛原有含义的一种布置形式，包括标牌花坛、造型花坛等形式。

标牌花坛是用植物组成竖向牌式花坛，多为一面观；造型花坛是依据环境及花坛主题，利

图 15-8　立体花坛

用植物材料将花坛做成各种造型，如动物、花篮等，多为四面观。

15.2.3 花坛设计

1. 花坛的位置和形式

花坛的位置主要根据当地的环境，因地制宜设置。一般设置在公园的出入口、主要建筑物前、主要交叉路口和风景视线集中的地方。花坛的大小、外形、结构和种类，应根据环境而定。一般在主要道路交叉口或广场上，以鲜艳的盛花花坛为主；在公园出入口，应设置规则整齐、精致华丽的花坛，一般以模纹花坛为主；在纪念馆、医院附近的花坛，则以严肃、安宁、沉静为宜。

2. 花坛的高低、大小和色彩

花坛的高度应在人视平线以下，使人们能够看清花坛的内部和全貌；同时为了使花坛层次分明、便于排水，花坛应呈现四周低中央高或前低后高的斜坡形式。

花坛的面积不宜过大，否则不易布置，也不易与周围环境协调，又不利于管理。

花坛的色彩布置应有主宾之分，即应以一种色彩作为主色调，其他色彩作为对比，衬托色调。另外色彩不宜过多，一般以 2~3 种色彩为宜。

3. 盛花花坛的设计

（1）植物选择　以一二年生观花草本植物为主要材料，也可适量选用球根花卉或宿根花卉，通常以 10~40cm 的矮生品种为宜，也可适当选择少量常绿、色叶及观花小灌木作辅助材料。适合做花坛的花卉要求高矮整齐，株丛紧密，开花繁茂，盛开时花朵应完全覆盖枝叶和地面；花期一致且开放时间较长，至少保持一个季节的观赏期；花色鲜艳明亮，有丰富的色彩幅度变化，纯色搭配及组合较复色更为理想，更能体现色彩美。此外要求耐移栽，缓苗快。

盛花花坛可设计为一种草花，也可设计几种不同色彩的花卉组合。几种花卉组合时要求色彩搭配和谐，株形相近，花期也基本一致。此外，花坛边缘还可适当选用一些矮小灌木、绿篱或草本地被镶边，如黄杨类、小檗类、景天类等。花坛中心还可配植高大整齐的草本花卉如美人蕉、银边翠等，也可配植少量姿态优美的树木材料，如海枣、桂花、凤尾兰等以及修剪成球形的黄杨、海桐等。盛花花坛常用花卉见表 15-1。

表 15-1　盛花花坛常用花卉

花 卉 名 称	科 名	学 名	株高/cm	花期/月份	花 色
三色堇	堇菜科	*Viola tricolor*	10~30	3~5	紫、红、蓝、堇、黄、白
雏菊	菊科	*Bellis perennis*	10~20	3~6	白、鲜红、深红、粉红
矮牵牛	茄科	*Petunia hybrida*	20~40	5~10	白、粉红、大红、紫、雪青
金盏菊	菊科	*Calendula officinalis*	20~40	4~6	黄、橙黄、橙红
紫罗兰	十字花科	*Matthiola inana*	20~70	4~6	桃红、紫红、白
石竹	石竹科	*Dianthus chinensis*	20~60	4~5	红、粉、白、紫
郁金香	百合科	*Tulipa gesmeeriana*	20~40	4~5	红、橙、黄、紫、白、复色
矮雪轮	石竹科	*Silene pendula*	20~30	5~6	粉白、粉红
金鱼草	玄参科	*Antirrhinum majus*	20~45	5~6	白、粉、红、黄

（续）

花 卉 名 称	科　　名	学　　名	株高/cm	花期/月份	花　　色
百日草	菊科	*Zinnia elegans*	50~70	6~9	红、白、黄、橙
半支莲	马齿苋科	*Portulaca grandiflora*	10~20	6~8	红、粉、黄、橙
美女樱	马鞭草科	*Verbena hybrida*	25~50	4~10	红、粉、白、蓝紫
四季秋海棠	秋海棠科	*Begonia semperflorens*	20~40	四季	红、白、粉红
翠菊	菊科	*Callistephus chinensis*	60~80	7~11	紫红、红、粉、蓝紫
凤仙花	凤仙花科	*Impatiens balsamina*	50~70	7~9	红、粉、白
一串红	唇形科	*Salvia splendens*	30~70	5~10	红
万寿菊	菊科	*Tagetes erecta*	30~80	5~11	桔红、黄、橙黄
鸡冠花	苋科	*Celosia cristata*	30~60	7~10	红、粉、黄
长春花	夹竹桃科	*Catharanthus roseus*	40~60	7~9	紫红、白、红、黄
千日红	苋科	*Gomphrena globosa*	40~50	7~11	紫红、深红、堇紫、白
藿香蓟	菊科	*Ageratum conyzoides*	40~60	4~10	蓝紫
美人蕉	美人蕉科	*Canna*	100~130	8~10	红、黄、粉
大丽花	菊科	*Dahlia pinnata*	60~150	6~10	黄、红、紫、橙、粉
菊花	菊科	*D. morifolium*	60~80	9~10	黄、白、粉、紫
羽衣甘蓝	十字花科	*Brassica oleracea*	30~40	11~2	紫红、黄白
红叶甜菜	藜科	*Betavulgaris var. cicla*	25~30	11~2	深红
孔雀草	菊科	*Tageres patula*	20~40	6~10	橘红、橙黄、黄
霞草	石竹科	*Gypsophila elegans*	40~50	4~6	粉、白
彩叶草	唇形科	*Coleus blumei*	50~80	5~10	观叶
桂竹香	十字花科	*Cheiranthus cheiri*	30~60	4~6	紫红、红、粉
福禄考	花荵科	*Phlox drummondii*	20~30	5~7	红、粉、白
风信子	百合科	*Hyacnthus orientalis*	15~25	5~6	紫红、红、粉、蓝紫、白
葱兰	石蒜科	*Zephyranthes candida*	15~25	7~11	白
韭兰	石蒜科	*Z. grandiflora*	15~25	6~10	红

（2）色彩设计　盛花花坛表现的主题是花卉群体的色彩美，因此要精心选择花卉进行巧妙搭配，一般要求鲜明、艳丽。

1）配色方案。

① 对比色的应用：对比色的应用比较活泼而明快。深色调的对比比较强烈，给人以兴奋感；浅色调的对比效果较理想，柔和而又鲜明。如紫色和浅黄色（紫色三色堇+黄色三色堇、藿香蓟+黄早菊），橙色和蓝紫色（金盏菊+雏菊、金盏菊+三色堇），绿色和红色（红鸡冠+扫帚草）等。

② 暖色调的应用：暖色调搭配时，如果色彩不鲜明，可加入白色调剂，并可提高花坛的明亮度。这种配色鲜艳，热烈而庄重，在大型花坛中常用。如红色和黄色或黄色、白色和红色（黄早菊+白早菊+一串红或一品红、金盏菊+白雏菊+红色美女樱）。

③ 同色调的应用：这种不常用，适于小面积的花坛及花坛组，起装饰作用，不作主景。

如白色建筑前用红色的花，或有单纯红色、黄色、紫色等单色花组成花坛组。

2）注意事项。

① 在花坛色彩搭配中注意颜色对人的视觉及心理的影响：如暖色调给人在面积上有扩张感，冷色调则收缩，因此设计时对面积大小、宽窄应有所考虑。

② 花坛的色彩要和它的作用相结合考虑：装饰性花坛、节日花坛要与环境相区别，组织交通用的花坛要醒目，而基础花坛应与主体相配合，起烘托主体的作用，不能过分艳丽，以免喧宾夺主。

③ 花卉色彩的特点：花卉色彩不同于标准色彩，需要在实践中仔细观察才能正确应用。如同为红色的花卉，天竺葵、一串红、一品红在明度上有差别，与黄色花卉相配，效果不同。一品红红色稳重，一串红较鲜明，天竺葵较艳丽。后两种与黄色花卉相配有明快的感觉，而一品红需要加入白色花卉才会有较好效果。

（3）图案设计。外形轮廓主要是几何图形或几何图形的组合，如圆形、方形、三角形等，也可以根据地形设置成自然形状。大小要适度，一般观赏轴线以 8～10m 为度。现代建筑的外形多变，在外形多变的建筑前设置花坛，可用流线或折线构成外轮廓，对称、拟对称或自然式均可，以求与环境协调，内部图案要简洁，轮廓明显。

4. 模纹花坛的设计

（1）植物选择　植物的高度和形状对模纹花坛的纹样表现有密切关系，是选择材料的重要依据。低矮细密的植物才能形成精美细致的华丽图案。

1）以生长缓慢的多年生植物为主。一二年生草花的生长速度不同，图案不容易稳定，可选用草花的扦插、播种苗及植株低矮的花卉作图案的点缀，但它们布置的图案主题观赏期相对较短，一般不使用。

2）枝叶细小，株丛紧密，萌蘖性强，耐修剪的观叶植物为主。常见的有彩叶草、五色草、银叶菊等。通过修剪可以使图案纹样清晰，并能维持较长的观赏期，而枝叶粗大的材料不易形成精美的纹样，特别不适合小面积花坛。观花植物花期短，不耐修剪，若使用少量作点缀，也以植株低矮、花小而密的观花草本效果为好，如孔雀草、香雪球、三色堇等。植株矮小或通过修剪控制在株高 5～10cm 为宜，或通过修剪达到此高度，耐移植、易栽培、缓苗快的材料为好。

（2）色彩设计　色彩设计应以模纹花坛的图案样式为依据，用植物的色彩来突出纹样，使之清新而精美。如选用五色草中的小叶红或小叶黑与小叶绿描出各种花纹。若要更清晰还可用白绿色的白草种在两种不同色草的界限上，突出纹样的轮廓。

（3）图案设计　模纹花坛以突出纹样的华丽为主，因而种植床的外部轮廓以线条简洁为宜，面积不宜过大。内部图案纹样精美细致，要有长期的稳定性，可选择的内容广泛，如工艺品花纹、卷云等，设计成毡状花纹；用文字或文字的组合构成图案；国旗、国徽、会徽等，但要严格符合比例，不得随意更改；还可以是时钟、花篮、花瓶、动物等。

15.2.4　花坛植物种植施工

1. 盛花花坛的种植施工

（1）圃地整理　花坛种植前，要先翻耕土地，一般应深翻 30～40cm，除去杂物。如果土质较差，则应将表层 30cm 土更换好土，根据需要，施用适量的肥效好而又持久的已腐熟的有机肥作为基肥。四周最好用花卉材料作边饰，也可以用砖或石块、水泥等砌边。

（2）定点放线　根据图样规定，直接用皮尺量好实际距离，用点线做标记。放线时，要注意先后顺序，避免破坏已放好的标志。

（3）起苗栽植　盛花花坛栽植时，按照先中心后四周或自后向前的顺序栽种。裸根苗应随起随栽，起苗应尽量保持根系完整；小花盆或营养钵育苗的，可带土栽植。

（4）养护管理　花坛种植完毕后，需立即浇透水，提高成活率。平时应注意及时浇水、中耕除草、剪除残花枯叶，保持清洁美观。如发现有缺株要及时补充。

2. 模纹花坛的种植施工

（1）圃地整理　除按盛花花坛的要求进行外，为了防止花坛出现下沉和不均匀现象，在施工时应增加一两次镇压。

（2）定点放线　按照图样的纹样精确放线。先把花坛表面等分若干份，再分块按照图样花纹用白沙画线。

（3）起苗栽植　模纹花坛栽植时应该先栽模纹图案，然后栽植底衬。栽植时要求做到苗齐，地面达到横看一平面，纵看一条线。株行距根据植株大小或设计要求决定。一般白草的株行距为 3~4cm；小叶红、小叶绿的株行距为 4~5cm，大叶红草的株行距为 5~6cm。平均种植密度为 250~280 株/m²。最窄的纹样栽植白草不少于 3 行，绿草、小叶红、小叶黑等不少于 2 行。

（4）养护管理　草栽好后可进行一次修剪，将草压平，以后每隔 15~20d 修剪一次。修剪有两种方法：一是平剪，纹样和文字都剪平，顶部略高，边缘略低；另一种是浮雕形，即中间草高于两边，否则会失去美观或露出地面。栽植完成应浇一次透水，以后每天早晚各喷水一次。

3. 立体花坛的种植施工

（1）立架造型　外形结构应根据设计图，先用建筑材料制作骨架外形，外包泥土，并用蒲包或草将泥固定。

（2）栽花　立体花坛的材料多采用五色草，所栽植小草由蒲包缝隙插进去，插入时草根应舒展，然后用土填满缝隙，并压实。栽植顺序一般由上向下，株行距同模纹花坛。栽植完成应及时修剪，以防植株向上弯曲。

（3）养护管理　立体花坛应每天喷水，一般每天喷水两次，天气炎热干旱时应多喷几次，每次喷水要细、防止冲刷。

15.2.5　花坛的更换

由于各种花卉均有一定的花期，要使花坛特别是设置在重点地方的花坛一年四季有花，就必须根据季节和花期进行经常的更换。更换前，必须事先根据要求进行育苗，至含蕾待放时移入花坛，花后给予清除更换。

1. 春季花坛

以 3~5 月开花的一二年生草花为主，再配合一些盆花。常用的有矮牵牛、三色堇、瓜叶菊、月季、金盏菊、雏菊等。

2. 夏季花坛

以 5~7 月开花的春播草花为主，再配合一些盆花。常用的有凤仙花、百日草、一串红、

矢车菊、美女樱、半枝莲、翠菊等。

3. 秋季花坛

以 7～10 月开花的春播草花为主，再配合一些盆花。常用的有鸡冠花、菊花、大丽花、一串红等。配模纹花坛可以用五色草、彩叶草、半枝莲、香雪球等。

4. 冬季花坛

长江流域一带常用羽衣甘蓝、红叶甜菜作为花坛布置露地越冬。

任务3 花境的应用、施工与管理

15.3.1 花境的概念与特点

花境又称为境边花坛，是指利用露地宿根花卉、球根花卉及一二年生草本花卉，沿树丛、绿篱、栏杆、绿地边缘、道路两旁及建筑物前，呈带状自然式布置的一种花卉应用形式。花卉布置常采取自然式块状混交，表现花卉群体的自然景观。

花境是根据自然界中林地、边缘地带多种野生花卉交错生长的规律，加以艺术提炼而应用于园林的一种方式。在园林中，不仅可以增加景观，还可以分隔空间和组织游览路线的作用。

花境既能体现植物个体的自然美，又能体现花卉自然组合的群落美。一次种植，可多年使用观赏，四季有景。

花境和花坛有着本质的区别，花境特点如下：

1）花境边缘依环境不同，可以是流畅的自然曲线，也可以是直线。

2）花境所选用植物以花期较长、色彩艳丽、栽培管理粗放的宿根花卉为主，适当配以一二年生草本花卉和球根花卉，或全部用球根花卉进行配置，或仅用同一种花卉的不同品种、不同色彩的花卉配置。

3）花境中各种花卉的配置呈自然斑块混交，错落分布，花开成丛。不要求高矮一致，只注意开花时互不遮挡即可，但也不能杂乱无章，整体构图须严整。

4）花境中不要求花期一致，但需要有季相变化，四季有花或至少三季有花。

5）花境管理粗放，不需年年更换花卉，一经栽植可观赏多年。

15.3.2 花境类型

1. 单面观赏花境

单面观赏花境（图 15-9）宽度一般为 2～4m，植物配置由低到高，形成一个面向道路的斜面，低矮的植物在前、高的在后，以建筑、树丛、矮墙或绿篱作为背景，供游人单面观赏。其高度可高于人的视线，但不宜太高，一般布置在道路两侧、建筑物墙基或草坪四周等地。

图 15-9 单面观赏花境

2. 两面观赏花境

两面观赏花境（图 15-10）宽度一般为 4～6m。植物的配置为中央最高，两边逐渐降低，其立面应该有高低起伏错落的轮廓变化，因此，可供游人从两面观赏，通常两面观赏花境布置在道路、广场、草地的中央等地。

3. 对应式花境

对应式花境（图 15-11）即在园路的两侧、草坪中央或建筑物周围设置相对应的两个花境，设计上统一考虑，作为一组景观，多采用对称的手法，以求有节奏和变化，多以两个单面观赏花境组成。

图 15-10 两面观赏花境　　　　　　　　图 15-11 对应式花境

15.3.3 花境设计

1. 花境位置的设置

花境可设置在风景区、公园、街头绿地、家庭花园以及林阴路旁。它是一种带状的布置方式，适合周边设置，可创造出较大的空间或充分利用园林绿地中的带状地段。它是一种半自然式的种植方式，因而极适合布置在园林中建筑、道路、绿篱等人工构筑物与自然环境之间，起到由人工到自然的过渡作用。

（1）建筑物墙基前　在建筑物前，花境可以起到基础种植的作用，用来软化建筑的生硬线条，连接周围的自然风景，以三层以下的低矮建筑物前装饰为好。围墙、篱笆、栅栏以及坡地的挡土墙前也可以设置花境。

（2）道路旁　园林中游览步道边适合设置花境；如果道路尽头有园林小品，可在道路两侧设置花境。在边界物前设置单面观花境，既有隔离作用又有美化装饰效果。通常在花境前再设置园路或草坪，方便游人欣赏花境。

（3）宽阔的草坪上、树丛间　在宽阔的草坪上、树丛间适宜设置双面观赏的花境，可丰富景观，组织游览路线。通常在花境两侧还可辟出步道，以利于观赏。

（4）较长的绿篱、树墙前　绿色的背景可以使花境色彩得到充分的表现，而花境又活化了单调的绿篱和树墙。

（5）家庭花园　在面积较小的花园中，花境可用来布置周边，这是花境最常用的布置方式之一。

2. 植床设计

花境的种植床是带状的。单面观赏花境的后缘线多用直线，前缘线既可为直线也可为自由曲线。两面观赏花境边缘线基本是平行的，可是直线，也可为流畅的自由曲线。

在方向上，对应式花境要求长轴沿南北方向展开，以使左右两个花境光照均匀；其他花境可自由选择方向。但应该注意，花境朝向不同，光照条件不同，因此，在选择植物时要根据花境的具体位置有所变化。

花境的大小取决于环境空间的大小。通常花境的长轴长度不限，但为了方便管理和增强植物的节奏和韵律感，可以把长的种植床分成几段，每段不超过20m为宜。段间可空出1～3m的地段，设置圆椅或其他园林小品。花境的短轴长度有一定的要求。花境过窄不易体现群落景观，过宽超过视觉鉴赏范围会造成浪费，也会给管理增大难度。通常各类花境的适宜宽度如下：单面观混合花境4～5m；单面观宿根花境2～3m；双面观花境4～6m。家庭小花园中花境可设置1～1.5m，一般不超过院宽的25%。较宽的单面观花境可以和背景之间留出70～80cm的小路，即便于管理，也有利于通风，并能阻止背景树和灌木根系侵扰花卉。

种植床可根据环境条件和土壤条件以及装饰要求，设计成高床或平床，并有2%～4%的排水坡度。一般土质好、排水能力强的土壤，设置于绿篱、树墙及草坪边缘的花境适宜用平床，后缘稍高，前缘与路或草坪相平，给人以整洁感。排水差的土质、坡地挡土墙前的花境，宜用30～40cm高床，边缘用不规则石块镶边使花境具有粗犷的风格；如果用蔓性植物覆盖边缘石，又给人以柔和的自然感。

3. 背景设计

单面观花境需要背景衬托。较理想的背景是绿色的树墙，建筑物和栅栏也可为背景，以绿色或白色为宜。如果背景的色彩和质地不理想，可在背景前种植高大观叶绿色植物或攀援植物，形成绿色屏障后再设置花境。背景和花境之间可以留距离也可以不留，应根据设计时的整体情况考虑。

4. 边缘设计

花境边缘不仅可以确定花境的种植范围，也便于前面草坪的修剪和园路的清扫。高床边缘多用自然的石块、砖头、木质材料。平床用低矮的植物镶边，或花境前面为园路，边缘可用草坪镶边。如果花境前面的园路要求边缘分明、整齐，还可在花境边缘与环境分界处填充金属或塑料材料，防止边缘植物侵蔓路面或草坪。

5. 种植设计

（1）植物选择　花境种植成功的根本保证是全面了解植物的生态习性，并正确选择适宜的材料。因此，选择植物时应注意以下几个方面：

1）植物在当地应该能够露地越冬，以不需要特殊管理的宿根花卉为主，兼顾一些小灌木及球根花卉和一二年生花卉。

2）所选花卉有较长的花期，且花期能分散于各季。花序有差异，有水平线条和垂直线条的交差，花色丰富多彩。

3）有较高的观赏价值。例如芳香植物，花形独特的花卉，观叶植物，花叶均美的材料，叶色独特的禾本科植物等。

（2）色彩设计　花境的色彩主要是由花色来体现，但植物的叶色也是不可忽视的。花境的色彩设计中常用的主要有四种基本配色方法：

1）单色系设计：只用来强调某一环境的某种色调或一些特殊需要时才使用，不常用。

2）类似色设计：常用于强调季节的色彩特征时使用，有浪漫的格调，但应该注意和环境相协调。

3）补色设计：多用于花境的局部配色，使色彩更鲜明艳丽。

4）多色设计：花境中最常用的配色方法，使花境具有鲜艳、热烈的气氛。但要注意避免在较小的花境上使用过多的色彩，否则会显得杂乱无章。

（3）季相设计　季相变化是花境的特征之一。理想的花境应该四季有景或至少三季有景。植物的花期和花色是体现季相变化的主要因素，因此利用花期、花色及各季节所具有的代表性植物来创造季相景观。花境中的开花植物应连接不断，以保证四季的观赏效果。

（4）立面设计　花境要有好的立面观赏效果，就应该充分体现群落的美观。因此设计时应充分利用植物的株形、株高、花序及质地等观赏特性，创造出丰富美观的立面景观。

1）植株高度。花境的立面高度安排一般原则是前低后高，在实际应用时，高低植物可以穿插，但以不遮挡视线，实现景观观赏效果为准。

2）株形和花序。结合植物整体外形，可把植物分成水平型、直线型和独特型三类。水平型植物浑圆，开花密集，开花时形成水平方向的色块，如金光菊、八宝、蓍草等。直线型植株耸直，形成明显的竖线条，如一枝黄花、飞燕草、火炬花、蛇鞭菊等。独特型兼具有水平和竖向两种效果，如石蒜、花葱类、鸢尾类等。因此在花境设计时，最好比较这三类植物的外形。

3）植株的质感。不同质感的植物搭配时要尽量做到协调。例如质地粗的植物会显得近，质地细的植物会显得远。

（5）平面设计　平面种植采用自然块状混植方式，每块为一组花丛。为使开花植物分布均匀，而又不因种类过多造成杂乱，可把主花材植物分成数丛种植在花境的不同位置。花后叶丛景观较差的植物面积宜小，也可在其前方配置其他花卉给予弥补。使用球根花卉或一二年生草花时，应注意该种植区的材料轮换，以便保持较长的观赏期。

15.3.4　花境的施工与养护管理

1. 整床放线

花境施工完成后可多年应用，因此需要良好的土壤，需对土质差的地段进行换土。通常混合式花境的土壤需深翻 60cm 左右，筛出石块等杂物，距床面 40cm 处混入腐熟的有机肥，再把表土填回，然后整平床面，稍加镇压。

按照平面图样要求，用砂或白粉在种植床内放线，对于有特殊土壤要求的植物，可在种植区采用局部换土措施。要求排水好的植物可在种植区土壤下层添加石砾。对于根蘖性过强的植物，可在种植区边挖沟，填充石头、瓦砾等进行隔离，以防侵扰其他花卉植物。

2. 栽植与养护管理

通常按照设计方案进行事先育苗，然后移栽入花境。栽植密度以植株覆盖床面为限。如果栽植的为小苗，可种植较密，花前再进行适当疏苗；如果栽植的为成苗，则应该按照设计密度栽植。

花境栽植完成后，随时间的推移会出现生长不均的现象，应该及时调整，以保持花境的景观效果。早春和晚秋季节可更新植物（补栽或分株等），并及时把秋末落叶以及腐熟的有机肥施入土壤。同时在管理中注意灌溉和中耕除草，以及花后及时进行去除残花等工作。

花境实际上是一种人工群落，只有精心养护管理才能保持较好的景观。一般花境能保持3～5年的景观效果。

任务4 花卉在室内环境中的应用

室内植物装饰的主要材料为盆花，即所有盆栽的观花、观叶、观果、观茎、观芽以及观根的花卉。而盆花应用应根据室内装饰目的和装饰环境的特点，合理选择植物材料，按照一定的艺术原则进行科学的设计和布局，创造出良好的装饰效果，并且尽可能保证盆花在装饰应用过程中能够正常的生长。

15.4.1 室内植物装饰的特点

盆花装饰因其种类的多样性、可移动性决定了其应用的广泛性和灵活性。盆花是较大场所花卉装饰的基本材料，便于布置和更换，种类和形式多样，又有持久的观赏期。

15.4.2 室内植物装饰的基本原则

盆花装饰是以盆花为主体按照一定的设计要求将其分布到具体的空间，因此在设计时需要考虑盆花的整体效果以及与环境的协调，充分表现其个体及整体的美，这是重要的原则。表现为以下几个方面：

1）植物布置应有突出的主题（重点）植物材料，并配以其他辅助或陪衬的植物材料。

2）选择种类时，要有一些大型的植物，而不能全是小型植物，这样方便布置出室内植物的景观效果。如果没有大型植物，可以将若干小型植物组成"大型植物"，也可以达到相应的效果。

3）植物材料的数量不能过多，这样既有利于植物生长，也容易表现植物的各自特点。

4）根据植物材料的色彩、质地、形状和花纹类型进行选择和搭配。

其次，为了经济和实用，还需要考虑盆花本身的特性，如何在所摆放的环境中可以摆放得时间较长，以减少更换得成本及适宜实用的功能。

15.4.3 室内植物的选择

室内是一个封闭空间，是人工创造的一个小气候环境，其生态环境有特殊性。即室内环境光照较室外弱，且多为散射光或人工照射光，缺乏太阳直射光；室温较稳定，较室外温差变化小，而且可能有冷暖空调调节室温；室内空气较干燥，湿度较室外低；室内二氧化碳浓度比室外高，通风透气性较差。

作为室内装饰用的植物材料，除部分是观花植物外，其余大部分为室内观叶植物。这是由环境特点和室内观叶植物的特性所决定的。所以了解这些植物的生态习性和观赏特性是非常重要的。

植物的观赏性包括自然属性和社会属性。但主要取决于自然属性的形式因素，以及由此而构成的形式美、色彩美、姿态美等。例如室内观叶植物以其叶片翠绿奇特，或硕大，或斑驳多彩而独具特色；藤本及悬垂植物以其优美和潇洒的线条和摇曳的风姿而使人赏心悦目；切花类以其鲜艳的色彩使室内蓬荜生辉；盆景类则古朴典雅，富有韵味。因此从形式美的角度对室内装饰植物进行分类，可分为以下几种：

1）具有自然美的室内观叶植物：这类植物具有自然野趣的风韵，在人工环境中反而能体现出自然美。如海芋、棕竹、蕨类、荷兰铁、巴西铁、春羽等。

2）具有色彩美的室内观叶植物：这类植物可创造直接的感官认识。它可以使人宁静，或使人振奋。大量的斑叶植物和观花植物均属于此类型。如三色竹芋、蝴蝶兰、花叶芋类等。

3）具有图案美的室内观叶植物：此类植物能呈现某种整齐规则的排列形式，从而显出图案美。如马拉巴栗、鸭脚木、龟背竹、美丽针葵、凤梨科植物等。

4）具有形状美的室内观赏植物：该类植物具有某种优美和奇特的形态，而得到人们的喜爱。如散尾葵、龟背竹、变叶木、鱼尾葵，麒麟尾等。

5）具有垂性美的室内观叶植物：这类植物以其茎叶垂悬、自然潇洒，而显出优美姿态和线条变化的美。如吊兰、吊竹梅、常春藤、文竹等。

6）具有攀附美的室内观叶植物：此类植物依靠气生根或吸盘，缠绕吸附装饰物，与被吸附物巧妙结合，形成形态各异的整体。如黄金葛、喜林芋类、鹿角蕨等。

15.4.4　几种常见室内环境的植物布置

1. 会场

（1）正式会议的会场　要采用对称均衡的形式布置，显示出庄严、和谐和稳定的气氛，选用常绿植物为主调，适当点缀少量色泽鲜艳的盆花，使整个会场布局协调，气氛庄重。同时布置时要因室内空间大小而异。中小型会议室多以中央的条桌为主进行布置。桌面上可摆放插花和小型观叶、观花类花卉，数量不能过多，品种不宜过杂。大型会议室常在会议桌上摆上几盆插花或小型盆花，在会议桌前整齐地摆放 1~2 排盆花，可以是观叶与观花植物间隔布置，也可以是一排观叶、一排观花的。后排要比前排高，其高矮以不超过主席台会议桌为宜，形成高矮有序、错落有致，观叶、观花相协调的景观。

（2）迎、送会场　要装饰得五彩缤纷，气氛热烈。选择比例相同的观叶、观花植物，配以花束、花篮，突出暖色基调，用规则式对称均衡的处理手法布局，形成开朗、明快的场面。

（3）节日庆典会场　要创造富丽堂皇的景象，选择色、香、形俱全的各种类型植物，以组合式手法布置花带、花丛及雄伟的植物造型等景观，并配以插花、花篮等，使整个会场气氛轻松、愉快、团结、祥和，激发人们热爱生活、努力工作的情感。

（4）悼念会场　应以松柏常青植物为主体，规则式布置手法形成万古长青、庄严肃穆的气氛。与会者心情沉重，整体效果不可过于冷感，以免加剧悲伤情绪，应适当点缀一些白、蓝、青、紫、黄及淡红的花卉，以激发人们化悲痛为力量的情感。

（5）文艺联欢会场　多采用组合式手法布置，以点、线、面相连装饰空间，选用植物可多种多样，内容丰富，布局要高低错落有致。色调艳丽协调，并在不同高度以吊、挂方式装饰空间，形成一个花团锦簇的大花园，使人感到轻松、活泼、亲切、愉快，得到美的享受。

（6）音乐欣赏会场　要求以自然手法布置，选择体形优美，线条柔和、色泽淡雅的观叶、观花植物，进行有节奏的布置，并用有规律的垂吊植物点缀空间，使人置身于音乐世界里，聚精会神地领略和谐动听的乐章。

2. 门厅

门厅是人进出建筑物的必经之地，是迎送宾客的场所，绿化装饰应力求朴实、大方、充满活力，并能反映出建筑物的明显特征，要有一个热烈、盛情的气氛。布置时，通常采用规则式对称布置，选用体形壮观的高大植物配置于门内外两边，如较高大的龙柏、南洋杉、棕榈等；周围以中小形花卉植物配置2~3层形成对称整齐的花带、花坛，使人感到亲切明快。

3. 走廊

走廊是建筑物中作为引导宾客进入其他场所的空间，这里的景观应带有浪漫色彩，使人漫步于此，有着轻松愉快的感觉。因此，可以多采用具有形态多变的攀援或悬垂性植物，此类植物茎枝柔软，斜垂盆外，临风轻荡，具有飞动飘逸之美，使人倍感轻快，情态宛然。但一般走廊光线较弱，因此以布置耐阴观叶植物为主。

4. 办公室

办公室内的植物布置，除了美化作用外，空气净化作用也很重要。由于计算机等办公设备的增多，辐射增加，所以采用一些对空气净化作用大的植物尤为重要。可选用绿萝、金琥、巴西木、吊兰、荷兰铁、散尾葵、鱼尾葵、马拉巴栗、棕竹等植物。另外由于空间的限制，采用一些垂吊植物也可增加绿化的层次感。在窗台、墙角及办公桌等点缀少量花卉。

5. 居室

首先要根据房间功能、大小、朝向、采光条件选择植物。

（1）客厅　一般说，面积大的客厅、大门厅，可以选择枝叶舒展、姿态潇洒的大型观叶植物，如棕竹、橡皮树、南洋杉、散尾葵等，同时悬吊几盆悬挂植物，使房间显得明快，富有自然气息。大房间和门厅绿化装饰要以大型观叶植物和吊盆为主，在某些特定位置，如桌面、柜顶和花架等处点缀小型盆栽植物；若房间面积较小，则宜选择娇小玲珑、姿态优美的小型观叶植物，如文竹，袖珍椰子等。其次要注意观叶植物的色彩、形态和气质与房间功能相协调。客厅布置应力求典雅古朴，美观大方，因此要选择庄重幽雅的观叶植物。墙角宜放置苏铁、棕竹等大中型盆栽植物，沙发旁宜选用较大的散尾葵、鱼尾葵、棕竹、橡皮树、龟背竹等，茶几和桌面上可放1~2盆小型盆栽植物。在较大的客厅里，可在墙边和窗户旁悬挂1~2盆绿萝、常春藤、吊竹梅等。客厅常用花卉见表15-2。

表 15-2 客厅常用花卉

种 类	观 赏 期	用 途
水仙	1~2 月	元旦春节
仙客来	1~2 月	元旦春节
瓜叶菊	3~4 月	新春
报春花	4~5 月	
风信子	4~5 月	
天竺葵	5~6 月	劳动节
大岩桐	6~8 月	
八仙花	6~7 月	
彩叶草	9~10 月	
菊花	10~11 月	国庆节
蟹爪兰	11~12 月	圣诞节、元旦
一品红	12 月	圣诞节、元旦
君子兰	12~5 月	圣诞节、元旦、春节

（2）书房 书房要突出宁静、清新、幽雅的气氛，可在写字台放置文竹、藤本天竺葵，书架顶端可放常春藤或绿萝。

（3）卧室 卧室是私密性高的空间，也是个人风格展现的区域，绿化装饰要突出温馨、和谐、宁静的氛围，所以宜选择色彩柔和、形态优美、素雅的植物作为装饰材料，利于睡眠和消除疲劳。微香有催眠入睡之功能，因此植物配置要协调和谐，少而静，多以 1~2 盆色彩素雅，株形矮小的植物为主。忌色彩艳丽，香味过浓，气氛热烈。例如一叶兰、马拉巴栗、十字海棠、非洲紫罗兰、昙花、宝石花、蟹爪兰等。

（4）餐厅 餐厅的布置可分为餐桌环境和餐桌上。餐桌环境通常是为了分隔客厅和餐厅，适合博古架之类，配置 3~5 盆一组的小型观叶植物，如绿串珠、红点草、波斯顿蕨、网纹草等。餐桌上摆设的为插花或小型盆花，避免使用易落叶、花粉多及易引起人体过敏的植物。

（5）厨房 厨房绿化应选用喜湿性的植物为主，如肾蕨、铁线莲等；也可用一些观赏性强的蔬菜瓜果加以装饰，如辣椒、茄子、番茄等，易于环境协调。

（6）卫生间 卫生间大多朝北，光线弱，湿度大，因此，应注意选择耐阴、耐湿的植物，可以用水培花卉来装饰，如吊兰、绿萝等。

（7）阳台 阳台是居室绿化条件最好的地方，空气清新，阳光充足，绿化空间大，可供选择花卉也很多，因此是居室绿化的重点。特别适宜多选用观花类的植物，增添家庭绿化的美感和色彩。另外，阳台也是居室其他房间盆花的调养场所。

实训 36 花坛设计、花坛花卉种植与养护

1. 任务实施的目的

掌握花坛设计的基本方法，培养学生运用花坛设置相关理论进行创新设计及种植和养护的能力。

2. 材料用具

绘图纸、绘图笔、铁锹、板镐、小手铲、白灰或砂、喷壶、卷尺等。

3. 任务实施的要求

学生根据学校绿化要求，设计一个夏季或秋季花坛。根据环境情况，选择盛花花坛或模纹花坛。要求：绘制花坛位置图；设计花坛平面图；绘制花坛立面图；列出花坛花卉配置花卉的名录表；花坛设计说明书。

4. 任务实施的步骤

1）主讲教师详细讲解设计要求，学生分组自行勘测现场，绘制总平面位置图。

2）学生设计出花坛草图，由指导教师指导小组成员进行修改草图。

3）绘制正式平面位置图。

4）主讲教师在班级将每个方案的问题反馈给设计小组。

5）平面位置图样设计完成，并且合格后，即可按照设计方案进行花卉配置，并在花坛栽植完成后进行持续养护。

5. 任务实施的作业

1）绘制花坛位置图及立面图。

2）设计花坛平面图。

3）花坛设计说明书。

6. 任务实施的评价

花坛设计施工养护技能训练评价见表15-3。

表15-3 花坛设计施工养护技能训练评价表

学生姓名					
测评日期			测评地点		
测评内容	花坛设计施工养护				
考评标准	内　　容	分值/分	自　评	互　评	师　评
	绘制花坛位置图	10			
	设计花坛平面图	20			
	绘制花坛立面图	10			
	花坛设计说明书	40			
	花坛花卉种植与养护	20			
合　　计		100			
最终得分（自评30%＋互评30%＋师评40%）					

说明：测评满分为100分，60~74分为及格，75~84分为良好，85分以上为优秀。60分以下的学生，需重新进行知识学习、任务训练，直到任务完成达到合格为止

实训37　花境设计、花卉种植与养护

1. 任务实施的目的

掌握花境设计的基本方法，培养学生运用花坛设置相关理论进行创新设计及种植和养护的能力。

2. 材料用具

绘图纸、绘图笔、铁锹、板镐、小手铲、白灰或砂、喷壶、卷尺等。

3. 任务实施的要求

学生根据学校绿化要求，设计一处花境。根据环境情况，选择设计花境的类型。要求：绘制花境位置图；设计花境平面图；绘制花境主要观赏时期立面图；列出花境花卉配置花卉的名录表；花境的效果图；花境设计说明书。

4. 任务实施的步骤

1）主讲教师详细讲解设计要求，学生分组自行勘测现场，绘制总平面位置图。

2）学生设计出花境草图，由指导教师指导小组成员进行修改草图。

3）绘制正式平面位置图。

4）主讲教师在班级将每个方案的问题反馈给设计小组。

5）平面位置图样设计完成，并且合格后，即可按照设计方案进行花卉配置，并在花境栽植完成后进行持续养护。

5. 任务实施的作业

1）绘制花境位置图及立面图。

2）设计花境平面图。

3）花境设计说明书。

6. 任务实施的评价

花境设计施工养护技能训练评价见表 15-4。

表 15-4　花境设计施工养护技能训练评价表

学生姓名					
测评日期		测评地点			
测评内容	花坛设计施工养护				
	内　　容	分值/分	自　评	互　评	师　评
考评标准	绘制花境位置图	10			
	设计花境平面图	20			
	绘制花境立面图	10			
	花境设计说明书	40			
	花境花卉种植与养护	20			
合　　计		100			
最终得分（自评 30% + 互评 30% + 师评 40%）					

说明：测评满分为 100 分，60～74 分为及格，75～84 分为良好，85 分以上为优秀。60 分以下的学生，需重新进行知识学习、任务训练，直到任务完成达到合格为止

习题

简答题

1）花坛的类型有哪些？花坛在设计时要考虑什么问题？

2）模纹花坛的种植施工怎么进行？

3）花境的设计包括哪些内容？

4）花坛和花境的区别有哪些？

5）室内盆花如何分类？

花卉生产与经营管理

学习目标

了解花卉的产业结构与经营方式，了解花卉产品的营销渠道。

工作任务

该任务通过对花卉的产业结构与花卉营销的了解，灵活开展花卉经营活动，能根据市场的需求制订年度生产计划，开展花卉生产的管理和成本核算。

 任务1 花卉经营与管理

16.1.1 花卉的产业结构经营

1. 花卉产业结构

（1）切花 切花要求生产栽培技术较高。我国切花的生产相对集中在经济较发达的地区，在生产成本较低的地区也有生产。

（2）盆花与盆景 盆花包括家庭用花、室内观叶植物、多浆植物、兰科花卉等，是我国目前生产量最大，应用范围最广的花卉，也是目前花卉产品的主要形式。盆景也广泛受到人们的喜爱，加以我国盆景出口量逐渐增加，可在出口方便的地区布置生产。

（3）草花 草花包括一二年生花卉和多年生宿根、球根花卉。应根据市场的具体需求组织生产，一般来说，经济越发达，城市绿化水平越高，对此类花卉的需求量也就越大。

（4）种球 种球生产是以培养高质量的球根类花卉的地下营养器官为目的的生产方式，它是培育优良切花和球根花卉的前提条件。

（5）种苗 种苗生产是专门为花卉生产公司提供优质种苗的生产形式。所生产的种苗要求质量高，规格齐备，品种纯正，是形成花卉产业的重要组成部分。

（6）种子生产 国外有专门的花卉种子公司从事花卉种子的制种、销售和推广，并且肩负着良种繁育、防止品种退化的重任。我国目前尚无专门从事花卉种子生产的公司，但不久的将来必将成为一个新兴的产业。

2. 花卉经营的特点与方式

（1）花卉经营的专业性 花卉经营必须要有专业机构来组织实施，这是由花卉生产、流通的特点所决定的。花卉经营的专业性还表现在作为花卉生产的部门、公司或企业仅对一两种重点花卉进行生产，这样使各生产单位形成自己的特色，进而形成产业优势。

（2）花卉经营的集约性　花卉经营是在一定的空间内最高效地利用人力物力资源的生产方式，它要求技术水平高，生产设备齐备，在一定范围内扩大生产规模，进而降低生产成本，提高花卉的市场竞争力。

（3）花卉经营的高技术性　花卉经营是以经营有生命的新鲜产品为主题的事业，而这些产品从生产到售出的各个环节中，都要求相应的技术，如花卉采收、分级、包装、贮运等各个环节，都必须严格按照技术规程办事。因此花卉经营必须要有一套完备的技术做后盾。

3. 花卉的经营方式

（1）专业经营　在一定的范围内，形成规模化，以一两种花卉为主，集中生产并按照市场的需要进入专业流通的领域。此方式的特点是便于形成高技术产品，形成规模效益，提高市场竞争力是经营的主题。

（2）分散经营　以农户或小集体为单位的花卉生产，并按自身的特点进入相应的流通渠道。这种方式比较灵活，是地区性生产的一种补充。

16.1.2　花卉销售形式

花卉产品的营销是花卉生产发展的关键环节。产品的主要营销渠道是花卉市场和花店进行花卉的批发和零售。

1. 花卉市场

花卉市场的建立，可以促进花卉生产和经营活动的发展，促使花卉生产逐步形成产、供、销一条龙的生产经营网络。目前，国内的花卉市场建设，已有较好的基础。遍布城镇的花店、前店后场式区域性市场、具有一定规模和档次的批发市场，承担了80%的交易量。我国在北京建成了国内第一家大型花卉拍卖市场——北京莱太花卉交易中心后，又在云南建成了云南国际花卉拍卖中心，该市场以荷兰阿斯米尔鲜切花拍卖市场为蓝本进行运作，并通过这种先进的花卉营销模式推动整个花卉产业的发展，促进云南花卉尽快与国际接轨，力争发展成为中国乃至亚洲最大的花卉交易中心。

花卉拍卖市场是花卉交易市场的发展方向，它可实现生产与贸易的分工，可减少中间环节，有利于公平竞争，使生产者和经营者的利益得到保障。

2. 花店零售

花店属于花卉的零售市场，是直接将花卉卖给消费者的销售途径。

此外，还有多种营销花卉的渠道，如超级市场设立鲜花柜台、饭店内设柜台、集贸市场摆摊设点、电话送花上门服务、鲜花礼仪电报等。

16.1.3　花卉贸易

1. 花店的经营

（1）花店经营的可行性　开设花店前，应对花店经营与发展情况作好市场调查分析，作出可行性报告。报告的数据主要包括所在地区的人口数量、年龄结构，同类相关的花店，交通情况，本地花卉的产量与消费量，外地花卉进入本地的渠道及费用等。可行性报告应解决的问题有花卉如何促销，花卉市场如何开拓，向主要用花单位如何取得供应权，训练花店售货员和扩展连锁店等。同时，还应根据市场调查确定花店的经营形式、花店的规模、花店的外观设计等。

（2）花店经营形式　花店经营形式可分为一般水平的和高档的，有零售或批零兼营的，零售兼花艺服务等。经营者应根据市场情况、服务对象及自身技术水平确定适当的经营形式。

（3）花店的经营规模　花店经营规模应根据市场消费量和本地自产花卉量来确定，如花木公司，可在城市郊区建立大型花圃，作为花卉的生产基地，主要主产各种盆花、各式盆景和鲜切花，在市中心设立中心花店，进行花卉的批发和零售业务。个人开设花店可根据花店所处的位置和环境，确定适当的规模和经营范围，切不可盲目经营。

（4）花店门面装饰　花店的门面装饰要符合花卉生长发育规律，最好将花店建筑得如同现代化温室。上有透明的天棚和能启闭自如的遮阳系统，四周为落地明窗，中央及四旁为梯级花架。出售的花卉明码标价，顾客开架选购，出口设花卉结算付款处。为保持鲜花新鲜度，花除要定期浇喷水外，还应设立喷雾系统，以保持一定的空气湿度并通风良好，冬季应有保温设施，夏季应有降温设备，使得四季如春，终年鲜花盛开，花香扑鼻。

（5）花店的经营项目　花店的经营项目常见的有鲜花（盆花）的零售与批发；花卉材料的零售与批发，如培养土、花肥、花药等；缎带、包装纸、礼品盒等的零售服务；花艺设计与外送各种礼品花的服务，室内花卉装饰及养护管理；花卉租摆业务、婚丧喜事的会场环境布置；花艺培训，花艺期刊、书籍的发售、花卉咨询及其他业务等。

2. 国际花卉贸易

随着花卉生产的分工越来越精细，国际间的花卉贸易往来会越来越频繁，国际花卉生产和贸易的分工合作越来越多，竞争将会更加激烈，纵观全局呈现以下几个方面的趋势：

1）花卉生产的重点由花卉先进国家向发展中国家转移。由于先进国家共同的问题是土地及劳动力成本的增加，环境保护压力的增高，能源、农业和肥料的限制等，使花卉生产向国外转移。如荷兰在近十年花卉产业转向土地和劳动力较便宜、能源使用较少、技术转移较容易且靠近市场的意大利和西班牙等南欧国家。日本同荷兰性质相似，从晚秋到早春的寒冷季节生产成本高。因此亚洲的中高档花卉的生产也势必转移到日本以南的国家和地区，其中地处南半球的澳大利亚和新西兰的季节恰好与日本相反，并且拥有很多原生品种，生产优势明显。中国南方亚热带地区发展花卉生产的优势也很大。

2）发展中国家将逐步摆脱发达国家的控制，成为独立的花卉生产国，如哥伦比亚和肯尼亚成为美国及欧洲花卉市场的生产加工基地，他们利用气候、劳动力及土地资源优势，采用欧洲的品种和栽培技术，成功地扮演着契约生产的角色。但伴随着国家平等及发展中国家自主性增强，他们也渐渐摆脱先进国家的控制，花卉生产与贸易正在走向自主发展的道路。

3）亚洲将会成为一个新的花卉集散中心。发展亚洲鲜切花生产是一个诱人的机遇，应大力加强鲜切花的运输系统的建设，这个运输系统包括两个航空运输中心，一个在泰国的曼谷或印度的孟买，另一个在中国的昆明。亚洲花卉产业两个重要的部分有待开发，一个是热带花卉和本土性花卉，另一个是反季节的中档的鲜切花。中国的云南省鲜切花的生产已达到一定的规模和产量，随着花卉产业竞争的激烈，花卉质量将逐渐提高。一些国家看中云南等地的花卉产品，如1999年日本两次派团来华考察，洽谈花卉进口事宜，一些花卉进口商已在中国开设办事处。未来亚洲花卉产业的发展会出现三个竞争热点地区，即日本与韩国、澳大利亚与新西兰、中国华南地区与泰国三个地区。竞争的双方针对不同市场及商品内容进行合作和竞争，其结果将会极大地促进亚洲的花卉产业发展，使之成为一个新的国际性的花卉集散中心。

 任务2　花卉的生产管理

16.2.1　花卉生产计划的制订

花卉生产计划是花卉生产企业经营计划中的重要组成部分，通常是对花卉企业在计划期内的生产任务作出统筹安排，规定计划期内生产的花卉品种、质量及数量等指标，是花卉日常管理工作的依据。生产计划是根据花卉生产的性质，花卉生产企业的发展规划，生产需求和市场供求状况来制订的。

制订花卉生产计划的任务就是充分利用花卉生产企业的生产能力和生产资源，保证各类花卉在适宜的环境条件下生长发育，进行花卉的周年供应，保质、保量、按时提供花卉产品，并按期限完成订货合同，满足市场需求，尽可能地提高生产企业的经济效益、增加利润。

花卉生产计划通常有年度计划、季度计划和月份计划，对花卉每月、季、年的花事做好安排，并做好跨年度花卉连续生产。生产计划的内容包括花卉的种植计划、技术措施计划、用工计划、生产用物资供应计划及产品销售计划等。其具体内容为种植花卉的种类与品种、数量、规格、供应时间、工人工资、生产所需材料、种苗、肥料农药、维修及产品收入和利润等。季度和月份计划是保证年度计划实施的基础。在生产计划实施过程中，要经常督促和检查计划的执行情况，以保证生产计划的落实完成。

花卉生产是以盈利为目的的，生产者要根据每年的销售情况、市场变化、生产设施等及时对生产计划作出相应地调整，以适应市场经济的发展变化。

16.2.2　花卉生产管理

花卉生产技术管理是指花卉生产中对各项技术活动过程和技术工作的各种要素进行科学管理的总称。技术工作的各种要求包括：技术人才、技术装备、技术信息、技术文件、技术资料、技术档案、技术标准规程、技术责任制等技术管理的基础工作。技术管理是管理工作中重要的组成部分。加强技术管理，有利于建立良好的生产秩序，提高技术水平，提高产品质量，降低产品成本等，尤其是现代大规模的工厂化花卉生产，对技术的组织、运用、工作要求更为严格技术管理就愈显重要。但技术管理主要是对技术工作的管理，而不是技术本身。企业生产效果的好坏决定于技术水平，但在相同的技术水平条件下，如何发挥技术，则取决于对技术工作的科学组织及管理。

1. 花卉技术管理的特点

（1）多样性　花卉种类繁多，各类花卉有其不同的生产技术要求，业务涉及面广，如花卉的繁殖、生长、开花、花后的贮藏、销售、花卉应用及养护管理等。形式多样的业务管理，必然带来不同的技术和要求以适应花卉生产的需要。

（2）综合性　花卉的生产与应用，涉及众多学科领域，如植物与植物生理、植物遗传育种、土壤肥料、农业气象、植物保护、规划设计等。因此，花卉技术管理具有综合性。

（3）季节性　花卉的繁殖、栽培、养护等均有较强的季节性，季节不同，采用的各项技术措施也相应不同，同时还受自然因素和环境条件等多方面的制约。为此，各项技术措施要相互结合才能发挥花卉生产的效益。

（4）阶段性与连续性　花卉有其不同的生长发育阶段，不同的生长发育阶段要求不同的技术措施，如育苗期要求苗全、苗壮及成苗率高，栽植期要求成活率高，养护管理则要求保存率高和发挥花卉功能。各阶段均具有各自的质量标准和技术要求，但在整个生长发育过程中，各阶段不同的技术措施又不能截然分开，每一个阶段的技术直接影响下一阶段的生长，而下一阶段的生长又是上一阶段技术的延续，每个阶段都密切相关，具有时间上的连续性，缺一不可。

2. 花卉技术管理的内容

（1）建立健全技术管理体系　其目的在于加强技术管理，提高技术管理水平，充分发挥科学技术优势。大型花卉生产企业（公司）可设以总工程师为首的三级技术管理体系，即公司设总工程师和技术部（处），部（处）设主任工程师和技术科，技术科内设各类技术人员。小型花卉企业可不设专门机构，但要设专人负责，负责企业内部的技术管理工作。

（2）建立健全技术管理制度

1）技术责任制。为充分发挥各级技术人员的积极性和创造性，应赋予他们一定职权和责任，以便很好地完成各自分管范围内的技术任务。一般分为技术领导责任制、技术管理机构责任制、技术管理人员责任制和技术员技术责任制。

① 技术领导的主要职责是：执行国家技术政策、技术标准和技术管理制度；组织制订保证生产质量、安全的技术措施，领导组织技术革新和科研工作；组织和领导技术培训等工作；领导组织编制技术、措施计划等。

② 技术管理机构的主要职责是：做好经常性的技术业务工作，检查技术人员贯彻技术政策。技术标准规程的情况，科研计划及科研工作；管理技术资料，收集整理技术信息等。

③ 技术人员的主要职责是：按技术要求完成下达的各项生产任务，负责生产过程中的技术工作，按技术标准规程组织生产，具体处理生产技术中出现的问题，积累生产实际中原始的技术资料等。

2）制订技术规范及技术规程。技术规范是对生产质量、规格及检验方法作出的技术规定，是人们在生产中从事生产活动的统一技术准则。技术规程是为了贯彻技术规范，对生产技术各方面所作的技术规定。技术规范是技术要求，技术规程是要达到的手段。技术规范及规程是进行技术管理的依据和基础，是保证生产秩序、产品质量、提高生产效益的重要前提。

技术规范可分为国家标准、部门标准及企业标准及技术规程，是在保证达到国家技术标准的前提下，各地区、部门企业根据自身的实际情况和具体条件，自行制订和执行。

16. 2. 3　经济管理

花卉种类繁多，生产形式多样，其生产成本核算也不尽相同，通常在花卉成本核算中分为单株、单盆和大面积种植核算。

1. 单株、单盆成本核算

单株、单盆成本核算采用的方法是单件成本法，核算过程是根据单件产品设置成本计算单，即将单盆、单株的花卉生产所消耗的一切费用全都归集到该项产品成本计算单上。单株、单盆花卉成本费用一般包括种子购买价值、培育管理中耗用的设备价值及肥料、农药、栽培容器的价值、栽培管理中支付的工人工资，以及其他管理费用等。

2. 大面积种植花卉的成本核算

进行大面积种植花卉的成本核算，首先要明确成本核算的对象。成本核算对象就是承担成本费用的产品；其次是对产品生产过程耗费的各种费用进行认真的分类。其费用按生产费用要素可分为：

1）原材料费用。包括购入种苗的费用，在生长期间所施用的肥料和农药等。

2）燃料动力费用。包括花卉生产中进行的机械作业排灌作业，遮阳、降温、加温供热所耗用的燃料费、燃油费和电费等。

3）人工费用。即生产和管理人员的工资及附加费用。

4）废品损失费用。指未达到指标要求的部分产品损失而分摊发生的费用。

5）设备折旧费用。即各种设施、设备按一定使用年限折旧而提取的费用。

6）其他费用。如土地开发、租用费、借款利息支出以及运输、办公、差旅等事项所发生的费用。

以上6项费用概括分为两类，一是人工费用，二是物质资料费用（包括2~6项）。

各项费用算出来以后，结合花卉的面积或产量，就可以计算产品成本。

$$产品总成本 = 人工费用 + 物质资料费用$$

$$产品单位面积成本 = 产品成本/产品种植面积$$

多年生花卉产品单位成本 =（往年费用 + 收获年份的全部费用）/产品种植总面积

花卉生产管理中，可制成花卉成本账目表，科学地组织好费用汇集和费用分摊，以及总成本与单位成本的计算，还可通过成本分析产品成本构成，寻找降低成本的途径等。

实训 38　花卉企业的参观调查

1. 任务实施的目的

通过花卉生产企业的参观和调查，使学生掌握制订花卉生产计划的基本方法，提高学生参与生产管理的意识。

2. 材料用具

笔、笔记本等。

3. 任务实施的步骤

带领学生去花卉生产单位（一个盆花生产企业、一个切花生产企业）做调查，调查项目有：生产花卉种类、生产规模、近1~2年生产经营情况和市场需求情况。

4. 任务实施的要求

1）实训态度认真，积极主动。

2）认真调查，仔细记录。

3）体现综合运用知识的能力，根据所调查情况，制订企业下一年度花卉生产计划及具体实施策略。

5. 任务实施的作业

写出实习报告。

6. 任务实施的评价

花卉企业的参观调查技能训练评价见表 16-1。

表 16-1 花卉企业的参观调查技能训练评价表

学生姓名					
测评日期		测评地点			
测评内容	花卉企业的参观调查				
	内　容	分值/分	自　评	互　评	师　评
考评标准	对花卉企业进行相关内容调查	50			
	能写出调查报告	20			
	能制订生产计划	20			
	能正确运用相关策略	10			
合　计		100			
最终得分（自评 30% + 互评 30% + 师评 40%）					

说明：测评满分为 100 分，60~74 分为及格，75~84 分为良好，85 分以上为优秀。60 分以下的学生，需重新进行知识学习、任务训练，直到任务完成达到合格为止

习题

1. 填空题

1）花卉经营的特点有_____、_____和_____。

2）花卉的经营方式有_____和_____。

2. 名词解释题

生产计划；技术规程。

3. 简答题

1）花卉的产业结构包括哪几部分？

2）花卉产品的营销渠道有哪些？

3）如何制订一个完善的生产计划？它包括哪些内容？

4）花卉生产的技术管理的内容有哪些？如何管理？

参 考 文 献

[1] 包满珠. 花卉学 [M]. 北京：中国农业出版社，2003.

[2] 柏玉平. 花卉栽培技术 [M]. 北京：化学工业出版社，2009.

[3] 北京林业大学园林花卉教研组. 花卉学 [M]. 北京：中国林业出版社，1990.

[4] 曹春英. 花卉栽培 [M]. 北京：中国农业出版社，2001.

[5] 陈俊愉，刘师汉. 园林花卉 [M]. 上海：上海科学技术出版社. 1980.

[6] 成海钟. 观赏植物栽培 [M]. 北京：中国农业出版社，2000.

[7] 胡松华. 室内装饰植物 [M]. 福州：福建科学技术出版社，1988.

[8] 胡惠蓉. 120 种花卉的花期调控技术 [M]. 北京：化学工业出版社，2008.

[9] 黄勇，李富成. 名贵花卉的繁育与栽培技术 [M]. 济南：山东科学技术出版社，1997.

[10] 黄定. 华花卉花期调控新技术 [M]. 北京：中国农业出版社，2003.

[11] 郭用勤. 球根花卉 [M]. 济南：山东科学技术出版社，1984.

[12] 国家林业局职业技能鉴定中心，中国花卉协会组编. 花卉园艺师培训教程（一～五级）[M].
北京：中国林业出版社，2007.

[13] 姬君兆. 花卉栽培学讲义 [M]. 北京：中国林业出版社，1993.

[14] 孔国辉，汪嘉熙，陈庆诚. 大气污染与植物 [M]. 北京：中国林业出版社，1998.

[15] 李清清，曹广才. 中国北方常见水生花卉 [M]. 北京：中国农业科学技术出版社，2010.

[16] 李少球，胡松花. 世界兰花 [M]. 广州：广东科技出版社，1999.

[17] 林海英. 无土栽培技术的应用 [J]. 厦门科技，1997，(4)：16.

[18] 林萍. 观赏花卉（草本）[M]. 北京：中国林业出版社，2007.

[19] 刘世忠，等. 大气污染对 35 种园林植物生长的影响 [J]. 热带亚热带植物学报，2003，11.

[20] 刘燕. 园林花卉学 [M]. 北京：中国林业出版社，2003.

[21] 刘延江，王洪力，曲素华. 园林观赏花卉应用 [M]. 沈阳：辽宁科学技术出版社，2008.

[22] 芦建国. 花卉学 [M]. 南京：东南大学出版社. 2004.

[23] 南京中山植物园. 花卉园艺 [M]. 南京：江苏科学技术出版社，1982.

[24] 彭学苏. 花卉 [M]. 合肥：安徽科学技术出版社. 1995.

[25] 孙可群，张应麟，等. 花卉及观赏树木栽培手册 [M]. 北京：中国林业出版社，1985.

[26] 唐祥宁. 花卉园艺工（初级、中级、高级）[M]. 北京：中国劳动社会保障出版社，2004.

[27] 王宏志. 中国南方花卉 [M]. 北京：金盾出版社，1998.

[28] 王红英. 花卉工（初级、中级、高级）[M]. 北京：中国劳动社会保障出版社，2007.

[29] 吴丁丁. 园林植物栽培与养护 [M]. 北京：中国农业大学出版社，2007.

[30] 吴应祥. 中国兰花 [M]. 北京：中国林业出版社，1991.

[31] 谢维苏，徐民生. 多浆花卉 [M]. 北京：中国林业出版社，1999.

[32] 叶剑秋. 花卉园艺 [M]. 上海：上海文化出版社，1997.

[33] 邱新军. 优良杂交杜鹃新品系——赛玉铃 [J]. 江西农业大学学报，1988，10.

[34] 姚琢. 园林花卉学 [M]. 北京：中国建筑工业出版社，1989.

[35] 杨纪卿，等. 花卉无土栽培探讨 [J]. 河南城建高专学报，1997，6 (2)：17～18.

[36] 余树勋，吴应祥. 花卉词典 [M]. 北京：中国农业出版社. 1993.

[37] 岳桦. 园林花卉 [M]. 北京：高等教育出版社，2006.

[38] 翟进升. 冬季盆花日光温室生产技术 [M]. 北京：中国农业出版社，2000.

［39］赵兰勇. 花卉繁殖与栽培技术［M］. 北京：中国林业大学出版社，2007.

［40］郑光华，等. 蔬菜花卉无土栽培技术［M］. 上海：上海科学技术出版社，1990.

［41］赵家荣. 水生花卉［M］. 北京：中国林业出版社. 2002.

［42］郑诚乐，金研铭. 花卉装饰与应用［M］. 北京：中国林业出版社，2010.

［43］张树宝. 花卉生产技术［M］. 重庆：重庆大学出版社，2006.

［44］张勇著. 花卉无土栽培技术［M］. 呼和浩特：远方出版社，2001.

［45］周国宁，卜昭晖. 毛白杜鹃的光生态及其园林造景的研究［J］. 浙江农业学报，1991，3.

［46］甄茂清. 花卉园艺工［M］. 北京：中国建筑工业出版社，2007.